Dirk Bildhäuser

Wirksame Beratung

Ein interdisziplinärer Ansatz zwischen Antifragilität und Systemtheorie

Verlag W. Kohlhammer

Illustrationen
© Martina Mayer-Lauingen

1. Auflage 2023

Gesamtherstellung: W. Kohlhammer GmbH, Stuttgart

Print:
ISBN 978-3-17-042980-2

E-Book-Formate:
pdf: ISBN 978-3-17-042981-9
epub: ISBN 978-3-17-042982-6

Kohlhammer

Prolog

Das folgende Vorwort datiert zwei Jahre zurück und ist geprägt von den Eindrücken der ersten Lockdowns und damit dem Beginn der Corona-Pandemie als globaler Krise. Die sich daran anschließenden Ereignisse und damit die nächste Zäsur mit Beginn der Invasion Russlands in der Ukraine waren zu dem Zeitpunkt noch nicht absehbar – es gibt jedoch erstaunliche Parallelen bei der Analyse deren Auswirkungen auf die jeweils bis dahin geltenden gesellschaftlichen und wirtschaftlichen Paradigmen.

Vorwort

München, 24. März 2020. Es ist heute mein Geburtstag. Der einundfünfzigste. Heute vor einem Jahr haben wir ein rauschendes Fest gefeiert. Wir sind mit einer alten Trambahn durch München gefahren. Es war sehr eng. Und sehr ausgelassen. Im Rückblick kommt einem das im Vergleich zu heute fast surreal vor.

Mit der Situation, in der wie gerade leben, beschäftige ich mich hypothetisch bereits seit vielen Jahren. Schon im Jahr 2002 habe ich die erste SARS-Pandemie zunächst aus der Ferne verfolgt und bin sogar nach deren Abflauen im damaligen Hotspot Hongkong gewesen, um mir ein Bild davon zu machen, was es für eine urbane Gesellschaft bedeutet, soeben eine systemische Krise erlebt zu haben. Wenn Sie, liebe Leserinnen und Leser, diese Zeilen studieren, wird und muss die aktuelle, sogar globale Krise vermutlich ohnehin der Vergangenheit angehören. Aber die Welt, wie sie dann, also jetzt, aussieht, wird sicher eine andere sein. Und, so möchte ich hinzufügen: Das ist wahrscheinlich gut so. Denn wir haben dann vermutlich etwas Wesentliches gelernt. Wie komme ich zu dieser Einschätzung? Eine etwas längere Herleitung:

Seit annähernd zwanzig Jahren bin ich neben meiner Professur als Berater tätig. Zuvor hatte ich bei zwei großen deutschen Industrieunternehmen gearbeitet und war da zunächst relativ naiv als Funktionsträger aktiv. Das bedeutet, ich habe die mir übertragene Funktion ausgefüllt und dementsprechend funktioniert. Irgendetwas in mir hat jedoch bereits sehr früh angefangen, das, was ich da tue und das, was um mich herum passiert, kritisch zu reflektieren. Und im Grunde per Zufall bin ich im Rahmen eines innerbetrieblichen Weiterbildungsangebots an das Thema Beratung und in diesem Fall sogar konkret an den Gründer der Beratungsfirma gekommen, deren Gesellschafter und Geschäftsführer ich heute bin. Dies war, wie man heute sagt, ein Eye-Opener für mich. Konkret geht es um den systemischen Beratungsansatz, der mir in der Zeit als Angestellter sehr geholfen hat, zu verstehen, was ich tagtäglich in meinem Unternehmen sehen konnte.

Was ich in dieser Zeit auch gelernt habe, war, dass eine vermeintlich stabile Außen- wie Innenwelt innerhalb von wenigen Tagen und Wochen kollabieren kann. Das bezog sich zur damaligen Zeit vor allem noch auf die Branche, in der ich tätig war. Mit dieser (Er-)Kenntnis ausgestattet, bin ich in meine ersten Beratungsprojekte gegangen. Interessant war hier, dass das eigentliche Beratungssetting ja so aussieht, dass der Ratsuchende sich an einen Ratgebenden wendet. Sonst gäbe es Beratung gar nicht. Aber das Paradoxon ist, dass der Ratsuchende sich in gewisser Weise wehrt, den Rat des Ratgebers anzunehmen. »Wasch' mir den Pelz, aber mach' mich nicht nass« hieß der Leitspruch meines Lehrers im Kontext Beratung. Man kann das aber verstehen. Ich habe dazu auch eine Weile gebraucht. Aber der gesamte Beratungsprozess ist im Grunde ein hochsensibles Konstrukt. Weshalb ist das so? Es geht schlicht und einfach um Menschen – und treten diese nicht nur vereinzelt, sondern noch in Gruppen mit unterschiedlichen Interessenlagen auf, so wird jede Veränderung sowohl Energien als auch Blockaden auslösen. Beratung muss dann zeigen, dass sie diese Dynamiken nutzen und zumindest auf die gewünschte Veränderungsrichtung hin fokussieren kann.

Damit ist man beim Kern der Frage angekommen: Was kann, was muss Beratung eigentlich leisten? Dazu eines vorweg: Es sind leider die großen Beratungshäuser, die etwas versprechen, was sie nicht halten können. Aus einer unternehmerischen Perspektive ist das möglicherweise verständlich. Aus einer ethischen Perspektive fragwürdig. Und aus einer persönlichen, d. h. aus der Sicht eines einzelnen Beraters, schlichtweg unreflektiert. Wie viele Projekte muss eigentlich ein klassischer Berater gemacht haben, bis er verstanden hat, dass das, was er tut, nicht wirksam, nicht nachhaltig ist? Weshalb konfrontieren solche Beratungshäuser und solche Berater die Kunden nicht mit kritischen Fragen, insbesondere schon in der Akquisephase? Meine kurze Antwort darauf: Weil sie kein Konzept dafür haben. Wo soll dieses aber herkommen?

Ich selbst habe mich in vielen Projekten – schon aus meiner systemischen Haltung heraus – intensiv mit meinen Kunden beschäftigt. Ich erinnere mich an ein Projekt bzw. dort an einen Workshop, wo ich als zweiter Berater ausgeholfen hatte (wir arbeiten immer im Zweiersetting). Es hatte zuvor bereits Workshops gegeben. Und nun, als ich als Ersatz hinzukam, bot sich mir ein ziemlich schräges Bild. Da saß ein Führungsteam vor mir, das offensichtlich den sich abzeichnenden Ernst der Lage schlichtweg ausblendete. Ich machte mir dann am zweiten Tag die Mühe, meine rudimentären grafischen Fähigkeiten zu nutzen und meine Einschätzung auf eine Metaplanwand zu zeichnen. Gegen Ende des Workshops stellte ich diese dann vor – aber nicht ohne zuvor mir die Erlaubnis zum Feedback einzuholen. Nach meiner Präsentation gab es zunächst keinen Applaus. Und in der anschließenden Diskussion sogar erheblichen Widerstand. Was dazu führte, dass ich beim nächsten Workshop nicht mehr angefragt wurde. So oder ähnlich ging es mir öfter. Und ich fragte mich, ob nur ich die Zusammenhänge und die wahrscheinlichen Folgen daraus sehen kann. Oder ob ich grundsätzlich falsch liege (bei dem Kunden, von dem ich hier spreche, hat sich der Ernst der Lage im Übrigen tatsächlich – und sogar rasch – eingestellt).

Ich habe dann mehrere Jahre versucht, hieraus meine Schlüsse zu ziehen. Ich wurde einerseits weniger konfrontativ – ging aber bisweilen nicht mehr so ernsthaft mit den Kunden um. Man könnte dies als ein etwas zynisches, zumindest nicht ganz professionelles Verhalten bezeichnen. Aber der Professorentitel hat mir das ökonomisch wie auch kundenseitig möglich gemacht. Dennoch war ich nicht zufrieden. Ich war ein bisschen wie der junge Pinguin in Kotters »Our Iceberg is melting« unterwegs. Nur, dass es mir nicht wirklich schaden würde, wenn der Eisberg auseinanderbräche. Dann – es war etwa im Jahr 2015 – stieß ich im Abendprogramm auf ein Interview der Reihe »Sternstunde Philosophie« im Schweizer Fernsehen. Dort saß ein gewisser Nassim Taleb. Der erzählte etwas, von dem ich zuvor nie gehört, jedoch intuitiv darüber nachgedacht hatte. Es waren zwei Begriffe, die mich an diesem Abend fasziniert haben und die mich in meinem Leben und in meiner Tätigkeit als Berater seitdem begleiten. Es war der »Schwarze Schwan« und die »Antifragilität«. Ich werde beide Begriffe noch intensiv erläutern, will aber an dieser Stelle offenbaren, dass dieses Interview einerseits den Ausschlag gegeben hat, dieses Buch zu schreiben und meiner Intuition in beraterischer Sicht nachzugehen, nämlich der Arbeit an dem oben beschriebenen Konzept für eine tatsächlich wirksame Beratung.

Den schwarzen Schwan sehen wir heute, am 24. März 2020 und seit Anfang des Jahres in China. Er heißt SARS-CoV-2. Auf brutalste Art und Weise zeigt dieses Virus, wie anfällig unsere Wirtschaft und Gesellschaft ist und man möchte sich nicht die Konsequenzen vorstellen, wenn die Pandemie die Ausmaße der Spanischen Grippe annehmen sollte. Aber wie bereits gesagt: Es ist im Grunde gut und hilfreich, dass hierdurch aufgezeigt wird, dass wir mittlerweile Systeme und Strukturen aufgebaut haben, die sich innerhalb kürzester Zeit als hochanfällig erweisen, wenn sie einem externen Schock ausgesetzt werden. Die Systemik kennt das, kann jedoch keine wirkliche Antwort darauf geben, wie man zumindest in der Wirtschaft mit dieser Erkenntnis umgehen sollte. Eine mögliche Antwort wiederum resultiert aus dem Begriff der Antifragilität. Kurz gesagt ist es Aufgabe und Pflicht der Industrie, ihre internen Strukturen und Prozesse darauf auszurichten, dass das Auftreten eines schwarzen Schwans eben nicht zu dem führt, was wir gerade erleben bzw. dass sie mit Blick auf zukünftige schwarze Schwäne sogar noch besser werden. In der Psychologie und als begriffliche Annäherung nennt man das Resilienz. Für Beratung ist es damit deren komplementäre Aufgabe und Pflicht, diese Unternehmen beim Aufbau von Resilienz (und somit ihrer Antifragilität) zu unterstützen.

Ich als Berater und wir als Beratungsunternehmen postulieren diese Erkenntnis bereits seit Jahren und waren dabei zum Teil wie oben beschrieben so konfrontativ, dass die Kunden unsere »Wahrheit« häufig nicht hören wollten. Jetzt sehen wir unverhofft die Möglichkeit, unsere Botschaft verständlicher zu platzieren. Dieses Buch soll dazu beitragen, die genannten Zusammenhänge und Hintergründe zu erläutern und eine neue Beraterhaltung zu entwickeln. Ein hoher Anspruch. Aber man muss es versuchen.

Prof. Dr. Dirk Bildhäuser

In der Praxis der Unternehmensberatung werden – sowohl im Singular als auch im Plural – fast ausschließlich die männlichen Formen für Berater und Kunden verwendet. Ausschließlich zum Zweck der besseren Lesbarkeit wird in diesem Buch daher auf die geschlechtsspezifische Schreibweise verzichtet. Die im Text gewählte männliche Form bezieht sich immer auch auf weibliche oder diverse Personen.

Inhaltsverzeichnis

1 Der Begriff der Wirksamkeit

Liest man die Wirtschaftsteile großer deutscher Tageszeitungen oder sieht sich diverse Berichte in den Medien an, so taucht immer wieder die Hypothese auf, dass die Kunden von Beratungsunternehmen mit deren Leistungen überwiegend nicht zufrieden seien. Dazu kritisieren Autoren wie z. B. Viktor Lau die Beraterbranche pauschal. Lau findet auch einen interessanten Begriff für derartige Dienstleistungen, nämlich Managementesoterik. Er beschreibt diese so, dass die damit einhergehenden »zen-buddhistischen Medidationszirkel, pseudo-therapeutisch-mystischen Beratungstechniken, typologische Eignungsdiagnostik oder zoologisch angereicherte Führungskräfteentwicklung« (Lau 2013: 7) allesamt sinnlos seien. Das Buch selbst befasst sich laut Titel zwar nur mit dem Bereich Personalentwicklung. Im Verlauf wird jedoch deutlich, dass bestimmte Methoden bzw. Haltungen aus dem Bereich Managementberatung wie z. B. die systemische Beratung hier ebenfalls stark kritisiert werden. Bereits einige Jahre vorher hatte der Autor Thomas Leif speziell die klassischen Beratungsunternehmen in seinem Buch »Beraten und verkauft« kritisiert (vgl. Leif 2008).

Die Zufriedenheit ist jedoch nur ein Teilaspekt bei der Erbringung von Beratungsdienstleistungen. Denn anders als beispielsweise bei einem Frisörbesuch oder bei der Darbietung eines kabarettistischen Programms hat hier die Wirksamkeit eine mindestens vergleichbare Bedeutung. Zufriedenheit auf der einen Seite ist ein höchst individuelles Thema – und entspringt verhaltensökonomisch letztlich aus der subjektiv wahrgenommenen Differenz aus »erlittenem Schmerz« aufgrund des Abgangs finanzieller Mittel und dem Ergebnis des neuen Haarschnitts oder einer mehr oder minder gelungenen Vorstellung. Wirksamkeit hingegen kann sich auf den ersten Blick objektiv messen lassen, indem beispielsweise vor der Erbringung der Beratungsdienstleistung quantitativ zu erreichende Ziele definiert werden. Auf den zweiten Blick wird jedoch auch hier schnell klar, dass diese Ziele durch andere Themen und durch Veränderungen in den Rahmenbedingungen mit beeinflusst werden. Die Frage ist daher, was Wirksamkeit in diesem Kontext dann tatsächlich bedeutet und wer diese eigentlich definieren darf.

Für den Fall des Kabarettisten hat der Künstler Harald Schmidt es einmal so beschrieben, dass der Einzige, der seine Leistung auch tatsächlich beurteilen kann, Harald Schmidt sei. Das würde also zunächst und möglicherweise etwas überraschend ausschließlich für die Beurteilungsperspektive des Dienstleistenden sprechen. Ähnlich dürfte wohl auch ein Herzchirurg argumentieren – jedoch ist die vom Patienten nach einer entsprechenden Operation wahrgenommene Veränderung des Gesundheitszustands sicher von nicht minderer Relevanz. Es ist damit zu konstatieren, dass sowohl die Empfänger als auch die Erbringer der Dienstleistung für die Analyse der tatsächlichen Wirksamkeit von Bedeutung sind.

Die Frage ist daher: Wie kann aus der jeweiligen Perspektive der an einer Beratungsdienstleistung Beteiligten Wirksamkeit interpretiert werden? Es werden dazu zunächst noch einmal der Begriff der Wirksamkeit analysiert und sodann die beiden Perspektiven der Beteiligten gegenübergestellt.

»Beratung ist keine Wissenschaft, das ist eine Tätigkeit«, sagt Wolfgang Looss, einer der bekanntesten Organisationsberater, Personalentwickler und Coaches in Deutschland. Looss negiert hier nicht die notwendige Unterstützung der praktischen Tätigkeit der Beratung durch theoretische Hintergrundmodelle, wie sie insbesondere in der systemischen Beratung anzutreffen sind, sondern definiert Beratung damit als einen sozialen Prozess, dessen Komplexität eine allumfassende Erforschung und Abbildung nur annähernd zulässt. Für den Aspekt der Wirksamkeit bedeutet dies, dass zumindest der Ausgangspunkt für deren nähere Untersuchung in der Praxis liegen sollte. Die eingangs bereits berichtete, allgemeine negative Stimmungslage im Hinblick auf Berater und ihre Tätigkeit dürfte jedoch zu einem nicht unerheblichen Teil auf Vorurteilen beruhen. Denn geht man direkt in die beraterische Praxis, ergibt sich ein durchaus differenzierteres Bild. Häufig ist es so, dass die Kunden grundsätzlich mit den Leistungen ihrer Beratungsunternehmen zufrieden sind, obwohl die Methoden bzw. der Beratungsprozess möglichweise sogar schlecht sind bzw. vom Beratungsunternehmen bzw. den Beratern manchmal sogar selbstkritisch als nicht optimal empfunden werden. Oder auch der umgekehrte Fall ist anzutreffen: Die Methoden bzw. der Beratungsprozess erscheint aus Beratersicht geeignet, aber es ist dennoch eine Unzufriedenheit beim Kunden feststellbar bzw. diese wird von ihm auch so geäußert.

Es kommt noch eine weitere Problematik hinzu: So dürfte es kaum sein, dass der Kunde als Einheit gesehen werden kann. In der Organisationsberatung ist dies letztlich immer die Gesamtheit der Individuen, die im Rahmen eines Beratungsprojekts von diesem betroffen sind. Und manches Mal sind es auch diejenigen, die vom Beratungsprozess als solches gar nicht direkt tangiert werden. Denn häufig weiß die Gerüchteküche innerhalb von Unternehmen davon zu berichten, dass Berater im Hause sind. Und das bedeutet in den Augen der Mitarbeiter meist nichts Gutes. Entweder entsteht die Fantasie, dass dies letztendlich zu Stellenstreichungen führt, oder es schwingt die Frage mit, warum das Management nicht in der Lage ist, die anstehenden Themen ohne externe Hilfe bewältigen zu können.

Es erscheint daher hilfreich, noch einmal auf das Grundkonstrukt von Beratung zu blicken: Eine Beratungsdienstleistung wird von einem Beratungsunternehmen (oder auch von Einzelberatern) am Markt angeboten. Käufer dieser Dienstleistungen sind im hier vorliegenden Kontext und Verständnis Unternehmen. Diese Unternehmen verfolgen mit dem Einkauf von Beratungsdienstleistungen einen bestimmten Zweck: Grob betrachtet ist es entweder das Ziel, den Status quo zu erhalten – oder genau dieser soll verändert werden. Letzteres dürfte in der Mehrzahl der Beratungsprojekte der Fall sein. Wichtig ist dabei auch zu berücksichtigen, dass die Auftraggeber für gewöhnlich die Entscheidungsträger in einem Unternehmen sind. Denn mit dem Auftraggeber ändert sich möglicherweise auch die Zweckbestimmung bzw. die Zuordnung zu einer der beiden Kategorien. So dürften beispielsweise Betriebsräte als Auftraggeber eher der Kategorie Statuserhalt zugeordnet werden.

Gemeinsam ist jedoch beiden Kategorien, dass mit dem Einkauf einer Beratungsdienstleistung eine bestimmte Wirkung erzielt werden soll. Denn selbst die Idee, dass Berater geholt werden, um als Feigenblatt beispielsweise eine bereits beschlossene Budgetkürzung lediglich zu rechtfertigen, unterstützt die getroffene Entscheidung des Managements und erzielt auch damit eine Wirkung.

Im Folgenden wird nun im Detail analysiert, wie die Wirksamkeit auf beiden Seiten der Beratungsdienstleistung, nämlich der Käufer- und der Anbieterseite interpretiert werden kann. Aus den potenziellen Unterschieden dieser beiden Perspektiven ergibt sich dann möglichweise die Frage oder der Bedarf nach einer weiteren oder einer anders gelagerten Perspektive.

1.1 Die Perspektive des Kunden

Wie eben ausgeführt, führen ganz unterschiedliche Zielsetzungen des Kunden dazu, dass dieser ein Beratungsunternehmen und dessen Berater für ein Projekt engagiert. Auftraggeber ist zumeist der für eine bestimme Abteilung, der für einen bestimmten Bereich oder – bei kleineren mittelständischen Unternehmen – der insgesamt Verantwortliche. Die Anlässe dazu sind verschiedener Art. Gemeinsam ist diesen wiederum, dass ähnlich wie beim Besuch eines Arztes ein mehr oder minder auffälliges Symptom vorliegt. In der Industrie läuft dies zumeist darauf hinaus, dass gewisse (Früh-)Indikatoren vermuten lassen, dass etwas nicht stimmt. Oder einfach auch, dass die Symptome derart auffällig sind, dass diese nicht mehr geleugnet werden können. Die Symptome selbst sind jedoch zumeist nur die Indikatoren für tiefer liegende Probleme und deren Ursache(n). Und dabei ist es zunächst unerheblich, ob die Probleme interner oder externer Art sind. Manches Mal ist die eigentliche Quelle auch gar nicht zu ermitteln.

Auffällig ist jedenfalls, dass der Auftraggeber häufig nicht in der Lage ist, ein Symptom von einer Ursache zu unterscheiden. Das wird zumeist in der Anfangsphase eines Projekts deutlich. Ähnlich dem Bild des Patienten beim Arzt schildert der potenzielle Kunde relativ undifferenziert (was auch verständlich ist) das Problem. Beispielsweise, dass in einem bestimmten Produktbereich seit Langem rote Zahlen geschrieben werden. Oder es ist die Klage eines Vorstandssprechers, dass im Vorstandsgremium ein ausgeprägtes Silodenken vorherrsche.

Bezüglich dieser Mechanik und damit der Wirksamkeit des Medikaments Beratung soll an dieser Stelle zur Vertiefung das Modell der systemischen (Organisations-)Beratung eingeführt werden, welches einen guten Eindruck davon vermittelt, was eigentlich zwischen dem Kunden und dem Beratungsunternehmen passiert.

Die Organisationsberatung unterscheidet hier zwischen drei Typen von sozialen Systemen (vgl. Königswieser & Exner 2008: 19ff). Der Kontraktpartner wird definiert als das Kundensystem. Das Beratungsunternehmen bzw. die die Beratung durchführenden Berater sind das Beratersystem. Für die weiteren Überlegungen wird hier davon ausgegangen, dass der Auftraggeber Teil des Kundensystems ist. Wäre dies nicht der Fall, wäre er als eigenständiges soziales System zu sehen. Dies ist auch berechtigt, da insbesondere die Zielsetzungen des Auftraggebers bzw. -systems und des Kundensystems auseinanderfallen können. Man denke nur an den Fall, dass eine Führungskraft (Auftraggeber) einen Mitarbeiter (Kunde) zur »Reparatur« an einen Coach (Berater) verweist.

Für die Zeit des Beratungsprozesses schließen nun Kunde und Berater rein formell einen Vertrag. Dieser findet jedoch nicht nur juristisch seine Bestätigung, sondern auch auf einer psychologischen Ebene. Die Organisationsberatung spricht in diesem Zusammenhang davon, dass das Kundensystem und das Beratersystem das sog. Beratungsssystem begründen. Es stellt eine »...gemeinsame sachliche, zeitliche, soziale und räumliche Schnittmenge des Kundensystems und des Beratersystems dar, in der eine aufeinander bezogene und folgenreiche Kommunikation zumindest prinzipiell ermöglicht werden soll« (Königswieser & Exner 2008: 26). Gerade das Ende des Satzes ist aus dem Grund wichtig, da neben dem häufig hohen Preis für eine Beratungsdienstleistung die Unternehmen regelmäßig damit hadern, dass sie für den Beratungsprozess enorme zeitliche Ressourcen aufwenden müssen. Vordergründig geht es auch hier um Geld bzw. dessen potenziellen Verlust im operativen Geschäft. Wichtiger erscheint aber regelmäßig, dass die Tagesroutine gestört ist. Insbesondere die im operativen Bereich stark eingebundenen Mitarbeiter empfinden ihr zeitliches Investment für den Beratungsprozess zumindest als hinderlich. Insbesondere dann, wenn die Notwendigkeit dieses Investments nicht ausreichend und explizit von den Führungskräften erläutert wird.

Zwischen Kundensystem und Beratersystem findet somit im Beratungssystem eine Interaktion statt. Die Organisationsberatung nennt diese (kommunikative) Interaktion systemische Intervention. Mit Wilke (1987: 333) ist sie dadurch gekennzeichnet, dass sie eine bewusst zielgerichtete Kommunikation zwischen den beiden erläuterten sozialen Systemen darstellt. Das Ziel selbst ist eine Verstörung im Sinne eines Impulses vom Beratersystem auf das Kundensystem. Mit der Konsequenz, dass dieser Impuls im Kundensystem etwas auslöst. Nachteilig dabei ist, dass im Vorfeld der Intervention im Grunde keine zuverlässige Prognose darüber abgegeben werden kann, wie das Kundensystem auf diese Verstörung reagiert. Den Hintergrund bildet hier schlicht die Erkenntnis, dass das System selbst aus Menschen besteht und diese Menschen in ihrer Interaktion und Reaktion auf die Intervention nicht prognostizierbar sind.

Zurückkommend und mit Blick auf die Frage der Wirksamkeit erstellt nun das Beratungsunternehmen einen Projektplan, der dazu geeignet sein soll, zumindest das Symptom zu beseitigen. Dieser wird in der systemischen Tradition als Interventionsarchitektur bezeichnet. Wie ja bereits angedeutet, ist die erfolgreiche Umsetzung des Projektplans jedoch ein vielschichtiger Akt. Denn innerhalb des Kundensystems gibt es zahlreiche Widerstandspotenziale und zum Teil sogar offene Widerstände gegen eine tieferliegende Veränderung, was sehr häufig dazu führt, dass die Erreichung des Ziels des Auftraggebers erheblich gefährdet wird. Hinzu kommt, dass es für das Symptom (hier zunächst gleichbedeutend mit dem Problem) auch Ursachen im Sinne des eigentlichen Problems geben muss. Spielt man alle diese Fälle durch, so ergeben sich vier mögliche Konstellationen von (auf den ersten Blick erfolgreichen) Beratungsprojekten und die sich daraus ergebende Frage, ob ein Beratungsprojekt aus der Perspektive eines Unternehmens (Kundensystem) wirksam war oder nicht:

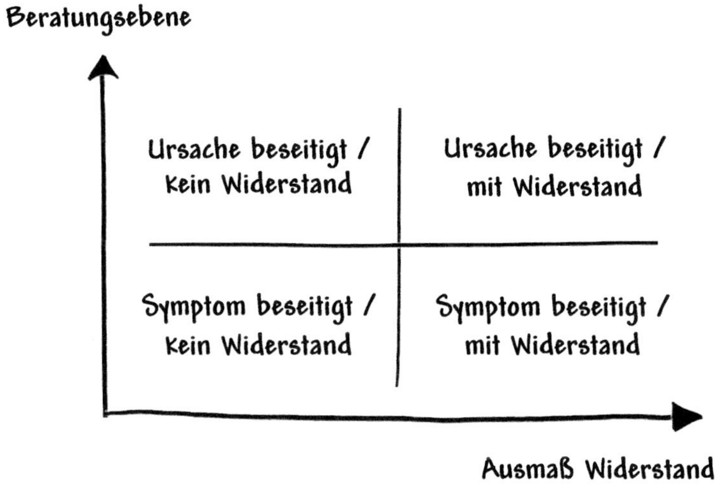

Dar. 1: Beratungsvariantenmatrix

Das Beratungsunternehmen hat das Symptom beseitigt. Es gab keine Widerstände bzw. es sind keine sichtbar geworden (Konstellation 1)

Analog zum Bild des Arztbesuchs dürfte hier auf den ersten Blick – zumindest aus der Perspektive des Patienten bzw. Kunden – eine hohe Wirksamkeit vorliegen. Das Ziel ist zunächst einmal erreicht worden. Geht dies noch mit einer raschen Genesung und möglichst wenig Nebenwirkungen einher, umso besser. Das ist vermutlich auch die Hoffnung vieler Auftraggeber und begründet in Teilen auch die hohen Honorare, die insbesondere klassische Beratungsunternehmen mit vorzüglichem Ruf stellen können.

Andererseits könnte in dieser Konstellation auch der Gedanke reifen, dass unter derartigen Umständen die Beseitigung des Symptoms doch relativ einfach vonstattenging – und damit die Frage, ob es überhaupt notwendig war, ein Beratungsunternehmen zu engagieren. Zumal das Budget auch noch belastet wurde.

Diese Frage dürfte sich nicht einmal unbedingt der Auftraggeber stellen, sondern vor allem diejenigen, um die es bei diesem Symptom eigentlich geht.

Dem Autor ist ein Projekt bei einem namhaften Unternehmen bekannt, wo der Auftraggeber als Leiter des Einkaufs ein Beratungsunternehmen über einen Zeitraum von ca. einem Jahr engagiert hat. Ziel war es, eine deutliche Ratio im Einkauf erzielen zu können. Das Beratungsunternehmen hatte dazu zahlreiche Vorschläge entwickelt – und die geforderten Einsparpotenziale auch rechnerisch nachgewiesen. Der Auftraggeber war demgemäß zufrieden. Die Frage nach der Wirksamkeit war damit zunächst einmal beantwortet. Die Mitarbeiter bemängelten jedoch, dass die Vorschläge der Berater keinerlei Innovationscharakter hätten. Mehr noch: Die eingebrachten Vorschläge hätte man mit Bordmitteln erreichen können bzw. diese zum Teil auch schon selbst vorgebracht, jedoch ohne Gehör zu finden. Oder noch deutlicher: Die Vorschläge seien zum Teil unnütz oder würden der kaufmännischen Logik widersprechen.

Um in der Einordnung zu bleiben: Es gab in dem zitierten Projekt laut Aussage der intern Beteiligten keine Widerstände gegen die Arbeit der Berater. Im Gegenteil: Man war zunächst erfreut über die Hilfestellung, da der Bereich schon seit Jahren auch in der Interpretation leitender Mitarbeiter einer fachlichen Fundierung entbehrte. Das Ergebnis jedoch desillusionierte die Belegschaft, aber nicht den Auftraggeber.

Jedenfalls kann die Frage nach der Wirksamkeit somit nicht eindeutig beantwortet werden. Die Frage, ob es generell ausreicht, ein Symptom zu beseitigen, dürfte zumindest unter Nachhaltigkeitsaspekten als fraglich interpretiert werden. Bleibt die Ursache unverändert, so dürfte das Symptom erneut auftreten. Interessanterweise kann man feststellen, dass es nicht unbedingt immer wieder dasselbe Symptom ist, welches auf eine Ursache verweist. Nimmt man den systemischen Gedanken ernst, so kann und wird eine Ursache immer wieder zu Symptomen führen. Die jedoch nicht immer derselben Art sind und damit nicht in einen konkreten Ursachenzusammenhang gestellt werden. Im Übrigen gilt dies auch umgekehrt: Viele Symptome werden personalisiert. Dabei wird angenommen, dass bestimmte Probleme durch Personen und nicht durch das Gesamtsystem verursacht werden. Wird beispielsweise in einem Unternehmen eine bestimmte Funktion immer wieder nach relativ kurzer Zeit neu besetzt (als Beispiel die kaufmännische Leitung), so ist dies ein Warnsignal, dass im Gesamtkonstrukt des Unternehmens eine Schieflage vorliegt. Unter Umständen in der Art, dass das Unternehmen zu sehr technologiegetrieben ist und damit eine entsprechende verschwenderische Kultur dort existiert. Dies wird aber oftmals intern so gar nicht realisiert.

Fasst man also die vorangestellten Überlegungen zusammen, so könnte man sagen, dass vordergründig eine Wirksamkeit vorliegt. Diese Einschätzung dürfte zumindest der Auftraggeber verkünden. Einige Mitarbeiter dürften diese Einschätzung teilen, andere dagegen sicher nicht und erst auf lange Sicht klärt sich, ob Nachhaltigkeit vorliegt.

Das Beratungsunternehmen hat das Symptom beseitigt. Es gab jedoch Widerstände bzw. Widerstandspotenziale (Konstellation 2)

Diese Situation ist häufig anzutreffen. Zumeist nicht vom Beginn eines Projekts an, aber im Verlauf stellt sich nach einer ersten möglichen Euphorie eine Ernüchterung ein. Dies ist nicht unbedingt nur auf der Seite der Mitarbeiter zu sehen. Oftmals sind es auch die Auftraggeber bzw. die Führungskräfte, die nach einem gewissen Zeitraum feststellen, dass die Erwartungen, die an das Projekt und die gewünschte Veränderung gestellt werden, nicht erfüllt wurden.

Die Zeitachse spielt hier auch eine entscheidende Rolle. Gerade die Auftraggeber stehen oftmals unter einem erheblichen Druck. Sei es, dass die Zielerreichung gefühlt in weite Ferne rückt oder die Umsetzungsgeschwindigkeit als solche tatsächlich an Dynamik verliert. Hinzu kommt noch, dass bei einem größeren Beratungsprojekt mit entsprechend großem Zeitfenster zahlreiche Veränderungen rund um das Unternehmen eintreten, die das ursprüngliche Ziel in einem anderen Kontext – oder noch konkreter – als obsolet erscheinen lassen.

Zusammengefasst könnte man den Ausgang eines derartigen Projekts aus der Perspektive der Mitarbeiter (und wahrscheinlich auch aus der Perspektive des Auftraggebers) als nicht wirklich wirksam interpretieren. Es gibt zumindest gewisse Dissonanzen in der Wahrnehmung des Projekterfolgs. Gute Führungskräfte bzw. Auftraggeber ahnen nun bereits, dass der Ansatzpunkt des Projekts, nämlich die Beseitigung des Symptoms, nicht der richtige war. Die Mitarbeiter haben es ohnehin schon gewusst. Und gute Beratungsunternehmen haben spätestens jetzt erkannt, dass die geschilderte Problemsituation lediglich eine oberflächliche war.

Das Beratungsunternehmen hat die Ursache beseitigt. Es gab keine Widerstände bzw. es sind keine sichtbar geworden (Konstellation 3)

Wechselt man hier einmal kurz die Perspektive in Richtung Beraterseite, so würde man auf den ersten Blick ein derartiges Projekt als Volltreffer bezeichnen. Zunächst einmal hat das Beratersystem die richtige Ursache erkannt und ist im Anschluss im Beratungsprozess derartig zielgerichtet und sensibel vorgegangen, dass die zuvor definierten Projektziele erreicht wurden. Würde man dieses Ergebnis als realen Fall schildern, wären zumindest zweifelnde Blicke sicher – sowohl auf Kunden- als auch auf Beraterseite. Es liegt wohl insbesondere an der sozialen Komplexität des Beratungssystems, dass ein solches Resultat höchst unwahrscheinlich ist. Ein Beratungsprojekt ist wie oben beschrieben immer ein sozialer Prozess. Das trifft sogar auf das Zweiersetting Coaching oder Therapie zu: Gerade im Bereich der Psychotherapie gibt es zahlreiche empirische Untersuchungen zur Zufriedenheit der Patienten. Das ist auch hier nicht unbedingt mit dem Begriff der Wirksamkeit gleichzusetzen, da viele Patienten sich therapieren lassen, ohne im Grunde eine Veränderung ihrer Verhaltens- und Denkweisen anzustreben, sondern vielmehr, um eine Bestätigung ihrer Realitätskonstruktion zu erhalten. Gelingt es dem Therapeuten nicht, dieses Spiel zu erkennen, so kann es durchaus passieren, dass der Patient zufrieden ist. Wirksam war die Therapie dann aber nicht.

Mit anderen Worten: Die Situation, dass ein Projekt selbst bei der Bearbeitung des richtigen Ansatzpunktes vollkommen reibungslos abläuft, ist mehr als unwahrscheinlich. Wenn also dies berichtet wird, so wird es vermutlich so sein, dass die als Ursachen identifizierten Themen nicht wirklich Ursachencharakter hatten und somit die Tatsache, dass es keine Widerstände/Widerstandspotenziale gab, wenig verwunderlich ist. Bringt man die Bewertung wieder mit dem Begriff der Wirksamkeit zusammen, so dürfte man wieder bei der Einschätzung wie im erstgenannten Fall landen: Eine vordergründige, aber nicht nachhaltige Wirksamkeit.

Das Beratungsunternehmen hat die Ursache beseitigt. Es gab jedoch Widerstände bzw. Widerstandspotenziale (Konstellation 4)

Wechselt man auch hier wieder kurz die Perspektive in Richtung Beraterseite, so würde man sicher als Rückmeldung von Beratungsunternehmen genau diese Situation als typisch, wenn nicht als ideal definieren. Denn zunächst einmal ist die Identifikation und Bearbeitung der Ursache insbesondere unter Nachhaltigkeitsaspekten der größte Erfolg für ein Beratungsunternehmen. Dass man hierbei in der Regel mit sehr großen Widerständen und Widerstandspotenzialen zu rechnen hat, ergibt sich fast zwangsläufig. Dies liegt auch im Selbstverständnis der systemischen Organisationsberatung. Ein (Kunden-)System als solches befindet sich zunächst einmal in einer Balance. Auch wenn diese Balance durch vielerlei Kuriositäten gekennzeichnet sein kann:

Gerade als Berater hat man oft den Eindruck, einem großen Schauspiel beizuwohnen – mit allen Rollen und Skurrilitäten, die dieses Schauspiel mit sich bringt. In der Logik des Systems haben jedoch (fast) alle Haltungen und Handlungen einen Sinn. Diese sorgen für innere Stabilität und für eine Grenzziehung des Systems nach außen. Wird es nun von einem Auftraggeber so definiert, dass dieser stabile Zustand für das Weiterbestehen des Systems gefährlich werden könnte und daraufhin ein Beratungsunternehmen für die Transformation des bestehenden Zustands in einen anderen Zustand beauftragt wird, wird diese Systemstabilität im Beratungsprozess (im besten Fall) zerstört. Je weiter das Transformationsziel vom Ist-Zustand entfernt ist, desto größer sind in der Regel die Widerstände.

Natürlich haben bei einem derartigen Beratungsprojekt die Besetzungen der Rollen eine besondere Bedeutung. Insbesondere für einen Auftraggeber ist es ein enorm hohes Risiko, den bestehenden Zustand deutlich zu verändern. Es beginnt bereits damit, einen derartigen Auftrag überhaupt zu vergeben. Für gewöhnlich ist es den Verantwortlichen bewusst, dass hierfür ein nicht unerhebliches Budget verausgabt werden muss. Allein die Ansprache des Themas könnte bei einer Person, die für die Budgetierung und sonst im System eine bedeutsame Rolle spielt, Irritationen auslösen. Der eigentliche, spätere (und hier noch potenzielle) Auftraggeber begibt sich damit bereits im Vorfeld in eine Risikoposition. Startet das Projekt dann, steht und fällt das langfristige Überleben des Auftraggebers innerhalb des

Systems mit dem Erfolg des Projekts. Je höher diese Person in der Hierarchie angesiedelt ist, desto einfacher ist es selbstverständlich für diesen, ein derartiges Projekt zu initiieren. In einer Situation, wo das Umfeld des Auftraggebers die Notwendigkeit einer Veränderung nicht realisiert, ist dies dennoch ein Hochrisikospiel. Das gelingt eigentlich nur, wenn für das Gesamtsystem eine Situation eingetreten ist, in der eine radikale Veränderung fast unausweichlich erscheint. Interessanterweise gibt es jedoch Beispiele zur Genüge, wo Unternehmen trotz eindeutiger Warnsignale eine Veränderung nicht angestrebt oder versucht haben.

Der Ansatz des derzeitigen Vorstandsvorsitzenden der Osram AG zeigt hier ein anderes Bild: In seinem Interview zu Beginn seiner Amtszeit in der FAZ machte er deutlich, dass es sein Ziel sei, die bzw. alle Mitarbeiter davon zu überzeugen, dass eine Veränderung des Ist-Zustands überlebensnotwendig für das Unternehmen sei. Er sagte, er mache davon auch sein persönliches Überleben abhängig (vgl. o. V. 2015: 19). Eine derartige Haltung erfordert Mut. Aber natürlich auch eine gewisse Unabhängigkeit von dem System »Osram AG«. Das kann eigentlich nur gelingen, wenn der Initiator eine extern rekrutierte Person ist. Für diesen ist es – auch wenn er es so nie formulieren würde – eine Art Spiel. Mit dem Reiz, als Legende in die Annalen eines (Groß-)Unternehmens eingehen zu können. Der Regelfall sieht jedoch so aus, dass eher die Vermeidung von Risiko angestrebt wird.

Kommt man nun wieder auf die Frage der Wirksamkeit zurück, so könnte man den vorliegenden Fall als »Operation geglückt – Patient (unter Umständen) tot« beschreiben. Denn ob die Veränderung der Ist-Situation zu positiven Effekten geführt hat, kann erst im Nachhinein festgestellt werden. Und dies auch nur bedingt: Die bereits angesprochenen Veränderungen im Umfeld können unter Umständen die Erreichung des Ziels verhindern oder beschleunigen. Es klingt kurios: Richtiger Ansatzpunkt (Ursache), normale Reaktion beim Kundensystem, aber die Wirksamkeit wird von den Mitarbeitern wie von den Auftraggebern regelmäßig infrage gestellt. Man erkennt zwar auf Kundenseite, dass etwas passiert ist, kann das aber nicht eindeutig und zwangslogisch der Arbeit der Berater zuschreiben.

Diese vier geschilderten Konstellationen waren alle der Kategorie zugeordnet, dass entweder das Symptom oder die Ursache beseitigt wurde und die Projekte damit auf den ersten Blick erfolgreich sind. Wie zu erkennen war, wird auf der Kundenseite die Wirksamkeit hier dennoch differenziert bewertet. Die andere Kategorie, nämlich dass weder Ursache noch Symptom beseitigt wurde, kann daher verkürzt behandelt werden. Nämlich in dem Sinne, dass vermutet werden kann, dass weder ein Auftraggeber noch die Mitarbeiter wegen offensichtlicher Erfolglosigkeit von Wirksamkeit sprechen können. Dies ist sicher logisch nachvollziehbar.

1.2 Die Perspektive der Beratenden

Bleibt man im Bild der Beratung als einer Dienstleistung mit einem entsprechenden Anbieter und demjenigen, der diese Dienstleistung in Anspruch nimmt, so könnte man auf den ersten Blick schlussfolgern, dass die Perspektive des Beratenden eigentlich unerheblich für eine genauere Untersuchung ist. Denn letztlich scheint es doch der Kunde zu sein, der über den Nutzen und damit über die Wirksamkeit der Beratung entscheidet. Aber wie bereits in Kapitel 1 eingeleitet, kann der Kunde nicht der alleinige Maßstab zur Beurteilung von Wirksamkeit sein. Denn einerseits hat ein Beratungsunternehmen für gewöhnlich Erfahrung damit, was wirksam ist und was Wirksamkeit konkret bedeutet und sollte dementsprechend bestimmte Faktoren identifiziert haben, anhand derer Wirksamkeit gemessen werden kann. Andererseits hat ein Beratungsunternehmen auch eine ethische Verantwortung. Sollte also beispielsweise ein Kunde bei einem Frisör den Wunsch vorbringen, dieselbe Frisur wie Donald Trump geschnitten zu bekommen, so sollte ein guter Coiffeur dem Kunden doch zumindest mitteilen, dass diese Frisur ästhetisch doch diskussionswürdig sei. Oder zumindest dem Kunden auf charmante Weise übermitteln, dass sie nicht zu seinem Typ passe.

Impact

Für die Perspektive des Beratenden haben Fink und Knoblach einen neuen Ansatz vorgestellt: Ausgangspunkt dieses Ansatzes ist die sog. Impact-Theorie. Diese »... beschäftigt sich mit der Frage, welche Faktoren dazu führen, dass ein Mensch das tut, was ein anderer möchte: Warum tue ich das, was andere wollen? Warum tun andere das, was ich will?« (o. V. o. J. a). Fink und Knoblach haben das Modell auf die Beraterbranche angepasst und sich dabei die Frage gestellt, was dies insbesondere für die Wirksamkeit eines Beratungsprozesses bedeutet und wovon diese Wirksamkeit eigentlich abhängt. Herausgekommen sind 59 Einzelfaktoren, die letztlich eine sog. Perception Value beim Kunden ergeben. Über die drei wesentlichen, geclusterten Faktoren (a) Kompetenz (b) Rechtschaffenheit und (c) Attraktivität resultieren so aus dem Modell heraus in der Wahrnehmung beim Kunden (a) Zutrauen (b) Vertrauen und (c) Sympathie. Und damit das Ausmaß des Impacts – sprich der Wirksamkeit.

Das Zutrauen entsteht im Beratungskontext zunächst einmal dadurch, dass ein Berater sein Können zeigt bzw. zeigen kann. Fachkompetenz ist jedoch nur eine Komponente davon. Auch soziale Kompetenz ist hier von Bedeutung. Bezieht sich also das Zutrauen auf das Können, so ist beim Vertrauen das Wollen ausschlaggebend. Das bedeutet, dass ein Berater seine Kompetenz auch korrekt darstellt. Insbesondere Konsistenz und Offenheit erscheinen hier wesentlich. Ohne den dritten Faktor, die Sympathie, kann jedoch erfahrungsgemäß langfristig keine gute Beziehung im Beratungssystem verankert werden. Dies ist möglicherweise sogar ein K.-o.-Kriterium, auch wenn die Berater kompetent und rechtschaffen agieren. Nicht selten werden Berater aufgrund fehlender Empathie vom Kundensystem abgelehnt. Hybris und Arroganz haben hier einen besonders negativen Einfluss.

Das Ergebnis der jüngsten Studie hat hervorgebracht, dass die Wirksamkeit eines Projekts zu ca. 50% von der Kompetenz (gleich Zutrauen), zu ca. 30% von der Rechtschaffenheit (gleich Vertrauen) und zu ca. 20% von der Attraktivität (gleich-

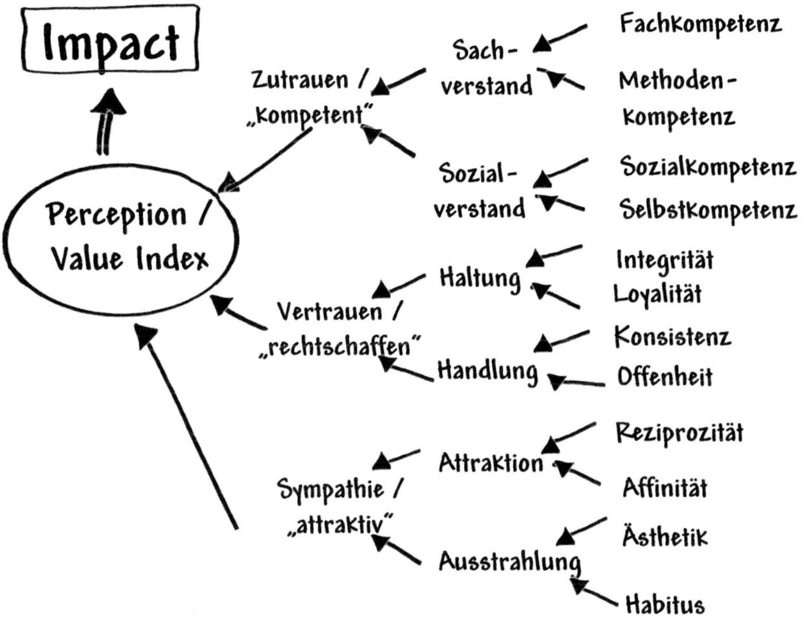

Dar. 2: Wahrgenommener Kundennutzen (nach o. V. o. J. a)

Sympathie) abhängig ist (vgl. Student 2016: 34). Interessanterweise bringt die Studie auch wieder einige gängige Klischees zum Vorschein: So weist McKinsey bei der Kommunikation (gleich Sozialkompetenz) nach oben einen Topwert aus. Demgegenüber belegt der Branchenführer bei der Kommunikation nach unten einen abgeschlagenen Platz (vgl. Student 2016: 35). Dies ist kaum verwunderlich: Bei der jüngst angekündigten Umstrukturierung der Commerzbank AG, bei der ca. jeder dritte Arbeitsplatz wegfallen soll, ging dem ein Auftrag an McKinsey voraus (vgl. o. V. 2021: 18). Die Kommunikation der Ergebnisse wiederum wurde intern durchgeführt. Einmal sicher begründbar durch die internen Abläufe eines börsennotierten Unternehmens (Einholung der Zustimmung des Aufsichtsrats, Ad-hoc-Veröffentlichung etc.), aber auch durch die Art des Projekts. Denn derjenige, der das Konzept für eine derart einschneidende Veränderung erstellt, ist sicher nicht geeignet, bei der Ideenfindung entsprechend gut nach unten zu kommunizieren. Eine weitere Tatsache ist, dass bei den Faktoren Branchenkompetenz und Charisma generell in der Branche der Top-Beratungsunternehmen ein deutliches Auseinanderklaffen festgestellt wurde (vgl. Student 2016: 35). Mit anderen Worten: Die »Nieten in Nadelstreifen« (Günter Ogger) scheinen – zumindest in der Wahrnehmung der Kunden – nach wie vor zu existieren.

Zusammengefasst ist noch einmal zu betonen, dass diese Methodik zwar in der Weise entstanden ist, dass letztlich der Dienstleistungsempfänger im Fokus war. Der Transmitter ist jedoch die Wahrnehmung (»Perception Value«) der vom Kunden so empfangenen Kompetenzfaktoren (i. w. S.) der Berater bzw. der Beratungsunternehmen. Diese sind also dazu angehalten, sie zu beachten, zu pflegen und auszubauen. Die Studie hat damit eindeutig nachgewiesen, dass die genannten Einzelfaktoren letztlich über die Wirksamkeit von Beratung entscheiden können und liefert damit den Beratungsunternehmen ein entsprechendes Gerüst bzw. die damit korrespondierenden Anforderungen zugleich mit. Anders formuliert: Bringt ein Beratungsunternehmen in einem Beratungsprojekt das Maximale der Einzelfaktoren (auch unter Berücksichtigung deren Gewichtung) ein, so sollte aus deren Perspektive das Notwendige erreicht worden sein. Ob dies dann auch hinreichend ist, hängt u. a. auch davon ab, wie – das wurde bereits in Kapitel 1.2 beschrieben – das Projekt als solches angegangen wurde und welche Reaktion sich hierbei im Kundensystem gezeigt haben.

Anknüpfend an den letzten Gedanken zeigte sich bereits, dass es Beratungsunternehmen durchaus auch mit Projekten zu tun bekommen, die möglicherweise auf den ersten Blick erfolgreich sind und für das Unternehmen zugleich – und größtenteils auch unabhängig davon – einen finanziellen Erfolg darstellen können, jedoch nicht auf Nachhaltigkeit ausgerichtet sind. Im Grunde war dies sicher der Fall in Kapitel 1.2 in den Konstellationen (1) und (3) und eingeschränkt auch in der Konstellation (2). Die Konstellation (4) dürfte hingegen allein aufgrund der offenen und zum Teil verdeckten Widerstände für Nachhaltigkeit sorgen. Auch systemisch ist dies erklärbar: Es findet eine Interaktion (Intervention) im Sinne einer Verstörung des Systems statt und das System versucht nun, eine neue Stabilität zu erreichen. Das ist in jedem Fall ein emotionaler und energieaufwendiger Vorgang, der seine Spuren im System hinterlässt.

Es gibt bis dato keine empirische Untersuchung darüber, wie die prozentuale Verteilung der vier Konstellationen in der Praxis aussieht. Schaut man sich aber wiederum die Verteilung des Gesamtmarkts von (Management-)Beratungsdienstleistungen in Deutschland an, so ist zu erkennen, dass die großen Beratungsunternehmen hier mit Abstand auch den größten Marktanteil haben. Kombiniert man das mit einer Aussage aus der eingangs erwähnten Fink-Knoblach-Studie, nachdem »drei Viertel der Befragten [...] Beratern einen positiven Einfluss auf ihr Geschäft« bescheinigen (Student 2016: 32) so fällt auf, dass die einzig wirksame und nachhaltige Variante (4), nämlich die Beseitigung der Ursache bei Widerständen, zumindest nicht die häufigste Konstellation sein dürfte. Denn das Ausmaß an Widerstand würde hier ganz anders mit in die Bewertung einfließen.

Mit anderen Worten: Der Großteil der Beratungsprojekte täuscht eine Wirksamkeit vor bzw. wird als wirksam beschrieben, obwohl nach der reinen Lehre diese Projekte gar nicht nachhaltig sind.

Das ist selbstverständlich ohne empirische Absicherung eine gewagte Hypothese. Spricht man jedoch mit Unternehmensvertretern, so hört man selten, dass ein Beratungsprojekt entscheidende, insbesondere strategische Veränderungen aufgezeigt und man daraufhin diese auch so umgesetzt hat. Die Erklärung hierfür kann natürlich auch leicht nachgeliefert werden: Aus Sicht des Kunden (hier insbesondere des Auftraggebers) dürfte man wohl kaum eingestehen, dass das teure McKinsey-Projekt eigentlich eine Fehlinvestition war. Man kann die mangelnde Nachhaltigkeit auch damit begründen, dass die Rahmenbedingungen und die handelnden Personen sich so stark geändert haben, dass die Wirksamkeit des Projekts ohnehin nicht wirklich nachweisbar ist. Die Sicht des Beratungsunternehmens ist hier im Grunde die gleiche.

Ein weiterer Aspekt: Viele, insbesondere große Unternehmen haben sog. Haus-und-Hof-Beratungsunternehmen. Oftmals begründet durch private Netzwerke, gibt es enge Verflechtungen der großen Beratungsunternehmen mit den Entscheidern der Großindustrie. Aufträge in dreistelligen Millionenhöhen sind nicht selten die Folge davon (Student 2016: 34). Man könnte an dieser Stelle einmal ein Gedankenexperiment anführen: Wenn ein Beratungsunternehmen tatsächlich erfolgreich und wirksam (gleich nachhaltig) Projekte bearbeitet, sollte es doch eigentlich so sein, dass dann für einen langen Zeitraum dieses Beratungsunternehmen bzw. dessen Dienstleistung gar nicht mehr benötigt wird vom Auftraggeber (Beratungsprojekte an verschiedenen Stellen innerhalb eines Konzerns einmal außen vor gelassen). Doch das Gegenteil schien zumindest bis vor kurzem der Fall gewesen zu sein. Glaubt man der Untersuchung von Fink und Knoblach, so gingen die Top-Berater bei den Top-Führungskräften ein und aus (Student 2016: 32). Dass am Ende nun doch die Auftraggeber gewisse Zweifel an der Wirksamkeit dieser Art von Dauerberatung haben, ist denkbar: Offenbar verändert sich derzeit die beschriebene Situation etwas. Nicht umsonst titelt das Manager Magazin in seiner Oktoberausgabe 2016: »Vom König zum Knecht?« Anders formuliert: Auch die Top-Berater müssen um Aufträge und Netzwerke mittlerweile kämpfen. Dies ist sicher eine Chance für Beratungsunternehmen, die von vornherein das Feld der Konstellation (4) besetzen und dies auch so kommunizieren.

Im Kern geht es damit für ein Beratungsunternehmen um die Frage, wie es sich im Markt positionieren will bzw. mit welchem Selbstverständnis die Beratungsdienstleistung angeboten und verkauft wird. Die Formel »Wirksamkeit (gleich Nachhaltigkeit) vor Umsatz« wird damit zu einer ethischen Fragestellung.

Ethik

Sucht man nach einer Art ethischem Leitfaden im Beratungskontext, so wird man sehr schnell fündig: Der BDU hat sog. »Berufsgrundsätze des Bundesverbandes Deutscher Unternehmensberater BDU e. V.« aufgestellt (vgl. o. V. o. J. b). Hier sind insbesondere die § 2 und 4 von Bedeutung für die eben gestellte Frage. In § 2 heißt es: Der Berater »übernimmt nur Aufträge, wenn er über die dafür erforderliche Kompetenz und die zur Bearbeitung erforderliche Zeit verfügen kann. Aufträge, die rechtswidrige oder unlautere Handlungen erfordern, werden abgelehnt oder nicht ausgeführt«. Um es gleich an dieser Stelle vorwegzunehmen: Weitere detaillierte Hinweise im Sinne der Formel Wirksamkeit vor Umsatz gibt es nicht. Mit anderen Worten: So lange ein Projekt zunächst nicht im Sinne dieses Paragrafen als rechtswidrig erscheint, kann bzw. soll ein Auftrag dazu durchaus nicht abgelehnt werden. Das sollte zumindest in Ansätzen erkennbar sein. Anders könnte es mit dem Begriff der Unlauterkeit aussehen. Laut Duden bedeutet unlauter »nicht ehrlich« oder »nicht fair«.

Die Frage, die hier im Raum steht, ist also, ob ein Beratungsunternehmen in der Akquise-/Anfangsphase eines Projekts es ehrlich oder fair (an)erkennt, dass die gewünschte Veränderung so vermutlich nicht funktionieren wird bzw. absehbar ist, ob sich am Ende des Projekts ein nachhaltiges Ergebnis einstellen könnte. Eine schwierige, fast nicht logisch ableitbare Frage. Denn es ist aus der Sicht des Beratungsunternehmens häufig gerade zu Beginn nicht wirklich klar, wie die Rahmenbedingungen eines Projekts aussehen. Selbst wenn mehrere Gespräche mit Auftraggeber und weiteren Personen geführt wurden: In der Regel entwickelt sich ein Beratungsprojekt aufgrund der genannten systemischen Besonderheiten nach und nach. Selten ist ein Königsweg eindeutig vorherbestimm- und umsetzbar. Ist die Situation jedoch eindeutig, so sollte unter ethischen Aspekten der Wirksamkeit der Vorrang gelassen werden. Ohne absehbare Wirksamkeit keine Annahme eines Projekts.

Zurückkommend auf die BDU-Grundsätze heißt es weiter in § 4: »Der Berater führt die Beratung unvoreingenommen und objektiv durch; dies schließt insbesondere Gefälligkeitsgutachten aus.« Kommt man noch einmal auf das obige Beispiel der Commerzbank AG zurück, so ist zumindest die Wahrnehmung in der Öffentlichkeit so, dass Beratungsunternehmen lediglich als Feigenblatt für Entscheidungen herhalten müssen, die ohnehin bereits getroffen wurden. Es waren dann eben die Berater, die dem Management die massive Streichung von Arbeitsplätzen empfohlen haben. Wirksamkeit ist damit zwar erzielt. Der Autor hierfür ist dann aber nicht mehr das Beratungsunternehmen, sondern der Auftraggeber. Damit verändert sich im Kern die Beratung als Dienstleistung im oben beschriebenen systemischen Sinne. Der Aufbau eines echten Beratungssystems findet somit gar nicht statt.

1.3 Schaffung einer gemeinsamen Perspektive?

Fasst man die beiden vorangegangenen Kapitel noch einmal zusammen, so kann man konstatieren, dass auf Kundenseite (in der Regel) ein gewisser Schmerz vorliegt und der Kunde die Wirksamkeit eines Beratungsprozesses danach bemisst, ob und mit welchen Tiefenbohrungen bzw. unter welchen Umständen der Schmerz vom Beratungsunternehmen beseitigt wurde. Die Beratenden wiederum wissen, welche Eigenschaftsfaktoren von Beratern nötig sind, damit der Beratungsprozess als Dienstleistung überhaupt einen »Impact«, also eine Wirkung, beim Kunden haben kann. Dies sollte stets ethischen Standards genügen. Das bedeutet auch, dass auf Augenhöhe in einem systemischen Beratungssystem beraten wird.

Die Frage ist nun, wie hieraus eine gemeinsame Perspektive entwickelt werden kann. Da die vorgetragenen Aspekte von Wirksamkeit jedoch eher komplementärer Art sind, müsste diese wohl auf einer übergeordneten Ebene angesiedelt sein. Als ein Hilfsinstrument könnte die Wirksamkeit beispielsweise über die Verständigung auf bestimmte Evaluationskriterien und deren anschließende Messung ermittelt werden. Es wurde jedoch bereits angesprochen, dass selbst bei »guter« Definition derartiger Kriterien viel zu viele Einflüsse auf diese wirken können und damit strenggenommen eine Scheinevaluation stattfindet.

Schwarze Schwäne

Gerade an letztgenannter Aussage wird evident, dass externe Einflussfaktoren mit in die Überlegungen zur Definition der Wirksamkeit eingeschlossen werden müssen. Hierzu gab es lange keine wirklich überzeugenden Ansätze. Bis im Jahr 2007 Nassim Taleb in einer zunächst mehr oder minder von Experten belächelten Veröffentlichung zunächst den Begriff des »Schwarzen Schwans« einführte (vgl. zum Folgenden Taleb 2008: 19f): Im Kern ging es bei diesem darum, dass die menschliche Psyche in der Weise funktioniert, dass die schiere empirische Abwesenheit von (echten) schwarzen Schwänen uns dazu verleitet, deren Existenz zu negieren. Wie man weiß, gibt es aber tatsächlich schwarze Schwäne. Taleb geht es dabei insbesondere um die Deutung der Zukunft aus der Vergangenheit heraus: Hat jemand bis dato keine Erfahrung mit schwarzen Schwänen gehabt, so wird er geneigt sein, für die Zukunft die Begegnung mit einem schwarzen Schwan auszuschließen – oder sogar die theoretische Möglichkeit von dessen Existenz gar nicht in Betracht ziehen. Ein schwarzer Schwan ist damit in der Definition Talebs ein höchst seltenes, unwahrscheinliches Ereignis. Dieses Ereignis kann jedoch zu extremen Konsequenzen führen.

Als ehemaliger Börsenhändler hatte Taleb den Zusammenbruch des Finanzsystems vorausgesagt. Und damit letztendlich Recht behalten. Er ging sogar noch weiter: Er selbst ging derart ins Risiko, dass er an der Börse Wetten auf den Zusammenbruch des Finanzsystems platzierte. Hierdurch erlitt er zwar anfänglich hohe Verluste. Letztendlich wurde er aber belohnt: Seine Anlagestrategie hat ihn letztlich zu einem wohlhabenden Mann gemacht. Taleb diskutiert aber nicht nur negative Ausgänge. Auch ein positiver schwarzer Schwan kann unverhoffte Wirkungen entfalten. Ein klassisches Beispiel ist sicher die Entdeckung Amerikas. Denn ursprünglich wollte Christoph Kolumbus einen neuen Seeweg nach Indien finden. Auch bietet die Pharmaindustrie heutzutage genügend Anschauungsmaterial. Ob Penicillin oder Viagra – beide Medikamente wurden bekanntermaßen ursprünglich für ganz andere Anwendungen entwickelt bzw. sind zufällig entstanden.

Zum besseren Verständnis des gedanklichen Konzepts sollte man wissen, dass Taleb ein Forscher im Bereich Statistik und Finanzmathematiker ist. Seine Kritik (zunächst insbesondere an der Finanzbranche) ist damit auch wissenschaftlich fundiert. Er weist nach, dass bei der Extrapolation der Gegenwart in die Zukunft zumeist für den Ist-Zustand eine Gaußsche Normalverteilung angenommen wird (vgl. Taleb 2008: 77ff). Extreme Ausschläge sind hier definitionsgemäß nicht vorhanden. Wird nun diese Ausgangssituation induktiv extrapoliert, werden mögliche extreme Ereignisse einfach ausgeblendet. Er benutzt dafür die Metapher eines Landes namens »Mediokristan«. Tatsächlich aber befinden wir uns in einem Land mit dem Namen »Extremistan«. Hier kann eine einzige Abweichung in Sinne eines schwarzen Schwans extreme Konsequenzen nach sich ziehen. An dieser Stelle weitet Taleb den Blickwinkel: Denn nicht nur in der Finanzindustrie leben wir im Modus »Extremistan«. Es ist quasi der Normalzustand der Welt, in der wir heute leben (vgl. Taleb 2008: 84).

Blickt man nun genauer auf diese extreme Welt, so ist sie durch die sog. VUKA-Bedingungen geprägt. VUKA steht für Volatilität, Unsicherheit, Komplexität und Ambiguität. Diese Bedingungen lassen sich am Beispiel der Luftfahrtbranche anschaulich beschreiben. Die nun gleich aufgeführten Einflussfaktoren lassen sich zum Teil mehreren der VUKA-Kategorien zuordnen. Es sei hier aber lediglich die bedeutendste Kategorie genannt. Auch ist die Aufzählung nicht abschließend.

Volatilität

Die Volatilität, also das Ausmaß der Schwankung von Preisen, Aktien- und Devisenkursen, Zinssätzen oder auch ganzen Märkten innerhalb einer kurzen Zeitspanne, kann in der Luftfahrtindustrie insbesondere an den Aspekten Treibstoffkosten und Währungsschwankungen festgemacht werden. Schaut man sich den Einfluss des Ölpreises auf die Gewinnmarge der Fluggesellschaften an und richtet zugleich den Blick auf dessen Volatilität, dürfte man sich – versetzt man sich in die Lage eines CEO einer Fluggesellschaft – angesichts dessen sehr unwohl und machtlos fühlen. So ist beispielsweise allein für 2022 festzustellen, dass der Ölpreis von Ende Dezember 2021 bis Anfang März 2022 je Barrel (Sorte Brent) von einem Stand von ca. 79 Dollar auf einen vorläufigen Höchstpreis von ca. 129 Dollar stieg (vgl. STATISTA). Dies entspricht einer Steigerung von ca. 60% in nur knapp 2 Monaten. Sicher versuchen Fluggesellschaften, den Preis über Optionsgeschäfte für derartige kurze Zeiträume auf einem stabilen Niveau zu halten. Zudem ist davon auszugehen, dass die marktseitige Übertreibung auch schnell wieder in die gegenläufige Richtung gehen kann (was tatsächlich bis Mitte März 2022 auch geschah mit wieder zweistelligen Preisen je Barrel). Aber selbst, wenn man den schwarzen Schwan Ukraine-Krieg herausrechnet und den zeitlichen Rahmen deutlich weiter fasst, ist zu sehen, dass der Ölpreis auch bei der Betrachtung längerer Zeitspannen stets erheblichen Schwankungen ausgesetzt ist. Verstärkt wird dies (auf der Kostenseite) durch den Umstand, dass Öl auf dem Weltmarkt in Dollar zu bezahlen ist. Je nach Währung bzw. Wechselkursschwankungen wird die Volatilität damit noch verstärkt – oder (über-)kompensiert. Selbst wenn dies unter Ceteris- paribus-Bedingungen auf der Umsatzseite stattfinden würde, so ist dies doch ein im Vergleich zu anderen Branchen extrem hohes Risiko für die Luftfahrtindustrie.

Risiko

Das Risiko ist dadurch begründet, dass über die Zukunft Unsicherheit herrscht. Diese Binsenweisheit erscheint manchem CEO aber nicht akzeptabel. So werden Annahmen über die Zukunft gemacht, die schwarze Schwäne weitgehend ausschließen. Interessant ist an dieser Stelle auch, dass typischerweise bei Hauptversammlungen zwei Szenarien vorherrschen: Bei gutem Geschäftsverlauf wird regelmäßig die eigene Leistung bzw. die des Managementteams in der Weise betont, dass man die Zukunft gut vorausgesehen und -geplant habe. Taleb (2008: 25) nennt dies die retrospektive Verzerrung vergangener Ereignisse. Dies gilt aber auch für schlechte Geschäftsverläufe. Hier wird dann regelmäßig betont, dass der oder die aufgetretenen schwarzen Schwäne so nicht absehbar gewesen seien. Damit wird die Verantwortung für Fehlentscheidungen in eine Art Schicksalssphäre übertragen. Wären manche CEO mit mehr Demut beschlagen, wäre man unter Umständen geneigt, letztgenannte Situation durchaus zu akzeptieren. Denn viele gute Entscheidungen etwa im Bereich Forschung beruhen schlicht auch auf dem Prinzip Zufall. Nur kann dies offenbar so den Aktionären nicht »verkauft« werden.

Zurückkommend auf das Beispiel der Luftfahrtindustrie ist diese – neben den unter Volatilität erwähnten Ereignissen – hier insbesondere Themen wie Wetter, Arbeitsniederlegungen, gesetzlichen Neuregelungen oder auch größeren schwarzen Schwänen wie Naturkatastrophen oder Kriegen ausgesetzt. Der im Jahr 2016 einzigartige »wilde« Streik bei der Tuifly hat dies eindrucksvoll gezeigt. Möglicherweise aus Protest gegen einen geplanten Umbau des Konzerns hatten sich Tuifly-Mitarbeiter massenhaft krankgemeldet (vgl. o. V. 2016). Aus juristischer Sicht gibt es diesbezüglich kaum Mittel, um gegen ein derartiges Verhalten vorzugehen. Es sei denn, eine Gewerkschaft hätte zu Krankmeldungen aufgefordert. Das war aber hier nicht der Fall bzw. konnte nicht nachgewiesen werden. Es erstaunte daher auch nicht, dass innerhalb von wenigen Tagen der Vorstand einen Kompromissvorschlag zum Konzernumbau einbrachte und die Krankmeldungen danach wieder auf Normalniveau gingen. Mit anderen Worten: Gewöhnliche langwierige Streiks wie immer wieder bei der Deutschen Bahn oder bei der Lufthansa können schon fast als Normalfall bezeichnet werden (mit dem man aus Unternehmersicht dann auch entsprechend umgehen kann). »Wilde« Streiks wie in diesem Fall sind jedoch eher ungewöhnlich und steigern wiederum die Unsicherheit.

Aber auch andere der oben genannten Ereignisse tragen zu einem unsicheren Umfeld für die Luftfahrtindustrie hinzu: Es sei hier nur der Ausbruch des Vulkans Eyjafjallajökull auf Island als Beispiel genannt (vgl. zum Folgenden o. V. 2010). Seine Aschewolke beeinträchtigte im April 2010 massiv den Flugverkehr über Europa. Es fielen mehr als 100.000 Flüge aus. Insgesamt wurde der Schaden auf ca. 5 Mrd. Dollar geschätzt. Interessanterweise verloren die Fluggesellschaften laut einer Studie davon »nur« ca. 2,2 Mrd. Dollar. Reisende aber gaben ca. 1,6 Mrd. weniger Geld aus. 0,5 Mrd. Dollar Verlust waren Produktivitätseinbußen, die aus gestrandeten Arbeitskräften resultierten. Dieser geographisch und auch erdgeschichtlich eher kleine schwarze Schwan hatte aber nicht nur Auswirkungen auf Europa. Hier wurden die Verluste mit ca. 2,63 Mrd. Dollar angesetzt. Aber auch in Nord- und Südamerika gab es Auswirkungen in Höhe von ca. 957 Mio. Dollar. In Asien 517 Mio. Dollar. Weltweit waren es 4,7 Mrd. Dollar. Inklusive des im Nachgang noch gestörten Flugbetriebs addierten sich die Verluste auf die o.g. 5 Mrd. Dollar (es sei noch einmal daran erinnert, dass der Flugverkehr lediglich für einige wenige Tage gestört war). Es zeigt sich also hier, wie Schocks in der Art eines schwarzen Schwans von einer Branche auch Einfluss auf andere Branchen und Lebensbereiche haben können. Der schwarze Schwan SARS-CoV-2 hat diese Aussage noch einmal nachdrücklich bestätigt.

Komplexität

Damit kommt man zum Thema Komplexität, dem Ineinandergreifen vieler Merkmale. Wiederum betrachtet für die Luftfahrtindustrie kann man hier den technischen Aspekt als Beispiel nehmen: Die heutigen Flugzeuge sind als Systeme hochentwickelt. Es treten (technisch) Rückbezüge, Zirkelschlüsse und wechselseitige Abhängigkeiten innerhalb des Systems auf. Solange dies funktioniert, treten keine Probleme auf. Es reicht aber ein kleiner, negativer schwarzer Schwan, um das Gesamtsystem in Unruhe zu bringen. Bis zum möglichen Zusammenbruch. Es gibt zwar redundante Systembestandteile (auf das wichtige Thema Redundanz wird noch eingegangen) – dennoch kommt es immer wieder vor, dass ein Flugzeug abstürzt. Und genau dann beginnt die Fehlersuche. Aufgrund der Systemkomplexität kann es aber vorkommen, dass keine eindeutige Ursache-Wirkungskette für einen Absturz identifiziert werden kann.

So geschehen im Fall des über dem Atlantik abgestürzten AirFrance Flugs 447 im Juni 2009: Es dauerte mehrere Jahre bis dieses Unglück zumindest teilweise aufgeklärt werden konnte. Nach wie vor ungeklärt ist aber, was im Cockpit genau vor sich ging. Wie es zum Fehlverhalten der Crew kommen konnte, die wohl aufgrund von vereisten Geschwindigkeitsmessern falsche Entscheidungen getroffen hat, ist immer noch offen und wird vermutlich nie eindeutig geklärt werden. Neben der technischen Komplexität kam hier vermutlich noch die Komplexität menschlichen Denkens unter Extrembedingungen hinzu. Für die Luftfahrtindustrie als Ganzes gilt dies ebenfalls: Die Komplexität, die u.a. durch Volatilität und Unsicherheit entsteht, lässt die Entscheider, die aus früheren Zeiten (und möglicherweise auch durch ihre beispielsweise technische Ausbildung) lineare Kausalzusammenhänge gewohnt sind, vor der Komplexität kapitulieren und einfache Lösungen testen.

Ambiguität

Genau hier kommt man zur letzten der vier Bedingungen, der Ambiguität (Doppel- bzw. Mehrdeutigkeit). Es gibt hier ebenfalls einen Unfall in der Luftfahrtindustrie, der diese Mehrdeutigkeit von Informationen gut veranschaulicht (vgl.

zum Folgenden Department of Transport 1990). Beim sog. »Kegworth Air Desaster« verunglückte eine Boing 737-400 der British Midland Airline (Flug 92 am 08.01.1989). Kurz nach dem Start vernahmen die Piloten, dass sich in der Kabine Rauch bildete. Zusätzlich wurde das Flugzeug durch Vibrationen erschüttert. Daraufhin schalteten sie das rechte Triebwerk ab, da in älteren Versionen dieses Flugzeugtyps genau dies für die Luftzufuhr in der Kabine genutzt wurde. Die geflogene Maschine war allerdings neu und technisch anders konfiguriert. Die Luft wurde nun nämlich aus beiden Triebwerken gewonnen. Da durch den Abschaltvorgang zufälligerweise auch die Kerosinzufuhr zum (defekten) linken Triebwerk kurzzeitig reduziert wurde, führte dies dazu, dass der Rauch und die Vibrationen zunächst nachließen. Obwohl auf den Instrumenten die Fehlfunktion des linken Triebwerks weiterhin zu sehen war (wie auch visuell von der Kabine aus), dachten die Piloten, dass sie das Problem gelöst hätten. Zumal die Vibrationsanzeigen in den älteren Versionen des Flugzeugs bei den Piloten als nicht sehr zuverlässig angesehen wurden. Da aber hierdurch die Geschwindigkeit sank, mussten Sie zur Notlandung erneut mehr Kerosin in das vermeintlich intakte linke Triebwerk pumpen. Dies führte letztlich dazu, dass das Triebwerk erneut Feuer fing und die Maschine im Landeanflug abstürzte. 47 der 126 Menschen an Bord kamen dabei ums Leben.

Zusammengefasst zeigte sich die Ambiguität also hier in der Form, dass bei Vorliegen verschiedener Informationen diese von den Piloten falsch bewertet wurden. Mit anderen Worten: Die Summe der vorliegenden Daten aus dem Triebwerksschaden (Ursache) waren für sie nicht eindeutig interpretierbar. Dies alles gilt im übertragenen Sinne natürlich wiederum auch für die Luftfahrtindustrie als Ganzes: Wie man sehen kann, findet die gesamte Branche bis auf wenige Ausnahmen kein Geschäftsmodell, das nachhaltig Gewinne und Wachstum verspricht (insbesondere in Zeiten steigender Kerosinpreise). Obwohl sämtliche Informationen, die dazu benötigt werden, vorliegen. Gut ablesen kann man das am Niedergang von Air Berlin. Die Fluggesellschaft war erfolgreich als Charterflieger gestartet, um darauf eine im Nachhinein als unstrukturiert zu bezeichnende Expansionsstrategie zu fahren. Letztlich hatte Air Berlin am Ende nur noch eine Existenzberechtigung als Zubringer des eigenen Großaktionärs Etihad.

Nach diesen Beispielen für eine VUKA-Welt ist nun die Frage zu klären, wie insbesondere Unternehmen hiermit idealerweise umgehen sollten. Auch hier gibt Taleb eine Antwort: 2012 führte er dazu den Begriff der Antifragilität ein.

Antifragilität

Generell bedeutet Antifragilität als Gegenstück zur Fragilität, dass einige »Dinge« von Erschütterungen profitieren, »wenn sie instabilen, vom Zufall geprägten, ungeordneten Bedingungen ausgesetzt sind, wachsen und gedeihen sie. Sie lieben das Abenteuer, das Risiko und die Ungewissheit« (Taleb 2014: 21). Anders formuliert: Treten ein oder mehrere schwarze Schwäne auf, die man als exogenen Stress auf Systeme interpretieren kann, werden diese besser. Wenn keine Veränderung bei Stress auftritt, dann bezeichnet man diese Systeme als robust. Verschlechtern sie sich bei Stress, dann sind sie fragil. Antifragilität ist damit weit mehr als Robustheit. Oder auf der individuellen Ebene mehr als die Resilienz, die eine psychische Widerstandsfähigkeit gegen Krisen bezeichnet. Taleb identifiziert insbesondere in der Natur und im Sozialen die Fähigkeit zur Antifragilität. Zu letzterem Kontext zählt hier auch die Wirtschaft – und damit insbesondere diejenigen Unternehmen, um die es meist im Beratungskontext geht.

Die Frage ist nun, wie ein Unternehmen – zunächst einmal auch ohne Hilfe von Beratern – es schaffen kann, Antifragilität zu erreichen. Diese muss im Sinne dieses Konzepts bereits zu dem Zeitpunkt gedacht werden, an dem noch gar nicht abzusehen ist, dass ein schwarzer Schwan überhaupt denkbar ist. Mit anderen Worten: Selbst aktuell äußerst erfolgreiche Unternehmen wie beispielsweise Facebook oder Google befinden sich in der latenten Gefahr des Untergangs. Offensichtlich kann man bei diesen Unternehmen aber, ohne dass es so ausgesprochen wird, antifragile Tendenzen feststellen. Und zwar hier in der Form der Evolutionsökonomie: Ganz im Schumpeterschen Sinne verstehen die Entscheider ihr Unternehmen als lebendiges System und bauen dieses in evolutorischer Manier ständig um. Immer mit dem Ziel des langfristigen Überlebens des Gesamtsystems. Facebook hat hierzu beispielsweise die Anwendung WhatsApp erworben. Und damit einen Teilumbau über eine externe Akquisition gelöst. Google wiederum hat sich seit Bestehen des Unternehmens vor unseren Augen mit immer neuen Ideen an den Markt begeben. Teilweise sind diese zumindest vorläufig gescheitert (wie die Datenbrille Google Glass). Google insgesamt hat sich aber von der einfachen Suchmaschine zum mächtigsten Player im Bereich Internetdienstleistungen entwickelt. Hierfür kann durchaus die Firmenkultur verantwortlich gemacht werden. Ganz in dem Sinn, positive schwarze Schwäne zuzulassen, gewährt das Unternehmen beispielsweise seinen Mitarbeitern ein bestimmtes Zeitkontingent, damit sie sich mit eigenen Projekt- oder Produktideen frei beschäftigen können (vgl. Holtfort 2015: 41).

Betrachtet man dagegen klassische Industrieunternehmen wie die Robert Bosch GmbH oder die Siemens AG, so wird dort zwar versucht, einen evolutorischen Umbau zu bewerkstelligen. Dieser geht jedoch deutlich langsamer vonstatten als bei den oben genannten Unternehmen. Gerade bei Bosch könnte aktuell die Problematik eines schwarzen Schwans verheerende Folgen haben. Da das Unternehmen sehr stark auf die Automobilindustrie ausgerichtet ist, ist Bosch direkt von den Veränderungen dort betroffen. Dies war punktuell zunächst am Beispiel des VW-Abgasskandals sehr gut zu erkennen, was besonders auf die starke Diesel-Sparte Auswirkungen hatte. Aber vor allem das strukturelle Thema der Verkehrswende wird zu tiefgreifenden Konsequenzen für das Unternehmen führen. Der schwarze Schwan steht damit bereits in Überlebensgröße vor den Toren der Konzernzentrale auf der Schillerhöhe. Die Wirtschaftswoche titelte daher jüngst auch treffend »Lost in Transformation« (vgl. Seiwert et al. 2021: 44). Hier ist dringend geboten, dass Bosch sich nicht nur auf diese Veränderung einstellt, sondern sich auch anderen Märkten zuwendet, wie dies beispielsweise mit dem Spin-Off Bosch Sensortec bereits funktioniert, das wiederum aus der Automobilbranche kommend dort eingesetzte Sensoren schon seit geraumer Zeit für Anwendungen im Bereich Consumer Electronics nutzt.

Wie könnte also fragiles Verhalten durch antifragiles Verhalten ersetzt werden? Zwei wesentliche Hebel sind hierbei die künstliche Erzeugung von Stressoren und die Schaffung von Redundanzen. Analysiert man nämlich das Gesamtwerk von Taleb und seine Grundaussagen über die schwarzen Schwäne und die Antifragilität, führt dies letztlich immer zu diesem Begriffspaar. Dieser Ansatz entspricht im Übrigen ganz einer systemischen Haltung im Rahmen eines Beratungsprozesses.

Die Aufgabe eines Unternehmenslenkers müsste es also sein, dafür zu sorgen, dass zunächst einmal das Gesamtsystem Unternehmen auch in verhältnismäßig ruhigen Zeiten ständig Stressoren ausgesetzt wird. Denn es könnte ja durchaus sein, dass – obwohl das Unternehmen wie oben beschrieben in einer VUKA-Welt verortet ist – es relativ erfolgreich damit umgeht bzw. diese VUKA-Welt aktuell keinen negativen Einfluss auf den Erfolg des Unternehmens hat. Oben wurde bereits schon beschrieben, dass Taleb hier Anleihen aus der Natur nimmt. Es gibt hierzu ein sehr einleuchtendes Beispiel: Das sog. Wolffsche Gesetz besagt, dass menschliche Knochen ständig Stressoren ausgesetzt werden müssen, da sie ansonsten brüchig werden. Es zeigt sich hier klar – sogar im Wortsinn – die Idee der Antifragilität: Bei Belastung (gleich Stressoren) werden die Knochen sogar noch dichter als zuvor. Bei mangelnder oder gar keiner Belastung nimmt die Knochendichte sogar ab.

Überträgt man dies auf ein Unternehmen, wäre es nun der erste Gedanke, dass die Entscheider die Organisation und damit die Mitarbeiter quasi ständig unter Strom halten müssen. Das ist jedoch etwas zu kurz gedacht. Der bekannte Spruch, dass wieder »die nächste Sau durchs Dorf getrieben wird«, führt nämlich dazu, dass die Mitarbeiter durch derartigen Aktionismus genau diesen nicht mehr als Stressor empfinden. Sondern im Gegenteil an der Dynamik und der Entscheidungsqualität Zweifel bekommen. Eben wurde daher bewusst formuliert, dass die Entscheider/Unternehmenslenker dafür sorgen müssen, dass die Stressoren praktisch intrinsisch bei den Mitarbeitern ankommen und aufgenommen werden. Also eben nicht in der Art eines Top-Down-Prozesses, den Taleb gerne als Sowjet-Harvard-Prinzip bezeichnet. Ähnlich wie in der Motivationslehre sollen also Hindernisse aus dem Weg geräumt und die Organisation bzw. die darin tätigen Mitarbeiter nicht direkt motiviert bzw. unter Druck gesetzt werden. In der diesbezüglichen Umsetzung sind eine Reihe von Handlungsfeldern denkbar.

Stressoren

Zunächst einmal geht der Blick auf die Stressoren. Hier gibt es sicher zahlreiche Möglichkeiten. Drei davon erscheinen im unternehmerischen Kontext als wesentlich (und sind im Übrigen keine Unbekannten): Das Thema Vision, das Thema Risiko und das Thema Ungewissheit. Weshalb sich die kluge Berücksichtigung dieser Handlungsfelder als günstig für die Herstellung von Antifragilität eignet, wird im Folgenden ausgeführt.

Einfach formuliert ist eine Vision ein wünschenswerter Entwurf einer etwas ferneren Zukunft. Auf Unternehmen übertragen wäre dies ein Zustand, den das betreffende System in einem mehr oder minder definierten Zeitrahmen erreichen will. Wesentlich ist dabei, dass diese Vision, sofern sie gut ausformuliert ist, eine emotionale Sogwirkung innerhalb des Unternehmens entwickelt. Hierbei hilft insbesondere, dass sie von den Mitarbeitern als einzigartig angesehen wird. Die Frage ist nun, wie eine Vision als Stressor wirken kann. Hierzu muss noch einmal genau auf den Begriff des Stressors eingegangen werden. Gewöhnlich ist Stress negativ besetzt. Eine derartige angstbesetzte Intervention könnte kurz- bis mittelfristig ebenso geeignet sein, das Ziel der Antifragilität zu erreichen. Die oben geschilderte Top-Down-Problematik verbunden mit der abwartenden Haltung der Mitarbeiter würde jedoch dazu führen, dass die Vision und die mit ihr verbundene Zukunftsangst verpufft. Man kann dies auch gut an schlecht formulierten Unternehmensvisionen erkennen, die – ob gewollt oder nicht – eher die Angstebene von Mitarbeitern ansprechen. Im Gegensatz dazu ist positiver Stress in Verbindung mit einer Vision geeignet, Energien freizusetzen und im unternehmerischen Kontext dazu beizutragen, dass die Mitarbeiter vollumfänglich hinter der Vision stehen und bereit sind, den hierzu notwendigen Weg mitzugehen. Zusammengefasst ist also eine Vision ein geeignetes Mittel, um als positiver Stressor Antifragilität zu erreichen.

Das nächste Thema Risiko ist kaum der als günstig eingeordneten Kategorie »positiver Stressor« zuzuordnen. Aber zunächst einmal ist wiederum der Begriff Risiko näher zu beleuchten. Auch hier ist erkennbar, dass einem der negative Aspekt in einer oberflächlichen Einschätzung als erstes in den Sinn kommt. Dies kann aber nur aus der Perspektive einer Status-quo-Bewahrungshaltung kommen. Denn die Natur (genauer gesagt die Evolution) wäre gar nicht so weit gekommen, wenn das Risiko als solches immer nur negativ anzusehen wäre. Auch die herausragenden Leistungen in der Menschheitsgeschichte fußen überwiegend auf Handlungen, die mit extremem Risiko verbunden waren. Natürlich ist es schwer, Mitarbeitern eines Unternehmens eine Haltung zu vermitteln, die das bewusste Eingehen von Risiken impliziert. Manches Mal scheint dies aber durch: So wünschen sich viele Unternehmenslenker von den Mitarbeitern, dass sie unternehmerisch denken. Das bedeutet nichts anderes, als dass sie dazu aufgefordert werden, riskante Entscheidungen zu treffen.

Oftmals ist jedoch das fragile Gegenteil der Fall: Der Autor selbst hat als Berater in einem großen Unternehmen erlebt, wie im Rahmen eines Strategieentwicklungsprozesses der verantwortliche Manager erkannte, dass das bestehende Geschäftsmodell zum Scheitern verurteilt war. Daraufhin wurde diskutiert, dass man eigentlich ein neues Geschäftsmodell entwickeln müsste. Dies ist natürlich mit erheblichen Risiken verbunden. Nicht zuletzt für den verantwortlichen Manager selbst. Nach Rücksprache mit der übergeordneten Führungsebene wurde der Prozess daher unterbrochen und man begnügte sich damit, die prognostizierten Verluste (aus dem bestehenden Geschäftsmodell heraus) lediglich zu reduzieren. Hierfür wurden sogar Prämien ausgelobt. Um wieder auf den Gedankengang von oben zu kommen: Risiko ist geeignet, als positiver Stressor Antifragilität zu erreichen. Wichtig ist dabei aber die Entwicklung einer risikofreudigen Unternehmens-DNA, wobei letztlich wiederum die Unternehmensführung im Sinne von Leadership diese Haltung auch vorlebt. Und damit Abstand nimmt von der oftmals üblichen »Cover-My-Ass«-Denkweise und der damit oftmals verbundenen Fehlervermeidungskultur.

Das Handlungsfeld Ungewissheit ist von den drei genannten Themen sicher das subjektiv unangenehmste. Kann eine Vision noch Energien freisetzen und der bewusst lockere Umgang mit dem Thema Risiko bei konsequenter Anwendung sogar spielerischen Spaß bereiten, so ist vermutlich die Ungewissheit etwas, was den meisten Menschen Angst bereitet. Nicht zufällig ist es ja so, dass nach eigener Befragung durch den Autor angehende Absolventen seiner Hochschule im überwiegenden Maß eine Angestelltenposition präferieren. Diese Absolventen landen dann noch im überwiegenden Maße in Großunternehmen, wo Risikoaversion als vorherrschende Kultur anzutreffen ist.

Die Frage ist nun, wie Ungewissheit wiederum als positiver Stressor interpretiert und umgesetzt werden kann. Die einfache Antwort hierauf: Es ist wiederum Führungsaufgabe, diese Ungewissheit einfach zuzulassen. Ähnlich wie beim Thema Risiko sollte die Unternehmensführung vorleben, dass die Zukunft per se nicht vorausplanbar ist und daher eher nach dem Prinzip »Trial and Error« vorgegangen werden muss, um Antifragilität zu erreichen. Taleb selbst hat festgestellt, dass wir in der VUKA-Extremistan-Welt diesbezüglich ohnehin keine andere Wahl haben. Es ist dabei auch offensichtlich, dass das Thema Ungewissheit sehr stark mit dem Thema Risiko korreliert: Um die Ungewissheit ökonomisch und mental aushalten zu können, bedarf es einer Risikofreude, die dergestalt ist, dass auf der einen Seite und zu großen Teilen das Marktangebot für einen bestimmten Zeitraum als sehr sicher dasteht. Auf der anderen Seite sollte das Angebots-Portfolio mit extrem hohen Risiken »spielen«. Im Grunde wäre dies ein Unternehmen wie der oben bereits zitierten Robert Bosch GmbH (und zwar dort ein extrem krisensicheres Geschäft wie die Hausgerätesparte) kombiniert mit dem Hochrisikoanteil des Geschäfts einer Venture-Capital-Unternehmung.

Damit wird auch deutlich, dass wiederum die Vision diese ungewöhnliche Variante explizit einschließen muss, damit alle Mitarbeiter im Unternehmen eine emotionale Bindung hierzu entwickeln können. Ganz nach der evolutorischen Idee müsste auf lange Sicht zum Erhalt des Gesamtsystems dieses sich somit ständig verändern. Und zwar in der Weise, dass Teile des Hochrisiko-Portfolios zum neuen Kerngeschäft werden und gleichzeitig das alte Kerngeschäft hierdurch substituiert wird. Und genau hieran scheitern die meisten Unternehmen. Dies kann eindrucksvoll an der Geschichte von Nokia nachvollzogen werden kann: Hier hat sich zwar mehrfach das Geschäftsmodell fundamental verändert. Letztlich aber hat eine relativ satte Unternehmenskultur dazu geführt, dass eine notwendige, neuerliche Veränderung ausgeblieben ist (zum sog. Sense of Urgency ▶ Kap. 2.2).

Insgesamt kann also festgehalten werden, dass der bewusste Einsatz der Stressoren Vision, Risiko und Ungewissheit dazu geeignet ist, Antifragilität und damit das langfristige Überleben eines Unternehmens sicherzustellen. Wie gezeigt, ist es wichtig, den positiven Aspekt im Sinne von Leadership auch vorzuleben und damit auf lange Sicht über eine neue Art von Führungshaltung eine entsprechende Unternehmenskultur zu etablieren.

Redundanzen

Der Einsatz von Stressoren ist jedoch nur die eine, eher durch externe Umstände ausgelöste Variante einer die Antifragilität unterstützenden Unternehmens-DNA. Oben wurde ja bereits ausgeführt, dass bei Taleb noch der Aspekt der Redundanz hinzukommt. In der Natur bzw. Biologie ist dies mehr als offensichtlich: So sind beispielsweise bei Säugetieren (und nicht nur da) viele wichtige Organe doppelt vorhanden. Man denke nur an die menschliche Niere oder auch die Übernahme von bestimmten Funktionen von Organen durch andere Organe. Wäre der Mensch ein Unternehmen, hätten McKinsey & Co. sicher eine ganze Reihe von Einsparpotenzialen zu entdecken. Die Redundanz hilft uns jedoch in einer VUKA-Welt, negative schwarze Schwäne zu überstehen. Es ist daher überlebensnotwendig, dass diese Redundanzen zumindest nicht zurückgefahren werden. Wie kann nun Redundanz auf der unternehmerischen Ebene aussehen? Geht man von dem Grundkonzept aus, dass Veränderungen immer auf allen drei Ebenen Strategie, Struktur und Kultur stattfinden müssen, sind diese geeignet, hier als Ausgangspunkt zu dienen (zur Begründung dazu ▶ Kap. 6.1)

Beginnend bei der Kultur im Sinne einer Unternehmens-DNA und deren beobachtbarer Sichtbarkeit im Kontext des persönlichen Umgangs der handelnden Personen kommt man hier sehr schnell zum Begriff der Kommunikation. Gemäß dem Soziologen Niklas Luhmann ist Kommunikation sogar wesensbestimmt für soziale Systeme. Soziale Systeme und Kommunikation sind damit Synonyme: Wann immer etwas kommuniziert, ist es ein soziales System, und umgekehrt muss jedes soziale System kommunizieren, um überhaupt existieren zu können. Wie kann nun eine antifragile Kommunikationskultur aussehen? Holtfort (2015: 39) hat dies treffend beschrieben: Er fordert wörtlich einen banalen Austausch von Informationen. Dies erscheint auf den ersten Blick zwar nicht effizient. Jedoch ist beispielsweise gerade in kleineren, familiär geprägten Unternehmen zu erkennen, dass genau diese Art der flachen, nicht an abstrakten Zahlen orientierten Kommunikation letztlich zu einer höheren Effektivität führt. Und genau dieser Weg weg von Effizienz (»die Dinge richtig tun«) hin zu Effektivität (»die richtigen Dinge tun)« ist das, was Redundanz ermöglicht und damit Antifragilität schafft.

Es ist damit ein eher chaotisch anmutender, informeller Austausch innerhalb einer Organisation, der anzustreben ist. Wenn dies zunächst nicht einleuchtend erscheint, kann man auf die Kommunikationskultur in größeren Unternehmen blicken. Dort geschieht Kommunikation überwiegend im Gegenstromverfahren. Wesentliche Entscheidungen werden Top-Down über viele Hierarchieebenen hinweg kommuniziert. Selbst wenn diese Entscheidungen von hoher Güte sind, werden über dieses zudem langwierige Verfahren die Informationen je Übermittler unterschiedlich interpretiert und zum Teil auch übermäßig verstärkt. Der Spruch, dass »wenn oben gehustet wird, unten ein Orkan ankommt«, drückt dies treffend aus.

Aber auch umgedreht gilt: Die Hierarchie selbst sorgt dafür, dass wichtige Informationen nach oben hin mehr und mehr geschönt dargestellt werden. Das ist aus der Perspektive eines Nachrichtenüberbringers auch rational, denn die Überbringung schlechter Botschaften ist schon im Altertum gesundheitlich nicht förderlich gewesen. Zwar werden die Botschafter heute nicht mehr geköpft. Karriere können diese jedoch regelmäßig nicht machen. Was also geschehen muss, ist, dass auch in großen Unternehmen hierarchieübergreifend Kommunikationsmöglichkeiten geschaffen werden. Große Systeme selbst gieren sogar regelrecht danach. Früher war es die Zigarettenpause oder der Kaffeeautomaten-/Kantinenklatsch. Heute ist es manches Mal schon der Tischkicker oder das moderne Bürosystem wie in der neuen Microsoft-Zentrale in München, wo kein Mitarbeiter überhaupt mehr ein eigenes Büro hat und damit regelrecht dazu genötigt wird, mit immer wieder wechselnden Partnern zu kommunizieren.

Es sei an dieser Stelle betont, dass die Kultur nicht nur ihre Ausprägung in der Kommunikation findet. Sie ist eines von vielen Artefakten einer tieferliegenden Ebene, die sie zugleich und rekursiv erheblich formt (ausführlich dazu ▶ Kap. 3.2).

Ein offensichtlicher Bereich zur Schaffung von Redundanzen ist die Struktur. Genau hier finden Beratungsunternehmen genügend Ansatzpunkte zur Steigerung der Effizienz. Dies ist teilweise auch notwendig bzw. berechtigt. Wie oben ausgeführt wurde, darf die Effizienz jedoch nicht als alleiniges Ziel gelten. Denn es ist eher die Effektivität und der Mangel an maximal ausgereizter Effizienz, der Antifragilität schafft. Was bedeutet das konkret? Ganz in dem Sinn, dass Organisationen lebende soziale Systeme sind, sollten demnach Entscheidungen in den einzelnen Einheiten weitestgehend autonom getroffen werden. Mit anderen Worten: Top-Down-Entscheidungen sind weitestgehend zu vermeiden (zumal diese gar nicht in der kleinsten Zelle ankommen) und dafür dezentrale Strukturen zu schaffen. Meistens befürchten Unternehmenslenker, dass so in der Organisation Chaos ausbricht. Das ist aber genau dann nicht der Fall, wenn eine emotional tragende Vision diese dezentrale Struktur auf ein Ziel hinlenkt. Und auch bei auf den ersten Blick eher zentralisierten Strukturen und Entscheidungswegen ist gut zu erkennen, dass Systeme ohnehin dazu tendieren, das zu tun, was antifragil ist.

Es gibt zahlreiche Beispiele, wo der Autor als Berater erkennen konnte, wie eine offiziell zentralisierte Organisation sog. Bypass-Lösungen zur Umgehung der damit einhergehenden Prozesse und Kommunikationswege entwickelt. Wichtig ist an dieser Stelle noch einmal zu erwähnen, dass es hier einen Trade-off zwischen dem Ziel der Redundanz und den Kosten hierfür gibt. Es ist daher eine unternehmerische Entscheidung, das gewünschte Maß an Redundanz zu definieren. Ist dies nicht ausreichend, schafft das System die Redundanz häufig ganz von selbst. Äußerer Beweis dafür ist, dass gerade nach Phasen der Zentralisierung oftmals wieder Phasen der Dezentralisierung folgen. Die Begründung ist zumeist schlicht: Die Zentralisierung habe nicht die gewünschten (Einsparungs-)Erfolge erbracht. Bei dem beschriebenen Muster durchaus nachvollziehbar. Und im Übrigen gut für Beratungsunternehmen: Oftmals sind es dieselben Firmen, die zuvor den Zentralisierungsprozess betrieben haben, genau diejenigen, die die Konzepte zur erneuten Dezentralisierung wieder bereitstellen und umsetzen.

Als weiteres Handlungsfeld zur Schaffung von Redundanzen wurde oben das Thema Strategie genannt. Dies steht natürlich in direktem Zusammenhang mit dem Thema Vision, das als geeigneter positiver Stressor definiert wurde. Die klassische Lehre sagt aus, dass eine Strategie den Weg zur Erreichung einer Vision beschreibt und Leitplanken im Sinne von konkreten Handlungsanweisungen hierfür definiert. Worüber jedoch Uneinigkeit herrscht, ist der Zeithorizont einer Strategie. Waren dies in der alten Industriewelt noch Zeitzyklen von 3 bis 5 Jahren, spricht man in der Praxis mittlerweile eher von 1 bis 3 Jahren. Analysiert man dies jedoch vor dem Hintergrund des Konzepts der Antifragilität, so erscheint selbst dieser Zeitraum zu lang. Es sollen ja Redundanzen geschaffen werden und diese erzielt man, indem man eher einem »Trial and Error«-Pfad folgt. Mit anderen Worten: Strategiearbeit wird zur Daueraufgabe. Schaut man sich dagegen den zeitlichen Umfang an, in dem Führungskräfte sich mit Strategie befassen, so liegt dieser nach der persönlichen Empirie des Autors sowohl als Berater als auch als Geschäftsführer des eigenen Unternehmens im kaum wahrnehmbaren Bereich. Das Tagesgeschäft überlagert fast immer alles andere.

Was bedeutet dies nun alles für die Frage der Wirksamkeit von Beratungsdienstleistungen? Zusammengefasst ist zunächst einmal festzuhalten, dass für den Erfolg und die langfristige Überlebensfähigkeit ein Unternehmen nicht nur robust (das sind einige Unternehmen), sondern antifragil sein muss. Dies wird erreicht durch die künstliche Erzeugung von externen Stressoren sowie durch die Schaffung von Redundanzen. Dies liegt im Übrigen ganz auf der Linie der systemischen Beratung: Die Stressoren können hier als beraterische Interventionen interpretiert werden. Und die Schaffung der Redundanzen ist das, was lebendige Systeme ausmacht, nämlich Autopoiesis als den Prozess der Selbsterschaffung und -erhaltung eines (sozialen) Systems. Wenn nun ein Unternehmen diese Antifragilität mit Bordmitteln nicht erreicht und Beratungsdienstleistungen einkauft und die berechtigte Frage nach der Wirksamkeit gestellt wird, so gilt von nun an als übergeordnetes Prüfkriterium:

> (Beraterische) Wirksamkeit ist dadurch definiert, dass es einem Beratungsunternehmen gelingt, das Kundensystem in einen antifragilen Zustand zu versetzen.

Alles andere wäre sogar vor einem ethischen Hintergrund nicht mehr akzeptabel, da trotz besseren Wissens vor dem Hintergrund einer VUKA-Welt jegliche beraterische Aktivität, die davon abweicht bzw. dahinter abfällt, als Kosmetik entlarvt ist – und damit für diese Beratungsunternehmen offensichtlich Umsatz vor Wirkung steht.

Fallstudie StromWind AG

Die StromWind AG ist ein Unternehmen der Windenergiebranche und dort ein Hersteller von Windkraftanlagen. Das Unternehmen wurde Anfang der 90er Jahre gegründet und machte Stand 2022 mit seinen knapp 500 Mitarbeitern (Deutschland) ca. 120 Mio. Euro Gesamtumsatz. Hauptabsatzmarkt ist Europa, davon ca. 50% in der DACH-Region.

Die StromWind hatte in den vergangenen drei Jahrzehnten eine recht wechselvolle Geschichte erfahren. In den ersten zehn Jahren stand der Aufbau des Know-Hows und der Fertigungskapazitäten im Mittelpunkt, die zu Beginn ausschließlich in Oberbayern angesiedelt wurden. Auch war diese Pionierphase stark davon beeinflusst, dass revolvierend finanzielle Mittel beschafft werden mussten. Der Einstieg eines Venture Capitalist sorgte schließlich dafür, dass das Unternehmen das anziehende Marktwachstum bis zur Jahrtausendwende mitgehen konnte. Bis dahin war die Unternehmenskultur noch sehr stark geprägt vom Gründerteam. Mit einem Börsengang im Jahr 2003 änderte sich dies: Der damit verbundene Einstieg eines Großinvestors brachte (wie nicht ungewöhnlich) auch Veränderungen im Führungsteam mit sich. Diese Gemengelage führte die StromWind in den Nullerjahren direkt in Turbulenzen: Aufkommender Wettbewerb (vor allem aus Asien) in Verbindung mit einem schrumpfenden Markt überforderten zum einen das neue Management. Zum anderen machten die Mitarbeiter genau dieses dafür verantwortlich, dass das Unternehmen in eine Schieflage geriet. Viele Hochqualifizierte verließen daher die StromWind und nach einem neuerlichen Austausch der Führungsmannschaft durch den Aufsichtsrat musste das Unternehmen schließlich Insolvenz anmelden. Durch massive Sanierungsmaßnahmen in Verbindung mit einer gezielten Förderung durch öffentliche Mittel konnte die StromWind jedoch gerettet werden. Zugleich brachte sie eine neue, innovative Generation von Windkrafträdern an den Start und man partizipierte unter anderem damit am erneut starken Wachstum der Branche in Deutschland sowie am generellen Trend für grüne Energie weltweit. Vor allem ein Joint Venture mit einem australischen Unternehmen brachte einen enormen Wachstums- und Erfolgsschub. Auch die Fertigungskapazitäten wurden nun (unter anderem auch in Australien) ausgebaut. Es machte sich dementsprechend im dritten Jahrzehnt eine gewisse Selbstzufriedenheit in der Unternehmenskultur breit. Mit Einsetzen der De-Globalisierung zu Beginn der 20er Jahre änderte sich wiederum die Situation für die StromWind: Einerseits gab es große Probleme im Zuliefererbereich, die die Produktion teilweise komplett zum Erliegen brachte. Andererseits gab es wiederum eine Marktsättigung in der DACH-Region (zum Teil auch ausgelöst durch die Reduzierung staatlicher Subventionen) sowie die Abschottung diverser Auslandsmärkte. Hinzu kam, dass eine neue Regierung in Australien abrupt und überraschend den Fokus auf die Kernenergie legte.

Die StromWind hatte bis dato keine Erfahrung mit Beratungsunternehmen gemacht. Dennoch entschied das Management, dass es jetzt der richtige Zeitpunkt sei, sich externe Unterstützung zu holen. Im Erstgespräch mit dem Beratungsunternehmen Disruptio Consult GmbH wurden die Ziele des Beratungsprojekts besprochen. Das Management der StromWind hatte hier eine klare Vorstellung: Aus deren Perspektive sollte das Engagement möglichst geräuschlos eine Lösung der Problemsituation hervorbringen. Das Beraterteam entgegnete, dass die aktuelle Lage dergestalt sei, dass eine echte Verbesserung vermutlich nur mit harten strategischen wie operativen Einschnitten erreicht werden könne. Dies traf auf erheblichen Widerstand des Managements, da man genau das bereits einmal schmerzhaft durchgeführt habe und man nicht bereit sei, noch einmal diesen Weg so zu gehen. Man vertagte sich daher. Im internen Nachgespräch bei der Disruptio Consult zeigte man wenig Verständnis für diese Kundenhaltung. Man ging aufgrund von Qualifikation und Erfahrung davon aus, dass vor allem die eigene Kompetenz und Erfahrung hinreichend dafür sein müsste, diese prekäre Situation adäquat einschätzen und bearbeiten zu können.

Da man sich beraterseitig aber bewusst war, dass die unterschiedlichen Erwartungshaltungen und Perspektiven grundsätzlich kaum miteinander vereinbar sind, bemühte man dann in einem Zweitgespräch eine außergewöhnliche Metapher: Wie im Bestseller von Nassim Taleb erstmals beschrieben, wurde die schlichte Frage formuliert, ob denn das Management am Teich des Firmenstandorts schon einmal einem schwarzen Schwan begegnet sei. Das führte zu einer interessanten Diskussion: Von dem fünfköpfigen Team hatte nur eine Person überhaupt einen solchen Schwan gesehen (zufällig in Australien – der natürlichen Heimat des Trauerschwans). Die anderen wussten nicht einmal, dass es diesen überhaupt gibt. Man konnte sich also darauf verständigen, dass das Antreffen eines schwarzen Schwans in Oberbayern ein höchst seltenes Ereignis sei. Und nur die Tatsache, dass man dort noch nie einen gesehen hatte, nicht bedeutet, dass dieser nicht existiert. Übertragen wiederum auf die aktuelle Situation der StromWind konnte man gemeinsam schlussfolgern, dass beispielsweise die energiepolitische Neuausrichtung der australischen Regierung exakt einem solchen schwarzen Schwan entspräche. Denn es war damit überhaupt nicht zu rechnen gewesen – zumal die Vorgängerregierung einen Großauftrag für die StromWind in Aussicht gestellt hatte.

Das Beraterteam führte weiter aus, dass es zur Vorbereitung auf zukünftige schwarze Schwäne notwendig sei, ein Unternehmen resilient zu machen. In der Sprache der Berater wurde dazu der Begriff der Antifragilität benutzt. Dieser geht noch weiter als Resilienz, da ein antifragiles Unternehmen durch die (theoretische) Vorwegnahme des Auftretens von schwarzen Schwänen diese nicht nur überlebt, sondern sogar noch besser wird. Das Management hatte verstanden: Wirksame Beratung ist generell und im speziellen Fall der StromWind dadurch gekennzeichnet, dass ein Unternehmen durch die Hilfe der Berater in einen antifragilen Zustand versetzt wird. Dies löst nicht nur die aktuellen Probleme, sondern auch die zukünftigen. Denn schwarze Schwäne treten aufgrund der sog. VUKA-Welt immer wieder als unerwartete Schocks auf. Man wurde also handelseinig und vergab zunächst mündlich einen Auftrag an die Disruptio Consult.

Dar. 3: Der Begriff der Wirksamkeit

2 Anlässe von Beratung

Nimmt man die eben aufgestellte Forderung als Selbstverpflichtung, so muss man auf der Seite eines Beratungsunternehmens zunächst einmal evaluieren, ob dies eigentlich für jede Beratungssituation so möglich ist. Denn die Kunden tendieren dazu, aus einer wie auch immer gearteten, diffusen Idee heraus Berater ins Haus zu holen. Dies ist im ersten Schritt damit verbunden, dass mindestens auf der Seite des potenziellen Auftraggebers eine gewisse Unsicherheit herrscht. Zunächst bezüglich der Definition des wahren Themas, dem Grad der eigenen Offenheit und der vermuteten Qualität der Berater bzw. des Beratersystems. Oftmals ist es den Kunden dabei auch gar nicht bewusst, auf welchen Prozess sie sich da eigentlich einlassen.

Auf der Seite der Berater gilt Ähnliches: Der Kunde tritt offensichtlich mit einem bestimmten Anliegen an das Beratungsunternehmen heran. Erfahrene Berater können jedoch sehr schnell erkennen, ob das Anliegen auch entsprechend bearbeitet werden kann oder nicht. Oder ob es überhaupt ein »angemessenes« Anliegen ist. Aber genau an dieser Stelle wird es interessant: So wie Reineck und Anderl (2012: 15) es beschreiben, ist es manches mal so, »als ob sie (die Berater) sich durch Hintertüren ins Haus schleichen, um in die Küche zu kommen, wo man den Braten riecht und den Köchen in die Töpfe schauen oder in die Suppe spucken kann«. Mit anderen Worten: Je nach Ausbildung und Beraterhaltung ist gar nicht klar, ob im Match von Kundenwunsch und Beraterprofessionalität das Ziel der Antifragilität überhaupt erreicht werden kann.

Ein weiterer bedeutender Aspekt ist, wie der Kontakt zwischen Kunde und Berater zustande kommt. Das eben beschriebene Bild ging davon aus, dass der Anstoß für das Eingehen eines Beratungsprozesses vom Kunden ausgeht. Wie auch immer er zum jeweiligen Beratungsunternehmen den Kontakt hergestellt hat: Es geht hier in der Regel um Vertrauen. Der größte Teil von Beratungsprojekten kann aus der Sicht von Beratungsunternehmen daher nur über Bestandskunden bzw. über Empfehlungsmarketing generiert werden, da hier bereits Vertrauen besteht oder die Bereitschaft des Kunden, einen Vertrauensvorschuss zu geben, höher ist. Anders sieht es bei Neukunden aus. Der Weg von der Kaltakquise bis dahin, ein Unternehmen antifragil aufgestellt zu haben, ist hier sehr weit.

Im Folgenden werden nun zunächst einmal die üblichen Zugänge zu einem Kundensystem genauer analysiert. Für den Fall, dass der potenzielle Kunde noch gar keine rechte Idee hat, dass er Beratungsdienstleistungen tatsächlich benötigt, ist darauf das Thema Sense of Urgency zu betrachten. Darauf aufbauend schließt sich die Frage an, welcher Art der Auftrag ist: Geht es um eine Verbesserung der Ist-Situation oder um die Erzielung von Exzellenz und – daraus folgend – was dies für das Thema Antifragilität bedeutet.

2.1 Generelle Zugänge

Reineck und Anderl (2012: 15) berichten von ihrem Beraterkollegen Küppers, der in einem nicht veröffentlichten Manuskript die häufigsten Zugänge von Beratung beschrieben hat. Küppers nennt dies das Jannowitzquadrat, der Name leitet sich schlicht aus der Tatsache ab, dass er exakt unter der Jannowitzbrücke in Berlin die Idee dazu hatte. Reineck und Anderl haben dies grafisch umgesetzt. In Anlehnung daran ergibt sich nachfolgende Darstellung:

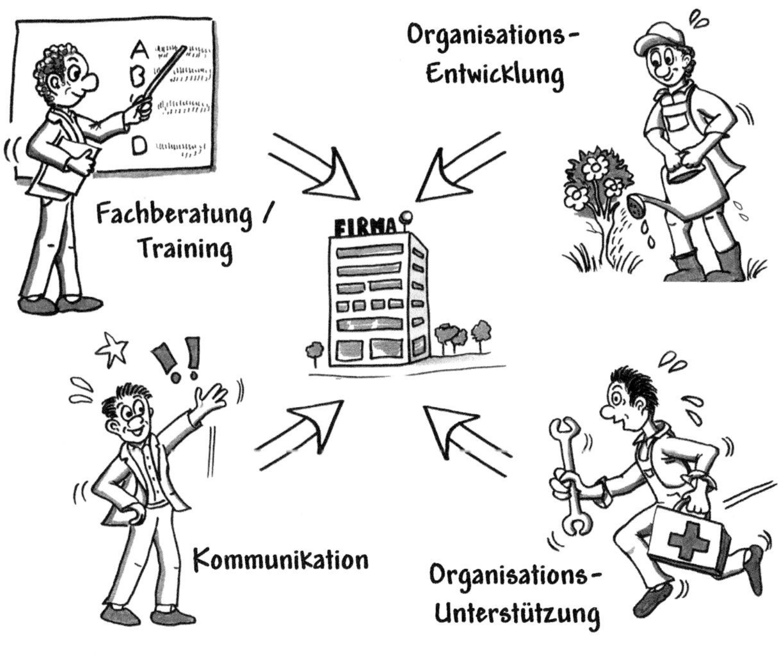

Dar. 4: Zugänge von Beratung (nach Reineck & Anderl 2012: 16)

Wie zu erkennen ist, unterscheidet Küppers vier grundsätzliche Eingänge. Wichtig ist dabei, dass diese jeweils die ersten Aufträge sind, bei denen der Kunde auf das Beratersystem zugeht. Kaltakquirierte Aufträge sind hier zunächst nicht berücksichtigt worden.

Zugang Fachberatung

Der klassische Zugang ist sicher der, dass ein Unternehmen – auch wenn den Entscheidern möglicherweise die Begrifflichkeit dazu fehlt – Fachberatung einfordert. Es wird hier immer davon gesprochen, dass man Denkanstöße brauche, auf Lösungsansätze gespannt sei und auch die Organisation als solche sicher bereit sein werde, die Vorschläge zu tragen bzw. umzusetzen. Derartige Aussagen kommen oftmals von Entscheidern, die ein mechanistisches Weltbild haben. Sie sehen die Berater als verlängerte Denk- oder Werkbank und möchten manches Mal auch von deren Branchenkenntnis oder sogar von deren Kenntnis über den direkten Mitbewerber profitieren (dass die Berater beim nächsten Kunden mit genau letztgenanntem Argument einen Auftrag platzieren können, wird interessanterweise oftmals einfach ausgeblendet).

Die Frage ist nun, ob in einer solchen Beratungssituation ein Unternehmen im antifragilen Sinne verändert werden kann. Ohne jetzt schon die oben besprochenen Filter der Stressoren und der Redundanzen zu bemühen, kann hier bereits konstatiert werden, dass allein der Zugang als solcher mit sehr hoher Wahrscheinlichkeit zu keiner Antifragilität führt. Denn selbst wenn das Kundensystem mit offensichtlichen Mängeln behaftet ist, so ist doch die Frage, wie die Fachberatung als Intervention auf das System überhaupt wirken kann. In der Regel ist es nämlich so, dass die Vorschläge in der Umsetzung scheitern. Den Grund bilden die in Kapitel 1.1 diskutierten Widerstände bzw. Widerstandspotenziale. Dabei ist sogar die Frage unerheblich, ob wie gezeigt lediglich das Symptom oder sogar die Ursache angegangen wurden. Denn Fachberatung impliziert zumeist auch, dass die Verantwortung für die Umsetzung implizit vom Entscheider auf das Beratersystem übertragen bzw. in der letzten Konsequenz vom Kundensystem auch nicht eingefordert wird.

So ergibt sich die kuriose Situation, dass die einen (die Berater) nicht können, die andern (die Entscheider beim Kunden) nicht wirklich wollen bzw. sich gar nicht bewusst sind, dass es mit der Erstellung eines klugen Konzepts nicht getan ist. Antifragilität wird so nicht erreicht. Es läuft damit ganz auf den Erhalt des Status quo hinaus.

Zugang Kommunikation

Ein weiterer typischer Zugang ist die hier sog. Kommunikation. Oftmals hängt das auch mit der Fachberatung zusammen. Denn nicht selten erkennen die Entscheider dann doch, dass das im Rahmen der Fachberatung erstellte Konzept zur Umsetzung einer breiteren Kommunikation bedarf als etwa ein Vorstandsmemo oder die Live-Übertragung einer Vorstandsrede im Intranet. Die Möglichkeiten der Kommunikation beispielsweise einer Einführung in eine neue IT-Landschaft sind natürlich grenzenlos. Dementsprechend gibt es auch zahlreiche Agenturen, die entsprechende Angebote machen. Und darin findet man möglicherweise schon ein erstes Indiz dafür, ob es über diesen Zugang möglich ist, Antifragilität zu erreichen.

Nimmt man hier den ersten Filter, nämlich die Frage, ob durch derartige Maßnahmen künstliche Stressoren erzeugt werden, erhält man ein gemischtes Bild. Die Agenturen, die meist zur PR-Branche gehören, sind sicher dazu in der Lage, eine professionelle Kommunikationsstrategie zu erstellen, und zwar nach innen wie nach außen. Für die vorliegende Fragestellung interessiert insbesondere, ob diese Strategie im systemischen Sinn eine Intervention darstellt, die die Organisation »in Schwingung« bringen und damit das übergeordnete Ziel einer Bewegung vom Zustand A (fragil) zum Zustand B (antifragil) erreicht werden kann. Auch wenn Zweifler gewisse Rahmenbedingungen und Qualitäten diskutieren könnten: Hier würde man doch annehmen wollen, dass dies möglich ist. Mit anderen Worten: Der Zugang Kommunikation kann zunächst einmal geeignet sein, Stressoren zu erzeugen. Wenn dies dann noch durch Dienstleister geschieht, die nicht nur eine PR-Haltung und -Professionalität mitbringen, sondern auch eine beraterische Haltung, kann dies ohnehin funktionieren. Jedoch sind beim Aspekt Redundanzen Zweifel angebracht.

Redundanzen können geschaffen werden auf den Ebenen Strategie, Struktur und Kultur. Bei den beiden erstgenannten fällt es schwer, sich eine direkte Verbindung zwischen dem Zugang Kommunikation und Redundanz vorzustellen. Es wurde in Kapitel 1.3 ausgeführt, dass Strategie hier als echte Arbeit der Unternehmensentscheider angenommen werden muss. Wie da ein Kommunikationskonzept tatsächliche helfen soll, erscheint zunächst unklar. Beim Thema Struktur dürfte dies im häufigsten Fall ein Beratungsauftrag sein, bei dem ein in der Regel bereits bestehendes Konzept kommuniziert werden soll. Allerdings ist hier der Regelfall, dass »um die Mannschaft mitzunehmen« Effizienzbemühungen kommuniziert werden. Die andere Option, nämlich die Verkündung von Redundanzen in Form einer Unternehmensakquisition, um das Portfolio zu ergänzen, geht in der Regel über Pressemitteilungen. Es besteht hier aus der Perspektive der Unternehmenslenker für gewöhnlich keine Notwendigkeit, eine derart positive Nachricht (so wird sie zumindest auf den ersten Blick gesehen) den Mitarbeitern auch noch teuer zu verkaufen.

In der Summe ist festzuhalten, dass also beim Thema Struktur über Kommunikation tendenziell keine Antifragilität erreicht werden kann. Bleibt demnach die Kultur, die in Kapitel 1.3 direkt mit dem Begriff der Kommunikation verknüpft wurde. Und da kommt es nun genau darauf an, wie eine notwendige Veränderung der Kommunikation kommuniziert wird: Für den Fall, dass dies authentisch vonstattengeht, kann dies durchaus zu Redundanz und damit zu Antifragilität führen.

Der Autor selbst erinnert sich daran, wie vormals bei einem namhaften Automobilzulieferer zu Beginn der Jahrtausendwende die Idee geboren wurde, eine neue, offene und hierarchieübergreifende Kommunikationskultur einzuführen. Ganz im klassischen Stil aber wurde dazu ein Video gedreht, bei dem die gesamte Geschäftsführung eher den Eindruck eines kommunistischen Politbüros machte: Der Sprecher der Geschäftsführung saß vor einer Bücherwand und las einen von PR-Profis geschriebenen Text vor, beim dem deutlich war, dass die Worte nicht zur Haltung des Vortragenden passten. Das Video wurde per Intranet übertragen.

Die Reaktionen auf dieses Setting waren in der Art, dass die meisten Mitarbeiter entsetzt bis amüsiert waren (heute würde daraus direkt ein Meme entstehen). Denn die Botschaft und die Übermittlung passten in keiner Weise zusammen.

Zusammengefasst ist also zu konstatieren: Der Zugang eines Beratungssystems über das Thema Kommunikation kann geeignet sein, Antifragilität zu erreichen. Allerdings nur in Teilbereichen und dort auch nur mit einer systemischen, beraterischen Haltung.

Zugang Organisationsunterstützung

Als nächsten Zugang nennt Küppers die Organisationsunterstützung. In seiner Interpretation wird hier ein Beratungsunternehmen genau dann beauftragt, »wenn ein Problem kurzfristig gelöst werden soll [...]. Der Kunde vertraut darauf, dass der Berater die Schwierigkeiten schnell aus der Welt schaffen kann. Häufig braucht es diese Form der Organisationsunterstützung, wenn die Fachberater ihr Fertighaus hingestellt haben, aber keiner einziehen will« (Reineck & Anderl 2012: 17). Man hat damit den bereits diskutierten Fall, dass das (erste) Beratungsunternehmen das Symptom beseitigt hat, es jedoch Widerstände gab. Wäre auch die Ursache angegangen worden, wäre dieser zusätzliche Zugang verwehrt. Für ein Beratungsunternehmen, das eine systemische Haltung einnimmt, eigentlich ein guter Zugang zum Kunden. Die Frage, um die es dabei geht: Kann Beratung hier Antifragilität erreichen? Kritisch ist zunächst einmal der Faktor Zeit. Es ist das verständliche Ziel des Kunden, das Problem möglichst schnell aus der Welt zu bekommen. Allerdings ist eine Veränderung – egal, ob diese nun zu Antifragilität oder zu einem anderen Ziel führen soll – nur mit Geduld und damit Zeitaufwand verbunden. Es ist dies auch die persönliche Erfahrung des Autors mit fast allen seinen Beratungsprojekten.

Beratungsunternehmen neigen oft dazu, gerade in der Akquisephase den Forderungen des Kunden nachzugeben und kürzere Zeiträume für die Vollendung einer Veränderung anzusetzen. Wirksam ist dies dann jedoch nicht bzw. kann aus den eben genannten Gründen auch nicht wirksam sein. Eine andere Variante ist, dass die Organisationsunterstützung in der Weise erfolgt, dass weiterhin an der Oberfläche am Symptom therapiert wird. Verkommt Beratung hier zur Moderation oder zum Training, dann wird weder an der Ursache noch an der Antifragilität gearbeitet.

Würde man also davon ausgehen, dass weder mit Zeitdruck noch oberflächlich gearbeitet wird, so ist die Organisationsunterstützung nun vor den Filtern Stressoren und Redundanzen zu untersuchen. Dabei kommt es nun auf die Beschaffenheit des Projekts an. Wäre das Projekt »Fertighaus« beispielsweise ein Maßnahmenkonzept zur Effizienzsicherung im Einkauf (Thema Redundanzen/Struktur), müsste dies nach den Erfordernissen der Antifragilität eigentlich wieder abgerissen werden, da Effizienz im Kontext von Antifragilität nur bis zu einem gewissen Maß als günstig angesehen werden kann und muss. Für das Fertighaus mit Namen »Dezentralisierungsprojekt« gilt dies natürlich nicht. Klar ist, dass es hier Widerstände gibt. Denn bei einer derartig massiven Veränderung gibt es zahlreiche Verlierer – aber auch Gewinner. Die Verlierer werden jedoch tendenziell alles daransetzen, den aktuellen Zustand aufrechtzuerhalten.

Unabhängig davon wäre noch zu prüfen, ob die anderen wesentlichen Stellhebel Strategie und Kultur inklusive der Kommunikation einer Bearbeitung bedürfen, um letztlich das Ziel der Dezentralisierung zu erreichen. Aber auch das Thema Stressoren muss berücksichtigt werden: Gibt es eine Vision? Wie geht die Organisation mit Ungewissheit um? Wie mit dem Thema Risiko? Anders formuliert: Ist sichergestellt, dass alle Handlungsfelder zur Sicherstellung von Antifragilität bespielt wurden? Zusammengefasst ist demnach festzustellen, dass dieser Zugang es sehr wohl ermöglicht, Antifragilität und damit Wirksamkeit zu erzielen. Aber eben nur unter der Bedingung einer positiven Beantwortung der zuletzt gestellten Frage.

Zugang Organisationsentwicklung

Der letzte von Küppers genannte Zugang ist die Organisationsentwicklung. Sie wird definiert als »Beratungsstrategie, mit der Unternehmen und Manager angeleitet und unterstützt werden, systematisch einen organisationsumfassenden Veränderungsprozess zu steuern und zu gestalten, der [...] sowohl bei den Strukturen, Systemen, Prozessen und der Kultur einer Organisation als auch dem individuellen Denken, Fühlen und Verhalten ansetzt« (Reineck & Anderl 2012: 18). Dies ist wohl eine Definition, die der Idee der Einführung und Sicherstellung von Antifragilität am nähesten kommt (ein anderer Begriff, der vor allem einen Hinweis auf eine externe Unterstützung gibt, ist die sog. Prozessberatung).

Interessanterweise ist die Bereitschaft von Entscheidern, einem Unternehmen einen diesbezüglichen Auftrag zu geben, relativ gering. Denn die Veränderung als solche birgt die Gefahr des persönlichen Untergangs. Die Frage wäre daher vielmehr, wie aus der Haltung, wirksame Beratung einzig als Geburtshelfer für Antifragilität zu verstehen, eine Pull-Situation werden kann. Sicher spielen Ängste auf der Seite der Entscheider eine Rolle (▶ Kap. 4). Es kommt aber auch auf die Situation des Unternehmens an sich an. Im nächsten Kapitel wird daher zunächst einmal der Treiber Sense of Urgency betrachtet. Im Anschluss werden zwei unterschiedliche Absprungbasen für Beratungsaufträge untersucht.

2.2 Der Sense of Urgency

Mit dieser Begriffsschöpfung hat sich John Kotter quasi ein Denkmal erschaffen. Kotter ist einer der weltweit führenden Köpfe für das Thema Veränderungsmanagement. Auf ihn zurückzuführen ist die Entwicklung des 8-Stufen-Modells für Veränderungen in Organisationen. In seinem Werk »Leading Change« definiert er diese Schritte als zwingend notwendig, um eine Organisation, um ein System von einem Ausgangszustand in einen Zielzustand zu bringen (vgl. Kotter 1996). Die

Perspektive dabei ist eine interne. Es wird zwar nicht explizit angesprochen: Aber innerhalb einer Organisation muss es demnach mindestens einen Entscheider oder eine Gruppe von Entscheidern geben, die die Notwendigkeit für eine Veränderung auch erkennen. Wie bereits in Kapitel 1.1 beschrieben, soll bzw. wird die Veränderung dann auf der Symptom- oder bestenfalls auf der Ursachenebene betrieben. Sofern ein externes Beratungsunternehmen hinzugezogen werden sollte.

Unabhängig davon, ob mit oder ohne externe Unterstützung identifiziert Kotter die wesentliche Hürde für eine erfolgreiche Veränderung gleich zu Beginn des Veränderungsprozesses: Denn unter der eben genannten Bedingung, dass zumindest einige überzeugt davon sind, führt er als erste Bedingung die Etablierung des sog. Sense of Urgency ein (vgl. Kotter 1996: 36). Dies hört sich zunächst relativ sachlich an, beinhaltet aber eine stark emotionale Komponente. In seinem Buch »Our Iceberg Is Melting«, wo er sein 8-Stufen-Modell als Fabel auf eine Pinguin-Kolonie überträgt, wird dies deutlich (vgl. zum Folgenden Kotter & Rathgeber 2006).

Dort erkennt ein junger Pinguin einen bedrohlichen Riss in einem Eisberg, der die Pinguin-Kolonie beherbergt. Der Eisberg ist damit im definierten Sinne höchst fragil. Dem Pinguin gelingt es dann, einen in der Hierarchie hoch angesiedelten Pinguin von der lebensbedrohlichen Situation durch Anschauung zu überzeugen. Später gelingt dies dann auch in der Führungsmannschaft der Pinguinkolonie, obwohl es auch hier Realitätsverweigerer gibt. Kotter nennt einen davon NoNo. Derartige »Vögel« sind sicher jedem Berater aus diversen Veränderungsprojekten bekannt. Was bei diesem und dann insbesondere in der Gesamtorganisation als Wesensmerkmal auftritt – und was Kotter als wesentliche Hürde für die Etablierung des Sense of Urgency sieht – ist das, was er als Complacency bezeichnet. Damit gemeint ist eine Grundhaltung von Individuen bzw. ganzen Systemen, aus Selbstzufriedenheit im Status quo verharren zu wollen.

Complacency

Die Selbstzufriedenheit liegt oftmals tief »in der DNA« einer Organisation. Über Jahrzehnte erfolgreiche Unternehmen entwickeln hier Unsterblichkeitsfantasien, die ein Scheitern quasi ausschließen. Verkörpert wird dies dann meist durch die Führungsspitze selbst. Nimmt man erneut Volkswagen als Beispiel, so könnte man den ehemaligen VW-Vorstandsvorsitzenden Martin Winterkorn durchaus als Paradebeispiel nennen – nicht zuletzt ausgedrückt durch Physis und Haltung. Hier stand er seinem Ziehvater Ferdinand Piech in wenig nach. Bekannt ist noch dessen Pressekonferenz in einer offensichtlichen Krisensituation bei Volkswagen in den 1990er Jahren, bei der Piech eine Krise vollständig negierte.

Wichtig ist nun, sich einmal die genauen Hintergründe für diese Selbstzufriedenheit anzuschauen. Die nachfolgend genannten Quellen von Selbstzufriedenheit betreffen immer eine Organisation als Ganzes. Kotter identifiziert neun Hauptursachen, die hier kurz skizziert und mit Anmerkungen zum Thema Antifragilität sowie um Praxiserfahrungen des Autors ergänzt werden (vgl. zum Folgenden Kotter & Rathgeber 2006: 39ff):

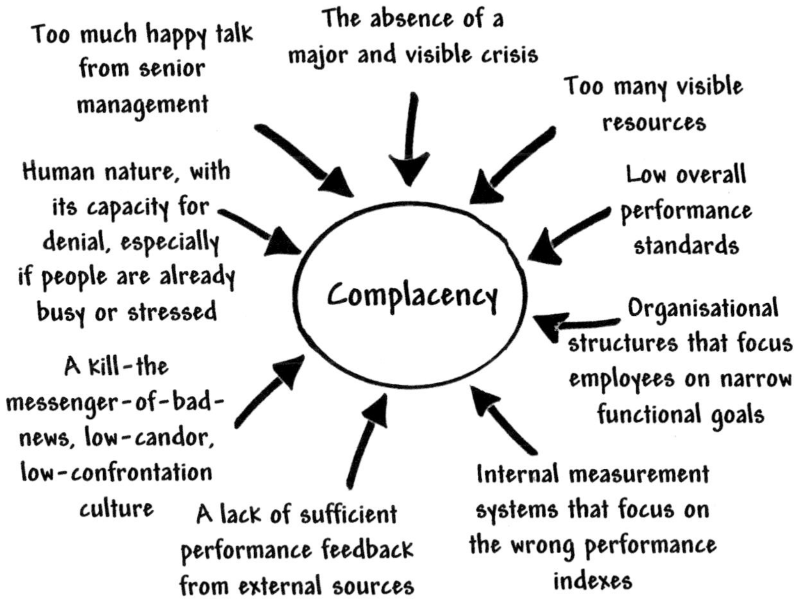

Dar. 5: Ursachen von Selbstzufriedenheit (nach Kotter 1996: 40)

a) *The absence of a major visible crisis*: Die Abwesenheit einer Krise ist nach persönlicher Erfahrung des Autors die häufigste Ursache für Selbstzufriedenheit. Eine zusätzliche Komponente ist hier, dass die Krise nicht sichtbar ist. Tatsächlich klafft oftmals eine Lücke in der Selbst- und Fremdwahrnehmung eines Systems: Gerade Berater, die von extern auf ein System stoßen, sind oftmals sehr überrascht, wie unterschiedlich die Ist-Situation bewertet wird. In einem Fall hat der Autor selbst die Erfahrung gemacht, dass bei einem großen deutschen Handelsunternehmen die Entscheider zwar von kleineren Problemen sprachen, das Unternehmen aber gesund sei. Angesprochen darauf, dass die im Bundesanzeiger veröffentlichten Zahlen seit Jahren nur eine diametral andere Schlussfolgerung zulassen, wurden diese Fakten tatsächlich vollständig negiert.
Wichtig ist aber hier noch einmal die tatsächliche Sichtbarkeit einer Krise: Diese lässt sich systemisch oftmals nur erfühlen durch die persönlichen Haltungen von Führungskräften und/oder Mitarbeitern. Gute Berater können dann erkennen, dass beim nächsten externen Schock das System zerbrechen könnte, obwohl die (Zahlen-)Faktenlage noch eine andere Bewertung ergeben würde.
b) *Too many visible resources*: Dieser Punkt ist unter dem Aspekt Antifragilität sehr interessant. Denn die Empfehlung ist ja eigentlich die, dass Redundanzen geschaffen werden müssen, um einen Schock, eine Krise zunächst einmal überstehen zu können. Dies ist grundsätzlich richtig. Wenn aber das Gesamtsystem beginnt, diese Ressourcen als Indikator dafür herzunehmen, dass die in der Vergangenheit getroffenen Entscheidungen auch richtungsweisend für die Zukunft sind, dann führt dies wiederum zur Selbstzufriedenheit. Anders formu-

liert: »Wir haben alles richtig gemacht. Wir sind gut. Es gibt keinen Grund, etwas zu ändern«.

c) *Low overall performance standards*: Werden Ziele zu niedrig gesetzt, ist es einfach (er), diese zu erreichen. Auch das hat wieder etwas mit Antifragilität zu tun: Hochgesteckte Ziele dienen als positive Stressoren für Individuen wie für Systeme. Ähnlich wie eine gut formulierte Vision. Vergleicht man dies mit der Ausformulierung von Zielen im Profisport, so ist ersichtlich, dass beispielsweise der Stressfaktor beim SC Freiburg nicht so hoch ist wie beim FC Bayern München. Die einen wollen nicht absteigen. Wenn es doch einmal passiert, ist das nicht weiter schlimm. Die anderen sollten eigentlich in jedem Jahr alle Titel holen.

d) *Organisational structures that focus employees on narrow functional goals*: Dies ist eine typische Kritik vieler Unternehmenslenker. Sie sagen oftmals, dass die nächste Führungsebene in einem Silodenken verharrt und nicht erkennt, dass zur Sicherstellung eines gemeinsamen, nachhaltigen Erfolgs Kooperation notwendig ist. Dieses Silodenken ist aus beraterischer Sicht auch ein untrügliches Zeichen dafür, dass in der Architektur des Gesamtsystems etwas nicht stimmt. Denn eine derartige Haltung ist oftmals eine Ausweichbewegung beim Erkennen einer tatsächlichen oder potenziellen Krise und ist somit eine Art Frühindikator dafür. Wichtig erscheint dann aus individueller Sicht, dass man zumindest in seinem Bereich alles richtig macht. Dann teilt sich das Gesamtsystem in Subsysteme auf und diese optimieren sich zu Lasten der anderen Subsysteme und des Gesamtsystems.

e) *Internal measurement systems that focus on the wrong performance indexes*: Unterstützt wird das Silodenken zumeist durch ein entsprechend falsch justiertes bzw. nicht abgestimmtes Controlling. Beispielsweise könnte ein Bereich F&E daran gemessen werden, wie hoch die Kosten im Verhältnis zum Umsatz sind. Besser wäre aber eine Messzahl wie Time-to-Market. Dies würde auch einem Ziel des Vertriebs entsprechen, der entsprechende Wachstumszahlen im Bereich Neuprodukte nachweisen soll.

f) *A lack of sufficient performance feedback from external ressources*: Diese Ursache geht wieder in die Richtung der Stressoren. Gerade in größeren, sehr arbeitsteilig aufgestellten Unternehmen ist dies gut zu beobachten: Diejenigen, die direkten Kontakt zum Kunden haben, agieren ganz anders als diejenigen, die nur interne Ansprechpartner haben. So sind beispielsweise auch Konflikte zwischen Key Account Managern und dem Innendienst einfach zu erklären.

g) *A kill-the-messenger-of-bad-news, low candor, low confrontation culture*: Diese Ursache tauchte ebenfalls bereits bei der Diskussion der Stressoren auf. Konkret war die Empfehlung, eine risikofreudige Unternehmens-DNA zu etablieren, um damit einer Fehlervermeidungskultur zu entkommen. Dies ist auch ein typischer Fall von Fragilität: Die schlechten Nachrichten oder gar eine Krise werden so lange negiert, wie es nur möglich ist. Ähnlich wie bei Kotter im Beispiel der Pinguin-Kolonie haben es diejenigen schwer, die dem Gesamtsystem einen Veränderungsimpuls mitgeben wollen. Zudem ist unter Karriere-Aspekten der Überbringer von schlechten Nachrichten nicht unbedingt derjenige, der geför-

dert wird (▶ Kap. 1.3). Im Gegenteil: Diese werden in größeren Organisationen oftmals als Nestbeschmutzer angesehen und vom System ausgestoßen. Dies geschieht zum Teil auch direkt an der Unternehmensspitze: Sehr oft werden Top-Manager, die genau aus diesem Grund von einem Aufsichtsrat ausgesucht werden, dass sie schonungslos dem System gegenüber auftreten, von genau diesem ausgebremst und mittel- bis langfristig wieder entfernt.
Ein gutes Beispiel ist hier der Manager Peter Löscher, der nach skandalreichen Jahren als Vorstandsvorsitzender der Siemens AG bestellt wurde. Seine umfangreichen Umbauarbeiten im Konzern waren für das System Siemens jedoch zu viel: Nach nur wenigen Jahren wurde er wieder entlassen. Er selbst sprach in diesem Zusammenhang von einer Lehmschicht im Unternehmen, die eine Veränderung der Unternehmens-DNA verhindere (vgl. Fromm 2008). Mächtige Seilschaften im Unternehmen verstanden es, den ungeliebten Mahner wieder loszuwerden, um ihn durch das »Eigengewächs« Joe Kaeser zu ersetzen. Systeme lernen: Dessen Nachfolger wurde dann wieder intern besetzt.

h) *Human Nature, with its capacity for denial, especially if people are already busy or stressed*: Dieses Argument ergänzt die eben gemachten Beobachtungen. Krisen oder notwendige Veränderungen werden so lange wie möglich negiert. Man befasst sich dann lieber mit anderen Themen. So entsteht zumindest der Eindruck von Geschäftigkeit.
i) *Too much happy talk from senior management*: Diese Feststellung von Kotter kann der Autor nicht persönlich verifizieren. Dies kann vielleicht daran liegen, dass bei Beratungsprojekten das Senior Management ja genau dann externe Unterstützung holt, wenn sie scheinbar notwendig ist. Dann gibt es in der Regel keinen »Happy Talk«.

Betrachtet man nun die Quellen der Selbstzufriedenheit in ihrer Gesamtheit, so ist die Frage, wie man diese verringern kann. Das Beratungsgeschäft als solches scheint zunächst einmal genau darauf ausgerichtet zu sein: Ein (Top-)Manager hat die eine oder andere Quelle für sich selbst identifiziert und möchte nun mithilfe einer externen Spiegelung am oben genannten Hauptgrund, nämlich der Abwesenheit einer sichtbaren Krise, arbeiten. Das entspricht offenbar auch dem Geschäftsmodell der großen Beratungsunternehmen. Dort werden nach ausführlicher Analysephase Empfehlungen ausgesprochen, die direkt auf die Beseitigung von vielen oder einigen der genannten Ursachen abzielen. Beispielsweise die Einführung eines Kontrollsystems (▶ Punkt e) oder die Beseitigung scheinbar überflüssiger Ressourcen (▶ Punkt b). Dies führt aber in der Regel dazu, dass das System Widerstände bzw. Widerstandspotenziale erzeugt und so letztendlich keine Veränderung stattfindet. Auch war die in Kapitel 1.3 formulierte Aussage, für wirksame Beratung in Richtung Antifragilität müsse eigentlich eine Pull-Situation entstehen, der einzig erfolgversprechende Maßstab (als Gegensatz zu Bemühungen im Sinne des Sowjet-Harvard-Prinzips).

Wie also kann es aus Beratersicht gelingen, diesen Modus zu induzieren und damit überhaupt die Chance für eine wirksame Beratung kreieren zu können? Der

Weg scheint zum einen klar, ist aber dennoch schwer zu gehen. Denn teilt man das Kundensystem auf in das System der Entscheider und in das Restsystem, so wird deutlich, dass ein externer Berater eigentlich nur die Chance hat, über die Entscheider ein entsprechendes Setting zu bauen, weil nur das zu einer Pull-Situation führen kann. Der Autor selbst hat es (jedoch) in einem einzigen Fall erlebt, wie ein Mitarbeiter einen Veränderungsprozess letztlich ausgelöst hat, da er die Entscheider auf dessen Notwendigkeit angesprochen und zugleich das Beratungsunternehmen für die Moderierung des Veränderungsprozesses empfohlen hat. Der Spoiler in diesem Fall ist, dass das Projekt so nicht erfolgreich sein konnte.

Geht man jetzt wieder gedanklich auf die Entscheiderebene zurück, so entwickelt sich die gestellte Frage zu einem vertrieblichen Thema. Zuvor war definiert worden, dass einzig der Zugang Organisationsentwicklung eine wirksame Beratung im Sinne der Thematik Antifragilität verspricht. Wie also ist es vertrieblich möglich, die Selbstzufriedenheit im Kontext dieses Zugangs zu überwinden und Entscheider dazu zu bringen, einen derartigen Beratungsprozess zu starten, von dem der Entscheider bis dato nicht wusste, dass es ihn gibt bzw. dass er notwendig ist? Es muss ein Impuls sein, der verdeutlicht, dass die Dynamik des Systems es möglicherweise nicht zulässt, dass es langfristig überlebensfähig ist (mit anderen Worten, dass das System als Ganzes oder zumindest in Teilen fragil ist).

Im Kern ist dies ein Einstieg über einen Vermeidungstrigger. Das klingt auf den ersten Blick eindimensional. Wenn man aber die Pinguin-Fabel von Kotter genau analysiert, so entsteht auch hier die wahre Motivation, aktiv zu werden, erst aus der Realisierung einer sich abzeichnenden bedrohlichen Situation. Sicher wäre es hilfreicher gewesen, wenn die Pinguine nicht erst über die unmittelbar bevorstehende Katastrophe eine Veränderungsdynamik entwickelt hätten. Denn eine vorausschauende Evaluation der Rahmenbedingungen und der eigenen Situation hätte möglicherweise früher dazu geführt, dass neue Eisberge gefunden und eine Umsiedlung planvoll durchgeführt worden wären. Nicht selten ist es aber so, dass Berater auf Unternehmen treffen, die sich mit derartigen strategischen Fragestellungen überhaupt nicht oder wenig auseinandersetzen. Es ist damit fast beraterische (und sogar ethische) Verpflichtung, diese Unternehmen tatsächlich mit diesen Fragen zu konfrontieren. Denn falls Entscheider durch Reflexion als Konsequenz die Idee gewinnen, einem Beratungshaus den Zugang Organisationsberatung einen Spalt zu öffnen, kann dies zumindest dem Erhalt des Kundensystems dienen. Klassisches Hardselling funktioniert jedoch in diesem Zusammenhang nicht. Man muss systemisch verkaufen, indem man den Entscheidern eine Intervention im Sinne des Aufzeigens eines Defizits mit auf den Weg gibt.

Dynamiken

Es soll dazu ein Konzept vorgestellt werden, das den formulierten Ansprüchen tatsächlich genügt. Mohr hat diesbezüglich bereits im Jahr 2006 eine Veröffentlichung vorgelegt. Es erstaunt daher, dass dieses Konzept noch nicht den Weg an die breite (beraterische) Öffentlichkeit gefunden hat. Ein Grund könnte sein, dass die sog. Systemische Organisationsanalyse (SystOA) ihre Wurzeln in der Transaktionsanalyse hat. Und dies in einem Beratermarkt, der sich zu wenigen Prozentpunkten aus systemischen Beratungsleistungen speist. Anders formuliert: Wenn die klassischen Beratungshäuser (und als Spiegelbild auch ihre Kunden) bereits die systemische Beratung mit ihren Chancen und Risiken nicht einordnen können, so liegt die Transaktionsanalyse noch ein Stück weiter weg vom Erfahrungs- und Verständnishorizont sowohl eines klassischen Beraters als auch eines gewöhnlichen Auftraggebers.

Mohr setzt in seinem Modell bei den Menschen an, die als Gesamtheit das unternehmerische System bilden. Ihm geht es darum, zu untersuchen, wie »auf ein Unternehmenssystem so Einfluss genommen werden kann, dass die Menschen tatsächlich ihre Ziele und Werte mit denen des Unternehmens verbinden können« (Mohr 2006: 30). Entscheidend ist damit die Dynamik, die in einem System steckt. Und genau diese kann Mohr messen. Die Hypothese ist dabei: Ist die Dynamik hoch (und stimmen damit individuelle Vorstellungen mit den unternehmerischen Vorstellungen überein), so wird dies zu Erfolg führen. Oder sogar dazu, dass ein Unternehmen antifragil ist bzw. durch Entfesselung einer entsprechenden Dynamik noch werden kann. In seinem Modell entwickelt Mohr vier sog. Dynamikfelder mit untergeordneten, insgesamt zehn Dimensionen, die kurz erläutert werden sollen (vgl. zum Folgenden Mohr 2006: 2ff).

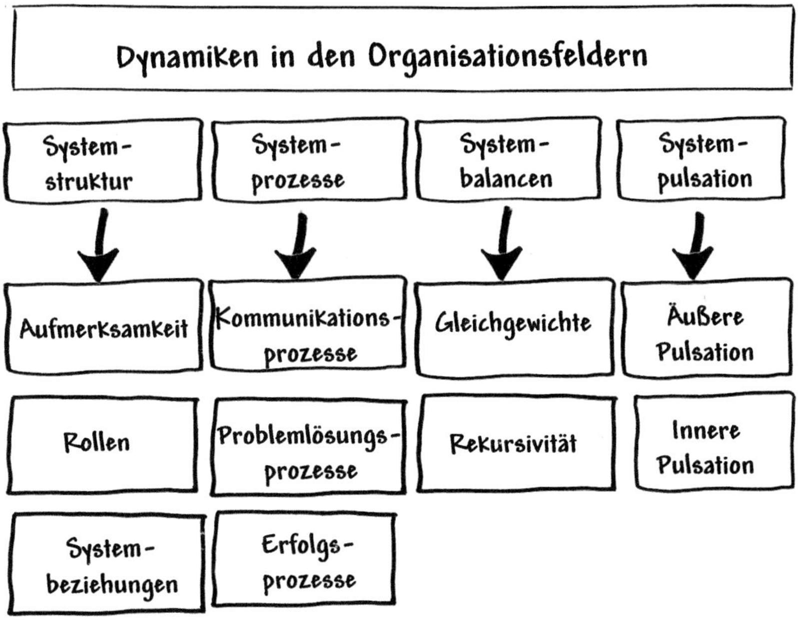

Dar. 6: Dynamikfelder in Organisationen (nach Mohr 2006: 40)

a) *Aufmerksamkeit*: Mohr nennt dies den härtesten Strukturfaktor einer Organisation. Denn da, wo die Aufmerksamkeit hinfließt, ist auch die Energie. Interessant und bedeutend ist daher, ob die Aufmerksamkeiten der Individuen und Gruppen in einem Unternehmen mit dessen Zielen als Ganzes übereinstimmen oder nicht.
b) *Rollen*: Diese sind ein zentrales Strukturmerkmal in einer Organisation. Strategisch ausgedrückt sind es die Stakeholder eines Unternehmens. Wichtig ist, dass diese Rollen durch Individuen ausgefüllt und repräsentiert werden. Deshalb lohnt sich hier ein Blick auf den Abgleich zwischen Individuum und Rollenanforderung.
c) *Beziehungen*: Diese sind auf zwei Ebenen relevant. Einmal geprägt durch die Rollen. Aber auch durch die persönlichen Verhaltensmuster. Wichtig ist hier insbesondere, ob die Beziehungen durch Kooperation oder Konkurrenz geprägt sind.
d) *Kommunikation*: Wie bereits definiert, kann Kommunikation als wesensbestimmend für ein soziales System angesehen werden. Deshalb hat sie für die Dynamik in einer Organisation erhebliche Bedeutung. Bei Veränderungsprozessen kann die Kommunikation der Schlüssel für das Gelingen sein. Aber auch umgekehrt. Es ist daher erstaunlich, wie wenig an diese Dynamik gedacht wird.
e) *Problemlösung*: Dies ist der eigentliche Zweck eines Unternehmens. Einmal, um überhaupt einen Daseinsgrund zu haben (sonst wäre all dies, was in einem Unternehmen passiert im Grunde zwecklos). Aber auch intern. Dort wird die Anwesenheit von Problemen teilweise negiert. Innerhalb eines sozialen Systems gibt es aber zwangsläufig Probleme. Die Frage ist vielmehr der Umgang damit.
f) *Erfolg*: Mohr zeigt auf, dass das Thema Erfolg recht differenziert behandelt wird. Es gibt einerseits Tendenzen, das Thema (gerade wenn es akut ist) nicht zu sehr in den Mittelpunkt zu rücken. Im Grunde positiv, um Complacency zu verhindern. Allerdings sind Unternehmen dazu da, Erfolg zu generieren (und auch, um Probleme zu lösen – was dann letztlich als Erfolg definiert werden kann). Erfolg motiviert letztlich auch.
g) *Gleichgewicht*: Ausgangspunkt ist hier die Interpretation eines Unternehmens, einer Organisation als lebendiges System. Und dies lebt nach dem oben bereits zitierten Prinzip der Autopoiesis. Hierauf trifft eine stetige Veränderungsnotwendigkeit. Die Frage ist nun, wie die Organisation als Ganzes dies so ausbalancieren kann, dass das System im Gleichgewicht bleibt. Oder wie ein neuer Gleichgewichtszustand erreicht werden kann.
h) *Rekursivität*: Dies beschreibt Mohr so, dass in Systemen auf unterschiedlichen Ebenen die gleichen Prinzipien gelten (sollen). Das stabilisiert das Gesamtsystem und verhindert energetische Verluste.
i) *Äußere Pulsation*: Systeme machen pulsierende Bewegungen an ihrem Außen- wie Innengrenzen. Für die Äußere Pulsation betrachtet man die Veränderungen der Grenzlinie nach extern. Aber auch die an der Grenzlinie unter Umständen feststellbare Durchlässigkeit von beispielsweise Informationen.
j) *Innere Pulsation*: Hierbei ist die Betrachtungsebene die Grenzlinie der Subsysteme innerhalb des Gesamtsystems.

Alle genannten Dynamiken ergeben in ihrer Ausprägung Veränderungschancen oder auch risiken. In der Summe sind sie dann noch nach Stressoren und Redundanzen, den beiden Antifragilitäts-Treibern, zu clustern. Am Ende steht das Ergebnis, ob die Dynamik in einem Unternehmen ausreicht, bereits antifragil zu sein oder es werden dadurch die Defizite erkennbar, wo an der Antifragilität gearbeitet werden kann.

Zusammengefasst eignet sich dieses Modell also dazu, um eine quantitative Einschätzung des Ausmaßes und des Potenzials von Antifragilität zu liefern. Im besten Fall ergibt sich daraus der gewünschte Pull bei den Entscheidern und überwindet damit die Complacency bzw. generiert den Sense of Urgency, dass hierfür Unterstützung eingeholt werden muss. Letztlich obliegt dies aber dennoch dem Kundensystem, ob diese Chance wahrgenommen wird oder nicht.

2.3 Von schlecht nach gut

In einer Auftragssituation, bei der von einem Ist-Zustand »schlecht« ein Zustand »gut« erreicht werden soll, liegt auch ohne Befragung eines Entscheiders (Auftraggebers) eine Pull-Situation vor. Das erscheint logisch, da – umgangssprachlich formuliert – ohnehin »die Hütte brennt«. Der Ruf nach der Feuerwehr ist da obligatorisch. Um im Bild zu bleiben: Wenn die Feuerwehr gerufen wird, soll dies eigentlich dem Zweck dienen, dass der Brand nicht noch weitere Schäden anrichtet. Denn der Schaden selbst ist zumeist schon entstanden und wird bisweilen durch die Aktivitäten der Feuerwehr sogar noch verstärkt. In gewisser Weise ist sie damit der Beschleuniger einer sich ohnehin ereignenden Entropie.

Überträgt man diesen Gedanken auf Unternehmen, so scheint – zumindest in der breiten Meinung – genau dies auch die Kernkompetenz von Beratungsunternehmen zu sein: Die Lage ist suboptimal oder gar katastrophal. Dann kommt ein Beratungshaus und gibt zumindest vor, die Sache wieder in Ordnung bringen zu können. Zur Verbesserung der Situation gehören selbstverständlich auch harte Maßnahmen. Diese sollen aber dazu dienen, dass die Gesamtsituation gerettet werden kann. Eine Garantie dafür wird nicht gegeben – und sehr häufig misslingt das Vorhaben auch. Zum Teil sogar deshalb, weil die Berater für Ihre Arbeit erhebliche Honorare verlangen. Öffentlichkeitswirksam ist dies geschehen beim Unternehmen Märklin. Dieses stand genau deshalb kurz vor dem Ruin: Im Jahr 2006 waren dort 10,7 Mio. Euro Beraterhonorare gezahlt worden. Und das bei einem Verlust von 13 Mio. Euro. Auch im Jahr 2007 waren es noch einmal 13,8 Mio. Euro – bei einem Verlust von 16 Mio. Euro (vgl. Maier & Klusmann 2009). Im Jahr 2009 schließlich musste das Unternehmen Insolvenz anmelden. Märklin überlebte die Insolvenz zwar – insgesamt aber waren in den drei Jahren vor der Insolvenz 40 Mio. Euro an Beraterhonoraren gezahlt worden (vgl. Fischer & Maier 2009).

Dieser Fall ist sicherlich in seiner Form sehr speziell. Analysiert man jedoch die Angebotsportfolios der großen Beratungsunternehmen, so fällt auf, dass das Thema Krisen- und Restrukturierungsberatung als Produkt eine große Rolle spielt: In der bereits zitieren Fink-Knoblach-Studie sind es auch die üblichen Verdächtigen, die hier Bestnoten erhalten: McKinsey, BCG und A.T. Kearney (vgl. Student 2016: 36). Es darf vermutet werden, dass die Beratungssituation »von schlecht nach gut« offensichtlich ihren Platz im Beratermarkt gefunden hat. Sonst würde es hierfür kein Angebot geben und auch keine Befragung der beratenen Unternehmen bezüglich der Zufriedenheit mit dieser Dienstleistung. Möglicherweise muss man jedoch die Ausgangsituation noch ein wenig differenzieren und dabei auch ethische Aspekte einschließen.

Fall 1: Von ganz schlecht an das rettende Ufer

Dies wäre im obigen Bild die Situation, dass ein Großfeuer ausgebrochen ist. Es gibt – wie eben bereits angedeutet – nicht wenige Beratungsunternehmen, die hier Rettung versprechen. Dabei muss aber ein wesentlicher Punkt bedacht werden: Es sind zumeist grobe Managementfehler, die zu dieser Situation geführt haben. Es wäre so, als ob der oder die Brandstifter selbst die Feuerwehr rufen. Die Feuerwehr für sich agiert in diesem Fall schonungslos. Der Auftrag ist klar definiert. Eine größere Absprache ist eigentlich gar nicht vonnöten. Oder um in der Sprache der Antifragilität zu sprechen: Ein schwarzer Schwan hat offensichtlich dazu beigetragen, dem Gesamtsystem einen mehr oder minder maximalen Schock zu versetzen.

Die Frage ist nun, ob genügend interne Redundanzen zur Verfügung stehen, um diese Instabilität überleben zu können. Von Seiten der Berater kann dies in einer so kurzen Zeit wahrscheinlich nicht umgesetzt werden. Streng genommen müsste also unter ethischen Aspekten hier eher die Frage gestellt werden, ob ein Beratungsunternehmen überhaupt einen solchen Auftrag annehmen sollte bzw. falls ja, zu überlegen, was eigentlich das Ziel des Beratungsprojekts ist. Wie erwähnt führt die Arbeit der Feuerwehr bei Großbränden nicht selten zum Totalschaden.

Es gibt hier aber auch andere Beispiele. Es kommt nämlich immer auf die Art des Brandes an: Ereignet sich der Brand in einem Kerngebiet und muss er genau dort gelöscht werden, so ist ein maximaler Schaden absehbar. Aber man kennt dies insbesondere bei Waldbränden. Diese können sich zu gigantischen Flächenbränden entwickeln, die viel größer sind als bei der eben beschriebenen Situation. Aber hier geschieht mitunter Erstaunliches: Die Feuerwehr selbst legt Feuer. Mittels einer oder mehrerer Gegenfeuer werden Schneisen erzeugt, die das Hauptfeuer dann letztlich nicht mehr überwinden kann. Aber genau hierfür benötigt es Platz und eben Redundanzen.

Wiederum übertragen auf das Beratungsgeschäft: Ein Beratungsunternehmen darf im ersten Fall trotz vorliegender Pull-Situation eigentlich gar keinen Auftrag annehmen. Liegen in einer Ersteinschätzung jedoch systemische Redundanzen vor, so ist es ethisch sogar geboten, harte Maßnahmen zur Rettung des Gesamtsystems zu ergreifen. Es liegt damit eine Pull-Situation sowie die Voraussetzung für die Schaffung von Antifragilität vor. Wichtig ist aber, dass nach dem Erreichen des rettenden Ufers der nächste Schritt vollzogen werden muss. Neben dem Aufbau neuer Redundanzen müssen nun Stressoren installiert werden, damit nicht erneut ein Großbrand ausbrechen kann.

Fall 2: Vom rettenden Ufer ins Trockene

Bildlich gesprochen ist diese Situation derart, dass zwar direkt kein Totalschaden mehr droht. Das Gesamtsystem ist jedoch nach wie vor in einer kritischen Situation. Jetzt ist die Arbeit für ein Beratungsunternehmen sehr anspruchsvoll. Nimmt man nämlich die erforderlichen Kriterien Pull und Antifragilität zusammen, so sind bei beiden je nach Situation durchaus Probleme zu erkennen. Beginnend beim Pull sollte man eigentlich davon ausgehen, dass ein fast Ertrunkener erfreut darüber sein müsste, wenn er von einem Helfer in eine noch sicherere Situation gebracht wird. Gesetzt dies ist oberflächlich betrachtet zunächst einmal der Fall, wäre nun zu prüfen, ob derjenige auch bereit ist, die Hilfsmaßnahmen entsprechend anzunehmen. Mit anderen Worten: Existiert tatsächlich ein Sense of Urgency im Sinne einer akuten Veränderungsnotwendigkeit? Oder herrscht Zufriedenheit mit dem Erreichten und es besteht nicht wirklich ein Pull-Momentum?

Beim Thema Antifragilität ist die Beurteilungsfähigkeit des Beratungssystems gefordert. Denn unabhängig davon, ob das rettende Ufer eine Zwischenstation war bzw. ist oder ein »Steady State«: Es ist zu prüfen, ob das Gesamtsystem überhaupt die Voraussetzungen dafür mitbringt, Stressoren und Redundanzen aufzubauen und sich damit in Richtung Antifragilität entwickeln kann. Aus ethischer Sicht folgt nun eine möglicherweise auf den ersten Blick etwas harte Konsequenz: Falls die eben genannten Voraussetzungen nicht erfüllt bzw. erfüllbar sind, so müsste eigentlich der Beratungsauftrag abgelehnt werden. Oder noch konsequenter: Man sollte dem oder den Auftraggebern signalisieren, dass man schon hilfreich sein würde, aber möglicherweise in die Richtung, dass der Ertrinkende wieder ins Wasser zurückgestoßen wird. Tatsächlich wird das natürlich so nicht passieren. In der systemischen Logik spricht man hier von einer paradoxen Intervention, die genau das Gegenteil zum Ziel hat.

Nimmt man nun noch einmal die beschriebene Ausgangssituation dazu, so ist gerade hier sehr oft zu sehen, dass auf der Auftraggeberseite neue Personen die bekannten Rollen besetzen, die die vorangegangene Periode gar nicht verantwortet haben. Harte Maßnahmen sind mit diesen in der Regel gut durchsetzbar. Allerdings besteht hier auch eine Gefahr: Der Auftraggeber könnte vom Gesamtsystem wiederum erhebliche Widerstände erfahren. Wie dies funktioniert, konnte man gut im oben schon zitierten Fall von Peter Löscher (der Name passt hier sogar bestens) bei Siemens sehen. Er sollte eigentlich den Schritt vom rettenden Ufer ins Trockene vollziehen. Das hat er sogar weitestgehend geschafft, aber offensichtlich war das Gesamtsystem noch nicht soweit. Denn er fasste seinen ursprünglichen Auftrag noch weiter.

Fall 3: Vom Trockenen in neue Gefilde

Man muss für diesen Fall noch einmal genauer auf die Situation bei der Siemens AG in bzw. vor der Ära Löscher eingehen. Das Unternehmen war von einem weitreichenden Bestechungsskandal durchgeschüttelt worden. Dieser fand größtenteils in der Ära Heinrich von Pierers statt. Sein Nachfolger, Klaus Kleinfeld, erbte zwar nur diesen Skandal. Aber in Verbindung mit dem wirtschaftlichen Niedergang des größten Konzernbereichs, der Kommunikationsnetze, stolperte er nach kaum 2 Jahren über diese ungünstige Gesamtlage. Um im Bild zu bleiben: Sein Nachfolger Löscher fand den Konzern zwar angeschlagen, aber doch am rettenden Ufer vor. Es gab den Auftrag zu Aufräumarbeiten. Diesen erledigte er bravourös. Als es jedoch darum ging, das Unternehmen neu aufzustellen, begannen die Widerstände. Denn in seiner Amtszeit startete er mit einer der größten Umbauarbeiten, die Siemens jemals erlebt hatte. So reichten dann nach ca. 6 Jahren zwei Gewinnwarnungen innerhalb weniger Monate aus, dass Gerhard Cromme als Aufsichtsratsvorsitzender seine Entlassung betrieb. Interessanterweise schaffte es sein Nachfolger Joe Kaeser dann, das Unternehmen noch einmal erheblich zu verändern (dieses Mal mit Unterstützung von Cromme).

Es macht damit offensichtlich einen Unterschied, wer die Veränderung vorantreibt. Und hier kommt man zur Rolle eines Beratungsunternehmens. Sicher wurden Löscher und Kaeser jeweils von Beratern begleitet. Beim Erstgenanntem hätte eigentlich von Beraterseite die grundsätzliche Frage aufgeworfen werden müssen, inwiefern das Gesamtsystem – und nicht nur er selbst – einem Pull unterliegt. Großkonzerne sind jedoch in der Regel nicht dazu fähig, aus sich heraus einen derartigen Impuls zu kreieren. Es fehlt der Sense of Urgency. Der Fallverlauf ist daher typisch: Löscher wurde der »Fall 2« vom rettenden Ufer ins Trockene noch zugebilligt. Beim nächsten Schritt waren die Widerstände dann offensichtlich zu groß. Man braucht hierfür noch nicht einmal die Details und machtpolitischen Verhältnisse der sehr komplexen Siemens-Organisationsstruktur zu kennen. Es ist eindeutig, dass ein von extern rekrutierter Manager ohne Hausmacht nur bis zu einem bestimmten Punkt eine Veränderung »von oben« erreichen kann.

Hingegen schaffte Kaeser, der ausschließlich bei Siemens Karriere gemacht hatte, dann den nächsten Schritt (als Treppenwitz kann hier gelten, dass er zuvor bisweilen sogar der Mitwisserschaft am Bestechungsskandal beschuldigt wurde). Wenn nun Berater in der Umbauphase Kaeser zum Zuge kommen, können sie eine höhere Sicherheit haben, dass das Gesamtsystem der Führungspersönlichkeit vertraut (Stichwort Leadership) und dementsprechend der Sense of Urgency entweder ausreichend ist oder die Widerstände nicht zu hoch sind.

Gefragt werden muss aber auch in diesem Fall nach den Stressoren und Redundanzen. Oftmals wird bei einem Konzernumbau betont, dass man sich wieder dem Kerngeschäft nähern möchte. Hier ist also schon auf den ersten Blick von Seiten eines Beratungsunternehmens der Fokus auf die grundsätzliche Ausrichtung zu richten. Ohne jetzt auf das Beispiel Siemens noch näher eingehen zu wollen: Will ein Unternehmen ein Beratungsunternehmen dafür gewinnen, »schlank« zu werden, so sollten die Alarmglocken klingen. Denn wie in Kapitel 1.3 ausgeführt, ist die Konsequenz hieraus mangelnde Redundanz(-fähigkeit). Hingegen ist ein Auftraggeber mit Leadership-Eigenschaften durchaus in der Lage, auch im geschilderten Fall 3 das Gesamtsystem soweit zu beschäftigen, dass der Level an Stressoren ausreichend sein kann.

Zusammengefasst ist festzustellen, dass Beratungsarbeit in einem Kontext »von schlecht nach gut« sicher relativ einfach zu verkaufen ist. Weil man davon ausgehen kann, dass das zu beratende System einem Pull-Momentum unterliegt und dementsprechend auf den ersten Blick keine oder wenig Widerstände zu erwarten sind. Es gibt jedoch direkt gesprochen zum einen die Variante, dass das Unternehmen möglicherweise gar nicht mehr gerettet werden kann und damit auch nicht mehr gerettet werden sollte, um volkswirtschaftlich keine Ressourcen zu verschwenden. Zum anderen gibt es die Variante, dass zwar Potenzial zur Rettung da ist, jedoch die Bereitschaft für zukünftige Fälle, Stressoren und Redundanzen aufzubauen, doch eher gering ausfällt. Für eine gute Beratung im Sinne von Antifragilität bedarf es allerdings der Voraussetzung und Befolgung beider Richtungen.

2.4 Von gut nach exzellent

Eine sehr spannende Frage ist, warum offenbar erfolgreiche Unternehmen überhaupt Beratung einkaufen. Gerade viele Mittelständler sind sehr stolz darauf, noch nie in der Firmengeschichte Berater nötig gehabt zu haben. Denn was würde es eigentlich für einen Grund geben, in einer komfortablen Situation auf externe, zum Teil teure Hilfe zurückzugreifen? Schon in der Fragestellung liegt eine im Grunde vordefinierte Wahrnehmung von dem, was Berater eigentlich tun sollten. Wie bereits an verschiedenen Stellen ausgeführt sind Berater nicht selten diejenigen, die Brände löschen – oder Redundanzen eliminieren. Auch gibt es Berater, die als »verlängerte Werkbank« Teile der Wertschöpfung für ihre Auftraggeber erledigen. Gerade diese Art von Beratern erfüllen dann eine Funktion, mit der sie – wie später noch erläutert werden wird – in die sog. Dienstleisterfalle tappen.

Allen vorgestellten Beratertypen bzw. -arten entsprechen jedoch durchaus dem Bild eines helfenden oder auch ausführenden Dritten, der zwar tatsächlich einen Nutzen stiftet – aber dennoch vom Gesamtsystem dafür nicht unbedingt wertgeschätzt wird. Es gibt allerdings auch Berater, die eben nicht als Feuerlöscher arbeiten, sondern sogar Brandschutzmaßnahmen einführen. Diese Gruppe ist eher dem Bereich Strategieberatung zuzuordnen. Oder es gibt Berater, die wie oben gezeigt im Bereich Organisationsentwicklung tätig sind. Dieses Beratungssegment wurde in Kapitel 2.1 als der einzig wirklich geeignete Zugang für Beratung mit dem Ziel Antifragilität herausgearbeitet.

Was hat dies nun mit Beratung »von gut nach exzellent« zu tun? Dazu müsste man zunächst einmal auf den Begriff der Exzellenz eingehen. Exzellenz kommt aus dem Lateinischen und bedeutet hervorragend oder ausgezeichnet. Übertragen auf eine betriebswirtschaftliche Performance bedeutet dies, dass ein Unternehmen in seiner Branche weit bessere Ergebnisse liefert als die nachfolgenden Unternehmen. Aber genau an diesem Punkt wird es kompliziert: Nimmt man zum Beispiel das Unternehmen Apple in der aktuellen Konfiguration, so fällt Folgendes auf: Der Gesamtkonzern hat zum Zeitpunkt der Erstellung dieser Zeilen eine Marktkapitalisierung von ca. 2,5 Mrd. Dollar und ist damit das mit Abstand teuerste Unternehmen der Welt. Google als Nummer vier weist ca. ein Drittel weniger davon auf (Stand jeweils März 2022).

Das Geschäftsmodell von Apple fällt jedoch in die Kategorie fragil. Es gibt hierfür zwei entscheidende Gründe: Einmal hängt der Gewinn von Apple zum größten Teil von nur einem Produkt ab, dem iPhone. Zum anderen verfolgt Apple im Grunde ein sehr effizientes Geschäftsmodell: Das Unternehmen konzentriert sich überwiegend auf Entwicklung, Design und Marketing. Die Produktion der Geräte findet bei Foxconn überwiegend in Taiwan bzw. China statt. Würde Apple mit einem schwarzen Schwan konfrontiert, der beispielsweise die herkömmliche Smartphone-Technologie obsolet macht, würde das Unternehmen in große Schwierigkeiten geraten. Im Grunde würde sich dann die Geschichte wiederholen, die über Nokia erzählt wird.

Auch beim Geschäftsmodell könnte es sehr schnell Probleme geben. Mit Blick auf die Erreichung von Antifragilität interpretiert, verfügt Apple im Grunde hier über keine Redundanzen. Falls zum Beispiel ein Handelskrieg zwischen den USA und China entflammen würde, wäre Apple um den Großteil seiner Produktionskapazitäten beraubt. Und gerade deshalb ist es so erstaunlich, dass diese beiden offensichtlichen und nicht ganz unwahrscheinlichen schwarzen Schwäne (die möglicherweise sogar zeitgleich auftreten können) dennoch zu einer derart hohen Marktkapitalisierung führen.

Anders sieht die Situation bei Google aus. Soweit man dies von außen beurteilen kann, ist schon in der Unternehmens-DNA eine antifragile Haltung festzustellen (wie bereits oben gezeigt). Konsequenterweise ist es so, dass diese Haltung mit den damit verbundenen strategischen und operativen Maßnahmen zunächst dazu geeignet ist, den Gewinn von Google geringer ausfallen zu lassen als ohne diese. Interessant ist aber, dass die Umsatzrendite sowohl von Apple als auch von Google im Jahresdurchschnitt nicht weit auseinander liegen. Die Frage, wie die unterschiedliche Marktkapitalisierung zustande kommt, kann damit nicht so einfach beantwortet werden. Eines scheint jedoch sicher: Die Märkte messen der Eigenschaft »antifragil« aktuell noch nicht die Bedeutung zu, die sie haben müsste. Es geht wohl eher um die Illusion der Abwesenheit eines schwarzen Schwans, obwohl Apple diesem in seiner Firmengeschichte bereits begegnet ist. Man kann es sich also – wie den Zusammenbruch des Finanzsystems – wohl einfach nicht mehr vorstellen, dass das Unternehmen erneut in eine Schieflage geraten könnte.

Fasst man die Idee noch einmal zusammen, dann ist festzustellen: (Insbesondere) Redundanz kostet (Stressoren kosten auch, aber nicht in dem Ausmaß)! Exzellenz im hier gedachten Sinn ist damit nicht mehr so zu definieren, dass allein die Marktkapitalisierung ausschlaggebend ist, sondern für diesen Zweck ist ein neuer Maßstab einzuführen: Nämlich schlicht und einfach die Frage, ob ein Unternehmen antifragil ist. Wie dies gemessen werden kann, wurde in Kapitel 2.2 bereits gezeigt.

Die Frage sei damit noch einmal etwas anders gestellt: Wie kann wirksame Beratung bei einem Unternehmen stattfinden, dass von der Performance her gut dasteht, aber möglicherweise noch nicht exzellent ist (und damit nicht antifragil)? An dieser Stelle tritt wieder einmal das Phänomen des mangelnden Sense of Urgency auf. Ob man diesen, wie in Kapitel 2.2 gezeigt, beseitigen kann, erscheint im skizzierten Kontext unwahrscheinlich. Fast tragisch ist daran, dass gerade in einer derartigen Situation die beste Möglichkeit besteht, Antifragilität aufzubauen. Dies setzt insbesondere Vertrauen des Auftraggebers in die Fähigkeiten des Beratungsunternehmens voraus und damit erscheint gleichzeitig auch die Wahrnehmung der Dienstleistung Beratung in einem ganz neuen Licht. Beratung bedeutet damit nämlich, dass das Beratungsunternehmen sich selbst als Partner des Kundensystems sehen und dies auch so nach außen signalisieren muss. Wie könnte dies funktionieren?

Wenn man der Idee der »lernenden Organisation« folgt, so erscheint es zwangslogisch, dass Lernen unter Einbezug eines Dritten (nämlich des Beratungsunternehmens) so funktioniert, dass zumindest das Beratungssystem eine Idee davon hat, wie beispielsweise eine gewünschte Transformation durchgeführt werden soll. Sicher hat jedes Beratungsunternehmen hierzu eine Grundphilosophie und entsprechende Prozessschritte entwickelt und erprobt. Ehrlicherweise ist es aber so, dass – wenn Systeme andere Systeme beraten – die Komplexität der vielen sozialen Situationen es im Grunde gar nicht zulässt, einen vorab geplanten Prozess durchzuführen. Störungen sind vorprogrammiert.

Es wäre daher eine möglicherweise revolutionäre Idee, diese Unwägbarkeiten schon zu Beginn eines Beratungsprozesses anzusprechen und dem Kunden genau deshalb das Angebot zu machen, dass man zur Verfolgung des definierten Ziels mit dem Kunden gemeinsam ins Risiko geht. Mit anderen Worten: Das Thema Pricing muss im Grunde neu gedacht werden. Angenommen man würde den typischen, erfolgreichen Mittelständler in gewisser Weise davon überzeugen können, dass sein gut funktionierendes Unternehmen noch besser gemacht werden kann, wäre der konsequente Schritt, die Bezahlung des Beratungsunternehmens vom Erfolg der Veränderung in Richtung Antifragilität abhängig zu machen. Dies kann sogar über den vorgestellten Antifragilitäts-Fragebogen gemacht werden. Aber auch über die direkte Abfrage des »Perception Value« des Auftraggebers. Oder sogar über eine Kombination der beiden Instrumente. Ein Beratungsunternehmen verdeutlicht damit, dass man sich im Grunde der Komplexität eines Beratungsprozesses bewusst, zugleich aber aus Theorie und Praxis heraus zuversichtlich ist, diese Komplexität beherrschen zu können. Wichtig ist dabei das Ziel: Antifragilität. Mit dieser Haltung kann es dann möglichweise gelingen, das gewünschte Pull-Momentum auch bei bereits erfolgreichen Unternehmen und deren Entscheidern auszulösen.

Zusammengefasst ist es also wesentlich, auf welchem Zugangsweg und zu welchem Anlass Beratung nachgefragt oder induziert wird. Dies mag auf den ersten Blick selbstverständlich sein. Jedoch ist es häufig so, dass Kunden eine bestimmte Problemsituation schildern und die Berater eher umsatzorientiert verkaufen. Diese unternehmerisch zunächst verständliche Haltung führt aber nur zufällig zu einem Ergebnis, das den Ansprüchen an eine wirksame Beratung genügt. Es ist daher Aufgabe eines Beratungsunternehmens, schon im Rahmen der Auftragsklärung genau zu prüfen, wo der Kunde sich aktuell befindet, um damit auch sicherstellen zu können, dass es zumindest eine Option auf die Generierung von Antifragilität gibt.

Eine gute Auftragsklärung ist essenziell für erfolgreiche Beratung. Sie ist aber nur ein kleiner Teil des Gesamtprozesses. Es soll daher in der Folge vorgestellt werden, wie ein Beratungsprojekt idealtypisch verläuft. Das folgende Kapitel befasst sich dabei mit den aus der Sicht des Autors wesentlichen Gesichtspunkten des Beratungsprozesses und erhebt dementsprechend nicht den Anspruch auf Vollständigkeit. Dies auch wegen des anders gelagerten Schwerpunkts dieses Buchs. Die Einzelphasen des Beratungsprozesses werden daher, wo sinnvoll und möglich, vor allem vor dem Hintergrund des Themas Antifragilität diskutiert. Das Kapitel insgesamt dient dann im weiteren Verlauf als Struktur für die Klärung weiterer Fragenstellungen.

Die nachfolgenden Darstellungen sind prozessualer Art. Dadurch kommt es vor, dass diverse Themen, die bereits andiskutiert wurden (wie beispielsweise der Widerstand gegen Veränderungen), noch einmal Erwähnung finden. Um jedoch einen mehr oder minder idealtypischen Ablauf aufzuzeigen und die jeweilige Einordnung zuvor erwähnter Aspekte nicht einfach als Leseaufgabe mitzugeben, fiel die Entscheidung, diese Wiederholungen in Kauf zu nehmen – zumal sich themenbezogen noch weitere Perspektiven finden lassen, die sich aus dem prozessualen Kontext heraus ergeben. Andere Themen hingegen, die aus den vorangegangenen Analysen stammen, werden nicht mehr explizit angesprochen (wie beispielsweise die unterschiedlichen Varianten des Zugangs zu Beratung und deren Bewertung). Das Primat der Prozessbetrachtung begrenzt so Breite und Tiefe der Darstellung.

Fallstudie Stromwind AG

Das Beraterteam begann nun mit der Auftragsklärung. Das Grundsetting schien zunächst klar: Die StromWind war erneut in eine schwierige ökonomische Situation geraten. Noch stimmte zwar (auf den ersten Blick) die Konfiguration des Geschäftsmodells. Dessen Erfolg war jedoch akut gefährdet durch Probleme in der Wertschöpfung sowie durch den nicht selbst verschuldeten und plötzlichen Wegfall von Absatzmärkten. Es sah also von Seiten des Managements zunächst danach aus, dass die Berater eine Art Feuerlöscheinsatz fahren sollten. Offensichtlich gab es damit auf der Managementebene einen Sense of Urgency

zur Auflösung dieser Situation. Im Kern ist damit generell die Voraussetzung dafür geschaffen, dass Veränderungen auch erfolgreich durchgeführt werden können. Zusätzlich war zu klären, ob der Sense of Urgency auch im Rest der Organisation vorhanden sei. Gerade die vom Managementteam geäußerte Beschreibung, dass diese aktuell in verschiedene Silos zerfalle, brachte die Berater jedoch zum Nachdenken. Denn das (und andere Ursachen wie eine ausgeprägte Fehlervermeidungskultur) sind für gewöhnlich Indikatoren dafür, dass eine Krisensituation systemisch noch nicht angekommen ist. Die Folge davon kann sein, dass ein (notwendiger) Veränderungsprozess letztlich an Dynamik verliert, weil vor allem bei der Umsetzung entsprechender Maßnahmen sich Widerstände entwickeln.
Das Managementteam konnte betätigen, dass vor allem die Bereiche Entwicklung, Produktion und Vertrieb intern miteinander in starker Konkurrenz stünden. Zwar hatte der Forschungsbereich jüngst mit dem Bereich Prototyping die neue Generation von Windrädern entwickelt. Der Gesamtprozess hatte jedoch deutlich mehr Zeit in Anspruch genommen als ursprünglich geplant. Und konnte auch erst dadurch finalisiert werden, dass die beiden zuvor Verantwortlichen durch eine von extern rekrutierte Managerin in Personalunion ersetzt wurden. Die beiden Bereiche gehörten dementsprechend von nun an zusammen, standen jedoch nach wie vor im Konflikt mit dem Vertrieb, der sowohl die Time-to-Market als auch die Qualität der Produkte kritisierte. Diese Bruchlinien fanden sich auch im Managementteam wieder, das – aus Tradition – eher marktseitig aufgestellt war und vor allem die neue Kollegin so einen schweren Stand hatte. Wenn also der Auftrag lautete, eine schnelle Veränderung herbeizuführen, gab es selbst auf dieser Ebene unterschiedliche Interpretationen von Dringlichkeit. Es war daher ein Vorschlag des Beraterteams, zur Messung des Sense of Urgency einen Test per Fragebogen durchzuführen. Diese sog. Systemische Organisationsanalyse ist generell dazu in der Lage, mit sog. Dynamiken die Ausprägungen von Veränderungschancen- und potenzialen in den verschiedenen Silos resp. Bereichen (und Hierarchieebenen) zu messen und so zumindest auf den möglicherweise mangelnden Sense of Urgency hinzuweisen.
Die Analyse liefert mittels Clusterung zusätzlich noch Hinweise darauf, wie stark die jeweilige und die unternehmensübergreifende Antifragilität ausgeprägt ist. Dies war für das Beraterteam deshalb von großer Bedeutung, da der Anspruch der Berater von Disruptio Consult auch dergestalt war und ist, dass nicht nur ein Zustand von »schlecht nach gut« erreicht werden soll, sondern in diesem Fall die StromWind bestenfalls auch langfristig antifragil aufzustellen, was in etwa einem Auftrag »von gut nach exzellent« entspricht. Die Idee war daher, auch das Geschäftsmodell noch einmal konkreter zu untersuchen. Auch hier gab es gewisse Widerstände, da man im Managementteam überwiegend der Meinung war, dass aktuell keine Veränderungen notwendig und im Übrigen auch keine Zeit dafür vorhanden sei. Die Berater mögen sich zunächst mit der Rettungsaktion beschäftigen.

Daran anschließend begann die Diskussion über den richtigen Ansatzpunkt der Beratung. Die inhaltlichen Antipoden waren der Zugang Fachberatung vs. Organisationsentwicklung (und Prozessberatung). In der Diskussion ergab sich die grobe Zuordnung, dass die Fachberatung geeignet sei, schnelle Lösungsansätze für die StromWind zu generieren. Die Organisationsentwicklung (definiert als organisationsübergreifender Veränderungsprozess) bewirkt dies grundsätzlich auch – allerdings bedarf es hier mehr Zeit, die die StromWind aktuell nicht hatte. Man verständigte sich daher mit dem Beraterteam darauf, zunächst kurzfristige Erfolge mittels inhaltlicher Beratung zu generieren, um dann darauf aufbauend ein umfassendes Konzept zur Neukonfiguration (auch des Geschäftsmodells) zu entwickeln, was letztlich zur Antifragilität des Unternehmens führen sollte.

Dar. 7: Anlässe von Beratung

3 Das Phasenmodell der Beratung

Obwohl Beratung als Dienstleistung einen etablierten Platz in unserem Wirtschaftssystem hat, ist es erstaunlich, dass über den eigentlichen Beratungsprozess, wie er tagtäglich stattfindet, bis dato so wenig publiziert worden ist. Denn die Wissenschaft beschäftigt sich eher mit unterschiedlichen Beratungsmodi (interne versus externe Beratung), Beratungsphilosophien (Fachberatung versus Prozessberatung) oder mit einer ganzen Reihe von Interventionen, die dann als Beratungstools besprochen werden.

An die kritische Aufnahme und Analyse eines idealtypischen Beratungsprozesses haben sich nur wenige Autoren gewagt. Das hängt sicher auch damit zusammen, dass es einen musterhaften Ablauf gar nicht gibt. Wie beschrieben ist Beratung im Kern ein sozialer Prozess, der im Grunde nicht exakt planbar ist. Die Autoren der beiden bekanntesten Veröffentlichungen zum Thema sprechen dies in ihren jeweiligen Eingangskapiteln auch offen an (Cope 2001 sowie Stroh & Johnson 2006). Sie sehen die Struktur, die sie einem Beratungsprozess jeweils geben, daher auch mehr als Leitfaden zur grundsätzlichen Orientierung für Berater. Auch sind sie sich bewusst, dass der zeitliche Faktor erhebliche Varianzen aufweisen kann. Cope (2001: 22f) zeigt das mit dem Stichwort Timing: Einzelne Phasen, die beispielsweise bei einem Projekt Monate dauern können, benötigen bei einem anderen nur wenige Minuten oder Sekunden.

Letzteres ist sicher etwas überspitzt dargestellt, entspricht aber auch der Erfahrung des Autors, wo beispielsweise in einem bestimmten Modul innerhalb eines Workshops durch eine einzige Aussage eines Teilnehmers plötzlich Blockaden gelöst wurden, die einen zuvor begonnenen internen Veränderungsprozess faktisch eingefroren hatten. Dagegen können auf den ersten Blick einfache, oberflächlich digitale Fragestellungen in eine Sackgasse führen, aus der nur sehr schwer wieder herausgefunden werden kann – auch da man sie unter Umständen auf Beraterseite als solche zunächst gar nicht erkennt.

Die Phasen der Beratung werden hier nach dem COACH-Modell eingeteilt. Dieses stammt – wie der Name schon sagt – ursprünglich aus dem Coaching (vgl. Rauen 2017: 22f). Die Idee für die Verwendung im Beratungskontext liegt in der Grundhaltung, dem Kunden gegenüber Hilfe zur Selbsthilfe zu leisten, damit dieser eine gewünschte Transformation erreichen kann – bestenfalls in Richtung von Antifragilität. Das COACH-Modell umfasst im Einzelnen: Contact – Orientation – Analysis – Change – Harbour und strukturiert damit viele Aspekte der Erläuterungen von (vor allem) Cope sowie der Praxiserfahrung des Autors.

3.1 Contact (gleich Kontakt)

Rein technisch betrachtet ist diese Phase mit der Auftragsklärung gleichzusetzen und dient aus Beraterperspektive zunächst einem Selbstzweck: Nämlich, um den Beratungsprozess anzustoßen oder um festzustellen, dass man lieber nicht in einen Beratungsprozess einsteigt (vgl. den definierten Anspruch auf Generierung vom Antifragilität).

Vertrauensbildung

Es existiert daneben jedoch eine weit wichtigere Ebene: Es geht um das Thema Vertrauensbildung und damit um den Aufbau einer emotionalen Verbindung zwischen den Personen (Menschen) aus dem Kundensystem und dem Beratersystem. Denn wenn man davon ausgeht, dass aus der Perspektive der Berater die Wirksamkeit von Beratung insbesondere davon abhängig ist, dass die zu erwartenden Widerstände und Widerstandspotenziale zunächst überhaupt erkannt und im Verlauf des Prozesses adäquat bearbeitet werden können, wird klar, dass gleich zu Beginn ein entsprechender persönlicher Kontakt hergestellt werden muss. Für die andere Seite des Prozesses bedeutet dies, dass der Kunde neben seiner sachrationalen Prüfung, ob die Berater in der Lage sind, das Thema auch fachlich bearbeiten zu können, das Gefühl dafür entwickeln muss, dass die Bedenken gegen seine eigene emotionale Öffnung unbegründet sind. Das deckt sich auch mit den Ergebnissen der in Kapitel 1.2 zitierten empirischen Studie.

Sicher ist es in der Regel so, dass gerade im Erstkontakt ein gewisses Schauspiel stattfindet. Es ist im Grunde mit einer Art Blind Date zu vergleichen: Beide Seiten haben sich auf welche Weise auch immer (unter Umständen auch online) kennengelernt. Hierfür hat es einen Vorselektionsprozess gegeben, der die potenziellen Partner nun zueinander geführt hat. Anders jedoch als beim Dating geht der Impetus in der Regel vom Kunden aus. Die andere Variante, dass das Beratungsunternehmen auf den Kunden zukommt, setzt aber zumindest voraus, dass dieser einen latenten Beratungsbedarf hat (vgl. vor allem die Bemühungen oder sogar die beraterische Verpflichtung zum Wecken des Sense of Urgency).

Anders formuliert als Konsequenz: Liegt das klassische Setting vor, geht der Kunde ein höheres Risiko ein als die Berater. Er wird daher tendenziell versuchen, nicht sofort auf das eigentliche Problem (oder Symptom) zu kommen, sondern zunächst damit beginnen, ebenfalls Vertrauen zu den Beratern zu entwickeln. Erst danach – und manches Mal sogar erst im Verlauf des Projekts – kann es zu einer Vertiefung der notwendigen emotionalen Verbindung kommen. Erschwerend kommt hinzu, dass die Ansprechpartner nicht unbedingt diejenigen sind, die im weiteren Projektverlauf direkt als Prozessbeteiligte auftreten. Allerdings sind sie in der Regel die Entscheider und damit auch hierarchisch so angesiedelt, dass sie zumindest einen Einfluss auf das Projekt und damit auch auf dessen emotionale Rahmenbedingungen haben.

Das Problem

Mit dem Wissen um diese zwischenmenschlich komplexe Ausgangssituation ist es nun Aufgabe der Berater, zunächst einmal in Erfahrung zu bringen, was der eigentliche Anlass bzw. das eigentliche Problem des Kunden ist. Die Schwierigkeit bei der Schilderung des Problems ist jedoch, dass es aus der Sicht des Kunden zwar das echte Problem ist. Vergleichbar mit einem Patienten, der zu einem Arzt geht und ihm genau das mitteilt, was bei ihm tatsächlich vorliegt oder einen Schmerz bereitet. Oftmals ist das jedoch nur vordergründig und das eigentliche Problem liegt in der Regel woanders. Der Patient bzw. Kunde kann es jedoch nicht benennen oder bringt zu dessen Formulierung seine persönlichen sog. Wahrnehmungsfilter mit ein. Es ist daher der erste Schritt, genau diese zunächst zu verstehen. Cope nennt hier mehrere Begriffe, die als Perspektiven zu übersetzen sind und auszugsweise skizziert werden sollen (vgl. zum Folgenden Cope 2001: 44ff):

Beginnend mit der Perspektive Zeit kann man Menschen unterscheiden, die grundsätzlich eher vergangenheits- oder zukunftsorientiert denken. Denkt man an gewünschte Veränderungen und an den Anlass des Zusammentreffens, so wird klar, dass insbesondere vergangenheitsorientierte Menschen (als Entscheider) gewisse Vorbehalte haben, externe Berater zur Gestaltung einer wie auch immer gearteten Zukunft hinzuzuziehen. Hier wird es eher um Rechtfertigung der bis dato gängigen Muster gehen. Allerdings sollte man sich aus Beratersicht davon freimachen, eine vordergründig vorgebrachte Vergangenheitsorientierung falsch zu verstehen. Diese kann gerade in der ersten Phase dazu dienen, kundenseitig Sicherheit in diesem schwierigen sozialen Prozess zu gewinnen (um damit Vertrauen aufbauen zu können). Einfacher ist eine zukunftsorientierte Haltung beim Kunden. Jedoch ist oftmals festzustellen, dass gerade diese Kundengruppe den Weg dahin vermeintlich kennt. Hier ist beraterisches Fingerspitzengefühl gefordert: Denn die vom Kunden angedachte Vorgehensweise ist nicht selten dergestalt, dass damit das beabsichtigte Ziel genau nicht erreicht wird.

Eine andere wichtige Perspektive und damit ein anderer Filter ist die Frage, wie der Kunde Informationen für sich übersetzt. Denkt er beispielsweise global oder eher lokal – eher operativ oder strategisch? Es ist aus der Erfahrung des Autors gerade in der Kontaktphase eine Herausforderung, die Realitätskonstruktion der Gesprächspartner schnell einschätzen und einordnen zu können. Erschwert wird dies noch dadurch, dass auch auf Beraterseite eine bestimmte Wahrnehmung von Wirklichkeit vorliegt und somit in der Anfangsphase diese beiden Konstrukte mit der Gefahr einer mangelnden Synchronisation aufeinandertreffen. Einerseits mit der potenziellen Konsequenz eines Mismatches (in negativer wie falsch positiver Richtung) und andererseits aber der professionellen Verantwortung auf Beraterseite, dass es genau dazu nicht kommt.

Auch die Perspektive Richtung ist von Bedeutung. Damit ist (von Cope) gemeint, dass der Kunde eine Veränderung grundsätzlich als Chance oder als Risiko wahrnimmt. Wie auch oben formuliert, ist das Engagement externer Berater ohnehin mit einem Risiko für den Kunden verbunden. Die Frage ist nun, wie man bei einem besonders risikoaversen Gesprächspartner zunächst einmal genau dies erkennt – und wie man dann mit Blick auf ein potenzielles Projekt aus Beratersicht damit umgeht. Aber auch der umgekehrte Fall ist herausfordernd: Wird schnell klar, dass die Kontaktperson regelrecht euphorisch auf das bevorstehende Projekt blickt, könnte es wiederum beraterische Pflicht sein, ein eher realistisches Szenario zu vermitteln. Aus der Erfahrung des Autors trifft diese Beschreibung vor allem auf Kunden zu, die bis dato wenig Erfahrung mit Beratungsdienstleistungen gesammelt haben. Wenn dann auf Beraterseite noch zusätzliche Versprechungen gemacht werden, kommt es zu der beschriebenen Enttäuschung und trägt damit richtigerweise zum schlechten Image der Beraterbranche bei.

In der Summe sollen diese Wahrnehmungsfilter helfen, die Perspektive des Kunden einordnen und verstehen zu können. Ausgestattet mit diesem Verständnis kann nun der Versuch gestartet werden, eine Tiefenbohrung beim Problem vorzunehmen. Hilfreich ist dabei, zunächst das Problemumfeld zu erforschen. Abgesehen von inhaltlichen Aspekten hilft hier die einfache Frage weiter, wer von einer Beseitigung des vermeintlichen Problems profitiert – und wer nicht. Kann der Kunde darauf keine Antwort geben, befindet man sich mit ihm sicher noch eher auf der Symptom- als auf der Problemebene. Erst wenn klar wird, wie die Situation nach der Veränderung aussieht und welche Folgen dies hat, dürfte man in die Nähe des tatsächlichen Problems gekommen sein.

Auch die Frage nach dem emotionalen Investment und der eigenen Betroffenheit zielt hierauf ab und festigt die ersten Hypothesen. Es geht also im Kern darum, das Ausmaß der gewünschten Veränderung auszuloten. Beginnt der Kunde bei der Beschreibung des angestrebten Ergebnisses zu erkennen, dass gegen die geplante Veränderung Widerstandspotenziale entstehen (oder er selbst ein Unwohlsein entwickelt), dürfte als erstes Ergebnis die tatsächliche Problemebene erreicht sein. Dies bedeutet jedoch nicht, dass im Verlauf des Prozesses nicht weitere, tiefere Ebenen offengelegt werden. Es kann jedoch in dieser frühen Phase tatsächlich keiner der am Prozess Beteiligten erahnen, wie weit die Tiefenbohrung noch gehen wird. Ein anderen bzw. besseren Einstiegspunkt in den Veränderungsprozess gibt es zu diesem Zeitpunkt jedoch noch nicht.

Ausmaß des Widerstands

Noch einmal erinnert: Es geht neben sachlichen Aspekten in der Phase Kontakt überwiegend darum, eine emotionale Verbindung zum Kunden aufzubauen. Dazu gehört auch, bei sich verfestigender, beraterseitiger Hypothese über das Ausmaß des Widerstands gegen die geplante Veränderung diese dem Kunden gegenüber transparent mitzuteilen – auch auf die Gefahr eines sofortigen Projektabbruchs hin. Zur Überprüfung der Widerstandspotenziale hat Cope (2001: 56f) die sog. Impuls-Matrix entwickelt.

Eine wichtige Vorbemerkung: Unabhängig von den hier so bezeichneten Einflussfaktoren Typus und Impuls kann jedes Projekt scheitern – oder erfolgreich sein. Es ist nur von Bedeutung, die Ausgangssituation zu (er-)kennen, die Gefahren anzusprechen und somit das Veränderungsdesign entsprechend aufzusetzen oder das Projekt als Ganzes nicht anzugehen.

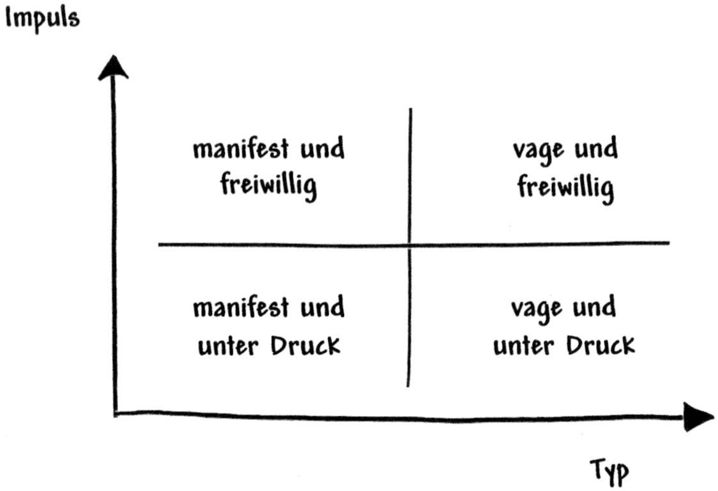

Dar. 8: Impulsmatrix (nach Cope 2001: 56)

Beginnend mit dem Bereich »manifest und unter Druck« steht dieser für eine auf den ersten Blick klare Ausgangssituation: Der Kunde scheint genau zu wissen, was zu tun ist – und das soll schnellstmöglich durchgeführt werden. Jedoch wurde oben bereits beschrieben, dass das vermeintliche Problem eigentlich ein ganz anderes sein kann. Cope beschreibt hier sogar einen Kunden, der das Beratungsunternehmen auf den falschen Pfad locken möchte, um sich letztlich selbst zu exkulpieren. Würde man dies erkennen, muss das potenzielle Projekt abgelehnt werden. Aber auch die Situation (Zeit-)Druck ist generell nicht förderlich: Es wurde bereits ausgeführt, dass eine Veränderung ganzheitlich stattfinden muss. Wird sehr schnell an nur einer einzigen Stelle gearbeitet, ist zu vermuten, dass die Veränderungsenergie dort nicht ausreicht, die anderen, unbearbeiteten Bereiche ebenfalls zu erfassen und im gewünschten Maß zu verändern. Zusammengefasst ist dieses Feld also recht kritisch zu sehen. Zwecks Vertrauensaufbau ist das dann auch dem Kunden so mitzuteilen.

Der Bereich »manifest und freiwillig« hingegen bietet eine angenehmere Ausgangssituation. Es gilt zwar auch hier, den Kunden davon zu überzeugen, den Blick zu weiten, was das eigentliche Problem und den Problembereich anbelangt. Hier ist jedoch genügend Zeit, dies mit dem Kunden zu diskutieren. Nachteil wiederum ist, dass derartige Veränderungen nicht selten zeitlich geschoben werden. Eben weil zu wenig Druck vorhanden ist. Das ist eine schon fast paradoxe Situation. Diese verstärkt sich sogar, wenn ein potenzielles Projekt im Bereich »vage und freiwillig« angesiedelt ist. Hier ist dann zwar ausreichend Zeit, das wenig

Spezifische zu konkretisieren. In der Realität wird es jedoch recht selten passieren, dass ein Kunde ein Beratungsunternehmen zu einem konkreten Gespräch über eine noch nicht manifest geplante Veränderung einlädt. Es sei denn, dass ein Berater als gelegentlicher Sparringspartner dient und dieser dann über die Zeit dem Kunden selbst dabei hilft, ein Problem zu identifizieren und ein Projekt zu beginnen.

Das Feld »vage und unter Druck« stellt sich zwar auf den ersten Blick als die schwierigste Situation dar. Anders jedoch als im Feld manifest und unter Druck können hier die Berater (wie eben) helfen, Problem und Bereich zu identifizieren. Der Kunde wäre in dieser Definition offen für die Rückmeldung der Berater, die so eine Art Saugspannung (ein anderer, von einem wertgeschätzten Kollegen verwendeter Begriff für das Pull-Momentum) erzeugen kann. Das bedeutet, dass der Kunde sich auf der Vertrauensebene öffnet und bewusst das Risiko eines Beratungsprozesses eingehen will.

In allen Fällen sollten die Berater jedoch den Kunden noch mit der Frage konfrontieren, ob bzw. was bis jetzt bereits unternommen worden ist, um das Problem in den Griff zu bekommen. Für den Fall, dass bis dato nichts getan wurde, sollten die Berater jedoch nicht unbedingt den Rückschluss ziehen, dass das Problem ein relativ neues ist. Denn aus systemischer Perspektive machen die möglichen Dysbalancen im Gesamtspiel durchaus Sinn und sind von den Profiteuren dieser Situation durchaus gewollt. Der tatsächliche oder potenzielle Widerstand gegen eine Veränderung hat genau diese bis hierher verhindert. Auch die Möglichkeit, dass bereits ein oder mehrere Versuche unternommen worden sind, eine Veränderung durchzuführen (ob intern oder extern), sollte abgefragt werden. Denn genau das gibt nochmals deutliche Hinweise auf das Ausmaß und die Intensität des Widerstandspotenzials innerhalb der Organisation.

Die Kontaktphase läuft erfahrungsgemäß in der Praxis so ab, dass die Vertreter des Beratungsunternehmens mit einer oder mehreren Personen des potenziellen Kunden zusammenkommen. Es wird über das Projekt, dessen Rahmenbedingungen wie Zeit und Beteiligte und möglichweise sogar bereits über finanzielle Themen gesprochen. Aus Beratersicht sollte man daher davon ausgehen, dass der oder die Gegenüber über die Macht verfügen, einen Prozess auch anzustoßen. Es kann jedoch auch ganz anders sein. Letztlich ist es wesentlich, den wirklichen Entscheidungsträger zu treffen und mit ihm die entsprechenden Vereinbarungen zu treffen. Das bezieht sich nicht nur auf juristische Aspekte: Es geht vielmehr darum, dass das Mandat, das die Berater erhalten, mit Macht ausgestattet sein muss. Diese kann nur derjenige im Unternehmen erteilen, der sie tatsächlich auch hat. Trifft man eine Vereinbarung über ein Projekt und den dazu aufzusetzenden Prozess mit einer Person, die nicht über die entsprechenden hierarchischen Mittel verfügt, so kann das Projekt als Ganzes von einer übergeordneten Stelle und jederzeit torpediert werden.

Wieder zurückkommend auf den Aspekt des Vertrauensaufbaus ist über die gesamte Kontaktphase die Frage zu beantworten, ob das geplante Projekt auch der ethischen Grundhaltung des Beratungsunternehmens entspricht. Dies bezieht sich nicht nur auf den möglichen Verzicht, mit bestimmten Branchen oder sonstigen Auftraggebern nicht zusammenzuarbeiten. Es geht konkret darum ob das, was mit dem Kunden (zumeist im Fall manifest) besprochen wird, auch zu der eigenen Haltung passt. Es sollte nämlich klar sein, dass Veränderungen generell schwierig und nicht sofort umsetzbar sind.

Ist man sich aus der Diskussion mit dem Kunden sicher, dass dessen Vorstellungen unrealistisch sind, dann ist es die ethische Pflicht des Beratungsunternehmens hierauf zumindest hinzuweisen. Und für den Fall, dass der potenzielle Kunde diese Hinweise nicht annimmt, muss ein Auftrag auch abgelehnt werden. Manches Mal erweist sich dies sogar als sehr hilfreich: Nur so kann der ein oder andere Kunde dazu bewegt werden, doch der Erfahrung der Berater zu vertrauen. Und das schafft langfristig mehr Vertrauen als die Anbahnung eines Projekts, dass aus Beratersicht mit dem Risiko eines Scheiterns verbunden ist.

3.2 Orientation (gleich Orientierung)

Nach dem ersten Kontakt kommt es zu ganz unterschiedlichen nächsten (Zwischen-)Schritten. Dies ist u. a. abhängig von der Unternehmensgröße, der Gewohnheit im Umgang mit Beratern oder auch eben von der Drucksituation, ein Projekt aufsetzen zu müssen. Selbstverständlich gibt es auch den Fall, dass ein potenzielles Projekt bereits hier abgebrochen bzw. gar nicht begonnen wird. Gerade auch dann, wenn sich mehrere Beratungsunternehmen in einem »Beauty Contest« um das Projekt beworben haben.

Beratungsvertrag

Geht man von einem idealen Fall aus, so wären nun zunächst einmal weitere Gespräche mit dem Kunden notwendig, um einen Projektplan bzw. ein Design für den Beratungsprozess entwickeln zu können. Das hierzu erforderliche Mengengerüst hat wiederum Einfluss auf das vertragliche Verhältnis zwischen den beiden Partnern. Hier müssen natürlich nicht nur der Preis, sondern auch weitere wichtige Aspekte für die kommende Zusammenarbeit definiert werden. Geht man von der analytischen Gliederung des Phasenmodells der Beratung aus, würde dieser mehr oder minder juristische Aspekt eines Beratungsvertrags exakt zwischen der Phase 1 (Kontakt) und der Phase 2 (Orientierung) liegen.

Aus der Erfahrung des Autors ist der Vertrag als solches für den Erfolg des Projekts eher nachrangig. Das mag überraschen, da einige Autoren gerade hier einen wesentlichen Erfolgsfaktor sehen. Es sind zwar Themen wie Zeitplan, Verantwortlichkeiten, Vertraulichkeit etc. zum Zeitpunkt des Vertragsabschlusses tatsächlich wichtige Punkte, die es zu diskutieren bzw. festzuhalten gilt. Allerdings verändern sich Rahmenbedingungen, Anforderungen oder auch die beteiligten Personen für gewöhnlich derart schnell, dass ohnehin in direkter Absprache mit dem Kunden Anpassungen vorzunehmen sind. Der Vertrag ist daher eher geeignet, eine Art

Absprungbasis mit einem gewünschten Ziel zu vereinbaren. Beide Seiten sind sich jedoch in der Regel im Klaren darüber, dass der angestoßene Prozess wesentlich mehr Gewicht und Dynamik entwickelt als die schriftlichen Vereinbarungen. Einzig der Aspekt der Evaluation und damit der Versuch, die Wirksamkeit des Beratungsprojekts tatsächlich zu messen, könnte als wesentlich interpretiert werden. Dieses Buch hat bereits versucht, auf Letzteres eine Antwort zu geben, die dann natürlich auch in juristisch entsprechenden Formulierungen ihren Eingang in einen Beratungsvertrag finden kann.

Aus Kundensicht beginnt nun die offizielle Arbeit. Aus Beratersicht hat diese jedoch schon viel früher begonnen: Einerseits ergibt sich schon in der Kontaktphase eine erste Orientierung. Andererseits hat bzw. sollte das Beratungsunternehmen über ein entsprechendes Signalling Hinweise darüber abgegeben haben, mit welcher grundsätzlichen Haltung man an den Beratungsprozess herangeht. Denn diese prägt die weitere Arbeit (dazu gleich mehr) und es dürfte ohnehin auch der Grund dafür sein, dass der Kunde genau dieses Unternehmen für das Veränderungsprojekt ausgewählt hat. Auch war im Rahmen der Beschreibung der Kontaktphase die Rede vom Aufbau eines gegenseitigen Vertrauensverhältnisses und über den Versuch, eine Saugspannung zu erzeugen, die den Kunden in Richtung des Ansatzes der Berater zieht und für ihn zugleich dafür sorgt, dass dessen subjektiv empfundenes sowie objektiv vorhandenes Risiko in den Hintergrund tritt. Hieran ist nun wieder anzuknüpfen.

Systemische Rahmenbedingungen

Der normale beraterische Reflex nach Unterzeichnung des Beratungsvertrags ist es, sofort mit der Analysephase zu beginnen. Das wäre allerdings fahrlässig, da die Phase der Orientierung dazu dienen soll, davor noch die systemischen Rahmenbedingungen für das Projekt zu erfassen und zu verstehen. Hierzu ist es hilfreich, noch einmal darüber zu reflektieren, wie ein Berater an den Beratungsprozess herangeht bzw. welche Philosophie dahinter liegt. Wie zu erkennen sein wird, bestimmt nämlich genau diese darüber, ob man eine echte Orientierung überhaupt erreichen kann. Zur Verdeutlichung soll folgende Abbildung und die anschließende Erklärung dienen (▶ Dar. 9).

In einem klassischen Beratungskontext (links) gibt es zunächst einmal eine Person oder eine Organisation, die bezüglich eines Sachverhalts ein Kenntnisdefizit verspürt. Von dem sie annimmt, dass ein anderer – nämlich ein Berater (hier ein Fachexperte) – dieses reduzieren könnte. Andererseits gibt es Personen oder Organisationen, die von sich behaupten, dass sie genau auf diesem Gebiet über die gewünschten Kenntnisse verfügen (im juristischen Bereich beispielsweise ein Anwalt für Gesellschaftsrecht, im medizinischen Bereich beispielsweise ein Dermatologe oder im Bereich Architektur ein Experte im Brückenbau etc.). Der Ratsuchende hat dem Berater seine Situation erklärt, der Berater hat den Sachverhalt verstanden und seinen Rat gegeben und der Ratsuchende hat (bestenfalls) den Rat akzeptiert. Damit ist der Beratungsprozess eigentlich beendet.

Dar. 9: Fach- versus Prozessberatung

Wie an dieser Prozessbeschreibung gut zu erkennen ist, hat der Beratende sich ausschließlich auf das Lösen der Fragestellung konzentriert. Eine wirkliche Orientierung hat nicht stattgefunden, sondern es erfolgte sofort der Einstieg in die Analyse- und Veränderungsphase (sofern überhaupt eine echte Kontaktphase stattgefunden hat).

Ein anderer Ansatz ist auf der rechten Seite der Abbildung zu sehen: Anders als ein reiner Fachberater beobachten (systemische) Prozessberater das Spiel und das Zusammenwirken der handelnden Personen auf ihrer Bühne. Dieses Bild ist wörtlich zu nehmen, denn die Teilnehmer spielen tatsächlich eine ihnen übertragene Rolle, zumal sie in diesem Kontext (ihrer Organisation) in der Regel auch anders agieren als im privaten Bereich. Auf der Bühne selbst gibt es unterschiedliche Akteure: Einige mit Macht, viele im Vordergrund, manche im Hintergrund. Es gibt auch eine Kulisse, ein offizielles Spielziel, und hinter der Kulisse zum Teil Kulissenschieber, die das Spiel oder das Ziel verändern können, ohne dass dies alle sofort merken. Im Grunde aber kennen sie (die Akteure) sich auf ihrer Bühne aus und die Berater betrachten mehr oder minder erstaunt, was gespielt wird. Aus Beratersicht ist man bisweilen geneigt, sich über das Bühnenstück zu wundern und Wertungen abzugeben. Aber alle Spielzüge folgen einem logischen Sinn.

Es ist dann beraterische Verpflichtung, zu dem, was tatsächlich zu beobachten ist, zunächst die richtige Überschrift zu finden. Zum Beispiel geht es offiziell vielleicht um Kostenreduktionen (wie der Vorstand verkündet hat), doch in Wirklichkeit geht es möglicherweise um Ansehen, um Mitarbeiterzahlen und um Eitelkeiten etc. So leuchten Berater mit systemischer Grundhaltung die Bühne der Teilnehmer aus – und auch in die dunklen Ecken der Betriebsblindheit hinein. Sie erhöhen damit einerseits bei den Teilnehmern die Kenntnisse und das Bewusstsein über das eigene Spiel und dessen Überschrift und leisten so eine erste »Hilfe zur Selbsthilfe«. Andererseits kommen die Berater selbst in die per se vom Auftrag her erwartete Situation, eine erste Orientierung gefunden zu haben.

Wichtig ist: Fachberatung (ohne Orientierungsphase) und systemische Prozessberatung schließen sich grundsätzlich nicht aus. Jeder Ansatz wird in bestimmten

Konstellationen benötigt. Die Anforderung sollte jedoch sein, dass zur Erreichung des gewünschten Ziels (und zur Sicherstellung von Wirksamkeit) die Orientierungsphase als absolut notwendig erkannt und kapazitativ eingeplant werden muss. Auch Cope (2001: 69) umschreibt die Orientierungsphase als »Lichtung des Bodennebels«, um die wahren Probleme und später deren Ursachen überhaupt identifizieren zu können.

Unternehmenskultur

Um wieder zum Bild der Bühne zurückzukehren, ist es (nach der Benennung der Überschrift resp. des Spielziels) für eine tiefergehende Orientierung notwendig, zumindest eine Idee über die Art und das Muster der gebotenen Aufführung zu entwickeln. Anders formuliert: Es geht um einen Eindruck und um Hypothesenbildung darüber, was die spezifische Unternehmenskultur ist und welche Auswirkungen sie auf das Spiel und den Beratungsprozess hat (das gilt natürlich im engeren Sinne auch für eine Bereichs- oder Abteilungskultur). Dazu ein Beispiel aus der Erfahrung des Autors:

Bei einem Unternehmen der Pharmabranche ging es um ein potenzielles Veränderungsprojekt, das vor Ort in der Firmenzentrale besprochen werden sollte. Bei Betreten des Eingangsbereichs fiel etwas mehr oder minder Skurriles auf: Dort hingen die Totenmasken des Unternehmensgründers (und seiner Frau). Man kann bzw. konnte diese auch nicht übersehen, da sie sehr prominent platziert waren. Der erste Eindruck, der entstand, war, dass da jemand genau hinsieht, wer in das Gebäude hinein- und wieder hinausgeht. Das Gefühl verstärkte sich dann noch, da auch im folgenden Gespräch mehrfach der Name des Gründers fiel. Das Ganze war zu diesem Zeitpunkt auch verständlich, da dessen Tod erst wenige Jahre her war. Jedoch wurde im weiteren Verlauf klar, dass tatsächlich viele der Verhaltensmuster innerhalb der Organisation noch sehr stark vom Gründer geprägt waren. Auch – und das war dann tatsächlich bedenklich – wurde berichtet, dass viele Mitarbeiter das Gefühl hätten, sie würden regelrecht ausspioniert (es war sogar die Rede davon, dass bei diversen Computerprogrammen die Computermaus von Dritten bewegt würde). Eine vermutlich absurde Idee. Aber nicht wirklich verwunderlich, betrachtet man den »langen Schatten« des Gründers und seine durch die Büsten sich manifestierende, kontrollierende Autorität.

Dieses Beispiel zeigt eine von außen nach innen sich entwickelnde Logik von sichtbaren, kulturellen Artefakten bis hin zu einer tief verankerten Unternehmens-DNA. Das gilt auch im umgedrehten Sinn (und macht vermutlich die tatsächliche Prägung aus), jedoch ist man auf Beraterseite zunächst darauf angewiesen, die wahrnehmbaren Dinge zu erkennen und daraus dann Rückschlüsse zu ziehen.

Bereits zu Beginn der 1980er Jahre hatte sich Schein mit dieser Thematik beschäftigt. Auf ihn geht das sog. Kulturebenenmodell zurück (vgl. Schein & Schein 2017: 14ff). Er definiert (Organisations-)Kultur zunächst wie folgt: »Die Kultur einer Gruppe kann als die Ansammlung gemeinsamen Lernens dieser Gruppe definiert werden, die Probleme der externen Anpassung und der internen Integration;

das, was gut funktioniert hat, um gültig zu sein, wird neuen Gruppenmitgliedern gelehrt, was richtig ist und was sie in Bezug auf solche Probleme wahrnehmen, denken und fühlen sollen. Die Summe von Gelerntem stellt ein Muster oder System von Überzeugungen dar, von Werten und Verhaltensregeln, die als so grundlegend empfunden werden, dass sie schließlich aus der Bewusstheit verschwinden«. Dieses Muster kann man abfragen oder man versucht, dessen verschiedene Attribute zu identifizieren. Denn sie sind mehr oder minder sichtbar und zugänglich. Schein unterscheidet daher drei Ebenen von Kultur (▶ Dar. 10).

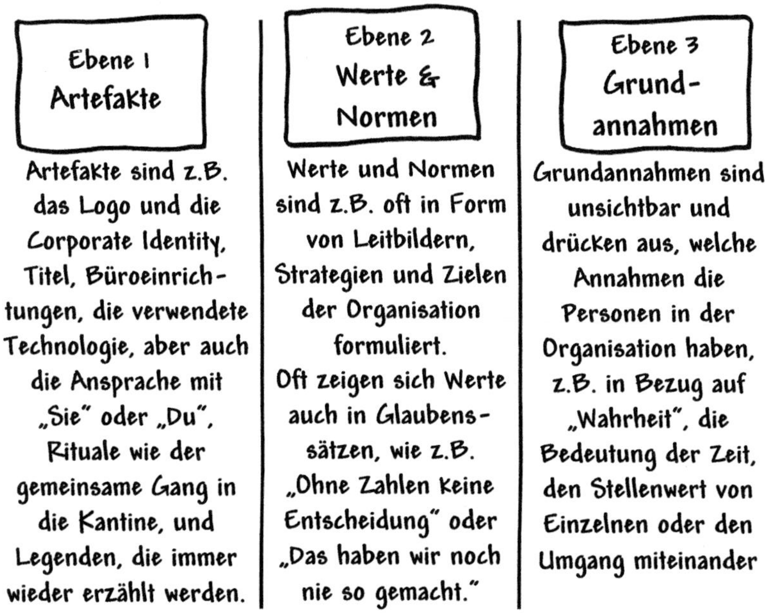

Dar. 10: Kulturebenenmodell (nach Schein & Schein 2017: 15)

Um einen Eindruck der Kultur zu bekommen, startet man – bestenfalls bewusst – auf der Ebene 1 des Sichtbaren, der Artefakte. Das ist zunächst auch die einzige Möglichkeit. So gibt auch die Architektur als Artefakt starke Hinweise auf die Unternehmenskultur. Interessanterweise verschleiern manche Unternehmen aktuell diese Informationen, indem sie aus architektonischer Sicht eher unauffällig auftreten, möglicherweise auch ein Reflex auf den Anpassungsdruck, der sich aus der VUKA-Welt ergibt (zudem hat der Trend zum Homeoffice die klassische Vorstellung der Bedeutung von Architektur von Bürogebäuden relativiert). Das gilt auch für die Ausprägung oder Veränderung von Unternehmenslogos. Hier ein jüngeres Beispiel: Ikea hatte Anpassungen im Logo-Design vorgenommen (vgl. Linnartz 2019). Dies sogar bewusst unauffällig – im Gegensatz zur Änderung des Logos und Auftretens von McDonald's, das offensichtlich dazu dienen sollte, ein vollkommen neues, grünes Image zu kreieren.

Betrachtet man nun die handelnden Personen, die systemisch interpretiert durch ihre individuellen konstruktivistischen Kreationen von Realität eine Organisation bzw. ein Unternehmen erst manifestieren, dann sind auch Elemente wie die Art der Kleidung oder die Verhaltens- und Kommunikationsmuster im engeren Sinne gute Hinweise (▶ Kap. 1.3). Beispielsweise ist dies ablesbar am Dresscode selbst, der Art des individuellen Austauschs untereinander oder (bereits nicht mehr nur oberflächlich) an der gegenseitigen Verpflichtung zur Einhaltung von Terminen etc. Da alles dies beraterisch dazu dient, eine Idee von der tief im System verankerten Kultur zu bekommen (Ebene 3), kann es aber gerade vor dem Hintergrund des eigenen kulturellen Hintergrunds der Berater zu Fehlinterpretationen kommen. Besonders heikel ist dies im internationalen Kontext (siehe dazu die Kulturdimensionen von Hofstede und die daraus abgeleiteten Versuche, genau diese Fehler zu vermeiden). Aus der Erfahrung des Autors kommt das besonders häufig vor, wenn man in die Ähnlichkeitsfalle tappt.

Auf der Ebene 2 befinden sich nun die gefühlten Werte und Normen (die sich wiederum aus den Grundannahmen der dritten Ebene ergeben und in der Logik des Modells auf der Ebene 1 ihren sichtbaren Ausdruck finden). Diese gefühlten Werte und Normen sind teils sichtbar und teils nicht mehr sichtbar. Ein gutes Beispiel ist hier die Fehlerkultur in einem Unternehmen. So ist die Robert Bosch GmbH sehr geprägt vom Vermächtnis des Firmengründers, dessen Anspruch an Qualität fest in den veröffentlichen Werten des Unternehmens verankert ist. Führt man sich dies in letzter Konsequenz vor Augen, muss es das Bestreben der Organisation sein, eine Null-Fehler-Politik zu verfolgen. Denn Robert Bosch wird auf der Homepage des Unternehmens damit zitiert, dass er »lieber Geld als Vertrauen« verlor und der Mitarbeiter Adolf Krauß, der 1898 in die Firma kam, erinnerte sich anlässlich seines 25jährigen Arbeitsjubiläums: »Jeder wurde […] auf Leistung und saubere Arbeit genau geprüft. Murkser und Pfuscher wurden in der Bosch-Werkstätte nicht geduldet« (o. V. o. J. c). Diese Werte sind im Kontakt mit Bosch und deren Mitarbeiter überall spürbar. Es gibt wohl wenige Unternehmen auf diesem Weltmarktniveau, die derart konsequent nach vergleichbaren Werten handeln. Genau dieses Handeln ist dann im Gegensatz zu den veröffentlichten, sichtbaren Werten und Normen nicht mehr direkt sichtbar.

Das Beispiel führt in gerader Linie zur Ebene 3: Es war hier die Rede davon, dass die unterste Ebene aus grundlegenden Orientierungs- und Verhaltensmustern besteht, die die Wahrnehmung etc. und letztlich auch das Handeln der Menschen beeinflussen. Es ist dies die eigentliche und bereits so ausformulierte Unternehmens-DNA. Deren zugrundeliegende Einflüsse sind aber meist nicht expliziter Art, sondern eher unbewusst. Es sind erlernte soziale Grundnormen, die nicht mehr infrage gestellt, sondern von den Mitarbeitern als normal empfunden werden. Bei der Robert Bosch GmbH kann man dies gut erkennen: Diskussionen darüber, ob die zur Erreichung des nahezu 100%-Null-Fehler-Niveaus notwendigen Investitionen und Anstrengungen sinnvoll sind, sind aus Beraterperspektive überflüssig.

Interessanterweise gibt es erste Ansätze bei Bosch, diese Grundannahmen zu diskutieren. Erfahrungsgemäß kann so etwas nur funktionieren, wenn eine derartige Auseinandersetzung ganz oben in der Hierarchie begonnen wird. So forderte der jüngst in den Ruhestand entlassene Bosch-Vorstand, dass das Unternehmen eine neue Fehlerkultur entwickeln müsse: Volkmar Denner wird intern damit zitiert, dass »... wir viele Dinge ausprobieren müssen, ohne immer genau zu wissen, was am Ende zum großen Erfolg wird. Ich würde mir wünschen, dass Scheitern und lehrreiche Misserfolge auch gesellschaftlich mehr Akzeptanz finden«. Wie man schnell erkennt, ist dies eine Revolution von oben. Ganz im Sinne der geforderten Antifragilität. Aber es bleibt abzuwarten, ob eine solche große Veränderung der Grundannahmen der Organisation von Bosch erfolgreich gestaltet werden kann.

Die Grundannahmen dienen zugleich als Schutzmauer und Mechanismus, der die Organisation gegen Veränderung verschließt. Hierin liegt zumeist der Grund, warum es Unternehmen nicht schaffen, sich notwendigen Veränderungen zu öffnen. Oftmals ist das auch die Ursache für den Untergang zuvor erfolgreicher Geschäftsmodelle. Der Autor selbst hat dies erlebt, als er für den Bereich ICN der Siemens AG zu arbeiten anfing. Auf die Nachfrage, weshalb sich genau in diesem Unternehmen die sich abzeichnende Krise in der Kommunikationsbranche gerade nicht auswirken sollte, antwortete die damalige Vorgesetzte des Autors mit der Grundannahme: »Wir sind Siemens. Bei uns passiert so etwas nicht«.

Die hier vorgestellte Analyse der Kulturebenen gibt zusammengefasst eine gute Möglichkeit, hinter die Kultur eines Unternehmens bzw. eines Bereichs zu blicken. Selbstverständlich hat Kultur auch noch verschiedene andere Treiber. Es sind dies beispielsweise das Alter und die Größe eines Unternehmens, die Branche, die Unternehmensbereiche wie Forschung oder Vertrieb etc., die hier Einflüsse haben – und die sich gegenseitig beeinflussen bzw. sich im Zeitablauf auch verändern können.

Bei allem muss man sich aus Beratersicht allerdings bewusst sein, dass trotz ausgefeilter Methodik immer noch ein Restrisiko besteht, dass man das Spiel und damit die Kultur als Ganzes nicht erfassen kann. Das ist auch nur zu verständlich: Denkt man noch einmal an das Bild der Bühne, so findet tatsächlich ein Schauspiel statt, wo die Schauspieler ihr Stück nach bestimmten Mustern spielen und dies auf Vorerfahrungen und Hypothesen der Berater trifft (vgl. auch die Wahrnehmungsfilter). Selbst nach mehreren Wochen und Monaten können dann immer noch neue kulturelle Aspekte auftauchen oder in den Vordergrund treten, die bis dato so nicht erkennbar waren. Zudem haben externe Veränderungen oder Schocks Einfluss auf eine unternehmerische Kultur, wobei dem ein zumeist sehr langer Verarbeitungsprozess vorausgeht.

Abwehrstrategien

Nachdem nun eine erste Hypothese über die Kultur entwickelt worden ist, ist es die Empfehlung von Cope (2001: 88ff), die von ihm sog. Schattenelemente genauer zu betrachten. Dass das ein wichtiger Prozessschritt im Rahmen der Orientierungsphase ist, erkennt man daran, dass dieser Aspekt bereits mit anderem Fokus bei den vorgestellten vier Quadranten zur Beratungstiefe (und das damit zusammenhängende Ausmaß des Widerstands) sowie konkret bei den Widerstandspotenzialen, die sich aus der Impulsmatrix ergaben, diskutiert wurde.

Der Begriff Schattenelemente meint, dass es sowohl auf der individuellen wie auf der organisatorischen Ebene über die offiziellen Bekanntmachungen und Äußerungen hinaus Abwehrstrategien gibt, die genügend Energie liefern, den Status quo aufrechterhalten zu können. Cope nennt als Beispiel folgende Regeln, die nicht selten stillschweigend befolgt werden: »Wenn eben möglich, Peinliches oder Bedrohliches vermeiden – so tun, als würden diese Dinge nicht nach Möglichkeit vermieden – die Vermeidungsstrategie nicht diskutieren, während sie angewandt wird – nicht darüber diskutieren, dass das nicht Diskutierbare nicht diskutiert wird« (Cope 2001: 89). Diese Logik hört sich fast absurd an, ergibt aber aus der Perspektive der Betroffenen einen rationalen Sinn: Denn wenn ein offensichtliches Problem existiert und dieses Problem eine tiefergehende Ursache hat, dann kann es vernünftig sein, zur Vermeidung der Beseitigung des Problems es lieber an der Oberfläche zu belassen. Und so besser den Schwerpunkt auf die Beseitigung des Symptoms zu legen.

Cope (2001: 92) empfiehlt zur Aufdeckung der Schattenelemente eine dreifache Schleife des (Berater-)Lernprozesses. Gemeint ist damit, sich nicht mit oberflächlichen Rückmeldungen aus dem System zufriedenzugeben (ähnlich wie auch schon bei der Tiefenbohrung beim Problem). Auch muss man berücksichtigen, dass jede Reaktion natürlich auf einer subjektiven Realitätskonstruktion fußt. Manches Mal ist es so, dass man – wenn man mit verschiedenen Mitarbeitern spricht – den Eindruck gewinnt, sie würden nicht von derselben Sache, demselben Unternehmen sprechen. Es ist dann die Fusion der gesammelten Aussagen Einzelner oder der Gruppe, die erst in Person der Berater einen echten Eindruck der Kultur und später der Problemtiefe wachsen lässt.

Die gerade angesprochenen unterschiedlichen Gesprächspartner beziehen ihre jeweiligen Perspektiven überwiegend aus ihren spezifischen Rollen im Spiel. Aber auch aus ihrem subjektiven, vom System verliehenen Status in der Organisation. Ist dieser hoch, spricht man von Schlüsselfiguren. Cope nennt in diesem Zusammenhang vier typischen Schlüsselfiguren, die die Macht oder die Möglichkeit haben, das Ergebnis des Veränderungsprozesses wesentlich zu beeinflussen (vgl. zum Folgenden Cope 2001: 108f):

Der Autor selbst hat die Erfahrung gemacht, dass bei einem Projekt aus dem engeren Führungskreis heraus ein Mitarbeiter eine Veränderung angestoßen hatte (▶ Kap. 2.2). In den ersten Gesprächen hatte sich herausgestellt, dass dies nicht der erste Versuch war (in diesem Fall eine neue Vision und Strategie zu entwickeln). Die vorherigen Ansätze jedoch scheiterten. Trotz mehrfacher Nachfrage konnte bzw. wollte der Mitarbeiter keine konkrete Aussage dazu machen, was denn die Hintergründe für das Scheitern waren. Bei einem weiteren Vorgespräch mit dem zentralen Entscheidungsträger (nämlich dem Abteilungsleiter) wurde dies auch nicht klar. Der Gesprächspartner blieb vage – und in seinen Aussagen sehr politisch. Erst im eigentlichen Prozess stellte sich dann heraus, dass der zentrale Entscheidungsträger derjenige war, der den Veränderungsprozess boykottierte. Er hielt die Berater schlichtweg für überflüssig. Obwohl die Situation in seinem Bereich bereits so kritisch war, dass die Mitarbeiter wohl keine andere Chance sahen, als über externe Unterstützung den Vorgesetzten dahin zu bringen, dass man sich Gedanken über eine Neuausrichtung macht.

Der zentrale Entscheidungsträger entpuppte sich demnach eher zum Quertreiber. Sie sind dadurch gekennzeichnet, dass sie zwar über die Macht verfügen, die Notwendigkeit einer Veränderung aber nicht einsehen. Diese Schlüsselfigur ist wie im Beispiel beschrieben sehr problematisch. Wenn klar ist, dass es einen machtvollen Quertreiber gibt, ist ein Beratungsprojekt im Grunde zum Scheitern verurteilt. Es kann auch sein, dass ein Machtvoller einfach nur ein geringes Interesse hat. Dann muss man versuchen, von ihm zumindest die Legitimation zur Veränderung zu erhalten. Zeigt dagegen ein weniger Machtvoller ein geringes Interesse, so kann über die Hierarchie sichergestellt werden, dass dieser zumindest nicht zum Quertreiber wird.

Die letzte Ausprägung, der »Chaos-Kapitän«, der wiederum ein großes Interesse daran hat, in den Veränderungsprozess eingebunden zu werden, aber zugleich wenig Macht und wenig Verständnis mitbringt, muss fallweise behandelt werden. Entweder man schafft es über die Hierarchie, diesen sinnvoll einzusetzen oder man lässt ihn bewusst aus dem Prozess heraus.

Antifragilität?

Mit Blick auf die Antifragilität – und dem zuvor formulierten Paradigma der Forderung an Beratung, die darauf abzielt, ein Unternehmen oder einen Bereich antifragil zu machen – rückt die von Cope so formulierte Systemkonfiguration in den Mittelpunkt (vgl. zum Folgenden Cope 2001: 99ff). Im Kern geht es hier um die oben beschriebenen Stressoren und Redundanzen. Cope nennt sie Belastungen und Spannungen (gleich Stressoren) und Stärke, Oberflächenspannung und Elastizität (gleich Redundanzen), die es zu erkennen und zu evaluieren gilt. Wichtig ist dies auch deshalb, weil es je nach Konfiguration in der Regel unterschiedliche Reaktionen auf eine Veränderung gibt.

Die Belastung beschreibt zunächst einmal die externen Kräfte, die auf ein Individuum, eine Gruppe oder ein ganzes System wirken. Tatsächlich ist es so, dass erst durch einen gewissen Druck überhaupt die Notwendigkeit erkannt wird, etwas zu verändern (vgl. Sense of Urgency). Und auch erst genau dann, wenn man die Überzeugung gewinnt, dass diese Veränderung nicht aus eigener Kraft geschöpft werden kann, ein Beratungsunternehmen engagiert wird. Zugleich aber ist es nicht unüblich, dass bei weiter steigendem Druck die Geduld verloren geht, sich dem Veränderungsprozess auch intensiv zu widmen.

Gerade auf der Ebene der operativen Mitarbeiter wird nicht selten der Wert eines Workshops hinterfragt, da man ja »andere Dinge zu tun hat«. Sicher ist das zum einen als eine Ausweichbewegung zu interpretieren. Drückt jedoch aus, dass der Schmerz aus der Belastung so groß ist, dass man lieber kurzfristig für Druckentlastung sorgen möchte (über die Erledigung der eigentlichen Arbeit) als Zeit darin zu investieren, sich Gedanken über den zunehmenden Druck zu machen. Aus Beratersicht ist es wichtig, ein Verständnis für die Belastungssituation zu gewinnen, jedoch auch klar zu machen, dass mittel- bis langfristig an der inhaltlichen und emotionalen Auseinandersetzung der Belastung kein Weg vorbeiführt.

Der zweite Stressor, die Spannung, beschreibt die innerhalb einer Organisation auftretenden Zugkräfte individueller, persönlicher Art. Es geht darum, für den anstehenden Veränderungsprozess abzuschätzen, welches Ausmaß diese Spannungen annehmen können und möglicherweise auch müssen, um eine Veränderung erreichen zu können. Werden die Spannungen zu groß, kann dies zu erheblichem Widerstand führen. Sind sie zu gering, wird die Veränderung nicht wie gewünscht eintreten. Es geht damit im Kern um die Tragbarkeit der Veränderung und damit auch um den Abgleich mit dem, was der Auftraggeber vom Beratersystem erwartet. Aus der Erfahrung des Autors ist die Situation interessanterweise oftmals so, dass die Auftraggeber (gleich zentrale Entscheidungsträger gleich Führungskräfte) ihren Mitarbeitern deutlich weniger zumuten wollen als diese bereit sind zu tragen. Das kann einerseits auf ein Defizit im Bereich Führung zurückzuführen sein. Andererseits aber auch auf eine besondere Rücksichtnahme auf die neue Mitarbeitergeneration (Millennials etc.).

Die erste Ausprägung einer Redundanz findet man in der Stärke. Sie beschreibt die Kraft eines Individuums, einer Gruppe oder einer Organisation, Probleme zu bewältigen. Wie auch bei den Stressoren hat die Kraft eine positive und eine negative Seite. Sie schafft einerseits die Voraussetzung und die Möglichkeit, eine Veränderung positiv angehen und lösen zu können. Andererseits kann es aber auch passieren, dass die Kräfte dazu genutzt werden, in Widerstand zu gehen. Dasselbe gilt für die Oberflächenspannung. Diese zeigt die Fähigkeit der Organisation, externen Einwirkungen zu widerstehen. Systemisch betrachtet heißt dies, dass das System sich erfolgreich schließt und Einflüsse von außen abwehrt. Das hat Auswirkungen auf das Geschäftsmodell, da man sich so subjektiv erfolgreich vom Markt abkoppeln kann. Gut für Beratungshäuser: Oftmals kommt es dann zur Auftragsvergabe mit dem Ziel der Veränderung dieser Situation. Allerdings sorgt die Oberflächenspannung in Verbindung mit alten Denk- und Handlungsmustern dafür, dass auch die Berater an der Oberflächenspannung scheitern können.

Auch hier hat der Autor eine eigene Erfahrung: In einem Projekt in einem Bereich der Automobilindustrie war es aus externer Perspektive offensichtlich, dass das Geschäftsmodell von Disruption bedroht war. Im Laufe des Prozesses wurde dies dem Auftraggeber dann entsprechend zurückgemeldet. Die Reaktion lies auf eine ausgeprägte Oberflächenspannung schließen: Die Aussagen der Berater wurden schlichtweg ignoriert. Der Bereich existiert heute nicht mehr.

Ähnlich kritisch ist auch die dritte Ausprägung von Redundanz: das Ausmaß an Elastizität. Ist sie im positiven Sinne gegeben, so kann ein Individuum bzw. eine Gruppe oder eine Organisation sein/ihr natürliches Gleichgewicht neu ausrichten. In anderen Kontexten spricht man hier von der (selbst)lernenden Organisation.

Wenn eine Veränderung gewollt ist, geht es hier insbesondere um deren Geschwindigkeit. Je höher die Elastizität, desto schneller kommt die Veränderung voran. Beraterische Aufgabe ist es in diesem Fall, die Dynamik des Systems mit der erwarteten Veränderungsgeschwindigkeit abzugleichen.

Zeitpunkt

Im Rahmen der Orientierung kann nach all diesen statischen Aspekten auch noch eine dynamische Überprüfung sinnvoll sein. Cope (2001: 111) nennt dies das Zyklusrisiko. Hier würde man es eher als unternehmerisches Risiko formulieren, denn es muss evaluiert werden, wie hoch die generelle Erfolgswahrscheinlichkeit des Projekts ist. Damit ist nicht einmal gemeint, ob die Beratung wirksam ist. Sondern ob man nach dem Kontakt und der ersten Orientierung eher zu dem Schluss kommen muss, dass das Projekt voraussichtlich nicht erfolgreich durchgeführt werden kann. Es ist letztlich der Firmenphilosophie eines Beratungsunternehmens geschuldet, eine entsprechende Entscheidung zu treffen. Vergleichbar zur ersten Phase – nur ist es hier im Grunde der »last exit«.

Zusammengefasst dient die Phase der Orientierung dazu, einen tieferen Einblick in das vom Kunden angebotene Spiel zu gewinnen sowie zu einer ersten Einschätzung des Antifragilitätsstatus und -potenzials zu kommen. Das Ganze ist auch fließend: Denn bereits in der Kontaktphase kann man den ein oder anderen Aspekt bereits abprüfen bzw. man bekommt unter Umständen erste Hinweise auf die wahren Ursachen des geschilderten Problems und dessen Rahmenbedingungen. Wichtig ist: Man muss sich hier streng an die hypothetische Schleife halten. Das bedeutet, dass man immer wieder Hypothesen aufstellen muss und soll, diese jedoch auch stets hinterfragt. Oftmals erkennt man das wahre Spiel sogar erst in den weiteren Phasen, da beispielsweise auch durch externe Belastungen oder durch die Interventionen der Berater sich die tatsächlichen Rollen von Personen sowie die Hinterbühnen der Gesamtorganisation erst später offenbaren.

3.3 Analysis (gleich Analyse)

Auch für die Analysephase gilt: Sie beginnt nicht erst zwangslogisch nach der Orientierungsphase. Im Grunde läuft sie bereits ab dem Erstkontakt mit. Jedoch sollen in diesem Kapitel besondere Aspekte und Methoden vorgestellt werden, die für diese Phase typisch sind. Im Kern geht es darum, die tatsächliche(n) Ursache(n) für das vorgetragene Problem zu ermitteln und so die Voraussetzung dafür zu schaffen, eine Veränderung herbeiführen zu können. Dies klingt möglicherweise etwas zaghaft. Jedoch ist es bekanntermaßen so, dass einerseits das geschilderte Problem häufig nicht das echte Problem (oder nur das Symptom) ist und andererseits trotz klarer Diagnose es dennoch bei der geplanten Veränderung wie beschrieben voraussichtlich Widerstände geben könnte und diese so nicht umgesetzt werden kann.

Informationen und Ursache

Im Kern ist die Phase jedoch klar strukturiert: Zunächst ist zu definieren, welche Informationen gesammelt werden müssen. Dann werden sie eingeholt und soweit analysiert, dass auf die Ursache des Problems zurückgefolgert werden kann. Da jedoch die vorliegenden Informationen in der Regel sehr unübersichtlich sind, sollte ein Rahmen gesteckt werden, der hilft, sich darauf zu konzentrieren, welche davon überhaupt generiert werden sollen. Cope (2001: 75ff) schlägt dazu eine sog. Datenkarte vor, die aus fünf Elementen besteht: Ursache, Verantwortung, Widerstand, sog. Wellen und das Problem.

Anders als bei Cope soll hier jedoch die Ursache und nicht das Problem im Mittelpunkt stehen. Denn alle Elemente inklusive des Problems (bzw. die damit zusammenhängenden Verantwortungen und Widerstände) müssen in der Weise untersucht werden, dass die Ursache(n) gefunden werden kann bzw. können. Daraus erst ergeben sich dann weitere Perspektiven und eventuelle Lösungsansätze.

Beginnend mit dem zunächst definierten Problem müssen in der Datenkarte Informationen gesammelt werden, die genau dieses adäquat beschreiben. Wie bereits geschildert, ist es in der Regel der Auftraggeber, der eine erste Hypothese über das Wesen des Problems entwickelt hat. Denn letztlich ist das der Auslöser dafür, dass die Berater einen Auftrag bekommen haben. Die Aussagen des Auftraggebers sind daher zunächst einmal ohne Wertung aufzunehmen. Nach bzw. während der Orientierungsphase öffnet sich aber in der Regel ein ganz neuer Problemraum. Ein Beispiel aus der praktischen Erfahrung des Autors belegt dies:

Es handelte sich hier zunächst um den Auftrag, eine geplante organisatorische Veränderung kommunikativ zu begleiten. Das Problem war aus der Sicht des zentralen Entscheiders und Auftraggebers relativ eindimensional: Es sei einfach intern keine Kapazität dafür vorhanden. Wie sich dann jedoch herausstellte, lag dies nicht an den (zeitlichen) Ressourcen, sondern das Problem lag viel tiefer: Es mangelte an Vertrauen in die Mitarbeiter und war daher ein Führungsproblem – vor allem der ersten Managementebene. Man traute dort den Mitarbeiten einfach nicht zu, mit der Veränderung professionell umgehen zu können. Darüber hinaus hatte man als gesamte Führungsmannschaft in rhetorischer, kommunikativer Hinsicht auch keine Werkzeuge, die Veränderung adäquat zu vermitteln.

Das waren zunächst aus Beratersicht die Ausgangshypothesen. Weiter in der Datenkarte sind nun Informationen darüber zu sammeln, welche Auswirkungen das Problem tatsächlich hat. Cope nennt dieses Element Ergebnis:

Um im Beispiel fortzufahren, war es so, dass durch die Führungsschwäche die Mitarbeiter sehr zurückhaltend auf die Veränderung reagierten und teilweise schon im aktiven Widerstand waren. Es fehlte damit wiederum als Spiegelphänomen an Vertrauen in die Führungskräfte. Interessanterweise hatte der eben genannte Auftraggeber ein Gefühl hierfür (ohne dass er dies jedoch so ausdrücken konnte) und hatte deshalb bereits eine starke Führungsfigur von außen in seine ihm untergeordnete Ebene geholt. Zusätzlich sortierte er die Zuständigkeiten neu. In dieser Gemengelage war es beraterische Herausforderung, die Hypothese über das tatsächliche Problem sowie über dessen Auswirkungen gemeinsam mit dem Kunden zu überprüfen. Entscheidend war dabei, nicht nur die Perspektive des Auftraggebers einzuholen, sondern auch diejenigen der nächsten Führungsebene. Nur so konnte es zu einer Neufassung des ursprünglichen Problems und dessen Auswirkungen kommen, was zuletzt durch einen intensiven Reflexionsprozess mit der gesamten Führungsmannschaft gelang. Wie hier gezeigt, dürfte bzw. müsste generell spätestens jetzt das tatsächliche Problem bekannt sein.

Wenn es ein Problem gibt, muss es oberflächlich betrachtet jemanden geben, der die Verantwortung dafür trägt, dass es aufgetreten ist. Systemisch betrachtet gilt hier jedoch Vorsicht: Es ist niemals eine Person allein für ein Problem verantwortlich. Maximal ist sie der Auslöser bzw. ein Symptomträger. Hier findet man eine gute Analogie zum Sport: Es gibt im Profifußball (aber auch in anderen professionell betriebenen Sportarten) Vereine, die sehr häufig den Trainer auswechseln. Nun könnte man die Hypothese aufstellen, dass die Auswahl des Übungsleiters immer wieder aufs Neue derart schlecht organisiert ist, dass jedes Mal ein qualitativ ungenügender Trainer den Posten übernimmt. Das ist natürlich Unfug. Es sind dies vor allem die Geschichte des Vereins oder die Muster der handelnden Personen, die dafür sorgen, dass die Trainer immer wieder nach schneller Zeit ausgetauscht werden. Konkretes Beispiel: Es besteht ein signifikanter Unterschied in der Vereinsführung (und in der Historie) zwischen dem SC Freiburg und Schalke 04 und damit vor allem in deren spezifischer Vereins-DNA (entsprechend den Grundannahmen aus dem Kulturebenenmodell).

Bleibt man in der systemischen Perspektive, so ist auch das nächste Element, der Widerstand, unausweichlich (und wurde in diesem Buch bereits mehrfach angesprochen). Denn Systeme streben immer danach, eine Balance aufrechtzuerhalten. Wird ein Problem identifiziert, so hat dieses eine Funktion. Man spricht hier vom Vorteil des Problems. Wäre der Vorteil nicht größer als der Schaden, den das Problem anrichtet, wäre es längst beseitigt worden. Dies impliziert wiederum, dass bei drohender Abschaffung des Problems (in diesem Fall durch die Berater) Widerstände auftreten werden. Und wie besprochen hängt das Ausmaß des Widerstands u. a. auch an der Macht derjenigen, die aus dem Problem den größten Nutzen ziehen.

Letzteres kann als Beispiel sogar eine gesamte Organisation betreffen: Nicht umsonst ist beispielsweise die Einführung einer Unternehmenssoftware eine der radikalsten Veränderungen und hat damit das Potenzial, erhebliche Widerstände auszulösen. Denn was wäre der Vorteil daraus, dass ein Unternehmen sein operatives Geschäft mit selbstgestrickten Lösungen betreibt? Es ist die fehlende Transparenz, die jedem einzelnen gewisse Freiräume lässt. Wird aber eine IT-Landschaft wie SAP eingeführt, so werden alle Aktivitäten aufgezeichnet und insbesondere für die Führungskräfte transparent. Das kann fast niemand wirklich wollen. Nicht umsonst werden in einem derartigen Veränderungsprozess vermeintlich fachliche Gründe angeführt, die gegen die Einführung der Software sprechen. Und nicht selten wird die alte Software einfach weitergenutzt, obwohl sie objektiv schlechter geeignet ist, die Aufgaben zu bewältigen.

Als letztes Element der Datensätze nennt Cope (2001: 77) die sog. Wellen. Interpretiert man ihn richtig, könnte er damit einen Hinweis auf das sog. Eisberg-Modell geben (vertiefend dazu ▶ Kap. 4.4). Es geht hier im Kern um die emotionale Betroffenheitsebene der Auswirkungen von Veränderungen. Systemisch betrachtet liegt genau dort die eigentliche Energiequelle für Veränderungsprojekte. Hierzu muss auf Beraterseite geklärt sein, wie groß diese emotionale Energie sein kann oder muss. Denn die im Beratungsprozess verwendeten Interventionen sollen letztlich dazu dienen, dem System einen energetischen Impuls zu geben (indem man das Gleichgewicht bewusst verstört). Nun kommt es darauf an, ob die Energie innerhalb des Systems dazu genutzt wird, eine Veränderung zu blockieren oder ob die Energie dahingehend wirkt, dass sie die Veränderung dynamisieren kann. Im Übrigen wäre für den erstgenannten Fall angeraten, entweder massive Interventionen zu setzen oder (erneut) das Projekt abzubrechen. Wichtig ist in dieser Phase aber zunächst, dass man sich über das Ausmaß der emotionalen Energie-Potenziale bewusst wird. Einen Hinweis darauf erhält man, wenn man die zu sammelnden Informationen noch einmal in Cluster packt. Cope macht hier den Vorschlag, die Datensammlung hinsichtlich Informationen auf der kognitiven Ebene, der Verhaltensebene und der emotionalen Ebene zu unterscheiden. Insbesondere die Schwerpunkte, die sich ergeben, geben dann einen Hinweis auf die emotionale Aufladung des Problems sowie auf mögliche Lösungsansätze und den prozessualen Weg dazu (zur Bedeutung im Rahmen der Auswertung vgl. weiter unten).

Datensammlungsmethoden

Ist nun der Rahmen der Informationsgenerierung definiert, geht es an die eigentliche Datensammlung. Große Beratungshäuser verfügen häufig über entsprechende Standardverfahren, die in etwa den beschriebenen Umfang abdecken. Cope nennt diesen Ansatz das »Outside-In-Modell« (vgl. Cope 2001: 71f). Typisch wären hier beispielsweise eine SWOT-Analyse und der damit verbundene, vordefinierte Bedarf an Daten. Andere, insbesondere systemische Berater, gehen hier einen kundenspezifischen (»customized«) Weg: Wie zuvor beschrieben, stellt sich ein Unternehmen bildlich gesprochen den Beratern als Schauspielgruppe auf einer Bühne dar. Hier kann vermutlich kein Standardverfahren zur Generierung der richtigen Informationen führen. Mehr noch: Wirksame Beratung stellt intuitiv genau die Fragen, die es für eine umfassende Analyse benötigt und berücksichtigt dabei zugleich die Antifragilitätsfilter. In dem von Cope (2001: 72f) so bezeichneten »Inside-Out-Modell« beschreibt er es so, dass dies einem Haus entspricht, das mit dem, was da ist, gebaut wird (im Gegensatz dazu entspricht das andere Modell einem Haus, das nach Plänen eines Architekten gebaut wird).

Konkret zu den Methoden der Datensammlung sollen diese im Folgenden – soweit sie allgemein bekannt sind – nicht einzeln und explizit, sondern lediglich hinsichtlich ihrer Wirkung und ihrer spezifischen Fallstricke beschrieben werden. Gängige Methoden (im Verständnis von Cope) sind: Fragebogen, persönliche Befragung, Fokusgruppen, Tagebücher, Beobachtungen und Datenbanken (vgl. zum Folgenden Cope 2001: 79ff).

Beginnend mit dem Fragebogen hat dieser zunächst den Vorteil, dass man hierüber eine große Anzahl an Befragten adressieren kann. Das geht einher mit Kosteneffizienz und der Möglichkeit, Benchmarks zu erstellen. Wie letzteres Argument bereits einschließt, sind im Rahmen des Verfahrens eher quantitative Fragestellungen möglich. Natürlich können auch andere Fragen gestellt werden. Eine wirklich gute Auswertung ist aus der Erfahrung des Autors aber kaum machbar. Dies hängt neben der zumeist großen Anzahl an Fragebögen insbesondere damit zusammen, dass auf Antworten keine direkten Rückfragen gestellt werden können. Hinzu kommen die Anforderungen aus dem Bereich der Statistik. Anders formuliert: Selbst wenn man viele und vermeintlich gute Antworten erhält, ist nicht automatisch gesichert, dass diese repräsentativ sind.

Letzteres gilt auch für persönliche Befragungen. Allerdings bietet diese Methode einen Zugang zu weit tieferliegenden Informationen. Da hier die Möglichkeit besteht, auf den Interviewten einzugehen und über geschickte Fragestellungen die wahre Denkhaltung zu erfahren. Gerade die oben beschriebenen Elemente Widerstand und Wellen lassen sich hiermit gut identifizieren. Es gibt hinsichtlich der Auswertung allerdings auch einen Fallstrick: Ein Interview sollte zumindest immer halb strukturiert sein. Sonst bekommt man auch hier Probleme bei der Auswertung. Die Erfahrung des Autors zeigt, dass maximal ca. 30 Interviews für eine zu beratende Einheit noch annähernd gut auswertbar sind – und dies auch nur zusammen mit einem weiteren Berater und der ständigen, gegenseitigen Hypothesenbildung über die Kernaussagen der Mitarbeiter.

Cope (2001: 82) nennt als erweiterte Möglichkeit der persönlichen Befragung die sog. Fokusgruppe. Hierunter versteht man generell eine Form der Gruppendiskussion, die zum Beispiel in der qualitativen Sozialforschung sowie in der Marktforschung eingesetzt wird. Es handelt sich um eine moderierte Diskussion mehrerer Teilnehmer, welche sich meist an einem Leitfaden orientiert. Aufgrund des Leitfadens mit offenen Fragen spricht man auch von einem teilstandardisierten Interview. Vorteil ist, dass die Hypothesenbildung durch die Interviewer leichter fällt, da die Teilnehmer andere Ergebnisse liefern, als wenn man sie einzeln befragt hätte. Die Fusion des Gesagten findet somit quasi live statt. Auch ist das Zusammenbringen der unterschiedlichen Perspektiven der Interviewten von Vorteil, da so Ergebnisse zu Tage treten, die mit anderen Methoden niemals erreicht werden könnten.

Letztgenannte Methode noch einmal konsequent weitergedacht führt zur klassischen Workshoparbeit mit dem Kunden, bei der nicht nur darauf geachtet wird, Informationen zu sammeln, sondern auch schon Veränderungsimpulse gesetzt werden können. Zudem wird hier auch die Vorphase der Orientierung mit einbezogen, denn das Schauspiel wird vom Teilnehmerkreis zumeist perfekt dargeboten. Mehr noch: Wenn das Ziel der ersten Phase die Herstellung von Vertrauen war, dann funktioniert dies auch über diesen Arbeitsmodus. Die positive Erfahrung des Autors mit dieser Methode spricht noch für ein weiteres Anwendungsfeld: Auch die Veränderung selbst (inklusive deren Sicherstellung) funktioniert am besten über Workshoparbeit.

Wichtig bei Workshops ist das zeitliche und örtliche (taktische) Setting. Sie sollten bestenfalls mindestens über zwei ganze zwei Tage gehen. Der erste Tag dient zumeist der »Anwärmung« und Vertrauensbildung (siehe erste Phase!) – am zweiten Tag kommt eine Gruppe offensichtlich gar nicht darum herum, an die Wahrheit im Sinne der wahren Ursache (siehe dritte Phase) zu gehen (auch wenn dies zum Teil mit heftigen emotionalen Ausbrüchen verbunden ist). Auch ist es bedeutsam, dass der Workshop örtlich außerhalb des Unternehmens stattfindet. Dies ermöglicht den Teilnehmern, sich von ihren operativen Denkmustern zu lösen und eher eine Helikopterperspektive einzunehmen und somit ihr eigenes Schauspiel zu reflektieren. Die Berater moderieren und observieren (zweite Phase) diesen Prozess und können geeignete Interventionen setzen (vierte Phase).

Weitere Voraussetzungen (operativer Art) wiederum dafür sind in den Workshops Bestuhlung im Stuhlkreis (um Barrieren ab- und Vertrauen aufzubauen), eine wertschätzende Haltung der Berater gegenüber dem Kundensystem sowie Geduld beim Umgang mit den Teilnehmern – aber zum Teil auch Mut für bestimmte Formen der Intervention. Ein Beispiel für ein typisches, operatives Setting findet sich hier (▶ Dar. 11).

Dar. 11: Typisches Workshopsetting

Cope hatte noch als weitere Methoden Tagebücher, direkte Beobachtung sowie Datenbanken genannt. Erstgenannte Methodik hat der Autor in über 20 Jahren Beratungsgeschäft selbst noch nie eingesetzt bzw. nie bei Kollegen gesehen. Auch Cope betont, dass sie trotz ihres Einsatzes in der sozialwissenschaftlichen Praxis im Alltag der Unternehmensberatung kaum genutzt werden (vgl. Cope 2001: 82).

Die Methodik der Beobachtung ist aus systemischer Sicht etwas kritisch zu sehen. Wie ja bereits das Doppelspaltexperiment zeigt, hat – zumindest auf der Ebene der Quanten – der Beobachter Einfluss auf das Ergebnis. Es ist hier nachgewiesen worden, dass ein Teilchen unter Beobachtung auch als Teilchen auftritt, ohne Beobachtung jedoch als Welle (man nennt dies den Welle-Teilchen-Dualismus). Auch aus der täglichen Praxis ist eine Verhaltensänderung unter Beobachtung fast schon zu erwarten: So macht es einen Unterschied, ob ein Golfer am ersten Loch frühmorgens und allein seinen Abschlag macht. Oder ob er das vor aller Augen vor dem Clubrestaurant am späten Nachmittag unter Begleitung weiterer, unbekannter Golfer tut. Übertragen auf den industriellen Kontext heißt dies, dass beispielsweise bei einem Projekt der Effizienzsteigung in der Produktion eine Beobachtung des Prozesses (möglicherweise sogar mit Stoppuhr) niemals so ausfallen wird, wie der Arbeitsprozess tatsächlich stattfindet. Entweder er wird schneller vonstattengehen (weil die Beobachteten sich keine Blöße geben wollen) oder er wird langsamer verlaufen, da man für die vermutete, dann folgende Geschwindigkeitssteigerung lieber eine niedrige als eine hohe Absprungbasis schaffen möchte. Somit führt Beobachtung zu strategischem Verhalten.

Letztlich bleibt noch der Rückgriff auf Datenbanken. Gerade große Unternehmen verfügen hier zumeist über ausreichend Material. Auf der anderen Seite bieten nicht nur die großen Beratungshäuser entsprechende Produkte an, die darauf ausgerichtet sind, aus dem zur Verfügung gestellten Input entsprechende Maßnahmenvorschläge abzuleiten. Ob das dann tatsächlich eine wirksame Beratung ist, mag angezweifelt werden. Es dürfte allerdings dabei helfen, den Sense of Urgency zu erhöhen.

Auswertung

Nach der Sammlung der Informationen folgt in dieser Phase noch deren Auswertung. Immer mit dem Ziel, die wahre(n) Ursache(n) für das Problem bzw. die Unterscheidung zwischen Problem und Symptom final zu identifizieren. Wichtig bei der Auswertung ist: Die gesammelten Informationen sind grundsätzlich zwei Kategorien zuordenbar. Gemäß dem bereits zitieren Eisbergmodell sind dies Kommunikationselemente der Sachebene sowie der (emotionalen) Beziehungsebene. Stroh (2006: 66) spricht hier (beim Organizational Iceberg) von Formal Organization und Informal Organization. Ähnlich wie beim Kommunikationsmodell von Schulz von Thun äußern sich die Befragten oder beispielsweise die Workshopteilnehmer somit nie eindimensional, sondern sind entweder getriggert von ihrer unbewussten Seite oder versuchen, über Sachrationalisierung genau diese Seite unter Verschluss zu halten. Aufgabe von Beratung ist es daher, bereits in dieser Phase den unteren Teil des Eisbergs anzubohren. Bedeutender wird er noch in der folgenden Phase der Veränderung. Jedoch bereits bei der Datensammlung und -analyse ist es hilfreich, sich dieses Mechanismus bewusst zu sein und genau zuzuhören. Hält man sich das vor Augen, so wird schnell klar, dass bestimmte Methoden der Datensammlung eher weniger gut geeignet sind, an den unteren Teil des Eisbergs heranzukommen.

Die Datenauswertung selbst erfolgt je nach gewähltem Ansatz entweder im Outside-In- oder im Inside-Out-Modell. Die Zuordnung der Beratertypen und -haltungen dazu wurde bereits kurz angesprochen. Es soll jedoch noch einmal erwähnt sein, dass damit keine Wertung einhergehen soll. Tatsächlich ist es so, dass beispielsweise bei einem harten Kosteneinsparungsprojekt zunächst einmal das Überleben eines Unternehmens schnell sichergestellt werden muss. Schaut man sich Fälle wie den Niedergang der Restaurantkette Vapiano an, so bedarf es hier einer Notoperation ohne Betäubung. Die Methoden dazu sind bekannt und gehören in der Phase der Ursachenfindung eher zum Outside-In-Ansatz. Falls die Notoperation erfolgreich verläuft, muss sich eine Reha-Phase anschließen. Und dort kann man sich auch die Zeit nehmen, tiefergehende Ursachen zu suchen. Dazu ist dann der Inside-Out-Ansatz deutlich besser geeignet.

In beiden Fällen geht es aber immer und erneut um Hypothesenbildung (über die Ursache und zuvor über das tatsächliche Problem). Das bedeutet in dieser Phase ganz konkret, immer einen Abgleich mit der eigenen beraterischen Realitätskonstruktion vorzunehmen. Denn es scheint geradezu eine Beraterkrankheit zu sein, es schlicht besser zu wissen bzw. durch Vorerfahrungen auch schon selbst derart betriebsblind zu sein, dass die tatsächliche Situation nicht mehr richtig eingeschätzt wird.

3.4 Change (gleich Veränderung)

Crunchtime, so nennen die Sportreporter in den USA diejenige Zeit, die entscheidend ist für den Ausgang eines Spiels oder einer Saison. So ist es auch hier: Die Phase der Veränderung ist die interessanteste – aber zugleich auch die schwierigste. Dabei kommt es ganz besonders auf die Berater an. Aber viele der klassischen Beratungshäuser halten sich sehr zurück in dieser Phase: Es wird zunächst verkauft (Phase 1), dann verschafft man sich bestenfalls ein erstes Bild (Phase 2) und steigt zumeist intensiv in die Analyse ein (Phase 3). Heraus kommt dann ein umfassender Bericht, der dem Auftraggeber präsentiert wird. Anders formuliert, scheint es das Paradigma zu sein, dass die Vorstellung einer Lösung gleichzusetzen ist mit einer Veränderung. Von der echten Phase 4 ist dann nicht viel zu sehen. Die Umsetzung obliegt somit größtenteils dem Unternehmen. Oder: Für die Umsetzung selbst holt sich dieses ein auf Umsetzung spezialisiertes Beratungshaus. Das trifft dann oftmals auf ein mehr oder minder durch den vorherigen Prozess beschädigtes System.

Erfolgsversprechender und nachhaltiger ist es daher, für das gesamte Veränderungsvorhaben ein einziges Beratungshaus zu engagieren. Die Frage ist nun, warum genau die klassischen Beratungshäuser trotz anderer Methodik so viel Umsatz mit ihrem Vorgehen generieren können. Die Antwort ist relativ eindimensional: Zum einen benötigen manche Auftraggeber die Analyse eines externen Dienstleisters dazu, um eine Legitimation für möglicherweise unpopuläre Entscheidungen zu bekommen. Zum anderen sind sich die Auftraggeber oftmals auch gar nicht bewusst, dass es mit der Analyse und den daraus abgeleiteten Empfehlungen allein überhaupt nicht gelingen kann, eine Veränderung zu erreichen. Was häufig passiert: Aus den Lösungsansätzen entstehen lange To-Do-Listen, die mehr oder minder nachhaltig abgearbeitet werden. Echte Veränderungsimpulse und -anstrengungen finden so eigentlich kaum statt. Ein guter Hinweis darauf findet sich regelmäßig schon in der Kontaktphase. Denn oftmals wird von potenziellen Auftraggebern vorgetragen, dass man das Problem ja bereits länger hat. Und auch schon andere Beratungshäuser sich um dessen Lösung bemüht haben – jedoch alle Anstrengungen bis dato vergeblich waren.

Zurückkommend auf die eigentlichen Inhalte der Phase soll hier zu Beginn Cope (2001: 118) wörtlich zitiert werden. Auch er sieht dessen große Bedeutung: »Dieser Teil des Prozesses ist sicherlich der spannendste, gleichzeitig aber auch der frustrierendste. Wie ein Musiker, der ein Lied komponiert, ein Autor, der ein Buch schreibt, oder ein Kind, das ein Haus aus Bauklötzen baut, wird auch ihr Handeln darauf beruhen, dass aus etwas Vorhandenem etwas vollständig Neues entstehen kann«. Es soll hier ergänzt werden, dass nicht nur Neues entstehen kann, sondern gemäß Auftrag sogar muss (außer, der Auftraggeber hat eine andere Agenda). Systemisch ausgedrückt wird ein Impuls zur Irritierung und Neujustierung des Systems gesetzt – unter der zu erwartenden Konsequenz, dass es dagegen Widerstände geben wird. Dies schließt vor allem ein, dass bei der Kreation einer Lösung stets deren Umsetzung in Richtung einer nachhalten Veränderung mitgedacht werden muss. Dabei sollte sogar das Wie (der Prozess) das Primat vor dem Was (dem fachlichen Inhalt) haben bzw. vor dem Hintergrund von Antifragilität gleichwertig beraterisch behandelt werden.

Lösungsfindung

Beginnend mit dem Aspekt der Lösungsfindung muss diese je Projekt neu durchlaufen werden. Unterschiedlich ist, wie das je nach Beratertyp aussieht: Das Bild des klassischen Beraters wurde ja bereits öfter bemüht. Dessen Verständnis und auch dessen Auftrag ist es in der Regel, eine Lösung zu präsentieren. Systemische Prozessberater bringen jedoch eine ganz andere Haltung mit: Sie gehen davon aus, dass die Lösung des Problems bereits im System liegt. Sie sind dabei im Grunde die Geburtshelfer dieser Lösung, da die Beteiligten den Geburtsvorgang entweder nicht von allein schaffen bzw. es auch nicht schaffen können (oder auch nicht schaffen wollen). Die Erfahrung des Autors ist es aber auch, dass die Hilfe zur Selbsthilfe in der Praxis nicht immer gelingt. Die Kunden (und hier oftmals sogar eher die Mitarbeiter als die Auftraggeber) haben gerade in der Veränderungsphase häufig die Haltung, dass die Berater für die Produktion der Lösung verantwortlich sind. Zum einen da Berater dafür in den Augen der zu Beratenden sehr gut bezahlt werden. Zum anderen damit man, sobald eine Lösung vorgestellt wird, diese kritisieren kann, da sie ja nicht innerhalb des Unternehmens, sondern von Menschen von außerhalb generiert wurden, die »von unserem Geschäft gar keine Ahnung haben« (dies ist jedoch eher ein Symptom für Widerstand in der Form einer Ausweichbewegung).

Aus der Erfahrung des Autors ist es daher hilfreich, dem Kunden (vor allem den Mitarbeitern) das eigene Beratungsverständnis zu vermitteln. Konkret sollte man zu Beginn zum Beispiel von Workshops sich entweder als entweder (klassischer) Fachberater oder als (systemischer) Prozessberater vorstellen (für eine alternative, übergeordnete Positionierung ▶ Kap. 5.3). Das gibt dem Kunden zumindest Orientierung und verhindert an der ein oder anderen Stelle Konflikte im Prozess. Der Autor selbst hat es einmal erlebt, als in einem Change-Workshop Einzelne in der Gruppe den Verdacht äußerten, dass die Berater eine Hidden Agenda (als klassische Fachberater) verfolgen würden. Das widersprach zwar dem Auftrag wie auch der eigenen beraterischen Haltung. In der Nachlese des Workshops wurde aber deutlich, warum es dazu kommen konnte: Es war einfach wie sonst üblich versäumt worden, über das Beratungsverständnis aufzuklären.

Zurückkommend zu Lösungsfindung und auch unabhängig davon, ob diese nur innerhalb des Beratersystems oder gemeinsam mit dem Kundensystem im Beratungssystem stattfindet, ist es hilfreich, wenn man über Instrumente und Tools aus dem Bereich Kreativitätsmanagement verfügt. Sie sollen in diesem Kapitel weder en gros noch en detail vorgestellt werden, jedoch soll der Blick auf einige wesentliche praktische Erkenntnisse des Autors gelenkt werden. Das inkludiert wiederum auch die Erwähnung des ein oder anderen Fallstricks in diesem Prozess.

Beginnt man mit dem Kreativitätsmanagement als solches, beschreibt Cope hier mit etwas anderen Worten eine typisch systemische Vorgehensweise. Denn wenn es darum geht, das oben zitierte Neue zu schaffen, ist es wenig hilfreich, auf alten Pfaden zu gehen bzw. alten Handlungs- und Denkmustern zu folgen. Neue Perspektiven müssen aufgezeigt und eingenommen werden, um zu Neuem zu kommen. In der Sprache der Systemiker heißt dies, den gedanklichen Raum zunächst einmal zu öffnen. Cope (2001: 123) nennt dies Divergenz. Es geht also darum, potenzielle Lösungsansätze nicht linear, sondern eher chaotisch zu entwickeln.

Ein Beispiel dazu aus der Erfahrung des Autors: Entwirft man mit der Führungsriege eines Unternehmens eine neue Vision und Strategie, kommt es regelmäßig vor, dass selbst die vermeintlich visionären Entscheider sehr große Probleme haben, quasi auf Knopfdruck kreativ und nicht linear zu denken. Um die Linearität aus den Köpfen zu bekommen, bieten sich hier ganz analoge, ungewohnte Techniken an: Beispielsweise das Zeichnen einer weit entfernten, unternehmerischen Zukunft. Erfahrungsgemäß ist es dann so, dass der erste Entwurf dann doch sehr an die aktuelle Situation des Unternehmens anknüpft. Es ist daher hilfreich, gleich bei der Aufgabenstellung eine normale und eine verrückte Variante zu fordern. Hier zeigen sich zumeist erste neue Ansätze. Und noch interessanter: Es entsteht plötzlich Energie im Raum. Und die Quelle für diese Energie ist die Intuition.

Den Begriff der Intuition muss man sich noch etwas näher anschauen. Er ist laut Duden definiert als »das unmittelbare, nicht diskursive, nicht auf Reflexion beruhende Erkennen, Erfassen eines Sachverhalts oder eines komplizierten Vorgangs«. Genau das ist es, was vor allem Kindern noch gegeben ist. Denn sie haben auch keine oder wenig andere, rationale Tools: Der Verstand als Bremse und Rückkoppelungsschleife ist noch gar nicht entwickelt. Gelingt es nun in einem wie eben beschriebenen kreativen Prozess die denkenden und handelnden Personen vom Gebrauch ihres Verstandes abzukoppeln, so stellt sich genau dieser Effekt ein, dass plötzlich kreative Energie vorhanden ist. Die Teilnehmer sind dann regelmäßig erstaunt, welche Ergebnisse dies zutage bringt. Deshalb entstehen Visionen eben auch nur in »verrückten Köpfen« wie dem von Elon Musk – oder unter guter beraterischer Prozessbegleitung. Das schließt auch ein, dass als Setting hierfür wiederum fast nur Workshops infrage kommen.

Der Gegenbegriff von Divergenz ist Konvergenz. Dieser beschreibt das gewöhnliche, lineare sowie streng rational-logische Denken. Das hört sich nun nicht mehr rein positiv an, jedoch hat das konvergente Denken im Prozess auch seine wichtige Rolle: Denn nach der Entstehung von divergenten Lösungsansätzen müssen diese wieder zusammengeführt werden. Es bedarf einer rationalen Überprüfung dessen, was entstanden ist. Im Beratungsprozess ist aber darauf zu achten, dass bei dieser Überprüfung das Mutige nicht wiederum auf der Strecke bleibt. Cope (und ursprünglich de Bono) schlägt diesbezüglich als wesentlichen Baustein einen Bewertungsprozess vor (vgl. Cope 2001: 130). Jedoch ist hier Vorsicht geboten: Aus der Erfahrung des Autors führt er eher selten dazu, dass – bei möglichweise mehreren Lösungsansätzen – diese genau in der sich aus dem Verfahren ergebenden Reihung erfolgreich bearbeitet werden. Der Grund scheint banal zu sein: Es geht wieder um das emotionale Commitment zu den einzelnen Vorschlägen von denjenigen, die die Bewertung durchführen.

Ein konkretes Beispiel aus der Erfahrung des Autors aus einem Workshop zu strategischen Lösungsansätzen: Die in einem längeren Prozess definierten Maßnahmen wurden zunächst evaluiert (vergleichbar zur Methode von de Bono). Gleichzeitig aber wurde über eine indirekte, zusätzliche Fragestellung die emotionale Befindlichkeit jedes Einzelnen abgefragt. Um eine taktische Beantwortung zu vermeiden, geschah dies »verdeckt«. Es war also nicht sofort zu erkennen, dass auch die zweite Ebene eine Rolle spielen sollte. Das Ergebnis war deutlich: Die sachrational wichtigsten Lösungsansätze waren bei weitem nicht diejenigen, die auch emotional bei den Teilnehmern die größte Bedeutung hatten.

Im geschilderten Praxisfall entstand nach der Präsentation der Ergebnisse eine intensive Diskussion darüber, wie man die beiden Ebenen sinnvoll verknüpfen kann. So wurde einerseits bei den notwendigen Maßnahmen genauer hingeschaut, weshalb das emotionale Commitment teilweise fehlte. Das führte dazu, dass man sich selbst eingestand, dass die Lösungsansätze eher politischer Natur waren. Und man dementsprechend auch darauf verzichten könnte. Oder man versuchte zu ergründen, was denn noch fehlte. Andererseits wurden bei den emotional aufgeladenen Themen diejenigen aussortiert, die offensichtlich persönlichen Vorstellungen folgten. Mit anderen Worten: Die vermeintlich eindeutige Reihung wurde nochmals – auch inhaltlich – überarbeitet. Mit dem Erfolg, dass alle Beteiligten nun neben der Ratio auch ein gutes Gefühl für das hatten, was zu tun ist.

Cope führt weiter aus, dass neben der Entwicklung eines kreativen Prozesses auch darauf geachtet werden muss, dass Kreativitätsblockaden verhindert oder beiseitegeschafft werden müssen (vgl. Cope 2001: 131). Das ist einerseits Führungsaufgabe. Andererseits aber ein Paradoxon. Denn ähnliche Aufforderungen wie »sei spontan« oder »sei motiviert« bewirken zumeist das Gegenteil. Es ist also mehr die Schaffung einer entsprechenden Kultur bzw. von Freiräumen, die es einem Team oder generell einer organisatorischen Einheit ermöglichen, tatsächlich ohne wesentlich beeinträchtigende Kreativitätsblockaden zu agieren. Es geht also überwiegend um generelle Rahmenbedingungen – anders als im Beispiel zuvor beschrieben. Man kann hier den Bogen schlagen von der Motivationslehre bis hin zum agilen Arbeiten.

Die beraterische Frage, die bei dieser Betrachtung dennoch weiter bestehen bleibt, ist: Wo kommt die Lösung letztendlich her? Es wurde bereits angesprochen, dass es einen Unterschied zwischen reiner Fachberatung und der (systemischen) Prozessberatung gibt. Nimmt man als Evaluationskriterium die Umsetzungs- bzw. Veränderungswahrscheinlichkeit, so dürfte wie gezeigt der zweite Ansatz den größeren Erfolg haben (eine intensivere Analyse dazu ▶ Kap. 5.1). Aber eben auch nur unter bestimmten Umständen. In diesem Kapitel geht es noch um die Frage, was zu tun ist, wenn Kreativität und die Beseitigung von Kreativitätsblockaden allein nicht ausreichen, um Lösungsansätze zu identifizieren. Das korreliert mit der Complacency und dem (intelligenten) Umgang damit vor allem durch die Berater. Hilfreich ist dann ein Blick nach außerhalb des Systems. Cope nennt dies Scanning. Betriebswirtschaftlich entspricht dies am ehesten dem Managementtool Benchmarking. Er diskutiert in diesem Zusammenhang folgende Matrix (▶ Dar. 12).

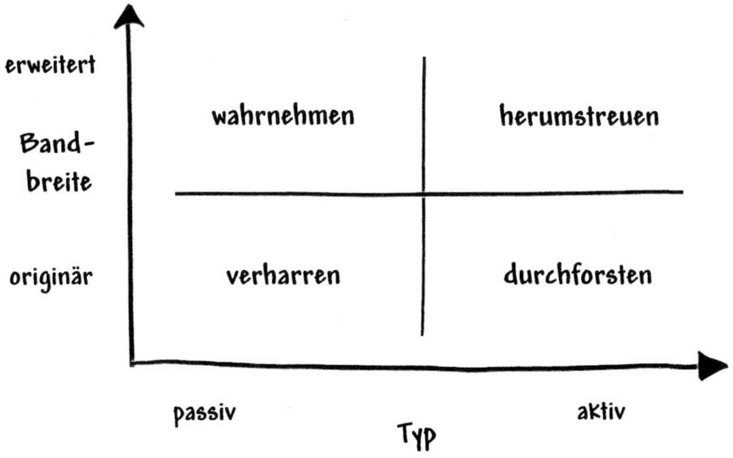

Dar. 12: Methoden- und Suchmatrix (nach Cope 2001: 135)

Wesentlich dabei ist der Quadrant rechts oben. Dieser beschreibt eine aktive Ideensuche außerhalb der eigenen Branche. Vor dem Hintergrund der Erreichung des Sense of Urgency bietet dies zweierlei Chancen: Einmal ist nur eine proaktive Suche und Haltung geeignet, Widerstände zu überwinden. Zum zweiten bietet der Suchraum außerhalb des eigenen Umfelds eine echte Option, sich nicht nur schrittwese, sondern sprunghaft weiterentwickeln zu können. Genau das kann auf der anderen Seite wiederum dazu führen, dass Zweifler das Fitting angreifen können.

Es ist die Erfahrung des Autors, dass man bei Letzterem gerade diejenigen, die ohnehin als »NoNos« auftreten, tatsächlich überzeugen kann. Im konkreten Fall ging es darum, ein effektiveres Projektmanagement im Bereich telekommunikativer Infrastruktur zu erreichen. Die Lösung war von außen betrachtet schlicht: Man wandte sich an ein Unternehmen der Tiefbaubranche. Einerseits deshalb, weil die Parameter ähnlich erschienen. Andererseits und insbesondere aber auch aus dem Grund, weil die bis dato generierten Ideen bestenfalls dazu geeignet waren, die Prozesse effizienter zu machen und die Baubranche nach ersten Vergleichen signifikant bessere Ergebnisse lieferte. Die ausgewählten Mitarbeiter waren zunächst sehr skeptisch. Jedoch nach den ersten Kontakten mit dem Benchmarkingpartner erkannten sie sofort, dass die Kollegen dort dieselbe Sprache sprachen. Aus Zweifel wurde so tatsächlich Begeisterung. Im Sinne der späteren Umsetzung war das Benchmarking retrospektiv betrachtet die entscheidende Erfolgskomponente für die Lösungsfindung und die sich anschließende Veränderung.

Storytelling

Kann man im Rahmen einer Lösungsfindung nicht alle Mitarbeiter in den kreativen Prozess einbinden (was der Regelfall sein dürfte), so ist es zumindest hilfreich – wenn nicht geboten – sehr schnell und frühzeitig über ein Storytelling das Geplante zu kommunizieren. Auch hier gilt wieder, dass man aus Beratersicht den Prozess so steuern sollte, dass man insbesondere die emotionale Ebene der Veränderung in den Mittelpunkt stellt. Der technische Begriff hierzu ist das Storytelling. Weshalb ist dies von so großer Bedeutung? Bis hierher wurde zumeist diskutiert, dass eine Veränderung bei den Betroffenen in der Regel negativ konnotiert wird. Das ist zunächst einmal auch wie beschrieben verständlich (die tieferliegenden Ursachen werden in Kapitel 4 erläutert). Veränderung an sich benötigt jedoch nicht nur die Berücksichtigung und Bearbeitung dieses Aspekts, sondern auch eines dynamischen Impulses (und natürlich noch mehr) in die andere Richtung. Nämlich einer Identifikation mit dem, was da passieren soll. Es wurde dies bereits im Zusammenhang mit dem antifragilen Stressor Vision beschrieben: Eine emotionale Verbindung zu einer Vision setzt erst die Energie zu deren Erreichung frei.

Der Autor empfiehlt hier dem Leser, sich eine Dokumentation über die Geschichte von SpaceX anzuschauen (»SpaceX Projekt Marsrakete«). Die Begeisterung der Mitarbeiter beim ersten erfolgreichen Start der »Falcon Heavy« erinnert an den Jubel in einem Fußball-WM-Finale, wo die eigene Mannschaft in der letzten Minute in Führung geht. Als Zuschauer ist man fast geneigt, ein Teil dieses Teams sein zu wollen, das der Vision von Elon Musk mit ganzem Herzen folgt. Es muss auch nicht immer eine Vision sein – denn es ist in der Regel ein schlichter Veränderungsprozess, der dazu noch mit Kollateralschäden verbunden sein kann. Umso wichtiger ist es, über die einfache Akzeptanz hinaus zu einem emotionalen Commitment zu kommen.

Wie muss nun die Geschichte aufgebaut sein, dass sie an die Herzen der Mitarbeiter anknüpfen kann? Campbell und Vogler haben hierzu quasi ein Drehbuch geschrieben: Der Begriff dazu ist die Heldenreise (vgl. Kleine Wieskamp 2016: 38). Fast jede Hollywood-Filmproduktion (und zuvor die Mythen verschiedener Kulturen) greift dieses archaische Narrativ auf. Prototypisch sind Filme wie Star Wars oder Pretty Woman und das Odysseus-Epos. Damit dürfte auch die Grundstruktur klar sein: Es geht meist um eine Person, die aus einer alltäglichen Welt einen Ruf oder einen Impuls zum Aufbruch erhält und sich im Laufe der Reise Herausforderungen stellen muss, die ihn persönlich wachsen lassen. Wichtiges Element ist zumeist auch noch ein Mentor (z. B. die Figur des Obi Wan in Star-Wars) und eine gefeierte Rückkehr. Man denke als Analogie im Sport beispielsweise auch an das »Wunder von Bern« (es ist auch nicht verwunderlich, dass genau diese Story verfilmt wurde).

Damit eine Story in einem unternehmerischen Kontext nicht zu schablonenhaft daherkommt, eignet sich als Erweiterung das von Dennehy entwickelte Konzept des »storycodeX«. Zusammengefasst lautet es so: »Ohne Handlung keine Story. Ohne Veränderung keine Handlung. Ohne Konflikt keine Veränderung. Ohne Menschen kein Konflikt und keine Identifikation. Und ohne Identifikation keine Story« (vgl. Kleine Wieskamp 2016: 63). Wichtig ist hier insbesondere der Konflikt. Und in diesem steckt Reibung und damit Energie. Mit anderen Worten: Beim Aufbau der (Helden-)Story ist es nicht nur legitim, sondern sogar geboten, dass Fehler und Ungewissheiten benannt werden. Ganz wie beim gleichnamigen Stressor für Antifragilität ist es wichtig, dass das Management (die in der Regel die Story auch entwickeln und kommunizieren sollten) sich nicht davor scheut, einzuräumen, dass die Umstände oder die gewählten Strategien auch persönliches Unbehagen mit sich bringen, man jedoch dieses Wagnis eingeht, um daraus Stärke, Klärung und Profil zu gewinnen.

Ressourcen und Politik

Aus der Erfahrung des Autors (und auch in der Theorie von Cope) gilt es noch zwei wesentliche Dinge in dieser Teilphase zu berücksichtigen (vgl. zum Folgenden Cope 2001: 139ff). Zum einen sind dies die zur Veränderung notwendigen Ressourcen. Zum anderen die Berücksichtigung der in dem jeweiligen Unternehmen vorherrschenden Politik. Cope hatte Letztere bereits auf der individuellen Ebene im Kontext des Begriffs Schattenelemente angesprochen.

Beginnend mit den Ressourcen ist regelmäßig ein interessanter Effekt zu beobachten: Projekte scheinen einen natürlichen Verlauf zu nehmen. Sie beginnen zumeist (im Idealfall) mit einer euphorischen Phase. Die Erwartungen sind hoch. Aber auch die Anspannung und die Aufmerksamkeit bei den meisten Beteiligten tragen dazu bei, dass der Beginn relativ energiegeladen ist (das trifft im Übrigen auch auf die Widerstände zu). Cope nennt diese Phase deshalb auch »Honeymoon-Periode« (vgl. Cope 2001: 140). Wie auch dort hält diese nicht fortlaufend an, sondern die Beziehung verändert sich. Spätestens dann, wenn klar wird, dass das Engagement der Berater zu Veränderungen führen wird. Das ist an sich erneut ein Paradoxon, was sogar auch die Führungskräfte bzw. Entscheider einschließt, da diese gemäß dem im Vorwort genannten Motto »Wasch mir den Pelz, aber mach mich nicht nass« realisieren, dass die geplanten Veränderungen das System in Schwingung versetzen wird und sich damit unkontrollierbare Unsicherheit breit macht. Manchmal reicht es sogar aus, dass die Beraterrolle als Beobachter schon diese Unsicherheit auslöst, ohne dass bereits an Veränderungen zu denken ist. Jeder kennt das aus der eigenen, persönlichen Erfahrung, wenn man sich bei bestimmten Dingen im Wortsinn »beobachtet fühlt« (vgl. den unter Druck stehenden Golfer).

Die »Honeymoon-Periode« endet manchmal bereits kurz nach dem Kontakt (wenn in der Akquise klar wird, auf was man sich da einlässt). Meistens jedoch im Niemandsland zwischen Orientierung, Analyse und insbesondere in der Veränderung selbst. In der Orientierungsphase äußert sich das so, dass beispielsweise zuvor geplante Interviewtermine »leider« abgesagt werden müssen. In der Analysephase können sie noch nicht einmal terminiert werden. Und in der Veränderungsphase ist aktuell keine Zeit, beispielsweise Change-Workshops durchzuführen.

Bezogen auf den Begriff der Ressource ist allen Mustern gemein: Es fehlt die Zeit. Zumindest oberflächlich betrachtet. Auf einer tieferen Ebene ist es jedoch die Bereitschaft, sich auch emotional auf einen Veränderungsprozess einzulassen. An der Ressource Geld mangelt es in der Regel nicht. Zumindest nicht im Projektverlauf selbst. Das wird ja regelmäßig in einem Vertrag festgelegt. Allerdings ist hier festzustellen, dass die Kunden bzw. die Entscheider die Notwendigkeit für eine Maßnahme sehen, dafür jedoch möglichst wenig investieren wollen. Es ist dies möglicherweise das Los eines Beratungsansatzes, der seine Wurzeln u. a. in der Familientherapie hat. Außerdem ist oftmals das Verständnis der Notwendigkeit einer antifragilen Systemkonfiguration und der damit einhergehenden umfangreichen Umbauarbeiten nicht gegeben.

Die Antwort darauf, wie man aus beraterischer Sicht dafür sorgen kann, die Ressourcen auch zur Verfügung gestellt zu bekommen, ist nicht trivial. Und auch aufgrund der Komplexität von Systemen und deren Interaktionen im Grunde nicht planbar. Was jedoch unerlässlich ist: Man benötigt das Plazet und die übertragene Macht der Hierarchie. Mit anderen Worten: Es muss klar sein, dass die Berater das Mandat für ihren Prozessplan haben. Damit das bei den Mitarbeitern auch ankommt, müssen die Entscheider es genauso kommunizieren und auch keine Ausflüchte dulden. Denn letztlich sind die Berater von ihnen auch engagiert worden, um etwas zu bewegen. Findet dies nicht statt beziehungsweise ist es nicht möglich, so ist ein Projekt unnütz. Zur Erinnerung: Es geht hier immer noch um das Thema Lösungsfindung und Storytelling. Stehen die zeitlichen und emotionalen Ressourcen dazu nicht zur Verfügung, kann es keine Veränderung geben.

Der letzte hier noch zu diskutierende Aspekt ist die Politik. Cope nennt sie Diplomatie (vgl. Cope 2001: 143). Hintergrund ist der, ob möglicherweise in der kreativen Phase engagierte Mitarbeiter (oder auch Führungskräfte) diese dafür nutzen, ihre eigene Agenda durchzubringen. Letztlich ist das nicht wirklich zu verhindern, da es auch eine systemische Grundregel ist, dass man als Berater ein System nur so weit bringen kann, wie es sich aus sich selbst heraus entwickeln kann und möchte (Hintergrund ist der, dass eine vermeintliche neue Stabilität dann wiederum in die Ausgangsposition zurückfällt, da das emotionale Commitment fehlt ▶ Kap. 3.5). Jedoch ist es aus der Beraterperspektive sinnvoll und notwendig, diese Ausrichtungen zumindest zu erkennen. Man hat dann die Möglichkeit, über Interventionen dem Kundensystem mitzuteilen, dass man das Spiel erkannt hat. Das System kann oder muss sich damit dann auseinandersetzen.

Beispielsweise hatte der Autor in einem Projekt in einem Großunternehmen eine politische Verhandlung zu moderieren, bei der es um die grundsätzliche Positionierung eines internen Start-ups im Gesamtkonzern ging. Der bereits erfolgreiche Bereich wurde jedoch intern weitestgehend eingebremst, um ihn im Vergleich zum alteingesessenen Geschäft nicht zu erfolgreich werden zu lassen. Die Bruchlinie reichte bis in den Vorstand. Interessanterweise gab es aber innerhalb des Start-ups ebenfalls eine Bruchlinie. Ohne hier auf Details eingehen zu wollen: Für die Vorbereitung auf den finalen Workshop mit dem Vorstand, der das Ziel hatte, über die Zukunft des Bereichs eine Richtungsentscheidung herbeizuführen, musste zunächst das interne politische Geflecht benannt und aufgelöst werden. Dies gelang auch. Allerdings bedurfte es einer intensiven Arbeit, um die jeweiligen Interessenlagen offenzulegen und eine gemeinsame Linie zu entwickeln. Das Beraterteam musste sogar die finale Karte einer paradoxen Intervention ziehen: Man drohte, ohne die Verabschiedung einer abgestimmten Haltung nicht in den Workshop mit dem Vorstand zu gehen. Das Fazit nach diesem Workshop war dann tatsächlich, dass ohne diesen alle Beteiligten verloren hätten.

Wichtig ist noch einmal: Das bis dato innerhalb dieses Kapitels Beschriebene zur Lösungsfindung inklusive deren Kommunikation (unter Berücksichtigung von Ressourcen und politischem Umfeld) ist einerseits die Voraussetzung dafür, dass eine echte Veränderung stattfinden kann. Andererseits und gleichzeitig aber auch ist sie essenzieller Bestandteil der Veränderung selbst. Denn was hier im Detail diskutiert wurde, geht immer von dem Paradigma aus, dass es ein Prozess innerhalb des Beratungssystems ist. Das bedeutet wiederum, dass das Kundensystem bereits tief involviert ist. Und das wiederum hat Auswirkungen auf dessen Balance. Wie oben bereits mehrfach beschrieben und angedeutet, wirken sich alle beraterischen Interventionen – ob bewusst oder unbewusst – auf das Kundensystem aus. Es ist nur die Frage, inwiefern das Kundensystem diese Interventionen verarbeitet. Jedenfalls wird es eine andere Konfiguration haben wie ohne den beraterischen Einfluss. Denkt man noch einen Schritt weiter in Richtung Antifragilität, so ist anzunehmen, dass eine Veränderung sicherlich in allen drei Bereichen Strategie, Struktur und Kultur für die Mitarbeiter spürbar wird (▶ Kap. 6.1).

Cope nennt daher sehr treffend seine nächste Phase »Kein Stillstand« (vgl. Cope 2001: 147). Das ist einerseits eine Forderung an den Prozess selbst. Andererseits beschreibt dies aber auch die eben formulierte Gewissheit eines Zustands davor und eines Zustands danach. Die Kernfrage, die hier im Raum steht, ist die, in welcher Weise wirksame Beratung dazu beitragen kann und muss, dass die (gewünschte) Veränderung auch tatsächlich stattfindet. Cope (2001: 149) betont deshalb zu Beginn seiner Ausführungen, dass es nun insbesondere an der Zeit sei, die »weichen und nicht greifbaren« Faktoren in den Mittelpunkt des beraterischen Handelns zu rücken. Über ein paar Umwege kommt er dann auch auf den wesentlichen Punkt: Es ist schlicht die Ungewissheit bei den Mitarbeitern (und zum Teil auch bei den Entscheidern), die Veränderungen verhindern oder in eine Richtung laufen lassen, die nicht gewünscht ist.

Veränderungsdynamik

Sowohl systemisch als auch antifragil gedacht ist Letzteres auch nicht verwunderlich: Die Ungewissheit wurde sogar als essenziell für die Wirksamkeit von Beratung definiert. Ohne diesen Stressor (neben Vision und Risiko) ist es nicht möglich, ein Unternehmen antifragil zu konfigurieren. Cope platziert die Ungewissheit inmitten weiterer Treiber für Veränderung (vgl. zum Folgenden Cope 2001: 147ff). In logischer Abfolge wären dies im Sinne von Zulassen und Fördern von Ungewissheit zunächst (und wesentlich) die Erzeugung einer Veränderungsdynamik. Das wiederum bedarf der Zuführung von Energie, womit man erneut an der Frage der Motivation vorbeikommt. Letztere kann entweder über die Übertragung von Umsetzungsverantwortung oder über den Hebel eines ganzheitlich aufgesetzten Prozesses erreicht werden. Die einzelnen Begriffe und Hintergründe werden nun im Folgenden phasenbezogen erläutert.

Bei der Ungewissheit ist noch einmal genauer zu beschreiben, woher die Unvorhersagbarkeit der Zukunft eigentlich kommt. Es sind zunächst einmal generisch die oftmals auch zu unserem individuellen Bedauern nicht-linearen Systeme, die dies bedingen. Ein Mentor des Autors prägte den folgenden Spruch: »Zukunft hat eine sehr unangenehme Eigenschaft. Sie ist nicht vorhersehbar«. Damit kann man in der Regel (recht gut) leben. Jedoch zeigte sich beispielsweise in der Corona-Krise, dass bei zu wenig individueller Erfahrung über die Entwicklung gewisser Trends die Ungewissheit exponentiell steigt. Es war daher auch nicht verwunderlich, dass genau diejenigen Politiker, die in dieser Phase klare Rahmenbedingungen setzten, plötzlich hohe Zustimmungswerte erhielten. Denn die entsprechenden Maßnahmen gaben zumindest die Illusion von Beherrschbarkeit von Unbekanntem und Zukunft vor (vertiefend dazu unter dem Begriff »Wicked Problems« ▶ Kap. 8.1).

Aus Beratersicht ergibt sich eine weitere Ungewissheit. Auch diese ist aus der Systemik bestens bekannt und wurde bereits kurz angesprochen. Es geht um die Selbstorganisation von Systemen. Man spricht in diesem Zusammenhang von Autopoiesis und bezeichnet den Prozess der Selbsterschaffung und Selbsterhaltung eines Systems. Es ist biologisch betrachtet sogar eine wesentliche Eigenschaft des Lebendigen und für Luhmann der Schlüsselbegriff in seiner soziologischen Systemtheorie. Konkret für eine wirksame Beratung bedeutet dies, dass sämtliche Interventionen niemals linear wirken können (siehe oben), sondern dass das Ergebnis hieraus letztlich unbestimmt ist. Der Hintergrund ist der, dass das Kundensystem die beraterischen Interventionen so verarbeitet, wie es dies möchte. Nämlich immer mit dem Primat der Selbsterschaffung und insbesondere der Selbsterhaltung. Was das letztlich für Beratung bedeutet, wird insbesondere noch in Kapitel 6 (»Interventionshebel und Grenzen von Beratung«) diskutiert.

Die nächste Frage ist: Was muss geschehen, um die Bereitschaft des Kundensystems – und hier insbesondere der Mitarbeiter – zu fördern sich auf den Stressor Ungewissheit ein- und damit zumindest eine Veränderungsdynamik zuzulassen? Zur Lösung dieser Problematik ist es zunächst notwendig, stets das gesamte Kundensystem mit seinen Dynamiken in den Blick zu nehmen. Es sind vorab und insbesondere währenddessen Hypothesen über die bestehenden und neu auftretenden Dynamiken aufzustellen und es sind gegebenenfalls Interventionen zu setzen. Verändert sich beispielsweise im Laufe des Beratungsprozesses das Beratungsziel (im Sinne der Beseitigung der Ursache für das Problem), weil sich das ursprüngliche Angestrebte plötzlich als oberflächlich herausstellt, kann man sicher davon ausgehen, dass die innerbetrieblichen Dynamiken sich sofort verschieben. Dies ist dann positiv für diejenigen, die von der neu gearteten Veränderung nicht mehr so betroffen sind wie zuvor. Andere jedoch treten in den Prozess neu mit ein. Insgesamt ist die Systemdynamik ein Schlüssel für die Überwindung der Ungewissheit. Jedoch ist dies gerade aus Beratersicht eine große Herausforderung und es bedarf hier viel Erfahrung im Umgang mit Kundensystemen.

Wenn hier (und bei Cope) von Dynamiken gesprochen wird, steckt dahinter aber noch etwas anderes. Oben wurde bereits vom emotionalen Commitment gesprochen. Dieses ist deshalb so wichtig, da genau dort die Energie für die Veränderung steckt. Cope (2001: 170) empfiehlt hier die Berücksichtigung von Energiequelle, Masse und Richtung. Ähnlich wie bei einer Stakeholder-Analyse ist bei der Quelle der Energie darauf zu sehen, wo sie beispielsweise im Unternehmen genau sitzt. Es macht nämlich einen Unterschied, ob ein System eher vertriebslastig oder eher entwicklungslastig geprägt ist, um gleich zwei Antagonisten zu benennen. Aber auch Gegensätze wie operatives Management versus strategisches Management und deren spezifische Machtverteilung geben Auskunft darüber, ob eine Veränderung tatsächlich so stattfinden kann wie gewünscht.

Ein Praxisprojekt des Autors soll wieder als Beispiel dienen: Der Leiter einer strategischen Stabstelle hatte erkannt, dass dem bis dato sehr erfolgreichen Mittelständler eine Zukunftsperspektive fehlt (für diese Erkenntnis wurde er im Grunde auch bezahlt). Er stieß deshalb ein Beratungsprojekt an, da er zusätzlich erkannt hatte, dass das Management (dessen Aufgabe es ja eigentlich ist, strategische Weichenstellungen durchzuführen) intellektuell nicht fähig und willens war, diesen notwendigen Schritt zu gehen. Er erhoffte sich, dass durch diese externe

Unterstützung Dynamik und Energie von außen zugeführt werden und dafür sorgen, dass die Leitung den Prozess zumindest nicht blockiert.

Wenn eine Geschichte so beginnt, ahnt man, dass sie nicht gut ausgeht. Das lag hier jedoch nicht daran, dass das Beraterteam sich nicht entsprechend erkundigt und nachgefragt hätte. Vielmehr wurde exakt dieser Umstand in das Design des Beratungsprozesses eingebaut. Sogar der Projekttitel wurde so gewählt, dass er keinen Verdacht auslösen konnte. Denn aus der gewünschten Entwicklung einer Strategie (bestenfalls mit visionären Anteilen) wurde die Entwicklung eines Leitbilds. Es wurden dazu auch Interviews mit entsprechend präparierten Fragen mit dem Management geführt. Letztlich wurde in einem Workshop mit dem Management und den wichtigsten Mitarbeitenden das Leitbild ausformuliert. Das Feedback war überaus positiv. Jedoch war bereits in den Diskussionen zu erkennen, dass es hier einen Bruch gab. Die Mitarbeiter bekundeten zum Teil sehr mutig, dass es dem Management an strategischem Weitblick fehle. Das Leitbild wurde aber dennoch verabschiedet, da das Management diesen Vorwurf nicht auf sich sitzen lassen wollte. Der Return kam dann erwartbar: Bei einem Nachgespräch mit dem Management äußerten sich diese sehr verärgert über den Prozess. Und auch verärgert über den ursprünglichen Auftraggeber. Am Ende wurde das Leitbild kassiert und der Leiter der Stabstelle verließ das Unternehmen wieder. Es hatte sich also die Energie der Leitung durchgesetzt (was im Übrigen ganz üblich ist), obwohl dies im vorliegenden Fall nur kraft Hierarchie und nicht kraft strategischen Leaderships möglich wurde. Auf Dauer kann eine solche Konstellation nicht erfolgreich sein. Das Management des Unternehmens wurde indessen auch vom Eigentümer vollständig ersetzt.

An diesem Beispiel ist besonders gut zu erkennen, dass die Energie niemals ausschließlich von extern kommen kann. Allein schon die zahlenmäßige Überlegenheit der handelnden Personen in einem Unternehmen lässt das überhaupt nicht zu. Cope (2001: 161) spricht von der Masse als potenzielle Energie. Deshalb ist es so extrem bedeutsam, dass das Beratungsunternehmen von der Hierarchie auch diesbezüglich ein Mandat erhält, welches es erlaubt, die internen Energiequellen anzuzapfen und in eine bestimmte Richtung zu lenken.

Es ist aber neben der Übertragung des Mandats auch Führungsaufgabe, (indirekt) für Motivation zu sorgen. Im Zentrum stehen in dieser Phase die maximal mögliche Transparenz und das Erklären der Notwendigkeit der Veränderung. Oben wurde das bereits unter dem Begriff Storytelling erläutert. Interessanterweise scheuen sich gerade Führungskräfte aber sehr oft, in die Rolle des Erklärers zu gehen. Zum einen, weil sie sich eher fachlich bzw. technisch als Führungskraft sehen (womit sie ihrer eigenen Rolle damit gar nicht gerecht werden) oder Sorge vor der emotionalen Auseinandersetzung mit den Mitarbeitern haben. Es wird an Berater daher häufig herangetragen, die mehr oder minder gute Botschaft selbst zu verkünden. Dies muss man aber entschieden ablehnen. Nicht, weil man es nicht könnte oder sich selbst davor scheut: Es untergräbt den Mechanismus der Hierarchie und hinterlässt zweierlei Opfer: Zum einen das Veränderungsvorhaben selbst (weil das Kundensystem die Veränderung dann als Idee der Berater markieren und damit ablehnen kann), zum anderen den oder die Führungskräfte, da diese in den Augen ihrer Mitarbeiter nicht den Mut hatten, unbequeme Wahrheiten zu verkünden.

In einem Projekt des Autors sagte einmal eine »einfache« Mitarbeiterin zu einem Bereichsleiter: »Uns ist es eigentlich egal, was sie mit uns vorhaben. Sie können sicher sein, dass wir Ihnen folgen werden. Wir wollen es aber von Ihnen selbst hören, wo die Reise hingeht. Das erwarten wir einfach!«

Involvement und Methode

Neben der Kommunikation kommt in der Phase der Veränderung der Integration, sprich dem Involvement der Mitarbeiter, eine entscheidende Rolle zu. Auch hier ist wieder mehr das Kundensystem selbst als das Beratersystem gefordert. Cope (2001: 180) ergänzt noch die Ausbildung/Schulung (»Education«) der Mitarbeiter. Das ist sicher auch ein wichtiger Aspekt. Aber auch hier wird in der Praxis überwiegend auf interne Ressourcen zurückgegriffen. Außer es geht bei der Weiterentwicklung der Mitarbeiter weniger um fachlich-inhaltliche Dinge als vielmehr um persönliche. Dann kommt es häufig vor, dass eine Veränderungsmaßnahme zusätzlich durch Coachingmaßnahmen ergänzt wird. Hier ist ähnlich wie bei einem Beratungsprozess für ganze Kundensysteme eine externe Unterstützung zumeist hilfreicher als eine interne.

Zurück zum Involvement der Mitarbeiter steht der Hierarchie ein einfaches, aber hoch wirksames Mittel zur Verfügung. Es geht um den Transfer von Verantwortung für die Veränderung auf die Mitarbeiter. Das kann – wie oben bereits dargestellt – einmal durch emotionale, weiche Ansprache erfolgen. Oder die Verantwortung wird schlicht zugewiesen. Konkret finden Veränderungen ihren Ausdruck in verschiedenen Maßnahmen, To-Do-Listen etc. Es ist hier einfach, an konkreten Überschriften entlang mit bestenfalls einer Meilensteinplanung die Verantwortung an bestimmte Mitarbeiter zu delegieren. Das ist nicht nur gutes Recht, sondern sogar Pflicht für Führungskräfte. Besonders hilf- und trickreich ist es sogar, die Umsetzungsverantwortung genau an einen NoNo zu geben (der NoNo tauchte in Kotters Pinguin-Beispiel auf).

Der Autor hat es erlebt, dass im Rahmen eines Verlagerungsprozesses von Tätigkeiten nach Asien ein bestimmter Mitarbeiter heftig opponierte. Der oberflächliche Grund war klar: Es war die Sorge, dass große Teile der Arbeit (und dem langfristig folgend die Arbeitsplätze) wegfallen könnten. Vorgeschobener Grund war aber die Sorge um die Qualität. Trotz Erklärung durch das Management im Rahmen eines groß aufgesetzten Change-Management-Projekts, konnte der NoNo nicht von der Veränderung überzeugt werden. Kotter empfiehlt, den NoNo entweder einzubinden oder zu entfernen. Die Führungskraft spielte beide Ansätze gemeinsam mit dem Beraterteam durch und entschied sich dann für ein besonderes Experiment: Der NoNo wurde zum Projektleiter für die Verlagerung der Tätigkeiten nach Asien bestimmt. In der Folge geschah Unerwartetes: Durch die nähere Beschäftigung mit diesem Thema und auch durch den Stolz, mit so einem bedeutenden Projekt betraut worden zu sein, begann die Person, sich der Veränderungsnotwendigkeit bewusst zu werden. Mit dem Ergebnis, dass die Umsetzung in kürzester Zeit vollzogen werden konnte.

Cope stellt als Hintergrundmodell für Entscheidungen hinsichtlich des gewünschten bzw. geforderten Involvements noch den Begriff Methode bereit. Aus den beiden Fragen, ob eine Veränderung im Voraus (durch)geplant werden und inwieweit der Prozess transparent gestaltet werden sollte, ergibt sich hier die sog. Veränderungsmatrix (▶ Dar. 13).

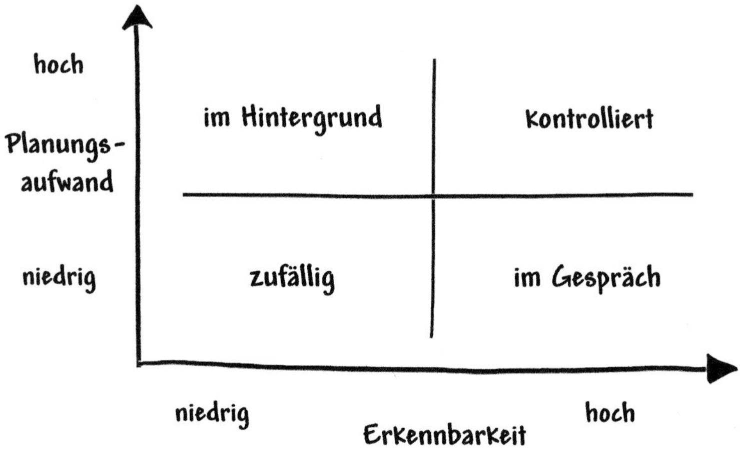

Dar. 13: Veränderungsmatrix (nach Cope 2001: 150)

Aus dem Blickwinkel eines klassischen Beraters macht die Zufallsvariante zunächst einmal nervös. Es gibt einen Auftrag, vom Zustand A in einen Zustand B zu gelangen – und letztendlich müsste man gemäß dieser Methodik den Prozess einfach fließen lassen. Was wäre dann noch die Aufgabe des Beratungssystems? Zunächst einmal spielt hier die Reife des Kundensystems eine entscheidende Rolle. Handelt es sich um eine Organisation, die es gelernt hat, sich stetig zu verändern? Unterstützen bzw. leiten die Führungskräfte die Veränderung? Dann ist es möglich, durch Setzung von Rahmenbedingungen beraterisch etwas ins Risiko zu gehen. Denn letztlich ist es so, dass bei Nichterreichung des Ziels die Berater die Verantwortung für das Scheitern tragen. Es kommt jedoch noch eine ethische Komponente hinzu: Ist es legitim, für diese Art von Begleitung eine Rechnung zu schreiben? Wo ist dann der Wertbeitrag des Beratersystems? Eine schwierige Frage, die nur im Einzelfall beantwortet werden kann. Es rückt daher die Definition des Ziels in den Mittelpunkt. Für den Fall, dass das Vorhaben dazu führt, Antifragilität zu erreichen, und das Kundensystem bis dato mit seiner eigenen Zieldefinition dahinter zurückbleibt, ist ein Engagement sogar geboten. Auch dann kann man von wirksamer Beratung sprechen, auch wenn dies nicht mehr unbedingt im

Kontext der eigentlichen Veränderung, sondern bereits in der Kontakt- oder Orientierungsphase beginnen muss.

Dem gegenüber steht die Kontrollvariante. Cope schreibt ihr einen deterministischen Ansatz zu (vgl. Cope 2001: 153f). Diesem Argument kann man gedanklich im Rahmen der Projektplanung folgen. Und möglicherweise ist dies als Start sogar notwendig. Man denke nur an diverse Kick-Off-Meetings, bei denen ein Veränderungsvorhaben vorgestellt wird. Die Erfahrung des Autors ist auch die, dass die Mitarbeiter stets über die geplante (!) Veränderung informiert werden möchten. Macht man dies jedoch alles im Hintergrund (Hintergrundvariante), wird es in der Regel passieren, dass entweder der Flurfunk die Veränderung verbreitet – was in der Regel noch zu vermehrtem Widerstand führt – oder die Veränderung dürfte zu einem gewissen Zeitpunkt (nämlich dann, wenn sie offenkundig wird) nachträglich umso mehr torpediert werden.

Zur kritischen Auseinandersetzung mit der Kontrollvariante erneut eine Analogie zum Sport: Selbst ein von den Ausgangsbedingungen und Regeln so einfaches Spiel wie Fußball ist im Grunde nicht vorhersehbar. Es gibt sicher gewisse Wahrscheinlichkeiten (was man an den Wettquoten ablesen kann), aber dennoch ist es so, dass trotz bestem Spielermaterials, einer sehr guten Kondition, vermeintlich idealer Aufstellung und Taktik der Ausgang eines Matches nicht zu determinieren ist. Übertragen auf einen Veränderungs- und Beratungsprozess trifft dies umso mehr zu. Allerdings: Wie beim Sport kann man gewisse Muster erkennen und sie auch nutzen. Sind es beim Sport bestimmte Laufwege und einstudierte Varianten bei Standardsituationen, so sind es bei Veränderungen (und der Beratung dazu) typische Muster, wie ein Kundensystem mit genau dieser umgeht. Dies hängt zum einen mit Erkenntnissen bezogen auf die betroffenen Individuen zusammen. Zum anderen scheinen auch Organisationen (als die Summe von Individuen) bestimmten, typischen Mustern zu folgen. Kotter hat diese Erkenntnis aus einer groß angelegten empirischen Studie gewonnen, deren Quintessenz er im bereits oben genannten Beispiel der Pinguin-Kolonie verarbeitete. Seine acht Phasen eines erfolgreichen Change Managements werden am Ende dieses Kapitels noch eingehend erläutert. Kotter ist sicher kein Anhänger der reinen Kontrollvariante. Er sieht aber die Kenntnis eines gewissen Ablaufs und auch die notwendige Einhaltung der Phasen als erfolgsentscheidend an.

Die letzte Methoden-Variante ist die Gesprächsvariante. Hier wird wenig geplant, aber viel offen kommuniziert. Man kann diese vielleicht mit einem politischen Meinungsbildungsprozess vergleichen. Allein deshalb schon, weil wiederum die Planung und die Definition eines Ziels so schwierig ist. Nimmt man die politische Diskussion während der Corona-Pandemie im Frühjahr 2020 als Beispiel, so konnte man sehen, dass die Politik damit im Grunde vollkommen überfordert war. Das ganz am Ende liegende Ziel war klar: Es sollte Schaden von der Bevölkerung genommen werden. Was dies jedoch im Einzelnen bedeutet und welche Zwischenziele man sich hierfür setzen sollte, veränderte sich im Grunde täglich. War es zu Beginn die Maßgabe, das Gesundheitssystem nicht zu überfordern, änderte sich das Ziel schnell hin zur Reduzierung der Neuansteckungen bis hin zur Erreichung einer bestimmten Verdoppelungszahl. Letztlich war es der »R-Faktor« sowie die »7-Tage-Inzidenz«, die bestimmte Werte erreichen sollte. Dies alles geschah auf offener Bühne und im Dialog mit Virologen, Medizinern, Volkswirten, Ethikern etc. Cope (2001: 154) formuliert allgemein und zum Beispiel passend, dass die Gesprächsvariante als eigentlicher Prozess so gar nicht zu erkennen ist (und hier war), jedoch die Umstände im Grunde keine andere Wahl ließen, als es genau so anzugehen.

Um im Thema als Beispiel zu bleiben: Im weiteren Verlauf der Pandemie wurde deutlich, dass sich die Methodik im Grunde veränderte. Je mehr man über das Virus und dessen nicht nur medizinische Auswirkungen wusste, desto eher wurden diejenigen Veränderungsmethoden angewandt, die mehr mit planerischem Aufwand betrieben wurden. Nämlich die Hintergrundvariante (Beispiel umfassende Hygienekonzepte) oder die Kontrollvariante (Beispiel gezielte Quarantäne- und Lockdownmaßnahmen). Zurückkommend auf den wirtschaftlichen Kontext: Ein anderes typisches Beispiel ist eine Fusion (▶ Kap. 6.2). Schließen sich zwei große Unternehmen zusammen, so dürfte trotz bester Planung klar sein, dass niemand vorhersehen kann, wie eine neue unternehmerische Kultur aussehen wird. Es ist so etwas wie ein Verhandlungsprozess zwischen den Entscheidern, aber auch zwischen den unterschiedlichen Kulturen, die wiederum durch die Mitarbeiter repräsentiert werden. Tatsächlich ist es so, dass Fusionen dieser Art in der Regel scheitern. Schillerndes Beispiel ist die »Hochzeit im Himmel« von Daimler und Chrysler. Deshalb ist es manchmal günstig, wenn ein Unternehmen größer ist oder eine gefestigtere Kultur hat. Dass nicht immer der Übernehmer sich letztlich durchsetzt, ist auch nicht unüblich. AOL als aufstrebendes Unternehmen kaufte einst Time Warner. Der Internetdienstleister war zu diesem Zeitpunkt als Unternehmen der New Economy nur ein Bruchteil so alt wie das traditionsreiche Medienunternehmen. Am Ende setzte sich jedoch tatsächlich die stärkere, weil ältere und ausdifferenziertere Kultur von Time Warner durch. Das Unternehmen trägt heute noch nicht einmal mehr AOL im Namen.

Betrachtet man die unterschiedlichen Methoden der Veränderungsmatrix aus der Helikopterperspektive, so kommt man schnell zur Einsicht, dass insbesondere in einer VUKA-Welt die Anwendung einer einzigen Methode nicht zielführend ist. Cope (2001: 156ff) nennt die adäquateste Methode deshalb die adäquate Methode. Merkmal dieser Variante ist eine mehr oder minder klare Zieldefinition, bei der das Beratersystem jedoch flexibel genug ist, zwecks Zielerreichung zwischen den verschiedenen Ansätzen zu springen.

Modell der Veränderung

Kommt man noch einmal auf die Kontrollvariante und deren Interpretation durch Kotter zurück, so soll diese anhand des 8-Stufen-Modell kurz erläutert werden. Stroh & Johnson (2006) haben in ihrem Buch eine ähnliche Struktur entwickelt und nennen dieses Kapitel »Initiation Action«. Interessanterweise gibt es aber keinen Hinweis auf Kotter. Im besten Fall ist daher anzunehmen, dass diese Struktur eine natürliche bzw. mehrfach in der Praxis erprobte ist, was auf eine signifikante Validität schließen lässt. Kotter hatte zunächst sein Schema im Buch »Leading Change« vorgestellt – und die Grundprinzipien später in »Our Iceberg ist Melting« auf eine Pinguin-Kolonie übertragen. Daher hier auch im Bild der Pinguin, der nach Durchlaufen des Prozesses seinen alten Eisberg verlässt (▶ Dar. 14).

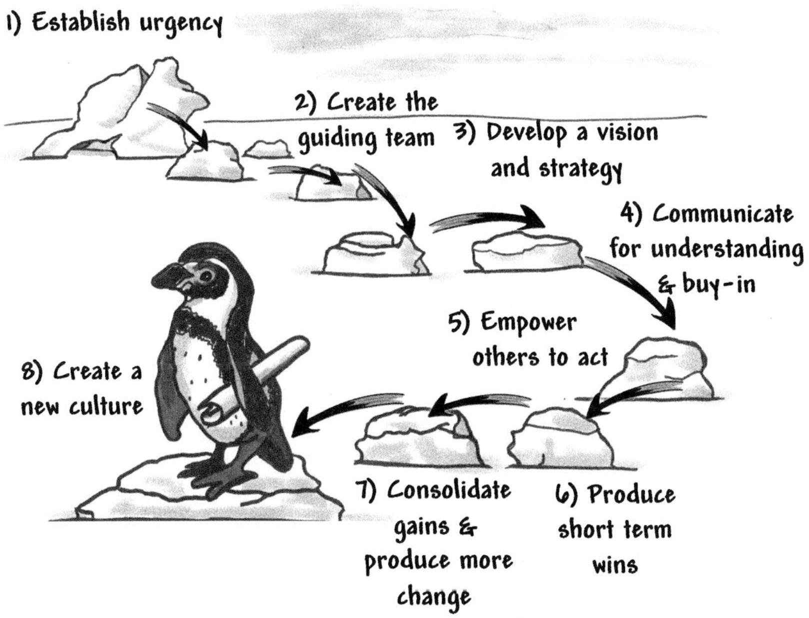

Dar. 14: Pinguins Journey (nach Kotter & Rathgeber 2006)

Der 1. Schritt wurde bereits ausführlich in Kapitel 2.2 erläutert. Es sei an dieser Stelle noch einmal erwähnt, dass die Überwindung dieser Hürde (nämlich der Complacency) im Grunde den größten Energieeinsatz erfordert und eigentlich aus dem System selbst heraus generiert werden muss, wenn man eine beraterische Perspektive einnimmt.

Im 2. Schritt ist dann ein Team zu formieren, das den Veränderungsprozess vorantreibt. Wiederum beratungsspezifisch bzw. systemisch gedacht wäre dies nun das Beratungssystem (es kann aber auch nur im Kundensystem funktionieren). Wichtig ist hier insbesondere, das Team mit der entsprechenden Macht auszustatten bzw. im Verlauf deutlich zu machen, dass die im Team erzielten Ergebnisse von Bedeutung sind und auch umgesetzt werden. Denn häufig kommt es vor, dass zwar entsprechende Teams installiert werden. Man erkennt jedoch bisweilen, dass bereits das Staffing darauf hindeutet, dass dieses Team keine »Guiding Coalition« darstellen kann.

Erste Aufgabe des Teams (Schritt 3) ist dann, eine Vision und eine Strategie zu entwickeln. Das ist deshalb wichtig, weil für eine Veränderung eine emotional anknüpfbare Ausrichtung und der Weg dahin unabdingbar sind. In Schritt 4 sind Vision und Strategie dann transparent in das Gesamtsystem zu kommunizieren. Es sei an dieser Stelle noch einmal daran erinnert, dass insbesondere die Vision als antifragiler Stressor sehr hilfreich ist und die Strategie so gebaut sein muss, dass sie im Ernstfall redundant wirken kann. Damit Vision und Strategie auch tatsächlich ihre Umsetzung finden, bedarf es der entsprechenden Maßnahmen (Schritt 5), die so ausgestaltet sein sollten, dass sie (Schritt 6) auch zu kurzfristigen Erfolgen führen. Denn dies steigert die Motivation innerhalb des Gesamtsystems und bringt die potenziellen NoNos dazu, an der Veränderung mitzuarbeiten oder zumindest der Veränderung nicht mehr im Weg zu stehen.

Die beiden nächsten Schritte sind rein analytisch bereits in Kapitel 3.5 angesiedelt. Denn hier geht es darum, die noch fragilen neuen Muster zu etablieren (Schritt 7) und letztlich in die Unternehmens-DNA zu überführen (Schritt 8). Diese neue DNA hatte Kotter wohl auch im Kopf, da er den gesamten Prozess wie ein »Inhouse-Projekt« beschreibt. Die Frage ist daher, wo genau Beratung hilfreich oder sogar notwendig ist (oder wo genau nicht, nämlich wie oben gezeigt bei Schritt 1). Nach Erfahrung des Autors ist dies insbesondere beim Thema Vision und Strategie inklusive deren Umsetzung der Fall. Es gilt zwar der Grundsatz, dass man ein System nicht weiterbringen kann als es bereit ist zu gehen. Durch kluge Interventionen ist es jedoch möglich, das Kundensystem herauszufordern oder ihm zumindest die Rückmeldung zu geben, dass die entwickelten Lösungsansätze und die sich daraus ergebenden Maßnahmen dem Anspruch an Antifragilität nicht genügen.

Betrachtet man nun die von Kotter empfohlene Vorgehensweise kritisch, ist die Frage, warum dieser Prozess so selten wirklich gut funktioniert. Nach diversen Untersuchungen liegt die Erfolgsquote von Veränderungsprojekten zwischen 20 und maximal 50 Prozent. Hierfür gibt es viele Gründe. Ein Ansatzpunkt liegt sicher im Außen: Die VUKA-Welt fordert ständig Veränderungen in immer kürzeren Zeitabständen. So wird ein System auf Dauer (und auch verständlicherweise) »veränderungsmüde«. Generell sind aber eher interne Gründe für ein Scheitern verantwortlich. Rein analytisch betrachtet hat dann ein Unternehmen die beiden letzten Schritte von Kotter nicht nachhaltig genug und konsequent bearbeitet. Aber auch das hat seine Gründe. In einer der jüngsten Untersuchungen hat das Beratungsunternehmen Mutaree festgestellt, dass das im Kern an drei Erfolgsfaktoren hängt. Es ist zunächst die Forderung nach einem kontinuierlichen Dialog (ganz nach Kotters Schritt 4). Denn allen beteiligten Mitarbeitern muss klar sein, warum die geplante Veränderung alternativlos ist. Hier hilft eine klare Vision. Des Weiteren muss die Führungsmannschaft kontinuierlich überprüfen, ob ihre Botschaften auch ankommen. Es ist dabei nicht nur zu evaluieren, ob die Mitarbeiter diese verstanden haben, sondern auch, ob und wo genau Widerstandspotenziale sind.

Eine aus der Erfahrung des Autors beliebte Floskel von Führungskräften ist: »Ich habe es meinen Mitarbeitern doch gesagt. Ich verstehe gar nicht, warum sie das nicht kapieren«. Eine solche Führungskraft ist von Leadership doch deutlich entfernt. Letztlich ist es aber auch noch das Monitoring und das Nicht-Nachlassen der Führungskräfte. Systeme können sehr hartnäckig bestehende Muster bewahren. Hier bedarf es einer klaren inneren Haltung derjenigen, die eine Veränderung vorantreiben möchten. In der Summe wird also auch hier wieder deutlich, welche besondere Rolle die Führungskräfte in diesem Prozess spielen. In Kapitel 4 werden das Thema Widerstand und die dahinter liegenden psychologischen Grundmodelle detailliert erläutert.

3.5 Harbour (gleich Sicherung)

Im vorangegangenen Kapitel wurde es bereits angesprochen: Es geht in dieser Phase um die nachhaltige Verankerung des bis hierher Erreichten und darüber hinaus im besten Fall um die Implementierung von Veränderungsfähigkeit. Der ehemalige bayerische Ministerpräsident Edmund Stoiber bezeichnete dies – zwar in einem anderen Kontext, aber dennoch für hier passend – in seiner ihm ureigenen Diktion als »Kompetenz-Kompetenz«.

Konsolidierung

Cope (2001: 184) stellt dieser Phase noch unter dem Begriff Konsolidierung eine Art Evaluation voran. Rein analytisch wäre das auch der logische Zeitpunkt zwischen Veränderung und Sicherung. Dies folgt jedoch eher der Idee eines mechanistisch funktionierenden Systems. Je nach Projekt kann es aber tatsächlich auch so sein: Beispielsweise könnte man die Einführung einer neuen Software entsprechend überprüfen – in etwa, ob der Zeitplan eingehalten wurde oder wie viele Nutzer angeschlossen sind. Aber bereits hier wird klar, dass neben quantitativen und qualitativen Aspekten insbesondere der Zeitpunkt der Messung entscheidend ist.

Nimmt man wiederum die Wirksamkeit und damit die Antifragilität als wesentlichen Maßstab, so wird deutlich, dass eine unmittelbare Messung am operativen Endzeitpunkt eines Projekts nur eine Momentaufnahme sein kann. Echte Veränderungen benötigen wie bereits diskutiert genügend Zeit, bis sie sich manifestiert haben (sogar für den Fall, dass ein Projekt ohne größere Widerstände durchgeführt werden konnte). Es wäre daher zu empfehlen, den oben vorgestellten Antifragilitätstest als objektive Methode zur regelmäßigen Messung im Sinne einer Selbsteinschätzung der Auftraggeber einzusetzen. Es kann so überprüft werden, ob sich zunächst von der Ausgangssituation kommend etwas verändert hat und ob schließlich das gesetzte Ziel im definierten Zeitrahmen erreicht wird. Die Konsolidierung im Sinne Copes ist damit kein punktueller, sondern ein fortlaufender Prozess.

Würde man nun davon ausgehen, dass das Unternehmen sich tatsächlich in Richtung von Antifragilität entwickelt, so ist es die Aufgabe des Beratersystems, dafür zu sorgen, dass das Kundensystem selbständig dazu in der Lage ist, Veränderungen nachhaltig zu sichern und weitere möglich zu machen. Systemisch würde man hierzu sagen, dass sich das Beratungssystem alsbald selbst auflösen muss. Unternehmerisch (auf der Seite des Beratungsunternehmens) ist das nicht unbedingt klug, denn idealerweise hat man den Kunden soweit abhängig gemacht, dass dieser immer wieder auf das Beratungsunternehmen zurückgreift. Dies ist das Geschäftsmodell vieler großer Berater, was auch hier wieder dazu führt, dass deren Image leidet.

Es ist im Grunde ein Paradoxon oder anders formuliert der Fluch der guten Tat: Beratungsunternehmen, die ihre Kunden aus guten Gründen loslassen, verzichten zumindest kurz- und mittelfristig auf Umsatz. Hingegen florieren die Geschäfte der Großen und der Bedarf an dieser Art von Beratung ist so groß, dass am Ende viele der Berater sogar bei den Unternehmen landen. Stand 2018 hatte jeder fünfte Vorstandsvorsitzende eines Dax-Konzerns früher bei McKinsey, Boston Consulting, KPMG oder einem anderen großen Beratungsunternehmen gearbeitet (vgl. Neuscheler 2018). Es sollte aber hier aus einer ethischen Perspektive der Grundsatz gelten »Wirksamkeit geht vor Umsatz«. Denn es gibt zwei wesentliche Gründe dafür, dass ein Beratungsunternehmen sich zurückziehen sollte: Zum einen hemmt die enge Verbindung im Beratungssystem das Kundensystem an einer eigenständigen Weiterentwicklung. Fast ähnlich wie in einem pädagogischen Kontext muss aber dem Partner Raum und Zeit gegeben werden, sich selbst die nötige Reife anzueignen. Hierfür sollte und muss das Beratungsunternehmen zu Beginn nur der Geburtshelfer sein.

Zum anderen verhindert die Berater-Kunden-Verflechtung auf Dauer die Möglichkeiten des Beratersytems, notwendige Interventionen zu setzen. Selbst wenn es also so sein sollte, dass beide Parteien den eingeschlagenen Weg für länger gehen, so werden die Impulse auf das System nicht mehr so wirksam sein können wie zu Beginn eines Projekts. Und auf der Seite der Berater kommt der Effekt hinzu, dass sie nach und nach mit dem Kundensystem verschmelzen. Damit fehlt der nötige Abstand und die richtige Einschätzung dessen, was beraterisch getan werden muss. Der Autor selbst hat dies auch bereits indirekt erlebt: So bat eine Beraterin aktiv um die Loslösung von einem bestimmten Kunden, da sie bereits sehr persönliche Beziehungen zu diversen Entscheidern und Mitarbeitern aufgebaut hatte.

Kommt man nun zurück zum Begriff der Sicherung, so würde man im klassischen Beratungsmodell zunächst einmal daran denken, dass das innerhalb des Veränderungsprozesses entstandene Wissen transferiert wird und es auch sichergestellt sein muss, dass es langfristig zur Verfügung steht. Cope spricht in diesem Zusammenhang von drei unterschiedlichen Arten von Wissen: dem expliziten, dem relationalen und dem stillschweigenden Wissen. Bei ersterem und bei letzterem lohnt es sich, sich etwas länger damit zu beschäftigen (vgl. zum Folgenden Cope 2001: 212).

Explizites Wissen

Als explizites Wissen könnte man dasjenige beschreiben, welches sich letztlich in Dokumentationen, Präsentationen oder Handbüchern manifestiert, aber auch generell außerhalb eines Beratungsprojekts in Veröffentlichungen, Nachrichten o. Ä. zu finden ist. Es ist trotz des Begriffs »explizit« damit klar, dass das Wissen nicht objektiv sein kann. Der Begriff der »Fake News« kursiert daher auch schon seit mehreren Jahren. Und das trifft nicht nur zu für Nachrichten, die im Internet als Verschwörungstheorien verbreitet werden, sondern schließt auch Informationen ein, die innerhalb von Unternehmen und auch im Rahmen von Beratungsprojekten generiert und verbreitet werden.

Der Autor selbst hat dies mehrfach erlebt – sowohl als Mitarbeiter von Großkonzernen als auch als Berater. Insbesondere dann, wenn sogar vermeintlich nicht widerlegbare Fakten in Form von Zahlen und Statistiken erstellt werden, sind diese besonders zu hinterfragen. Und das ist auch ein logischer, notwendiger Reflex: Eine alltägliche Situation ist die, dass bei einer PowerPoint-Präsentation von beispielsweise mehreren Dutzend Folien die ersten, mit Bulletpoints und Prosa versehenen Folien anstandslos durchgewunken werden. Irgendwann wird jedoch eine Zahl (oder eine Statistik) präsentiert. Die Reaktionen hierauf sind immer wieder gleich: Besonders von denjenigen, denen diese Zahl nicht ins eigene Narrativ passt, wird deren Herkunft hinterfragt, bisweilen angezweifelt oder zum Teil auch mit eigenen, vermeintlich besseren Erkenntnissen umdefiniert.

Diese natürliche Skepsis ist tatsächlich auch angebracht. Bei einem (internen) M&A-Projekt wurde der Autor einmal zu einem Termin bei dem verantwortlichen Vorstand gebeten. Dieser erzählte freimütig, er habe am gestrigen Abend mit dem Vorstand eines potenziellen Target-Unternehmens getroffen. Man habe die strategischen Optionen beleuchtet und schließlich festgestellt, dass eine Übernahme sinnvoll sei. Der Vorstand würde die Mehrheitsaktionäre hierzu überreden und würde dann mit einer besonderen Position beim übernehmenden Konzern belohnt. Auch habe man über den Preis gesprochen. Der Vorstand zog hierauf eine Art verstärkte Papierserviette aus einer Schublade. Diese hatte er vom Abendessen im Restaurant mitgenommen. Es fand sich darauf mit Kugelschreiber geschrieben eine mehr oder minder diffiziler Dreisatz, der dann eine Kaufsumme von 500 Mio. Euro ergab. Die Aufgabe, für die ein Berater gesucht wurde, war schlicht die, diese Zahl mittels eines wiederum hoch differenzierten DCF-Modells so auszurechnen, »dass genau das bei rauskommt«. Diese Rechnung sollte dann als Beschlussvorlage für die Investition dienen.

Bei einem anderen Beispiel aus dem Beratungskontext wurde auf unternehmenspolitischer Ebene beschlossen, ein bestimmtes Werk zu schließen. Dies war schon vor längerer Zeit gekauft worden. Beim »Heimatwerk« drohten jedoch Kapazitätsüberschüsse. Es wurde daher der Beschluss gefasst, das Werk komplett zu schließen und die Kapazitäten in das Heimatwerk zu überführen. Nahm man die echten Zahlen als Maßstab, so hätte es genau umgekehrt sein müssen. Das periphere Werk erzielte Gewinne, das Stammwerk Verluste. Jedoch war es den Entscheidern opportuner, den Heimatstandort zu sichern. Auch nahm man die Warnungen des Werks nicht ernst: Es drohte nämlich ein Engpass für einen zumindest mittelfristigen Zeitraum, weil die Produktion der beiden Werke mit Vor- und Endproduktion sehr stark ineinander verschränkt war. Da man diesen Fakt einerseits ignorierte und andererseits vor dem Aufsichtsrat die Entscheidung entsprechend begründen wollte, sah man sich dazu aufgefordert, das Zahlenmaterial entsprechend zu »bearbeiten«. Aus dem profitablen Werk wurde so ein Werk, dessen Schließung »alternativlos« war. Die Bitte um Unterstützung bei der Umsetzung wurde vom Autor abgelehnt. Denn dies widersprach den eigenen und den ethischen Grundsätzen von Beratung. Dass konnte aber nur deshalb so geschehen, weil ein Informant entsprechende Hinweise gegeben hatte.

Die Beispiele sollten gezeigt haben, wie schwierig es ist, explizites Wissen zu generieren und auch richtig zu interpretieren. Aber auch auf der Seite der Berater existieren bestimmte Wahrnehmungen. Das kann dazu führen, dass (je nach Auftrag) zwar objektiv überprüfbares Wissen entstanden ist, die Schlussfolgerungen daraus jedoch nicht mehr oder wenig mit den Informationen korrelieren. Ganz im systemischen Sinne müsste man daher konstatieren, dass die Dinge »auch anders sein können«. Explizites Wissen zu sichern und zu transferieren kann daher nur eine Option und möglicherweise im Ansatz hilfreich sein. Es soll daher der zweite Begriff, das stillschweigende Wissen, dahingehend analysiert werden, ob diese Variante mit Blick auf die Identifikation und Sicherung der Veränderung hilfreicher ist.

Stillschweigendes Wissen

Cope (2001: 213) bezeichnet das stillschweigende Wissen als »den Schlüssel zur Weisheit«. Es ist nach seiner Interpretation dasjenige Wissen, das von Gedanken und Gefühlen geformt wird. Systemisch betrachtet rückt es in die Nähe von zunächst emotional verankerten Denkmustern, die im Laufe des Veränderungsprozesses entstanden sind und die dann im besten Fall auch zu veränderten Handlungsmustern führen (zur großen Bedeutung von Musterveränderungen ▶ Kap. 8.2). Das ist das, was Cope auszudrücken versucht, wenn er den Wert des stillschweigenden Wissens dadurch meint erkennen zu können, wenn dieses auf die explizite Ebene transferiert wird.

Als ein Beispiel könnte (anknüpfend an das obige Beispiel) ein gut funktionierendes Fußballteam dienen: Jeder Spieler hat sicher explizites Wissen über das Spiel, seine Regeln, die Mannschaftsaufstellung sowie die Taktik. Es erstaunt daher (aber dann eigentlich auch wieder nicht), wie genau dieselben Spieler unter Anleitung eines anderen Trainers plötzlich (und im Idealfall auch nachhaltig) einen ganz anderen Fußball spielen können. Erklärbar ist das dadurch, dass der Trainer es versteht, die Spieler auf der emotionalen Ebene anzusprechen und so seine Spielphilosophie quasi stillschweigend zu vermitteln. Voraussetzung dafür ist zum einen, dass es eine Spielphilosophie gibt. Und zum anderen, dass die emotionale Ansprache gelingt. Sucht man nach Beispielen, kann dies wiederum durch den Hebel Angst passieren (Felix Magath) oder durch das Erzeugen von Interesse und damit von intrinsischer Motivation (Jürgen Klopp). Letzteres hält länger.

Damit wird an dieser Stelle auch die Grenze zwischen harten und weichen Faktoren deutlich. Wissenstransfer und Wissensmanagement sind mit Ausnahme des stillschweigenden Wissens eher den harten Faktoren bei der Sicherung der Veränderung zuzurechnen. Vor der Erläuterung der weichen Faktoren soll noch kurz das Wissensmanagement vorgestellt werden bzw. derjenige Aspekt davon, der hier wesentlich erscheint. Und dieser ist interessanterweise der des »Entsorgens« überflüssigen expliziten und besonders stillschweigenden Wissens. Umgedreht ist es mehr oder minder ein Leichtes, ein (oftmals IT-gestütztes) Wissensmanagement aufzubauen. Es ist hier keine wirkliche Untersuchung zu finden. Es besteht aber die Vermutung, dass derartige Systeme leidlich genutzt werden – insbesondere deshalb, weil überwiegend auf das explizite Wissen fokussiert wird. Mitarbeiter kennen dies oftmals gar nicht (um zugleich anzumerken, dass es wichtig wäre, dieses Wissen zur Verfügung zu haben). Es ist somit relativ einfach, es durch neues Wissen zu substituieren. Das stillschweigende Wissen und die damit verknüpften Denk- und Handlungsmuster zu verändern, ist damit die eigentliche Herausforderung.

Kommt man nun zu den weichen Faktoren der Sicherung des Erreichten, so ist zunächst der Begriff der Nachhaltigkeit zu klären. Dieser Begriff ist in aller Munde (und wurde auch schon im Rahmen der Wirksamkeit von Beratung genutzt), doch ist zumeist nicht klar, für was er eigentlich steht. Der Duden beschreibt neben seiner forstwirtschaftlichen und ökologischen Dimension die Nachhaltigkeit als »eine längere Zeit anhaltende Wirkung«. Die Fragen sind nun, wie lange eine längere Zeit definiert ist und wie stark die Wirkung ausfallen sollte. Zur Wirkung selbst wurde oben schon vieles beschrieben. Der Anspruch ist der, dass Antifragilität oder zumindest die Tendenz in deren Richtung vorliegen sollte.

Was den Zeitrahmen anbelangt, ist eine genauere Definition etwas schwieriger: Cope hatte ja bereits angedeutet, dass bereits sein Phasenmodell je nach Projekt und Inhalt nach ganz unterschiedlichen Zeitschemata abläuft. Dies gilt im gewissen Umfang auch für die zeitliche Dimension der Veränderung. Nimmt man nun noch die durch die VUKA-Welt ausgelösten ständigen externen Veränderungsanstöße hinzu, so dürfte die wie hier definierte und angestrebte Nachhaltigkeit aktuell wesentlich kürzer ausfallen als noch vor wenigen Jahrzehnten. »Die einzige Konstante im Leben ist Veränderung«, formulierte auch bereits der griechische Philosoph Heraklit. Es geht also darum, die angestrebte Veränderung nicht als abgeschlossenes Projekt, sondern vielmehr als eine Zwischenetappe zur Erzielung eines sich steigernden Reifegrads eines Systems anzusehen. Ganz im Sinne des aus der Organisationsentwicklung stammenden Begriffs der »lernenden Organisation« und der damit verbundenen »Kompetenz-Kompetenz«.

An dieser Stelle kommt ein weiteres, bereits in einem anderen Kontext besprochenes Thema hinzu: Luhmann hatte definiert, dass Kommunikation wesensbestimmend ist für ein soziales System. Man kann daher die spezifische Kommunikation untersuchen und daran erkennen, ob und wie sie sich im Rahmen eines

Projektes nachhaltig verändert hat. Cope formuliert dies so, dass Veränderungen in der Sprache wertvolle Hinweise auf die Wirksamkeit einer Transformation geben (vgl. Cope 2001: 207f). Diese Hypothese kann einmal wissenschaftlich und einmal praktisch bestätigt werden: Auch wenn die Techniken und Methoden des Neuro-Linguistischen Programmierens sicher kritikwürdig sind, so ist doch zu konstatieren, dass durch Veränderungen, die sich im Sprachgebrauch manifestieren, sich auch Veränderungen in den Denk- und Verhaltensmustern ergeben. Darüber hinaus wird es durch Sprache auch überhaupt erst möglich, gewisse Denkräume zu betreten. Interpretiert man beispielsweise die Mathematik als eine Sprache (Mathematiker würden dies als selbstverständlich definieren), so wäre ohne diese die Entdeckung der Relativitätstheorie überhaupt nicht möglich gewesen. In (gewöhnlicher) Sprache wäre Einstein niemals zu diesen Erkenntnissen gekommen. Das insbesondere deshalb, weil unsere Sprache eine Reflektion auf die uns umgebende Umwelt ist und schwarze Löcher und mehr als vier Dimensionen dort einfach nicht vorkommen.

Aus praktischer Sicht kann der Autor ebenfalls bestätigen, dass sich Sprache im Verlauf eines Projekts verändert. Bei Strategieprojekten sprechen die Beteiligten nach einer gewissen Zeit oftmals mehr von Marktchancen und -risiken als von internen Stärken und Schwächen (was ein Indikator dafür ist, dass sie ihre Perspektive von innen nach außen verändert haben). Bei Teamentwicklungen fallen nach einer Zeit Begriffe wie Kooperation, Leadership oder Vertrauen, was für die Reflexionsfähigkeit und die Stärkung des Teams spricht etc. Der Autor hat es auch schon erlebt, dass ein Team sich (sprachlich) derart weiterentwickelt so und vom Rest des Systems entfernt hat, dass das Team (bzw. die Gruppe) und insbesondere der für die Veränderung Verantwortliche mit der direkten Umgebung und auch mit großen Teilen des Gesamtsystems erhebliche Probleme bekam. Systemisch betrachtet ist das nicht verwunderlich: Dieses Subsystem hatte sich in positiver Weise derart abgekoppelt, dass es zum über- und nebengeordneten System nicht mehr kompatibel war. Es gab hier sicher auch Probleme, weil der Entscheider und Treiber der Veränderung plötzlich eine Gefahr für andere darstellte im Kampf um den weiteren Aufstieg in der Hierarchie. Im Kern jedoch war dies ein auf das Restsystem bezogener autopoietischer Prozess.

Der Autor war hier mitbeteiligt und muss an dieser Stelle einen Beratungsfehler einräumen: Quasi euphorisiert vom Veränderungswillen dieser Einheit wurde es schlicht versäumt, das Umfeld näher zu analysieren, die Auswirkungen der Veränderung zu prognostizieren und entsprechend beraterisch zu begleiten. Cope (2001: 218f) benutzt hier in etwa den Begriff Diffusionskanäle und beschreibt auf der Ebene der internen Kommunikation, wie solche Veränderungen verstärkt, abgeschwächt, angepasst, beschleunigt oder missbräuchlich genutzt werden können. Im genannten Projekt hätte es beispielsweise sicher geholfen, mindestens eine Hierarchieebene höher eine Rückversicherung einzuholen und diese auch zu kommunizieren. Da die Veränderung jedoch derart drastisch war (fast schon disruptiv), wählte der Verantwortliche lieber den Weg eines isolierten Experiments. Mit der Folge, dass er letztlich das Unternehmen verlassen musste. Das Restsystem hatte sich erfolgreich zur Wehr gesetzt und den Ausgangszustand wiederhergestellt.

Letzteres führt zum von Cope (2001: 209) benutzten Begriff der Schwerkraft. Er bezeichnet damit einen Energieabfluss aus einer Veränderungsdynamik heraus, die seiner Meinung nach überwiegend aus der Installation von administrativen Systemen resultiert. Diese Entwicklung ist sehr häufig bei jungen Unternehmen zu beobachten, die grob skizziert ab einer bestimmten Größe damit beginnen (müssen), arbeitsteiliger zu werden und dazu die entsprechenden Strukturen, Prozesse und Kontrollsysteme zu entwickeln. Kotter (2016) beschreibt diese Entwicklung in seinem Buch »Das Erdmännchen-Prinzip«. Sobald eine Gruppe (Erdmännchen) zu groß wird, setzt eine derartige Entwicklung offenbar natürlich ein. Ohne an dieser Stelle auf diesbezügliche Lösungsansätze einzugehen, ist aus beraterischer Sicht der Hinweis zu geben, dass die administrativen Systeme den Veränderungsprozess nicht ersticken dürfen. Es ist aber ohnehin eher genau das gegenteilige Problem: Die Veränderung versickert oftmals im Tagesgeschäft und es ist mehr die Notwendigkeit, dass gewisse Routinen entwickelt werden, die sich der Sicherstellung und des Vorantreibens der Veränderung widmen. Außerdem sind hier wieder die Führungskräfte besonders gefordert. Das ist im Übrigen auch der zentrale Ansatz bei Kotter.

Als Zwischenfazit zum stillschweigenden Wissen kann dieses so eingeordnet werden, dass es im Kern und im besten Fall alle Ebenen des gleichnamigen Kulturmodells erfasst. Vor allem mit Blick auf die andauernde Reflektion der Grundannahmen mit anschließender, energiegeladener Veränderung kommt hier der Begriff des Flow ins Spiel. Der Autor hat es in seiner fast zwanzigjährigen Praxis jedoch noch nicht einmal erlebt, dass ein System diesen Zustand tatsächlich erreicht. Das hat auch seine Gründe: Denn schaut man sich einmal den Begriff genauer an, so bedeutet er laut Duden »Zustand höchster Konzentration und völliger Versunkenheit in eine Tätigkeit«, der dann zumeist auch mit einem Glücksgefühl einhergeht (entdeckt und entwickelt hat dieses Konzept der Glücksforscher Csíkszentmihályi). Außer im privaten Bereich könnte man sich diesen Zustand allenfalls noch auf individueller Ebene bei Entrepreneuren wie Steve Jobs ober Elon Musk vorstellen. Bei einem Veränderungsprozess jedoch gibt es bekanntermaßen Gründe, weshalb ein ganzes System in dem Zustand verharrt, in dem es sich befindet. Denn ein durch einen externen Berater unterstütztes Herausmanövrieren aus einer Komfortzone ist damit per Definition ein Prozess, der nicht sofort mit Glücksgefühlen einhergehen kann (das Konzept der Complacency wurde ja bereits vorgestellt). Warum es dennoch theoretisch möglich sein kann, ausgehend von den Individuen (▶ Kap. 4.3) ein System langfristig zumindest in die Richtung eines Flow ähnlichen Zustands zu versetzen, wird noch in Kapitel 8.2 angesprochen.

Auflösung Beratungssystem

Als Zustandsbeschreibung befindet sich der Veränderungsprozess an dieser Stelle in einem Stadium, in dem das Beratungssystem noch nicht vollständig aufgelöst ist. Es sind die vorbereiteten Arbeiten, bevor sichergestellt werden kann, dass der Kunde von nun an wieder selbständig agiert, ohne dass man wieder in alte Muster zurückfällt. Die Gefahr, dass genau das rasch passieren kann, wurde schon genannt. Es ist deshalb ein klassischer und auch unternehmerisch verständlicher Reflex, dass ein Beratungsunternehmen bereits Vorbereitungen trifft, um einen Anschlussauftrag zu erhalten. Von Fall zu Fall kann das auch hilfreich oder sogar notwendig sein.

Ein nützliches Instrument zur Berücksichtigung beider Anforderungen – einerseits derjenigen, dass es wichtig ist, sich vom Kunden zu lösen und andererseits, den Weg für mögliche weitere Projekte zu ebnen – ist die Erstellung eines finalen Reports in Verbindung mit einem Debriefing mit dem Kunden. In diesem Report ist zum einen inhaltlich das Projekt noch einmal zusammenzufassen, indem noch einmal das ursprüngliche Ziel formuliert und die Vorgehensweise beschrieben wird sowie die zentralen Ergebnisse genannt werden. Dazu ist es günstig, wenn nicht sogar geboten, über den Tellerrand des aktuellen Projekts hinaus diejenigen Themen aufzulisten, die noch offen sind bzw. diejenigen, die den Beratern im Laufe des Projekts aufgefallen sind. Denkt man noch einmal an das Bild der Bühne zurück, so wäre dies die Beschreibung dessen, was über die Eigenreflexion des Kunden hinaus nur für den Berater sichtbar und insbesondere im Verlauf klar geworden ist. Dazu gehört auch, einen Vorschlag für eine neue Überschrift über das Bühnenstück zu machen oder Ansätze aufzuzeigen, wie das nächste Kapitel der Aufführung aussehen könnte.

Wichtig ist: Diese Art von Empfehlungen sollten ein Angebot an den Kunden sein und nicht in der Weise formuliert werden, dass dahinter eine Verkaufsabsicht steckt. Ist der Kunde bereit, den nächsten Schritt zu gehen, so wird er das auch äußern. Die meisten Beratungshäuser fokussieren sich in diesem Report auf die beschriebenen inhaltlichen Aspekte. Systemisch gedacht ist es jedoch auch wichtig, den Beratungsprozess als solches noch einmal genauer zu analysieren. Hier kann der typische Verlauf einer Veränderung und dessen Spiegelung im Projekt als Referenz genommen werden (zur Veränderungskurve ► Kap. 4.2).

Auf der Seite der Berater ist gegen Ende eines Projekts noch ein Phänomen zu beobachten: Aus der praktischen Erfahrung des Autors ist es tatsächlich so, dass nach einer Zeit eine gewisse Müdigkeit im Umgang mit dem Kundensystem auftritt (ehemalige Kunden mögen diese Formulierung verzeihen). Und dies ist im Grunde der beste Indikator dafür, wie stark die Bindung innerhalb des Beratungssystems geworden ist und wie damit die Wahrscheinlichkeit von Wirksamkeit nachgelassen hat. Genau dann bedarf es beiderseitig einer Pause. Es ist jedoch wiederum gut, nach mehreren Monaten noch einmal das Gespräch mit dem Kunden zu suchen. Allerdings auch hier nicht »pushy«, sondern wertschätzend und interessiert.

Wiederum aus der Erfahrung des Autors ist es so, dass ein Anschlussprojekt zumeist erst nach mehreren Jahren stattfindet oder dass ein Auftraggeber (nach einer ähnlichen Zeitdauer in einer neuen Verantwortung) sich an die gute Beratungsarbeit erinnert und vergleichbare Themen in einem neuen Kontext extern unterstützt sehen möchte. Als eine Art Akquise-Support kann noch helfen, dass man den Kunden bittet, eine Stellungnahme zum Projekt zu formulieren. Und hier schließt sich wiederum der Kreis zur ersten Phase des Phasenmodells: Dort war herausgestellt worden, dass es gerade zu Beginn darauf ankommt, eine gegenseitige Vertrauensbasis zu entwickeln. Zum einen beschreibt dies das Vertrauen in die fachliche Kompetenz der Berater. Zum anderen aber auch das Vertrauen in die persönliche Kompetenz. Ganz so, wie Fink und Knoblach es in ihrem Modell und der entsprechenden empirischen Studie vorgestellt hatten. Dass derartige Referenzen offenbar wirken, kann man umgekehrt daran erkennen, dass fast alle Beratungshäuser diese auf ihrer Homepage veröffentlichen. Hätten sie keine Wirkung oder falls Vertrauensaufbau auch noch wesentlich anders funktionieren würde, würde man Referenzen nicht nutzen oder andere Marketingtools zentraler ansehen.

Fallstudie Stromwind AG

Da die StromWind erstmalig mit einem Beratungsunternehmen zusammenarbeiten würde, war die offene Bitte an das Beraterteam, neben dem zeitlichen auch einen groben prozessualen Rahmen zu definieren und zu erläutern. Eine Juniorberaterin stand im Besprechungsraum auf und ging zum Flipchart. Darauf schrieb sie die Buchstaben C-O-A-C-H. Sie erläuterte:

»Ein klassischer Beratungsprozess kann in fünf Phasen untergliedert werden: Kontakt (gleich C) – Orientierung (gleich O) – Analyse (gleich A) – Veränderung (gleich C) – Sicherung (gleich H). Man erkennt manchmal nicht direkt, wo man sich befindet bzw. die Phasen gehen zum Teil ineinander über oder wiederholen sich. Aber im Grunde ist das das Schema.

Im Erstkontakt geht es zuallererst um den Aufbau einer Vertrauensbasis. Das ist deshalb notwendig, weil man es auf beiden Seiten letztlich mit Menschen zu tun hat. Will man also eine echte Veränderung erreichen, geht das nur darüber, dass die handelnden Personen, also wir mit Ihnen, eine gute Chemie entwickeln. Auslöser für den Erstkontakt ist zumeist ein so vom Auftraggeber definiertes Problem. So wie bei Ihnen hier. Damit man dieses als Berater richtig einordnen kann, muss man sich in die Lage des Aufraggebers und damit in seine Perspektive versetzen. Erst dann kann man damit beginnen, die Problembeschreibung richtig zu verstehen und auch beginnen zu erkennen, ob das geschilderte Problem vielleicht eher ein Symptom ist. Beraterseitig muss dann offen kommuniziert werden, ob man der Meinung ist, dass man das Problem gemeinsam lösen kann. Dazu muss man nachfragen, wie groß die Widerstände gegen eine Beseitigung des Problems werden können.

Zwischen der Kontaktphase und der Orientierungsphase wird in der Regel ein schriftlicher Vertrag geschlossen.

Die Orientierungsphase sollte zunächst damit beginnen, das Schauspiel auf »Ihrer« Bühne genau auszuleuchten und dessen Titel zu benennen. Dafür sollte man genügend Zeit aufbringen, weil man nur so später die wahren Probleme identifizieren und die Ursachen erkennen kann. Vertiefend hilft dabei, eine umfassende Kulturanalyse anzustellen. Man beginnt dabei zunächst mit den Dingen, die man tatsächlich auch sehen kann. Auch die beteiligten Personen sind im Detail zu analysieren. Sind sie beispielsweise eher förderlich oder eher hinderlich, was die anstehende Veränderung anbelangt? Dabei spielt natürlich auch eine Rolle, zu welchem Zeitpunkt man mit dem Projekt startet.

Die Analysephase dient dazu, das Problem final zu identifizieren und auch die Ursachen dafür herauszuarbeiten – um dann in der nächsten Phase eine Veränderung angehen zu können. Es existieren dazu verschiedene Datensammlungs- und -auswertungsmethoden. Über diese werden wir noch im Projektplan sprechen. Am effektivsten ist bei der Datensammlung die Workshoparbeit mit Kunden, da hier vertrauensvoll zusammengearbeitet werden kann.

Die Veränderungsphase ist die spannendste – aber auch die schwierigste. Zu Beginn steht die eigentliche Lösungsfindung zur Beseitigung des Problems. Wichtig ist dabei, eher chaotisch als linear vorzugehen. Nur so können alte Muster verändert werden. Weil man nicht alle Mitarbeiter daran beteiligen kann, ist es von Bedeutung, eine emotionale Kommunikation zu führen. Das nennen wir Storytelling. Wenn man dann an die Veränderung selbst geht, sind die Ressourcen sowie der Rückhalt von Ihnen zu sichern resp. zu berücksichtigen. Vor allem aber sind die Mitarbeiter in den Fokus zu nehmen, da diese letztlich die Veränderung herbeiführen müssen. Wenn es dann in einen geregelten Veränderungsprozess übergeht, bietet sich das Modell der Veränderung von Kotter an. Das heißt »Pinguins Journey«. Vielleicht haben Sie davon schon einmal gehört!?

In der Phase der Sicherung sollte sich dann das Kundensystem und das Beratersystem allmählich voneinander trennen. Denn letztlich muss das Unternehmen, müssen Sie »erwachsen« werden und aus sich selbst heraus den neuen Status sichern. Dabei kommt es eher auf die weichen Faktoren an und damit um den Kompetenzaufbau sowohl des Individuums als auch des Gesamtsystems. Oder anders formuliert: Es gibt ein neues Bühnenstück und das Drehbuch ist von einer veränderten Kultur geprägt. Wir verlassen nun das »Theater StromWind.«

Dar. 15: Das Phasenmodell der Beratung

4 Psychologische Hintergrundmodelle im Beratungskontext

Versucht man, das vorangegangene Kapitel 3 in einem Satz zusammenzufassen, so könnte dieser lauten: Veränderungen in Organisationen sind im Kern ein sozialer Prozess, der in der Regel dadurch gekennzeichnet ist, dass dieser zum einen sehr komplex ausfällt und zum anderen mit erheblichen Widerständen zu kämpfen hat, was sich direkt in der sehr geringen Erfolgswahrscheinlichkeit derartiger Projekte niederschlägt. Wird der Prozess extern durch Beratung unterstützt, ist die Erfolgswahrscheinlichkeit etwas höher, da das Beratersystem durch kluge Interventionen einen Container bereitstellt, innerhalb dessen die Veränderung adäquat begleitet werden kann (zum Begriff des Containers ▶ Kap. 4.2). Beratung schafft so Sicherheit in der Unsicherheit. In diesem Kapitel soll nun geklärt werden, weshalb und woher eigentlich diese Unsicherheit und die daraus resultierenden Widerstände und Widerstandspotenziale kommen.

4.1 Die Bedeutung von Ängsten

Wie die Überschrift bereits vorwegnimmt, spielen Ängste eine herausragende Rolle in Veränderungsprozessen. Bevor diese näher erläutert werden, sollen als Ausgangspunkt noch einmal die eben genannten Widerstände intensiver diskutiert werden. Wichtig ist zunächst einmal, dass Widerstände an sich vollkommen normal sind.

Hierzu bedarf es noch nicht einmal einer wissenschaftlichen Analyse, sondern es genügt ein Blick in die Praxis – und da als Beispiel erneut das Thema Corona und speziell die gesellschaftliche Akzeptanz der Maßnahmen zur Eindämmung der Pandemie. Dies brachte Erstaunliches zum Vorschein: Die zunächst gesellschaftlich konsensual als notwendig erachteten Maßnahmen konnten in Deutschland von der Exekutive zunächst mehr oder minder widerstandslos durchgesetzt werden und brachten über mehrere Monate den handelnden Personen sogar eine deutliche Zustimmung ein (eine Erklärung, woran dies genau liegen könnte, folgt im weiteren Verlauf).

Nach der ersten Schockstarre entstand aber eine Gegenbewegung, die ihren Widerstand nach außen deutlich machte. Das Spektrum innerhalb dieser Gruppe war breit – und beinhaltete sogar Individuen, welche die wissenschaftliche Faktenlage als Verschwörungsnarrativ ansahen. Anders formuliert: Zu jeder Zeit und zu jedem Thema formiert sich (zumindest in westlichen Gesellschaften) eine Opposition – und sei es sogar dergestalt, dass diese durch eine alternative Realität geprägt wird. Dies trifft im Extremen sogar auf den spätestens durch die Raumfahrt bewiesenen Umstand zu, dass der Planet Erde eine Kugel ist. Es gibt jedoch die sog. Flat Earth Society, die exakt das Gegenteil behauptet und dafür sogar vermeintliche Beweise liefert (ein Flug auf die ISS würde hier sicher helfen).

Geht man wieder zurück in den unternehmerischen Kontext lohnt es sich, die Einordnung der Widerstände genauer zu analysieren. Es wurde bereits in Kapitel 3.1 die Impulsmatrix mit den daraus sich ergebenden Widerstandspotenzialen diskutiert. Die nachfolgende Analyseebene knüpft daran an und konkretisiert Letztgenannte im Spannungsfeld von Zugangsebene und Betroffenen (▶ Dar. 16).

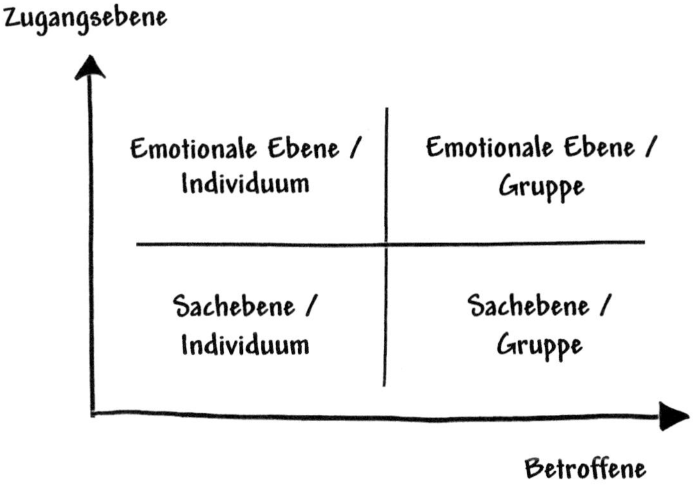

Dar. 16: Widerstandsmatrix

Widerstand auf der Sachebene (individuell)

Die erste denkbare Variante des Widerstands (individuell auf der Sachebene) ist sicher die häufigste vorkommende Form. Einzelne Mitarbeiter verstehen beispielsweise nicht, weshalb eine Veränderung überhaupt notwendig ist und welchen Nutzen sie bringen soll. Sie arbeiten möglicherweise schon sehr lange im Unternehmen, kennen ihren Bereich sehr gut, haben ein gutes Netzwerk und sind sich ohnehin sicher, dass – wenn überhaupt – sie diejenigen sind, die man hätte fragen müssen. Auf eine derartige Haltung trifft nun möglichweise der ganz zu Beginn dieses Buches beschriebene Beratertypus, der sich nun in den Augen des Betroffenen ohne tieferes Hintergrundwissen über die Besonderheiten des Unternehmens für eine Nichtleistung noch eine gut dotierte Rechnung stellen kann. Aus solch einer Perspektive heraus ist Widerstand durchaus verständlich.

Die Folge ist dann, dass ein Mitarbeiter sich mit der Veränderung nicht identifiziert, was in diesem Fall oftmals zu passivem Widerstand führt. Es kann darüber hinaus aber auch sein, dass ein Mitarbeiter einfach nicht genügend Informationen über die geplante Veränderung hat. Dies schafft insbesondere Unsicherheit darüber, was diese für den Einzelnen an Konsequenzen nach sich ziehen könnte. Damit ist sehr gut sichtbar, dass gerade bei letztgenanntem Beispiel auch die emotionale Ebene angesprochen wird.

Widerstand auf der Sachebene (Gruppe)

Die zweite Variante lenkt den Blick auf die Kombination von Sachebene und zugleich mehreren betroffenen Mitarbeiten wie beispielsweise ein Team bis hin zu größeren Unternehmensbereichen. Im Extremfall sind es sogar ganze Unternehmen, deren Mitarbeiter plötzlich in der Außenwahrnehmung geschlossen gegen Veränderungen opponieren. Ein gutes Beispiel ist die Situation der Lufthansa im Jahr 2020. Die Corona-Pandemie hatte deren operatives Geschäft im Q2 im Vorjahresvergleich um 95,7% (vgl. Lufthansa Group Investor Info Q2 2020) einbrechen lassen. Es folgten Verhandlungen mit den jeweiligen Arbeitnehmervertretungen, die zunächst nur bei der Vertretung der Kabinenbesatzung mit großer Mehrheit angenommen wurde. Allerdings regte sich hier in internen Foren erheblicher Widerstand, da vermeintliche Garantien für einen Beschäftigungsschutz mit deutlichen Einbußen für die Beschäftigten erkauft wurden. Hinzu kam, dass das Lufthansa-Management bei einer signifikanten Verschlechterung der wirtschaftlichen Bedingungen die Vereinbarung einseitig aufkündigen konnte.

Die (kostenmäßigen) Einsparungen im Personalbereich wurden mit ca. 25% beziffert. (vgl. o. V. 2020). Auch vor dem Hintergrund der Annahme eines vergleichbaren Abschlusses bei Piloten und Bodenpersonal dürfte rein mathematisch klar sein, dass die Einsparungen nicht einmal annähernd die geringe Kapazitätsauslastung kompensieren konnten. Nun ist es generell so, dass das Management eines Unternehmens für gewöhnlich eine andere Zielsetzung verfolgt bzw. verfolgen muss als die Mitarbeiter. Die Beliebtheitswerte des Vorstandsvorsitzenden Carsten Spohr innerhalb des Unternehmens fallen möglicherweise genau deshalb so ungenügend aus, weil er selbst ein ehemaliger Lufthansa-Pilot ist und in den Augen der Belegschaft sich nun plötzlich gegen diese stellt (die Krise in 2020 ist hier jedoch nur der Höhepunkt einer Entfremdung der beiden Stakeholdergruppen innerhalb der Lufthansa). Jedoch müsste bei allen Beteiligten der Sense of Urgency überdeutlich sein. Dies war bzw. ist aber nicht der Fall. Es muss also auch hier neben der Sachebene die emotionale Ebene sein, die den Widerstand befeuert.

Der Autor hat dies im Rahmen seiner Projektarbeit ähnlich erlebt: Ein neuer Spartenleiter hatte vor, das bestehende, bis vor kurzem noch erfolgreiche Geschäftsmodell seines Bereichs um 180 Grad zu drehen. Ohne hier auf weitere Details einzugehen, bedeutete dies zunächst einmal für die nächste Führungsebene, dass sie vollkommen neue Aufgaben übernehmen mussten. Hinzu kam, dass mittlerweile die Zahlen ins Negative gedreht waren (was u. a. auch der Grund dafür war, den neuen Spartenleiter von extern zu rekrutieren). Auf der Sachebene führte also kein Weg daran vorbei, etwas signifikant zu ändern – vergleichbar zur Situation bei der Lufthansa. In entsprechenden Entwicklungsschritten wurde nun gemeinsam das neue Geschäftsmodell erarbeitet und konfiguriert. Dabei wurden sogar die Bedenken der Führungsmannschaft entsprechend integriert. Zu beobachten war jedoch, dass ein Teil des Teams wie gelähmt wirkte. Vermutlich erkannten sie, dass sie ihre gewohnte »alte Welt« komplett aufgeben und verlassen mussten.

Damit wurde im konkreten Praxisfall sehr deutlich, dass auf der Sachebene zwar Einvernehmen herrschen kann (und damit möglicherweise gar kein oder wenig echter Widerstand vorliegt), aber auf der emotionalen Ebene das meiste Energiepotenzial ruht. Das ist umso bemerkenswerter, weil es auch auf der Ebene von Entscheidern, denen oftmals eine hohe Rationalität zugeschrieben wird, hier wenig Unterschiede zu den sonst üblichen Betroffenen im operativen Geschäft gibt. Eine wichtige Information ist möglichweise noch, dass die Zusammensetzung des Führungsteams multinational war und das es hier in Bezug auf die Identifikation der Grenze zwischen Sach- und emotionaler Ebene beraterisch besonders schwierig wurde.

Widerstand auf der emotionalen Ebene (individuell)

Letzteres führt zur Kombination von Individuum und Emotion und lenkt den Blick auf die Frage, ob der Widerstand überhaupt erkannt werden kann. Bei den oben genannten Beispielen war dies (bis auf das letztgenannte) jeweils der Fall. Betroffene, die in Widerstand gehen, sind bekannt bzw. lassen sich leicht identifizieren. Besonders häufig ist es jedoch, dass auf der Sachebene Zustimmung erfolgt, aber letztlich kein emotionales Commitment entsteht. Gerade in der im letzten Kapitel 3.4 beschriebenen Phase der eigentlichen Veränderung ist es nicht selten, dass die Mitarbeiter die Umsetzung als solche regelrecht boykottieren. Und dies geschieht dann nicht auf der offenen Bühne, sondern im tatsächlichen Tun im Sinne einer auf den ersten Blick nicht zugänglichen Weise. Mit anderen Worten: Jeder antifragile Stressor verliert damit seine Wirkung – ob als Vision, Risiko oder Ungewissheit gekleidet.

Von Beratern dagegen geschätzt (und von den Führungskräften oftmals gefürchtet) ist der offene emotionale Widerstand. In Workshops erleben Berater häufig, dass bestimmte Personen sehr emotional beispielsweise auf Aufgabenstellungen reagieren oder die Methodik angezweifelt wird. Dies ist zumeist ein guter Hinweis darauf, dass emotionaler Widerstand vorliegt – allerdings nicht gegen den gerade stattfindenden Beratungsprozess, sondern gegen die angestrebte Veränderung.

Widerstand auf der emotionalen Ebene (Gruppe)

Es kommt eher selten vor, dass im Rahmen von Workshops (oder gar bei einem kompletten Beratungsprozess) eine ganze Gruppe emotional in Opposition geht – zumal hier in der Regel auch die Hierarchie mit im Raum (oder im Hintergrund) ist. Jedoch gibt es häufig innerhalb von Unternehmen gewisse Zuschreibungen zu bestimmten Abteilungen oder Bereichen, die intern dafür bekannt sind, sich gerne gegen Veränderungen offen zu wehren.

Nach außen dringen derartige Konstellationen selten. Im jüngsten Fall bei einem Werk von Voith in Sonthofen erreichte dieser jedoch die Öffentlichkeit: Das Werk für Spezialgetriebe sollte laut Beschluss der Zentrale geschlossen werden – trotz der Tatsache, dass es seit Übernahme durch Voith im Jahr 1990 durchweg profitabel arbeitete. Betroffen von der bevorstehenden Schließung waren ca. 500 Mitarbeiter. Von außen betrachtet ergab diese strategische Entscheidung keinen Sinn. Genau deshalb formierte sich ein sehr entschlossener Protest mit unbefristeter Arbeitsniederlegung. Augenzeugen berichteten von einer emotionalen Aufladung, wie man sie sonst nur bei Arbeiterprotesten im Ausland (beispielsweise in Frankreich) kennt: So kam es sogar zu Sperrungen der Zufahrten zum Werk. Die Mitarbeiter solidarisierten sich außergewöhnlich stark zu- und miteinander und sprachen öffentlich davon, dass sie nicht nur Kollegen, sondern seit Jahrzehnten schon Freunde oder quasi eine Familie seien. Systemisch betrachtet ist dies eine enorme Energiequelle.

Die geschilderte Veränderung bei Voith ist insgesamt betrachtet sicher extrem. Zeigt aber, mit welcher Intensität gerade auf der emotionalen Ebene zu rechnen sein muss. Zumal hier auch die Sachebene noch unterstützend wirkt (anders als beispielsweise bei den massiven Entlassungswellen beim Automobilzulieferer Continental seit 2020, die im Zusammenhang mit den Problemen innerhalb der Branche stehen).

Bei allen genannten Formen von aktivem oder passivem Widerstand auf der emotionalen Ebene gibt es im Grunde nur zwei Erklärungen, wo die Energie für den Widerstand herkommt. Der eine Ansatz ist der, dass entweder ein Individuum oder die Gruppe sich als Subsystem gegenüber dem Gesamtsystem benachteiligt fühlt oder in einer anderen Ausprägung die Verfolgung eigener Interessen zumindest gefährdet sieht.

Arten von Ängsten

Der andere, komplementäre Ansatz ist der, dass auf einer ganz individuellen (und dann im Kollektiv sich verstärkenden) Ebene die persönlichen Ängste zum Vorschein kommen oder zum Teil unbewusst das Verhalten der betroffenen Mitarbeiter steuern. Denn wichtig erscheint hier, dass sowohl eine ganze Organisation als auch ihre Mitglieder sich hierüber überhaupt nicht wirklich im Klaren sind und ihr Verhalten potenziell destruktiv auf das Gesamtsystem wirkt (Obholzer 1997: 17f). Dies ist auch auf einer anderen Ebene nicht hilfreich: Die Art, wie mit der Angst in der Regel umgegangen wird, zielt zumeist auf deren bloße Abwehr (Obholzer 1997: 24). Ängste werden daher insbesondere von den Führungskräften nicht richtig identifiziert und die dahinterliegende emotionale Energie dementsprechend auch nicht positiv genutzt oder zumindest adäquat aufgefangen.

Die Frage, wie man sich diesem Umstand nähern kann, führt daher zunächst zu den Formen der Ängste und hier – dem Kontext angemessen – in berufliche Situationen: Es sind dies Existenzängste, soziale Ängste sowie Leistungsängste (Morschitzky 2013, 43f).

Beginnend mit den Existenzängsten zeigen sich diese insbesondere in der Sorge um den Arbeitsplatz. Das Bild, was hier entsteht, ist dasjenige eines abhängig Beschäftigten, der mit Blick auf die Performance seines Unternehmens, seines Bereichs oder seines direkten Arbeitsumfelds zunächst ein ungutes Gefühl bekommt. Das kann einerseits intuitiv geschehen, andererseits aber auch sachrational – letztlich endet es in einer mehr oder minder subtilen Angst vor Arbeitsplatzverlust. Bei nicht abhängigen Arbeitsverhältnissen gibt es natürlich ebenfalls Existenzängste. Diese sind sogar wesentlich deutlicher ausgeprägt als bei abhängig Beschäftigten (man denke nur an die Krise im Jahr 2020 und die dort vielen Millionen Kurzarbeiternehmer im Vergleich zu den Solo- und sonstigen Selbständigen, die nicht annähernd genauso durch den Staat aufgefangen wurden). Es ist aber möglicherweise auch eine Frage des Mindsets dieser Gruppen und dementsprechend prägen oftmals Existenzängste die Wahrnehmung des Alltags eines Selbständigen.

Anders als in der letztgenannten Konstellation gibt es bei Arbeitnehmern wiederum soziale Ängste. Das meint die Angst davor, die eigenen Schwächen vor anderen zu zeigen (Selbständigen ist diese Angst nicht zu empfehlen, da dies die Vermarktung ihrer angebotenen Leistungen geradezu unmöglich macht). Dahinter steht bisweilen ein schwaches Selbstwertgefühl. Dies betrifft nicht nur normale Angestellte, sondern auch Führungskräfte. Gemäß dem Peter-Prinzip: Denn danach wird – kurzgefasst – in einer Hierarchie jeder bis auf diejenige Ebene befördert, wo er nicht mehr im Stande ist, diese adäquat ausfüllen zu können. Hintergrund ist schlicht der, dass gute Leistungen stets mit einem beruflichen Aufstieg honoriert werden. Folge ist, dass nicht nur mit Blick auf die potenziell nächste Beförderung soziale Ängste verbunden sind, sondern besonders dann, wenn die neue Aufgabe die eigenen Fähigkeiten übersteigt und die Sorge davor, dass sowohl die eigenen Mitarbeiter als auch die neuen Vorgesetzten dies erkennen.

Damit direkt verbunden ist die Leistungsangst. Interessanterweise aber nicht in der Art, wie man es vom Begriff her erwarten könnte. Es ist das sog. Hochstapler-Selbstkonzept, dass gerade erfolgreiche Menschen in Selbstzweifel versetzt. Ein Einstein zugeschriebenes Zitat verdeutlicht dies ganz treffend: »Die übertriebene Wertschätzung meines Lebenswerks beunruhigt mich. Ich fühle mich gezwungen, mich als unfreiwilligen Betrüger zu betrachten«. Es geht also darum, dass das subjektive Erleben von vermeintlich persönlicher Inkompetenz im krassen Gegensatz zum objektiven Erfolg dieser Person steht. Menschen mit einem Hochstapler-Selbstkonzept haben demnach Angst, dass irgendwann jemand in der Außenwelt erkennt, dass der Erfolg ein tatsächlicher Schwindel sei (vgl. Rohrmann 2019: 9).

Um sich weiter dem Thema Angst nähern zu können, lohnt sich noch eine andere Betrachtungsebene. Obholzer (2017: 21ff) schlägt hierzu als Kategorien primitive Angst, die Angst, die aus der Art der Arbeit entsteht, und die personelle

Angst vor. Besonders hervorzuheben sind seine Ausführungen zur erstgenannten Ausprägung: Er setzt hier nämlich Unternehmen oder Organisationen in einen archaischen Kontext. Und sieht die von ihm so bezeichneten Arbeitsinstitutionen als die Chance eines Individuums, sich mit einem sozialen Schutzmantel zu umgeben, der dem Einzelnen Heimat, Zuflucht und Sicherheit bietet. Die latente oder auch tatsächliche Gefahr des Untergangs oder gar nur der Ansatz einer Veränderung beschert dem Individuum eine primitive Angst. Es kann aber auch sein, dass die Arbeit als solche bereits angstauslösend ist.

Den Zusammenhang zwischen dieser und der primitiven Angst kann man bildlich gesprochen an der Figur James Bond festmachen: Dass die Arbeit als Geheimagent sicherlich angstfördernd ist, ist nachvollziehbar. Als James Bond jedoch in einer der neueren filmischen Umsetzungen um seine Festanstellung fürchten muss, ist das für ihn sogar noch beklemmender als sich mit diversen Gegenspielern in Todesgefahr begeben zu müssen. Auch haben Helden wie Bond eine Achillesferse in Form von persönlichen Erfahrungen, die sich mit den beruflichen Anforderungen vermengen. Bei Obholzer ist dies die personelle Angst, die – zum Teil über Glaubenssätze – Auswirkungen auf die Arbeit haben kann. Bei Bond ist es seine persönliche Geschichte einer verlorenen Liebe.

Angst vor Veränderung

Man könnten nun im Anschluss diese beiden Denkebenen von Angst gegenüberstellen und Gemeinsamkeiten und Unterschiede herausarbeiten. Die Quintessenz erscheint allerdings relativ klar, so dass man an dieser Stelle abkürzen und konstatieren kann: In einem Beratungskontext geht es fast immer um das Erreichen von Veränderungen. Diese wiederum haben Einfluss zumindest auf die Spielregeln in sozialen, unternehmerischen Systemen und damit Auswirkungen auf die Individuen innerhalb des Systems. Daraus entstehen zunächst die rein beruflichen Ängste. Trifft dies noch auf die ohnehin in uns angelegten Muster, dann erhält man eine noch tiefergehende Erklärung für das Bestreben, Veränderungen möglichst verhindern zu wollen. Zunächst auf individueller, dann auf kollektiver Basis (einen Katalysator hierfür kennen Führungskräfte und Berater im Übrigen sehr gut: Es sind oftmals die Betriebsräte, die versuchen, Veränderungen zu verhindern, obwohl aus der Historie heraus hier sogar eine eher revolutionär angelegte Veränderungsenergie zu vermuten wäre). Diese Aussagen noch einmal verkürzt dargestellt:

> Ängste und Veränderungen sind per se untrennbar miteinander verbunden. Veränderungen lösen fast immer Ängste aus. Umgedreht zieht geschicktes Schüren von Angst aber auch gewünschte Veränderungen nach sich.

Mit der hier so herausgearbeiteten Angst vor Veränderungen hat sich bereits ab 1961 ein Pionier der Angstforschung beschäftigt: Riemann (2017: 17) unterscheidet vier Grundformen der Angst, von der die Angst vor Veränderungen eine ist. Alle sonst erlebbaren und möglichen Forman von Angst, so Riemann, lassen sich aus diesen Grundängsten ableiten. Wörtlich sind diese: Die Angst vor Selbsthingabe (im Sinne von Abhängigkeit), deren Pendant Angst vor Selbstwerdung (im Sinne von Isolierung), die Angst vor der Notwendigkeit (im Sinne der Unfreiheit) und eben deren Pedant die Angst vor der Wandlung (im Sinne der definierten Veränderung). Riemann betont auch, dass diese Ängste sowohl eine genetische Vorprägung haben (er nennt sie unser »Erbe«) als auch von den Bedingungen unserer Seinswerdung abhängig sind. Neuere Forschungsergebnisse postulieren sogar, dass die Genetik über die Definition unserer biochemischen Vorgänge im Gehirn ausschlaggebend sind (Bandelow 2020: 190ff).

Zurück zu Riemann (2017: 121ff) und der Angst vor der Veränderung: Er bringt zunächst als dahinterliegende Begründung die Urangst vor Vergänglichkeit, sprich dem Tod, ins Spiel. Jede äußere Veränderung wird damit von derartigen (von ihm so bezeichneten zwanghaften) Persönlichkeiten wahrgenommen als ein weiterer Schritt in diese Richtung. Deshalb erscheint es für sie als günstig, den Status quo stets aufrechtzuerhalten. Das äußerst sich beispielsweise darin, bereits Bekanntes und Vertrautes wiederzufinden oder wiederherzustellen. Sofern diese Routinen und die damit verbunden Muster von außen nicht gestört werden, ist dies kein Problem. Jedoch sind nicht nur in der oben beschriebenen Makro-VUKA-Welt Veränderung ein steter Begleiter. Dies bedeutet für den Zwanghaften, dass dieser ein hohes Maß an Energie aufwendet, um sich gegen diese Veränderung zu stemmen.

Dazu gehört auch, dass die Veränderung als solche nicht wahrgenommen oder zumindest negiert wird. Es entstehen so individuelle Narrative und damit subjektive Wahrnehmungen derselben Realität. Ziel ist es immer, das Bedürfnis nach Sicherheit zu stillen. Riemann bezeichnet dies als das Grundproblem zwanghafter Menschen und bringt das mit den Begriffen »...Vorsicht, Voraussicht, zielbewusste Planung auf lange Sicht« (Rieman 2017: 123) in Verbindung. Passend auch sein Zitat: »Sie gleichem jenem Mann, der erst ins Wasser gehen wollte, wenn er schwimmen konnte – sie sind sozusagen die Trockenkursler des Lebens.« (Rieman 2017: 124).

Eine interessante Beobachtung in diesem Zusammenhang ist auch, dass Berater häufig verlauten lassen, dass sie die Freude an Veränderung antreibt. Dies soll aber möglichst in der Hemisphäre der Kunden stattfinden. Denn die Beratungshäuser selbst – und sogar diejenigen, die sich dem Change Management (oder ähnlich genannten) Produkten verschrieben haben – haben häufig Probleme mit internen Veränderungen (so auch die eigene Erfahrung des Autors). Vergleichbar mit den Strategieberatungen: Diese haben zum Teil Probleme mit ihrer eigenen Strategie. Beispiele sind Roland Berger sowie das Beratungshaus des anerkannten Strategen Porter. Letzteres musste aufgrund strategischer Fehler Insolvenz anmelden (► Kap. 6.5).

Zum Ende dieses Kapitels soll noch einmal ausdrücklich auf die Nützlichkeit von Angst hingewiesen werden. Bandelow (2020: 168) schreibt gar ganz provokant: »Wir heutigen Menschen sind die Nachkommen von Angsthasen.« Die Lebensumstände unserer Vorfahren waren derart feindlich und unsicher, dass nur diejenigen Menschen, die Ängste in ihren Genen trugen, auch tatsächlich überlebt haben (dieses Argument reicht sogar fast dafür aus, dass das Konzept der genetischen Veranlagung dem der erlernten Veranlagung überlegen ist). Deshalb ist Angst an sich nicht negativ – nur, wenn Ängste krankhaft werden, ist dies ungünstig für ein Individuum.

Bandelow bezeichnet Angst gar als Superbenzin für Erfolg und zitiert selbst den Psychologen Yerkes und seinen Studenten Dodson (»Yerkes-Dodson-Gesetz«), die Anfang des 20. Jahrhunderts bereits herausgefunden hatten, dass zu viel Angst bestimmte Leistungen verschlechtert, hingegen eine nicht näher definierte mittlere Angst Menschen zu Höchstleistungen bringen kann (Bandelow 2020: 35). Wichtig ist daher (gerade in Unternehmen und in der Wahrnehmung von Beratern), dass Ängste zum menschlichen Dasein dazugehören und auf einem bestimmten Niveau auch hilfreich sind.

Auf die Politik bezogen nochmals als Beispiel die Corona-Pandemie (weil dies im Kontext Angst ein so hervorragendes Beispiel ist): Als im Frühjahr 2020 die Politik sich fragte, wie man schnellstmöglich eine Verhaltensänderung bei den Bürgern erreichen könnte, konsultierte man u. a. den Soziologen Heinz Bude. Dieser gab im Auftrag des Innenministeriums den Ratschlag, in der Kommunikation die tödliche Bedrohung des Virus klar herauszustellen. In dem internen, später veröffentlichten Papier mit dem Titel »Wie wir Covid-19 unter Kontrolle bekommen« hieß es: »Um die gewünschte Schockwirkung zu erzielen, müssen die konkreten Auswirkungen einer Durchseuchung auf die menschliche Gesellschaft verdeutlicht werden«. Und weiter: »Das Ersticken oder nicht genug Luft kriegen ist für jeden Menschen eine Urangst.« Letzteres sogar unterstrichen. Zudem wurde empfohlen, einen historischen Bezug zur Spanische Grippe herzustellen. Die Folge: Die Schockwirkung und die Erwartung einer nachhaltigen Verhaltensänderung blieben zunächst nicht aus. Das Konzept Angst hatte funktioniert.

Vergleichbare Ansätze werden seit jeher auch in der Industrie verwendet. Dies einmal auf der Makroebene bei beispielsweise beabsichtigten signifikanten Veränderungen. Es gibt sogar entsprechende Tools wie »Business Process Reengineering«, die eine radikale Neugestaltung von Geschäftsprozessen zum Ziel haben. Die Mitarbeiter werden dabei von der Grundidee her in eine angstbesetzte Unsicherheit versetzt, was sich beispielsweise in der Neuausschreibung sämtlicher Stellen zeigt. Aber eben auch auf der Mikroebene ist Angst ein Teil des Führungsinstrumentariums zur Erreichung bestimmter Ziele.

4.2 Elisabeth Kübler-Ross, Kurt Lewin & Co.

Wie die Überschrift andeuten soll, werden hier auf den kommenden Seiten zum Teil klassische Theorien und Modelle besprochen, die sich mit dem Aspekt der Veränderung befassen – dieses Mal jedoch auf einer zeitlichen Achse. Das ist deshalb von so großer Bedeutung, da aus Beratersicht Entscheider oftmals sogar sehr entschlossen eine Veränderung forcieren möchten. Und hierbei zuweilen sogar Rückendeckung bei den Mitarbeitern haben. Für den Erfolg ist es jedoch notwendig, eine Veränderung nicht per Dekret, sondern mit Geduld anzugehen. Lohmer & Möller sprechen hier sehr schön von einer Metabolisierung von Problemen und meinen damit, dass Veränderungen Zeit benötigen und dieser Prozess nicht einfach abgekürzt werden kann (vgl. Lohmer & Möller 2019: 219). Dies liegt schlicht an der menschlichen Psyche und da wiederum an der zuvor geschilderten Angst vor Veränderungen.

Diese wichtige Botschaft wird wie schon erwähnt bei den Kunden sehr ungern gehört und – so die Erfahrung des Autors – zuweilen sogar sehr hart verhandelt. Insbesondere und paradoxerweise dann, wenn die Mitarbeiter nicht dazu bereit sind, die Veränderung mitzutragen. Gerade in dieser Situation sind die Auftraggeber vor einem Quick-and-Dirty-Projekt zu warnen, weil das System nur zu ungern den Verarbeitungsvorgang abkürzen möchte und die beteiligten Berater dann sehr schnell als Erfüllungsgehilfen des Managements gesehen werden. Am Ende sind alle Beteiligten beschädigt: Neben den Beratern auch die Führungskräfte sowie das Gesamtsystem, das in seiner Veränderung nicht wesentlich weiter gekommen ist.

Veränderungskurve (individuell)

Beginnt man wiederum mit der individuellen Perspektive, so sind hier die Untersuchungen und die daraus hergeleiteten Schlussfolgerungen von Kübler-Ross der Klassiker. Die Psychiaterin hatte hundertfach Tiefeninterviews mit Personen geführt, die unheilbar krank waren und bald sterben mussten. Sie hat dabei einen typischen Verlauf entdeckt, der seitdem auch für andere Themen- und Anwendungsbereiche überprüft und verifiziert worden ist. Es ergibt sich daraus grob nachfolgendes Bild (▶ Dar. 17).

Kübler-Ross selbst hat die Phasen und damit die Kurve lediglich indirekt beschrieben. Die meisten Darstellungen haben daher entweder verschiedene Bezeichnungen der Y-Achse oder auch andere Bezeichnungen der Phasen (zum Teil sind diese auch nicht auf fünf begrenzt). Auch starten sie bisweilen mit einem Anstieg der Kurve. Benutzt man für die Y-Achse die Bezeichnung Energie, so wird der Verlauf in Darstellung 17 einleuchtend. Dass die Kurve nicht nur im dem zitierten Kontext funktioniert, kann man auch an relativ abwegigen Beispielen nachvollziehen: Der Journalist Michael Mettke (2013) hat in seinem Beitrag »Die fünf Phasen der Trauer ums Haupthaar« humorvoll beschrieben, wie er an sich selbst diese Veränderung erlebt hat. Theorie und Praxis zusammengenommen ergeben sich dabei – in aller Kürze – folgende Beschreibungen:

(a) Shock and Denial: Der Schock wird zunächst einmal wahrgenommen als eine Information, die von außen an das Individuum herangetragen wird. Anders sind die weiteren Reaktionen auch nicht zu verstehen, da (ob bevorstehender Tod oder Verlust des Haupthaars) die Veränderung ja letztlich in der Person selbst

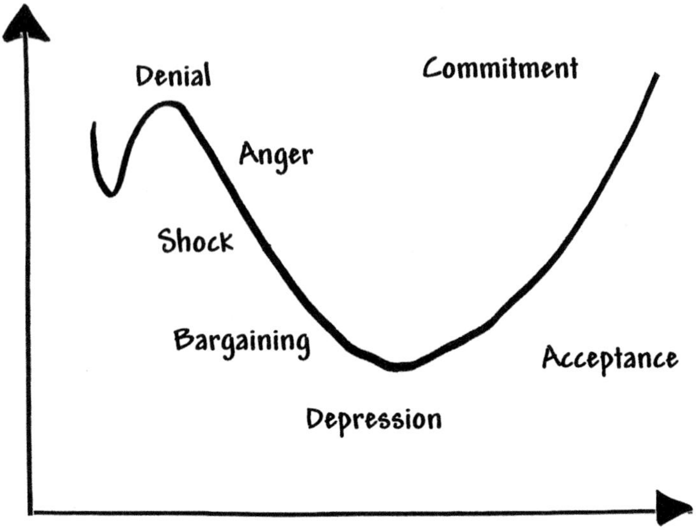

Dar. 17: Veränderungskurve (nach Kübler-Ross 2013)

liegt. Mettke beschreibt diesen Moment, als er auf einer Party genau zu dem Zeitpunkt fotografiert wird, als er sich vornüber nach einem Hula-Hoop-Reifen bückt. Was direkt darauf folgt, ist die Verneinung dieser Veränderung (man kennt dies auch, wenn am Sonntagabend der Tatort-Kommissar an der Tür klingelt und der angehenden Witwe die Nachricht vom gewaltsamen Ableben des Ehegatten übermittelt). Diese löst wiederum ein erhöhtes Energielevel aus. Was in sich schlüssig ist, da nur so die Illusion der Nicht-Veränderung aufrechterhalten werden kann.

Es gibt natürlich auch die Variante des Energieabfalls (»plötzliche Leere«) und der damit verbundenen Abkoppelung von einer neuen Realität. Der Autor selbst hat dies erlebt, als er auf dem Heimweg des »Finale Dahoam« erfahren musste, wie leise zehntausende von Menschen ein Stadion verlassen können. Noch heute schauen sich viele Fans das Spiel an und hoffen immer noch, dass das Ergebnis gemäß der guten Performance des Heimatvereins ausfallen wird – wenn nicht muss. Quasi die Hoffnung auf ein Leben in einer Matrix, wo es eigentlich nur aus Versehen ein Programmierfehler gewesen sein kann.

Es folgt die Phase Anger (b): Es beginnt hier noch nicht das Verdauen – allerdings ist dies eine Art Verdrängung der eigentlichen Gefühlslage. Der eigentliche Umstand ist dabei weitestgehend akzeptiert. Es wird hier jedoch häufig die Frage gestellt, weshalb das Schicksal sich ausgerechnet die betroffene Person ausgesucht hat. Mettke beschreibt dies so, dass er doch in seinen jungen Jahren nicht schon an der Reihe sein könne, seine Haare zu verlieren. Der Zorn geht hier oft ins Äußere – einige Individuen beginnen an dieser Stelle jedoch, die Ursache in sich selbst zu suchen.

Daraufhin startet mit der Phase Negotiation (c) der Versuch, wieder Kontrolle über die Situation zu bekommen. Mettke beginnt beispielsweise, über die Vorzüge einer frühen Glatze zu sinnieren. Oder im Sinne einer Verhandlung einen Dialog mit dem Schicksal, dass der Verzehr von Gummibärchen eigentlich anderes hätte erwarten lassen müssen. Auch hier ist zu erkennen, dass dies im Kern wieder der Verdrängung der emotionalen Befindlichkeit dient. Es wird aber zugleich ausgelotet, was sich verändert und was gleichzeitig bleiben darf oder muss. Mettke wird in dieser Phase sogar aktiv und gleicht das Resthaar der sich entwickelnden Glatze an. Mit mehr oder minder großem Erfolg.

Es folgt daher fast zwangsweise die Depression (d) im »Tal der Tränen«. Die Veränderung ist nun vollends im (Unter)Bewusstsein angekommen und jegliche Ausweichhandlung erscheint vergebens. Es ist Trauerarbeit. Nicht nur aus dem Forschungskontext von Kübler-Ross ist dies bekannt. Wichtig ist dabei: Genau dieses Ankommen in der neuen Situation kann nicht abgekürzt oder übergangen werden. Die menschliche Psyche ist so gestrickt, dass ein Ausblenden zwar kurzfristig helfen kann (im Grunde als Verlängerung der Phasen zuvor), damit jedoch die Phase danach nicht erreicht wird. Es scheint, dass die Evolution es uns mit auf den Weg gegeben hat, dass wir uns anpassen müssen, um zu überleben. Damit ist das »Tal der Tränen« nicht nur lästig, sondern sogar der Schlüssel dafür, dass eine Veränderung internalisiert wird.

Denn in der Phase Acceptance (e) findet eine Neuorientierung statt und zunächst ein Arrangement mit dem Unausweichlichen. Bei Mettke ist es die Erfahrung, dass er Komplimente für seine Glatze und seine »hervorragende Schädelform« bekommt. Außerdem macht er sich selbst einen Spaß damit, wie er mit anderen Glatzköpfigen verwechselt wird. In einigen Veröffentlichungen wird dieses finale Akzeptieren auch noch mit dem Begriff des Committment (f) beschrieben. Die Frage, die hier zumeist diskutiert wird, ist diejenige, ob das Energieniveau dann möglicherweise sogar noch höher als in der Ausgangssituation ist. Dies hängt sicherlich vom Kontext und den der Veränderung ausgesetzten Individuen ab.

Phasenmodell (Gruppe)

Lewin hat ein vergleichbares Phasenmodell aufgestellt (vgl. Lewin 1947). Hier nun allerdings nicht auf Einzelpersonen, sondern auf ganze Gruppen bezogen (▶ Dar. 18).

Lewins Modell ist ebenso wie das von Kübler-Ross zunächst nicht im unternehmerischen Kontext entwickelt worden, sondern es befasste sich mit gesamtgesellschaftlichen Veränderungsprozessen wie beispielsweise der (notwendigen) Entwicklung einer demokratischen Grundhaltung einer Bevölkerung wie der Deutschen nach dem Zweiten Weltkrieg. Man erkennt hieran, dass der Fokus auf der bewussten Steuerung dieser Veränderung gelegt ist (Auflockern – Hinüberleiten – Verfestigen). Dies steht im Gegensatz zu der durch einen externen Schock ausgelösten Veränderung bei Kübler-Ross. Der Kurvenverlauf ist dann jedoch ähnlich. Allerdings bildet dieser überwiegend die versuchte Stärkung der »driving forces« versus die erhoffte Zurückdrängung der »restraining forces« ab.

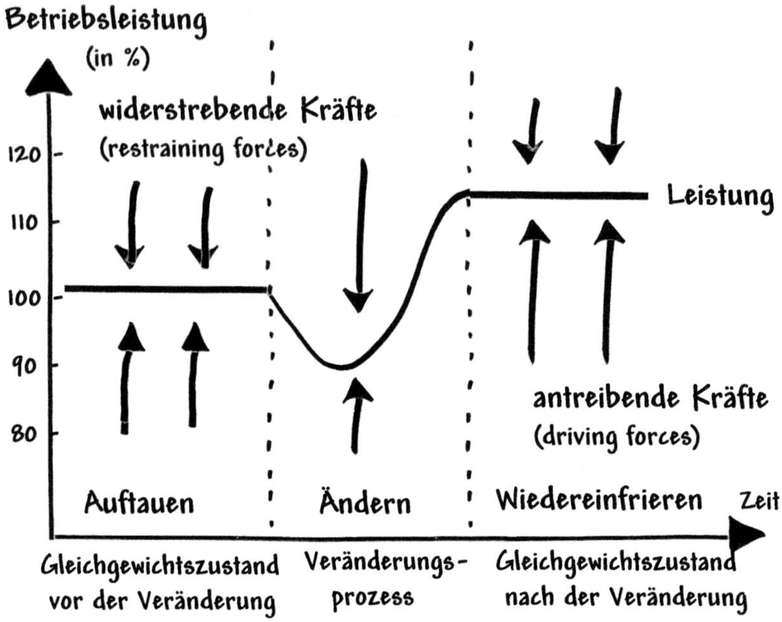

Dar. 18: Phasenmodell der Veränderung (nach Lewin)

Sowohl bei Lewin als auch bei Kübler-Ross stehen hinter diesen Veränderungskurven noch zwei zu beantwortende, wesentliche Fragestellungen: Kann sich überhaupt etwas verändern? Und falls ja: Von was ist es abhängig, wie lange diese Veränderung dauern wird? Zur ersten Frage wurden beide Modelle unabhängig voneinander von Dritten ergänzt: Bei Kübler-Ross ist dies erfolgt durch Virginia Satir. Ihr wird der Begriff der sog. transformierenden Idee zugesprochen. Diese kann bildlich gesprochen die erstmalige Sicht auf das Licht am Ende des Tunnels sein (im Ursprungsmodell von Kübler-Ross muss diese Metapher sicher schlicht etwa durch eine tiefere Erkenntnis über den Sinn des Lebens ersetzt werden). Es resultiert hieraus eine Aktivierung der inneren Ressourcen und gibt damit erst den Anstoß hin zur Akzeptanz.

Tatsächlich scheint die transformierende Idee allzu menschlich zu sein: Kübler-Ross hat diese ja wie erwähnt nicht eindeutig beschrieben, sondern im Rahmen ihrer Beobachtungen implizit vorausgesetzt. Auch bei Lewin existiert ein ähnlicher Punkt: Es ist hier das sog. affektiv aufgeladene Ereignis (Lohmer & Möller 2019: 216). Gemeint ist damit ein Ereignis im Rahmen eines gruppendynamischen Prozesses, das insbesondere in der Retrospektive als Meilenstein auf dem Weg der Veränderung identifiziert werden kann. Im Sport ist dies sehr geläufig: So wird bei einem kriselnden Team oftmals ein bestimmter »dreckiger« Sieg oder gar ein bestimmtes Ereignis wie eine als ungerecht empfundene rote Karte als Wendepunkt einer ganzen Saison interpretiert. Wichtig ist, dass dieses Ereignis die Gruppe als Ganzes emotional erfasst. Es ist daher sicher kein Zufall, dass Führungskräfte zum

Teil versuchen, dieses Momentum künstlich zu kreieren, in dem sie beispielsweise zu Outdoor-Events einladen. Die Idee als solche ist sicher nicht falsch. Jedoch ist der Zeitpunkt entscheidend: Kommt ein derartiges Event zu früh, kann damit sogar das Gegenteil des Gewünschten erreicht werden.

Führungsaufgabe

Die Aufgabe von Führung in einem Veränderungsprozess sollte sich auf ein ganz anderes Thema fokussieren. Vergleichbar zu den Erkenntnissen der Motivationsforschung ist es nämlich nicht die Aufgabe der Führungskraft, den Gang durch das »Tal der Tränen« aktiv zu modellieren (oder gar zu verkürzen), sondern den Mitarbeitern den in der Einleitung zu Kapitel 4 genannten Container zur Verarbeitung der Veränderung zur Verfügung zu stellen. Lohmer und Möller (2019: 47) beschreiben dies so, dass Führungskräfte stellvertretend für ihre Mitarbeiter Ängste und Unsicherheiten aufnehmen und verarbeiten sollen, um damit ein Gefühl basaler Sicherheit zu gewährleisten. Die Führungskraft ist hier Filter für übermäßige Ängste und hat so eine Vermittlungsfunktion zwischen dem von den Mitarbeitern als extern wahrgenommenen Veränderungsdruck und deren innerer psychischer Konstitution.

Interessanterweise gibt es in Organisationen aber nicht nur Führungskräfte, die eine Rolle als sog. »Containment Leader« einnehmen, sondern es sind auch sonstige Mitarbeiter, die zuweilen als Multiplikatoren für Veränderungen auftreten und identifiziert werden. Diese entsprechen am ehesten der Gruppe, die bei Lewin als antreibende Kräfte bezeichnet wurden. Eine solche Konstellation ist sicher günstig und insbesondere Führungskräfte sollten sich ihrer Aufgabe hier bewusst sein. Es gibt nämlich auch Konstellationen, wo sich das Containment auflöst und im Spannungsfeld von Führungskraft und Mitarbeitern ein umgekehrter Effekt auftritt. Man kann diesen wieder recht gut ablesen an den Veröffentlichungen zu den diversen Auseinandersetzungen zwischen der Belegschaft und dem Management der Lufthansa in den vergangenen Jahren. Es trat nämlich hier eine sog. Kampf-Flucht-Annahme hervor, die besagt, dass durch eine Verkennung der äußeren Realität und der damit notwendigen internen Veränderung nicht die externe Welt, sondern intern die eigene Führung als Feind erlebt wird.

Konkret hatte der Vorstandsvorsitzende Spohr mehrfach angemahnt, dass angesichts der zumeist staatlich subventionierten, erfolgreichen Airlines aus dem Nahen Osten Anpassungen der Kostenstruktur der Lufthansa unabdingbar sei. Intern wurde dies jedoch als Versuch des Managements interpretiert, die Mitarbeiter zu gängeln – und das möglicherweise sogar zu deren ökonomischen Vorteil beispielsweise über Bezahlmodelle, die an den Aktienkurs gekoppelt sind. Im Ergebnis führt eine derartige Konstellation dazu, dass diese der opponierenden Gruppe ein Zusammengehörigkeitsgefühl vermittelt und damit zugleich die Illusion von Kontrolle einhergeht. Lohmer ergänzt noch, dass über eine Spiegelreaktion der Führungskräfte dieses Setting sogar noch gefestigt wird: Eine sog. komplementäre psychosoziale Abwehr sorgt dafür, dass deren eigenen Anteile an

Angst und Unsicherheit abgespalten und in die Gruppe der Mitarbeiter transferiert werden (vgl. Lohmer & Möller 2019: 208).

Eine weitere Aufgabe von Führung in Veränderungsprozessen ist es, die sog. »Tactical Gap« zu schließen (vgl. zum Folgenden Kunze & Fellner 2017): Diese hat zur der eben beschriebenen psychosozialen noch eine sachlich-zieltransformierende Komponente. Man könnte das als klassisches Management-Handwerk interpretieren. Verknüpft man allerdings diesen Gedanken insbesondere mit demjenigen der transformierenden Idee von Satir, so wird die psychologische Funktion deutlich. Es geht nämlich darum, den Veränderungsprozess so zu designen, das von der Vision oder Strategie bis auf die Ebene der taktischen und operativen Ziele für alle Beteiligten klar wird, was bleibt, wie es ist und was sich verändert. Es wird damit auch klar, dass die transformierende Idee nicht aus der visionären oder strategischen Ebene direkt entsteht, sondern dass für den Einzelnen die konkrete (Er-)Kenntnis der Auswirkungen auf ihn selbst erst die Möglichkeit bietet, eine Perspektive zu entwickeln. Der große Plan wird hingegen gemäß der Veränderungskurve zunächst als Schock and Denial wahrgenommen. Das ist – bis auf wenige Ausnahmen wie zum Beispiel die Ankündigung der Mission zum Mond durch Präsident Kennedy – auch kaum anders möglich.

Veränderungsintensität

Zurückkommend auf die oben gestellte Frage, von was es abhängig sei, wieviel Zeit der Veränderungsprozess benötigt, ist es hilfreich, sich näher mit der Intensität der Veränderung zu befassen. Ist diese normalen Charakters oder ist es eine echte Transformation? Letztere wird definiert als radikale Veränderung, die innerhalb einer Organisation von den Betroffenen als Abkehr von den bisherigen Grundannahmen sowie von individuellen Verhaltens- und Denkmustern wahrgenommen wird (▶ Dar. 10). Der Unterschied zu einem klassischen Wandlungsprozess liegt in der Zielsetzung: Transformation bedeutet Umbau in Richtung Zukunftsfähigkeit, der andere Prozess legt hingegen seinen Schwerpunkt auf Verbesserung und Wachstum (vgl. Lohmer & Möller: 92).

Betriebswirtschaftlich ausgedrückt wäre dies vergleichbar mit den Begriffen der Effektivität (das Richtige tun) und der Effizienz (die Dinge richtig tun). Wenn nun ein Veränderungsprozess auf Effizienz ausgelegt ist, so sind die Einschnitte für den Einzelnen in der Regel nicht besonders radikal. Im Gegenteil: Die generelle Trägheit von Organisationen führen oftmals dazu, dass Programme zur Steigerung der Effizienz ihr definiertes Ziel verfehlen. Der Autor selbst hat dies noch als Angestellter in einem deutschen DAX-Konzern erlebt: Dort wurde das Controlling des Effizienz-Programms über sog. Härtegrade durchgeführt. Als es absehbar war, dass die entsprechenden Fortschritte nicht erzielt werden können, wurde kurzerhand der Härtegrad 3 (von 5) aufgegliedert in Härtegrade 3a, 3b etc., um damit letztlich den Nicht-Fortschritt zu kaschieren.

Vermutlich ist die angesprochene Trägheit auch mit ein Grund dafür, dass a) überhaupt Berater zur Initialisierung und Durchführung von Veränderungsprozessen herangezogen werden und diese dann b) Methoden verwenden, die – auch wenn sie im Kern nur das Ziel von Effizienz verfolgen – mit relativ harten Methoden arbeiten, um eine Organisation überhaupt bewegen zu können. Diese Erläuterungen beschreiben im Grunde in Kurzform und in anderen Worten wieder das Geschäftsmodell der großen Expertenberatungen. Lohmer und Möller (2019: 54) führen hierzu aus, dass diese zwar eine hohe Kompetenz im Verflüssigen und Destabilisieren von Organisationen haben (vgl. dazu auch die verwendeten Begriffe bei Lewin), jedoch große Probleme bei der erneuten Stabilisierung zeigen.

Wenn nun bereits Steigerungen der Effizienz mit großen Problemen verbunden sind, dann gilt dies im besonderen Maß für den Bereich der Effektivität. Die Intensität von echten Transformationen ist daher so groß, dass dies aus Führungs- wie auch aus Beratersicht berücksichtigt werden muss. Anders formuliert: Erkennt das Beratersystem die Reichweite der angedachten Veränderung im Kundensystem, ist es ethische Pflicht, nicht auf den Vorschlag der radikalen Verkürzung der Veränderungskurve (und hier insbesondere bezüglich des »Tals der Tränen«) einzugehen, sondern den Kunden auf die Notwendigkeit einer zeitlichen Streckung hinzuweisen und dementsprechend verführerische Angebote abzulehnen.

Eine weitere Determinante für die zu vermutende Dauer eines Veränderungsprozesses koppelt wiederum an den Begriffen der Antifragilität bzw. der individuellen Resilienz an. Mit Blick zunächst auf die ausführlich beschriebene Antifragilität bedeutet dies, dass Unternehmen, die bereits über eine antifragile DNA verfügen, mit Veränderungen deutlich besser umgehen können als diejenigen, die nicht entsprechend vorbereitet sind. Man kann dies auch noch anders formulieren: (Externe) Veränderungen sind sogar hilfreich für derartige Systeme, da sie mit jeder neuen Entwicklungsstufe besser werden. Dies ist die Grundidee von Antifragilität.

Nimmt man nun den Begriff der Resilienz im Sinne der individuellen Widerstandsfähigkeit (in diesem Fall der Führungskräfte und Mitarbeiter) dazu, so dürfte klar sein, dass auch diese vorteilhaft bei der Bewältigung von organisatorischen Veränderungen ist. Es geht hier besonders um die bei der Resilienz im besten Fall neben der Resistenz und Regeneration auftretende dritte Form des Umgangs mit Veränderungen, der Rekonfiguration (vgl. Lepore & Revenson 2006). Die Natur macht dies beispielhaft vor bei einem Baum, der an einer Küste steht und dauerhaft starken Winden ausgesetzt ist. Denn er wird nach einer gewissen Zeit seine Wachsrichtung entsprechend der Windrichtung verändern. Sind es Führungskräfte und Mitarbeiter also gewohnt, dass in ihrem unternehmerischen Umfeld immer wieder Veränderungen stattfinden, so nehmen sie dies als Normalzustand hin und richten Denk- und Verhaltensmuster danach aus. Man denke hier nur an den sichtbaren Unterschied von Mitarbeitern im öffentlichen Dienst versus Mitarbeiter in einem Start-up.

Wiederum beraterisch betrachtet ist es dementsprechend hilfreich in Erfahrung zu bringen, wie die am Veränderungsprozess beteiligten innerlich konfiguriert sind. Es gibt dazu eine Reihe von Persönlichkeitstests, auf die jetzt in diesem Buch nicht näher eingegangen werden soll. Diese werden zum Teil auch heftig kritisiert (z. B. von Lau), können jedoch bei der Einschätzung der Gesamt-Systemdynamik hilfreich sein.

4.3 Erkenntnisse eines Pilgers

Die Überschrift des nun folgenden Kapitels erstaunt möglicherweise. Was hat wirksame Beratung, was haben psychologische Hintergrundmodelle von Beratung mit Pilgern zu tun? Zunächst einmal ist das Pilgern vom Grundsetting her vergleichbar mit Veränderungsvorhaben in Organisationen. Pilgern kann sogar zur einem Transformationsprozess führen, wie man auch in diversen Veröffentlichungen nachlesen kann (z. B. im bekannten Buch mit später anschließender Verfilmung von Hape Kerkeling). Es gibt in beiden Fällen einen Startzeitpunkt, es dauert eine ganze Weile – und man hat letztlich ein bestimmtes Ziel. Weshalb aber gerade in diesem Buch das Pilgern eine Rolle spielt, hat insbesondere mit den psychischen und emotionalen Auswirkungen zu tun, die entsprechende Analogien erkennen lassen.

Das Kapitel ist daher explizit als Metapher zu sehen. Diejenigen Leser, die bereits selbst einen Pilgerweg gelaufen sind, können die Beschreibungen sicher gut übertragen. Für alle anderen Leser gilt, hier nicht dem Impuls nachzugehen, diese als Esoterik abzustempeln. Es geht um individuelle Reflexionsprozesse, die hier jedoch intensiver und klarer zutage treten als in anderen Kontexten.

Da der Autor selbst bereits gepilgert ist und um diese Emotionalität wirken zu lassen, wird dieses Kapitel in der Ich-Form geschrieben.

Es war eine schwierige Zeit in meinem Leben. Doch u. a. das oben zitierte Buch von Kerkeling inspirierte mich, das Projekt Jakobsweg anzugehen – auch um eventuell Antworten auf die Sinn- und andere Fragen zu bekommen. Einen religiösen Hintergedanken hatte ich nicht. Gemeinsam mit meiner Schwester startete ich das Vorhaben im Sommer 2015. Wir waren beide eigentlich in einer guten körperlichen Verfassung und starteten relativ naiv in das Vorhaben. Wir hatten zwar neben Kerkeling weitere Erfahrungsberichte gelesen und auch Dokumentationen gesehen. Letztlich sollte sich aber herausstellen, dass dies nicht annähernd die Erfahrung simulieren kann, die man vor Ort erlebt. Wir begannen auf ca. dem halben Weg nach Santiago de Compostela – in Leon. Der erste Abend war feuchtfröhlich, und wir amüsierten uns noch über Pilger, die offensichtlich schon länger unterwegs waren und zum Teil dick bandagiert an den Nebentischen saßen. Die einfache Rechnung (für uns): ca. 400 Kilometer in knapp 14 Tagen – das sollte doch zu schaffen sein! Man hat ja sonst nichts anderes zu tun an jedem Tag als Wandern. Das war bereits die erste falsche Hypothese:

Es ist ja wie Wandern. Nur länger und jeden Tag!

Oberflächlich betrachtet ist dies zunächst einmal richtig. Doch allein die Tatsache, dass man nach einer (Tages)Wanderung am nächsten Tag noch einmal dasselbe macht und dies am übernächsten Tag noch einmal passiert etc., verändert das Spiel. Ich bin auch bereits mehrere Tage am Stück gewandert, inklusive einer Alpenüberquerung mit meinem damals neunjährigen Sohn. Es ist aber offensichtlich die räumliche und zeitliche Distanz, die das menschliche Gehirn nicht richtig abschätzen kann. Heruntergebrochen auf einen Tag (s. o.) ist alles noch irgendwie greifbar. Längere Wege und Zeiträume haben wir wohl nicht wirklich internalisiert. Das wundert einerseits ein wenig, da der Jäger und Sammler in Urzeiten dem zu jagenden Objekt tagelang hinterhergelaufen ist, um schließlich das erschöpfte Tier leicht erlegen zu können. Und in der Neuzeit auch die Floskel »Der Weg ist das Ziel« allzu bekannt ist.

Dennoch ist das Ziel, in Santiago anzukommen, im wahrsten Sinne des Wortes so weit weg, dass man es sich Tag für Tag tatsächlich nicht vorstellen kann, dort überhaupt anzukommen. Dafür spricht auch, dass diejenigen, die das tun, am Zielort vor der Kathedrale stundenlang auf dem Boden sitzen und es im Grunde gar nicht fassen können, dass sie endlich das Ziel erreicht haben. Das ist im Übrigen bei einer Alpenüberquerung etwas anders. Da schaut man sich im Vorfeld die Karte an und stellt fest, dass das ja eigentlich gar nicht so weit ist und man auch mit dem Auto schnell hinkommt. Es muss also etwas anderes sein. Und damit kommt man direkt zum Unterschied zwischen dem, was man auf dem Jakobsweg macht und dem was man bei einer Wanderung macht: Es ist Pilgern!

Ohne jetzt den Wikipedia-Eintrag des Begriffs Pilgern zu zitieren, will ich dies aus meiner eigenen Erfahrung versuchen. Der Hauptunterschied ist wohl die Spezifikation des Ziels. Die Stadt und die Kathedrale von Santiago de Compostela werden von einem Mythos begleitet und erscheinen damit in der Wahrnehmung derjenigen, die dieses Ziel vor Augen haben, als übermenschlich erhöht. Es wirkt somit nicht nur faktisch, sondern insbesondere emotional als gar nicht möglich, dieses Ziel zu erreichen. Ich persönlich hätte gerne auch noch den Quervergleich beispielsweise zu Besteigungen von sehr hohen Bergen. Allerdings habe ich von Reinhold Messner noch nie das Wort Pilgern in diesem Zusammenhang gehört. Und da bekommt möglicherweise wieder das Zitat des Weges als Ziel eine Bedeutung: Im Vergleich zum Bergsteigen ist ein Pilger stets mit den eigenen Gedanken konfrontiert. Und dies liegt an dem Weg als solches: Er ist zwar lang, aber doch relativ stetig und damit auf den ersten Blick nicht so mühevoll und insbesondere gefährlich wie die Besteigung des Nanga Parbat. Die kann nämlich sogar tödlich ausgehen. Und deshalb ist das Besteigen eines hohen Berges vor allem ein Überlebenskampf, der eine persönliche Reflexion zunächst gar nicht zulässt. Dass diese dennoch passiert, zeigt u. a. eben Reinhold Messner, der in zahlreichen Büchern seine Erlebnisse am Berg reflektiert hat und dabei auch Schicksalsschläge wie den Verlust des Bruders am Nanga Parbat be- und verarbeitet hat.

Zurückkommend zum Begriff des Pilgerns bzw. des Pilgers (und jetzt kommen am Ende doch ein paar Gedanken aus Wikipedia & Co.), stammt dieser natürlich aus dem religiösen Kontext und beschreibt eine Person, die sich zumeist zu Fuß auf dem Weg zu einem Pilgerort macht. Interessanterweise überlappt sich diese Beschreibung mit meiner oben selbst erlebten Wahrnehmung und Wesensbestimmung von Pilgern (wegen der Bedeutung des Ziels und der Tatsache, dass es eben dauert, bis man fußläufig da ist). Damit komme ich zum nächsten, dem vertieften Blick auf den Weg:

Was macht den Weg eigentlich aus?

Zunächst einmal hatte ich ja schon beschrieben, dass ein (Pilger)Weg schlicht ein langer Weg ist, der für einen Pilger im Grunde gefühlt nie endet. Was die Beschaffenheit des Wegs anbelangt, gibt es sicher Unterschiede: Nimmt man den Jakobsweg als Beispiel, so kann man mehrere Varianten wählen, um nach Santiago zu kommen. Ich bin im Sommer 2020 mit meiner Schwester und meinem mittlerweile sechzehnjährigen Sohn den sog. Camino Portugues gegangen. Dieser führt (von Porto startend) sehr lange direkt an der Küste entlang und erst mit Übertritt nach Spanien verändert sich das Landschaftsbild. Wir konnten festhalten, dass diese Küstenvariante ein wenig Urlaubsflair mit sich brachte. Und wir damit gleichzeitig auf der Suche nach dem Pilgerdasein waren. Es fühlte sich einfach anders an als beim letzten Mal.

Dies hing sicher auch damit zusammen, dass wir uns als Pilgerprofis vorkamen, da wir ja bereits gepilgert und die Alpen überquert hatten. Das bringt eine Lernkurve mit sich, die einem angefangen vom Schuhwerk (dazu später mehr) bis hin zum sorgfältig gepackten Rucksack fast schon in Richtung Optimum versetzt. Jedoch merkten wir später in Spanien, dass dort auf einmal das Pilgergefühl wieder da war. Dies hatte noch andere Gründe (auch dazu später mehr), aber wir kamen zu dem Schluss, dass der Weg es uns in der Tat und im wahrsten Sinne des Wortes zu einfach machte. Wir liefen in Portugal stundenlang auf extra dafür angelegten Wegen am Strand entlang und konnten so Sonne und Wind genießen.

Nimmt man dagegen den spanischen Jakobsweg, wird oftmals beschrieben, dass der hochgebirgige Start in Frankreich die Pilger sofort herausfordert und damit den Rahmen für den langen Weg nach Santiago setzt (diesen Teil bin ich noch nicht gelaufen). Falls wir das richtig interpretiert haben, macht also in erster Linie die Beschaffenheit des Weges einen erst zu einem richtigen Pilger. Er MUSS einfach beschwerlich sein, sonst ist es kein Pilgern. Selbst auf dem gewählten Weg gibt es noch Varianten: Kurz gesprochen hat man häufig die Alternative zwischen einfach und herausfordernd. Es kommt nun in der Regel darauf an, zu welcher Tageszeit und zu welcher Verfassung einem dieses Angebot gemacht wird. Probiert man sich etwas aus, so kann man konstatieren, dass der herausfordernde Weg eher zum Pilgern passt als der einfache. Denn Ersterer ist oftmals gekoppelt mit körperlicher Belastung oder auch mit Ästhetik, was beides einen emotionalen Unterschied ausmacht. Wählt man den einfachen Weg, so verläuft er häufig direkt an Überlandstraßen entlang und nach einer gewissen Zeit entwickelt man Verständnis für die Befindlichkeit von Anwohnern derartiger Verkehrswege.

Am Ende ist man zwar schneller und hat weniger Kalorien verbraucht, der gefühlte Energielevel ist jedoch im Vergleich deutlich niedriger. Dieses Phänomen kennen auch Radfahrer, die sich stundenlang gemeinsam mit dem Autoverkehr auf derselben Strecke quälen. Ein Abbiegen auf eine Nebenstraße macht die dort anzutreffende Entlastung spürbar. Es gibt noch weitere, interessante Rahmenbedingungen:

Was fällt einem sofort auf bzw. was ist die Reflexionsebene I beim Jakobsweg?

Eine wichtige Erkenntnis ist die, dass man zu Beginn nicht annähernd eine Idee davon hat, was auf einem zukommt. Eine gute Vorbereitung ist natürlich essenziell. Und mit jedem weiteren Pilgern nähert man sich auch dem oben beschriebenen Profipilgertum. Jedoch ist hier die Frage zu stellen, ob das eigentlich erstrebenswert ist. Denn dadurch wähnt man sich in einer sicheren Blase – und die Unsicherheit selbst (beim Pilgern wie auf dem Weg zur Antifragilität) fehlt dann zur Weiterentwicklung.

Der Weg wartet aber mit genügend Überraschungen auf: Angefangen davon, dass man diesen ja tatsächlich als Erstpilger noch nicht kennt, verändert er sich naturgemäß immer wieder. Auch das Wetter spielt eine bedeutendere Rolle als bei anderen Outdooraktivitäten. Damit ist nicht einmal nur der Wechsel von gutem zu schlechtem Wetter gemeint. Es kann gerade im Sommer in Verbindung mit den Bedingungen des Weges fast unerträglich werden, diesen zu laufen. Über die Jahrhunderte haben sich jedoch zahlreiche Rastmöglichkeiten sowie Pilgerherbergen am Weg angesiedelt, dass man sich zumindest ab und an von den Strapazen erholen kann.

Die größten Überraschungen warten jedoch zum Teil dort aber auch auf dem Weg selbst: Es sind die anderen Pilger. Jeder, der den Jakobsweg gelaufen ist, kann dies bestätigen. Vermutlich dadurch, dass man die Hypothese hat, dass man diese Menschen nur einmal im Leben sieht, kommt man sehr schnell ins Gespräch. Das passiert ab und zu auch mit Mitreisenden im Abteil bei Fahrten der Deutschen Bahn. Jedoch ist der Tiefgang hier deutlich ausgeprägter, was wiederum vermutlich damit zusammenhängt, dass zumindest die meisten einen Grund für das Pilgern in sich tragen und das Thema Reflexion ohnehin ein ständiger Begleiter ist. Damit zur nächsten Reflexionsebene:

Das sind die wesentlichen Erkenntnisse des Pilgerns (Reflexionsebene II)!

Ich komme noch einmal auf den Weg an sich zu sprechen. Oben habe ich beschrieben, dass er beschwerlich sein muss, damit es als Pilgern bezeichnet werden kann. Googelt man »Jakobsweg Füße«, bekommt man eine Idee davon, was das genau bedeutet: Die größte Schwachstelle beim Pilgern sind die eigenen Füße. Bereits nach wenigen Tagen haben sich unschöne und vor allem schmerzhafte Blasen gebildet (siehe auch zu Beginn des Kapitels die erwähnten Leiden derjenigen, die bereits länger unterwegs sind).

Jeden Abend und jeden Morgen dreht sich zunächst einmal alles um die Versorgung der Blasen und die Vorbereitung der Füße auf den neuerlich anstehenden Weg. Gabi Röhrl hat dies wunderbar in ihrer Verfilmung mit dem Titel »Nur die Füße tun mir leid« auf den Punkt gebracht. Was darin noch steckt ist eine andere Botschaft: Der Rest des Körpers und des Geistes (oder auch der Seele) profitiert von diesen Strapazen. Man kann auch umgekehrt formulieren: Ohne Pilgern keine (Fuß)Schmerzen. Ohne Schmerzen kein Pilgern. Und damit auch kein Zugang zu einer tieferen emotionalen Ebene, die die gewünschten Antworten liefern kann.

Oben wurde das Schuhwerk kurz erwähnt. Man könnte daher auch die Hypothese aufstellen, dass in der Kombination von einem schönen Weg mit einem guten Schuhwerk (ohne Schmerzen) einem wiederum ein großer Teil des Pilgerns verschlossen bleibt. Da mir dies wesentlich erscheint, will ich im Vorgriff auf die Quintessenz dieses Kapitels an dieser Stelle kurz andeuten, wie meine Pilger-Erfahrung mit meiner Erfahrung als Berater zusammenhängt:

Wird (dort) ein Veränderungsprozess nicht intensiv genug durchlaufen, ist dessen Erfolgswahrscheinlichkeit eher gering.

Zurück zum Jakobsweg noch einmal zu den Folgen dieser Schmerzen: Es hatte damals meine Schwester getroffen, die exakt am Vortag unserer finalen Etappe kurz vor unserer Unterkunft plötzlich stehenblieb und nicht einen weiteren Schritt mehr machen wollte (ich weiß, das ist ihr unangenehm, habe sie aber vorher um Erlaubnis gefragt, dies hier erzählen zu können). Selbstverständlich ist sie dann nach gutem Zureden irgendwann weitergelaufen.

Es gibt aber auf dem Weg des Lebens öfter Situationen, wo man einfach nicht mehr weitergehen möchte oder kann. Ich habe den Jakobsweg daher häufig als eine Metapher für den »Walk of Life« bezeichnet. Der Pilgerweg geht so tief in uns hinein, dass er zugleich das Beste und auch das Schlechteste aus uns herausholen kann. Ich würde daher jedem Paar empfehlen, das sich auf einen gemeinsamen Lebensweg begeben möchte, vorher als intensiven Test auf den (spanischen) Jakobsweg zu begeben. Dort ist man wie beschrieben in der Regel (wie im richtigen Leben) auch nicht alleine, sondern steht im ständigen Austausch mit anderen Pilgern, die über die besondere Intensität der Gespräche zum einen wie Therapeuten wirken oder zum anderen auch Wegweiser für Neues sein können.

Damit ist man inmitten der Ein- und Zuordnung der »Erkenntnisse eines Pilgers« mit den psychologischen Hintergrundmodellen von Beratung und hier besonders mit dem zuvor vorgestellten Modell der Veränderungskurve von Kübler-Ross. Ich will hier chronologisch Zitate nennen, die mir als Erkenntnisse auf dem Weg in den Sinn gekommen sind und die ich mir für diesen Zweck hier sofort notiert hatte:

(a) »Nach dem Jakobsweg ist vor dem Jakobsweg«: Ich bin wie erwähnt den Jakobsweg zweimal gelaufen. Es war zum einen gut zu erkennen, dass die Wege unterschiedlich waren. Die Rückschlüsse hieraus habe ich oben geschildert. Noch wichtiger erscheint mir aber, dass es mit einem Weg, mit einer einmaligen Veränderung, nicht getan ist. Meine Schwester sagte bereits nach dem ersten Mal, dass sie das nicht wiederholen würde. Auf dem Platz vor der Kathedrale wiederholte sie in 2020 genau diese Worte. Wohl wissend, dass sie das bereits in 2015 so formulierte (und dass dies wohl auch dieses Mal nicht das letzte Mal sein dürfte, liegt auf der Hand). Das liegt an dem, was der Weg, was die Veränderung mit einem macht.

Übertragen auf Veränderungsvorhaben in Unternehmen bedeutet dies zunächst oberflächlich, dass man aufgrund der Umstände der VUKA-Welt sicher sein kann, dass der nächste Wandel bereits vor der Tür steht. In näherer Betrachtung und damit auf einer nächsten Entwicklungsstufe einer Organisation wird der Wandel daher nicht nur selbstverständlich hingenommen, sondern regelrecht nach Veränderung gestrebt, weil diese das System insgesamt besser, antifragiler macht. Hat man diesen Mechanismus verstanden, geht man bewusst und proaktiv in neue Veränderungen hinein – und läuft als Privatperson konsequenterweise den nächsten Jakobsweg.

Wie die erstgenannte sind mir die nachfolgenden Erkenntnisse auf den beiden Pilgerreisen einfach so in den Sinn gekommen. Erst im Nachhinein hatte ich verstanden, dass das Pilgern allgemein Analogien zu Veränderungsprozessen aufweist und dabei konkret die Veränderungskurve von Kübler-Ross eine Blaupause dafür liefert. Somit ist es mir jetzt möglich, nachfolgende, auf den ersten Blick scheinbar zufällige und zusammenhanglose Zitate in den Verlauf von Kübler-Ross einzusortieren.

Die nächste Erkenntnis auf dem Weg lautete: *(b) Das Pilgern versetzt einem in einen anderen Aggregatszustand.* Ich benutze noch eine andere Analogie, um das zu erklären. Man kennt dies vielleicht auch vom Sport: Mir geht es beispielsweise so, dass ich eigentlich meistens gar keine Lust habe, Laufen zu gehen. Ich laufe einmal im Jahr Ende Juni einen Halbmarathon. Damit ich mich hier nicht zu sehr blamiere, fange ich meist im Februar mit Training an. Das ist dann in der Regel eine große Runde im Englischen Garten über ca. 11 Kilometer. Eine Läuferin hatte mal in einer Kolumne auf spiegel.de geschrieben, dass sie immer morgens läuft und jedes Mal erst bei Kilometer 4 aufwacht. Meine Runde ist immer dieselbe. Und ich muss der Person recht geben: Auch bei mir kommt immer an derselben Stelle (ca. Kilometer 4) das »Erwachen«. Ich habe immer das Gefühl, dass ein Schalter in mir umgelegt wird und ich plötzlich mich, meinen Körper und die Umwelt ganz anders wahrnehme.

Ich habe darüber auch schon mit anderen Läufern gesprochen, die mir das in etwa bestätigen konnten. Manche gehen auch Laufen, um für bestimmte Fragestellungen Lösungen zu entwickeln bzw. dem Geist die Chance zu geben, dass dieser seinen eingefrorenen Zustand verlässt und im Unterbewussten kreative Ideen entstehen können. Genau dieser Moment ist gemeint mit dem neuen, anderen Aggregatzustand. Genau dies ist auch das, was Kübler-Ross mit ihrer ersten Phase beschreibt, allerdings bei ihr nicht wie beim Sport oder Pilgern im positiven, sondern im negativen Sinn. Charakteristisch ist der extern verursachte Impuls und dessen Folgen. Dieser kommt beim Pilgern jedoch nicht nur einmal, sondern fast jeden Tag vor. Und zeigt damit eine gewisse Penetranz. Ein Freund von mir hatte einmal bei einer Alpenüberquerung (mit dem Rad) nach wenigen Tagen den alten Schlager von Roland Kaiser »Ich glaub, es geht schon wieder los« allmorgendlich auf den Lippen, wenn man es mit Schmerzen am ganzen Körper erneut aus dem Bett geschafft und man sich mühevoll wieder auf das Fahrrad gehoben hatte.

Beim Pilgern sind das Gefühl und der Prozess ähnlich und deshalb stellt sich täglich die Frage *(c) »Auf was habe ich mich hier eigentlich eingelassen«?* Gerade zu Beginn, wenn man noch nicht richtig auf dem Weg angekommen ist und sich zugleich die ersten Blasen bilden, könnte man rasch sehr ärgerlich werden und analog zur Phase zwei bei Kübler-Ross darüber beginnen, die Kurve nach unten zu rutschen. Der Trick beim Pilgern ist, dass man im Grunde gar nicht abbrechen kann. Dies weniger, weil es logistisch nicht möglich wäre, sondern weil der selbst auferlegte Druck so groß ist, dass man sich ein Abbrechen (oder Abkürzen) vor dem inneren Ich gar nicht erlauben kann. Man muss also durch diese Ärger-Phase einfach durch (wann das aufhört, folgt gleich).

Was dabei hilft, ist die Erkenntnis, dass *(d) »Die Monotonie hilft, in die Reflexion zu kommen«.* Dies ist zum einen vergleichbar mit der Phase drei (Negotiation) bei Kübler-Ross und meint zum anderen, dass über die Stetigkeit dessen, was man da tut, die negativen Gedanken oder einfach auch nur die Schmerzimpulse im Geiste offenbar wegverhandelt werden. Ich interpretiere das als Verarbeitungsmodus unseres Gehirns, weil – und ich denke, das ist der übergeordnete Zweck – die Erreichung des Etappenziels emotional über den Tag bedeutender und greifbarer wird.

Dazu passt der Gedanke *(e) »Am Ende jeder Etappe ist man glücklich«.* Hat man dies (und das ist eine Lernkurve) an den ersten Tagen mehrfach so erlebt, möchte man dieses Gefühl gerne wiederhaben. Somit balancieren sich auf dem Weg negative und positive Emotionen ständig aus, wobei die Rahmenbedingungen einem kaum einen anderen Ausweg hieraus erlauben, es sei denn, es gibt derart starke körperliche Beeinträchtigungen oder Unfälle, die dies nicht erlauben. Insbesondere auf dem spanischen Jakobsweg hat man jedoch den Eindruck, dass sehr viele trotz offensichtlicher Schwächungen dennoch nicht aufgeben. Ich habe mit großem Respekt bereits sehr betagte Pilger gesehen, bei denen – unterstützt mit Wanderstöcken – von einem runden Laufstil keine Rede sein konnte. Jedoch habe ich in Gesprächen mit diesen vernommen, dass es nicht das erste Mal sei und dass der Lohn die Strapazen bei weitem übersteigt.

Diese Mühen passen gut zu *(f) »Man gerät unweigerlich ins Schwitzen«* und natürlich in den Schmerz. Dazu *(g) »Tag 3 ist der Schlimmste«.* Damit wäre man bei Kübler-Ross in der Phase vier, der Depression. Bei mir ist es immer der dritte Tag (dies gilt übrigens auch für Touren mit dem Rad). Bei anderen mag dies später, wahrscheinlich aber nicht früher sein. Mein vermuteter Hintergrund ist der, dass die oben beschriebene Balance zwischen den negativen und den positiven Emotionen – in Verbindung mit der noch nicht fassbaren Perspektive des Ankommens – dergestalt ist, dass über die Kumulation des Schmerzes (konkret über die Anzahl und den Verschlechterungszustands der Blasen) genau hier der Tiefpunkt erreicht ist.

Ich selbst kann mich bei meinem ersten Jakobsweg noch sehr gut an diesen Moment erinnern. Wir waren an diesem Tag bei sehr hohen Temperaturen auf einem im Grunde sehr geradlinigen Weg gelaufen. Etwa in der Art, dass man am Horizont immer wieder die kleine Einkerbung entdecken konnte, wo man noch hinlaufen musste. Es war in etwa wie im mittleren Westen der USA: Keine Häuser, Getreidefelder und kein Schutz durch Bäume oder ähnlich. Als wir dann gegen Abend unser Ziel vor Augen hatten, mussten wir noch über eine Treppe Bahngleise überwinden. Normalerweise kein Problem, aber diese Treppe schien tatsächlich eine fast unüberwindbare Hürde zu sein. Hinzu kam dann noch die Herberge. Es war eine klassische Pilgerunterkunft mit zahlreichen Mitpilgern in großen Schlafsälen. Was über den Tag ein wesentlicher Kern des Pilgerns ist, nämlich der Austausch mit anderen Pilgern, wird in der Nacht zur Qual (das gilt in einer 360-Grad-Perspektive natürlich auch für uns als Pilger). Wir gingen nach Ankunft daher sehr schnell in die Stadt und ertränkten zunächst einmal unseren Frust. Am nächsten Tag war es dann nicht viel besser. Insbesondere bei mir machten sich körperlich Defizite bemerkbar, die dazu führten, dass ich tatsächlich meine Füße nicht mehr abrollen konnte. Ein später Einkauf von Billig-Flip-Flops bei einem chinesischen Händler rettete mir den Abend. Und im weiteren Verlauf auch allabendlich die Regeneration meiner Füße.

Damit kommt man zum Kipppunkt im Sinne der transformierenden Idee bei Kübler-Ross bzw. Satir. Es ist auch fast exakt der Punkt, den Kerkeling benennt, aber nicht weiter beschreiben möchte. Ich nenne das *(h) »Irgendwann bekommt ei nen der Weg«*. Dies liest sich möglicherweise nicht sehr spektakulär. Ich merke aber sogar gerade in diesem Moment, wo ich die Buchstaben in meine Tastatur hämmere, dass ich – wie man sagt – eine Gänsehaut bekomme. Auch noch nach fast fünf Jahren. Es ist, um im obigen Bilde zu bleiben, die endgültige Versetzung in einen anderen Aggregatzustand (vor allem dessen Akzeptanz) und die Schmerzen bleiben jetzt auch auf einem relativ konstanten Niveau.

Verknüpft man diesen emotionalen Zustand mit dem Licht am Ende des Tunnels in der Form, dass man beispielsweise bereits eine wichtige Wegmarke passiert oder die Königsetappe bewältigt hat und zugleich die Aussicht auf das Erreichen des Ziels in Santiago tatsächlich besteht, so kann man möglicherweise verstehen, was der Jakobsweg ab diesem Moment zurückzahlt. Dessen Erleben ist sicher individuell. Jedoch bietet der spanische Jakobsweg eine echte Chance, ihn zu manifestieren: Auf den höchsten Punkt des Weges auf ca. 1.500 Metern steht auf dem Monte Irago das Cruz de Ferro. Es hat sich sicher nicht zufällig so ergeben, dass sich rund um das Kreuz ein großer Steinhaufen gebildet hat. Dies sind Steine, die Pilger von zuhause mitgebracht haben und die eine bestimmte Situation oder eine Sorge u. Ä. symbolisieren, die es jedoch Wert ist, genau hier abgelegt zu werden. Es ist in der Tat genau deshalb ein sehr tränenreicher Ort. Und tatsächlich fühlt man, dass sich hier das Spiel endgültig dreht: Man freut sich regelrecht auf den nächsten Tag und beginnt bereits mit einem Countdown nach Santiago. Es ist dies dann der Übergang in die fünfte Phase von Kübler-Ross. Dort angekommen wird man von den Emotionen ebenfalls wieder überrannt. Es ist wie oben schon geschrieben das Glück am Ende jeder Etappe, aber hier deutlich intensiver. Interessanterweise war dieses Glück bei mir beim spanischen Jakobsweg größer, was aber sicher wie beschrieben mit den Rahmenbedingungen zusammenhing. Eine Fußnote: Selbst, wenn man sich vornimmt, den Gang auf den Platz vor der Kathedrale ohne Tränen zu begehen, gelingt dies nicht (auch nicht vom portugiesischen Jakobsweg kommend).

Zusammengefasst sind also die Parallelen zwischen Pilgern und Veränderungsprozessen nicht zu übersehen: Es ist ein langer Weg, auch Pausen sind notwendig zur Regeneration und man muss zwangsweise durch das »Tal der Tränen« gehen, um die transformierende Idee oder das fokussierende Ereignis erleben zu können. Das Ganze tut in der Regel sehr weh, aber es gibt auf dem Weg Unterstützer. Dies können, müssen aber keine Berater sein.

4.4 Das Eisbergmodell

Im Kern geht es beim Eisbergmodell darum, dass nur ein Teil eines Eisbergs sichtbar ist und ein anderer (größerer) nicht. Die originäre Herkunft des Modells ist umstritten. Zum Teil wird das Konzept bereits Freud oder Watzlawick zugeschrieben. Erstmals namentlich genannt wurde der Eisberg von Ernest Hemingway, allerdings aus dem Kontext heraus, dass er postulierte, dass die Figuren in einem Roman nicht zur Gänze beschrieben werden sollten. Die vollumfängliche Entwicklung der Figur wäre bzw. sollte sogar größtenteils dem Leser überlassen werden.

Die bis heute gängige Basisbeschreibung des Eisbergmodells stammt hingegen von Ruch & Zimbardo (1974). Ihnen ging es grundsätzlich um die bewussten und die unbewussten Anteile von Persönlichkeit. Das Modell wurde im weiteren Verlauf in viele Kontexte übertragen, die dieses zumeist vom Individuum auf größere soziale Einheiten adaptierten. Für den hier vorliegenden Kontext ist an die von Schein entwickelte Adaption im Sinne des Kulturebenenmodells anzuknüpfen (▶ Kap. 3.2). Kernbotschaft und -auftrag war hier, dass Berater stets versuchen sollten, die Unternehmenskultur als Ganzes zu erfassen, wohlwissen, dass gerade aus der Perspektive eines Externen es nahezu unmöglich ist, dem auch vollumfänglich gerecht zu werden. Wesentlich ist dabei die Unterscheidung zwischen der rationalen und emotionalen Ebene durch die entsprechende Verortung im Eisberg (▶ Kap. 3.3).

Hinzu kommt, dass wie in Kapitel 1.1 beschrieben die Auftraggeber häufig selbst oberflächlich bleiben und den Auftrag entsprechend auf der Symptomebene und nicht auf der Ursachenebene positionieren. Zumal eine Organisation als Ganzes oder die darin handelnden Individuen sich oftmals sowohl der Tiefe des Problems als auch der Positionierung des Themas gar nicht wirklich bewusst sind bzw. bewusst sein können. Verknüpft man nun die Verortung im Eisberg mit der aus Kapitel 1.1 bekannten Beratungsebene, ergeben sich wiederum vier Varianten von Beratungstiefen (▶ Dar. 19).

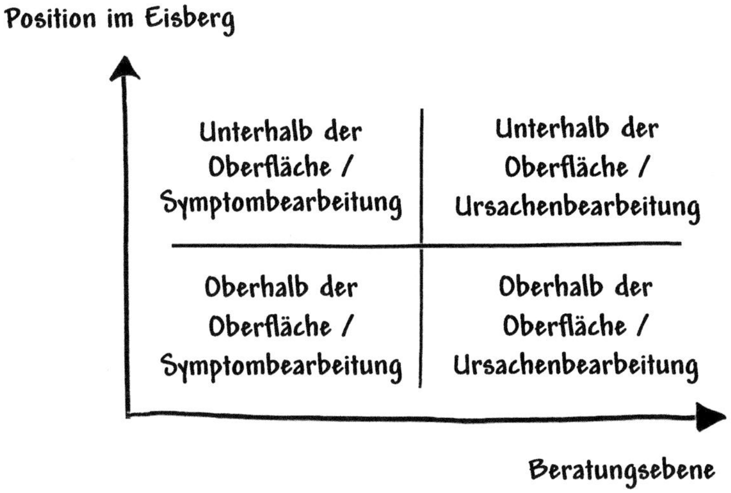

Dar. 19: Beratungstiefenmatrix

Das Beratungsobjekt ist sichtbar. Es wird an den Symptomen gearbeitet

Für diesen Fall nimmt man zunächst einmal an, dass es aus der Perspektive der Beratenden klar ist, dass es sich hier um ein Thema aus dem Bereich der sichtbaren Artefakte handelt. Das dürfte auch für die Beratenen gelten, die den entsprechenden Auftrag gegeben haben. Wenn man nun eng am Kulturebenenmodell bleibt, wären hier beispielsweise Themen wie sichtbare Verhaltungsmuster zu nennen. Weitet man dies noch aus, könnte man auch den Begriff der sonstigen Hard Facts einführen wie sichtbare Strukturen und Prozesse in einer Organisation. Auftrag an die Berater ist dann (zumeist), eine diesbezügliche Veränderung durchzuführen. Wie in Kapitel 1.1 ausgeführt, ist jedoch oftmals nicht klar, ob das Thema eher als Symptom oder als Ursache gesehen wird.

Geht man von ersterem Fall aus, so ist diese Konstellation einerseits leicht zu bearbeiten. Andererseits könnte schnell klar werden, dass die eigentliche Ursache an einer anderen Stelle ein anderes Symptom generiert (und damit möglicherweise sogar einen Anschlussauftrag). Es geht hier jedoch eher um die Frage des psychologischen Hintergrunds und damit insbesondere darum, ob diese Konstellation mit der Auslösung von Ängsten und Widerständen bei den Mitarbeitern korreliert. Nimmt man nun einen Praxisfall wie die Verbesserung des Reklamationsmanagements und fokussiert sich dabei auf die Implementierung einer neuen Reklamationssoftware, so dürften sich die angstauslösenden Treiber in Grenzen halten.

Das Beratungsobjekt ist sichtbar. Es wird an den Ursachen gearbeitet

Bleibt man beim Beispiel von eben und erweitert dies zugleich vom Umfang her, so wäre beispielsweise die Einführung eines EFQM-Modells ein denkbarer Ausgangspunkt. Auch hier ist das Beratungsobjekt bekannt und das beratende Unternehmen beginnt damit, u. a. Prozesse aufzunehmen, Verbesserungspotenziale zu ermitteln und letztlich eine kontinuierliche Veränderung zu initiieren. Dies alles auf Basis des EFQM-Modells (ein vergleichbarer Ansatz ist die ISO 9001:2000). Nicht nur vom Umfang her wird schnell klar, dass bei der Bearbeitung nicht nur Symptome, sondern vor allem die Ursachen im Fokus stehen. Das EFQM-Modell (oder ISO) dient dabei als Vehikel, um diese auch tatsächlich identifizieren zu können.

An dieser Stelle kommt der Hierarchie eine besondere Bedeutung zu: Ist es so, dass ein derartiges Projekt lediglich dazu dient, eine entsprechende Zertifizierung zu erhalten, so ist es durchaus denkbar, dass die dazu notwendigen Handbücher gut gefüllt werden, sich letztlich nachhaltig aber relativ wenig tut. Das impliziert, dass die Mitarbeiter wiederum relativ entspannt mit solch einem Projekt umgehen können. Ist es aber so, dass der Auftraggeber weiß, dass seine Mitarbeiter noch nicht über den Sense of Urgency verfügen, so kann ein solches Projekt geeignet sein, genau diesen herzustellen. Es ist daher kein Zufall, dass als radikal bekannte Ansätze wie die Einführung von Agilität gerne bei solch behäbigen Organisationen eingesetzt werden. Damit ist selbstverständlich verknüpft, dass sowohl Einzelne als auch das gesamte System die Veränderungskurve mit den dort geschilderten Auswirkungen durchschreiten müssen.

Das Beratungsobjekt ist nicht sichtbar. Es wird an den Symptomen gearbeitet

Hier geht es nach dem Kulturebenenmodell um Werte, Normen und Grundannahmen auf der einen Seite in Kombination mit der Arbeit auf der Ebene der oben bereits beschriebenen Symptome. Was hier wie ein großer Themenblock aussieht, wird bei Schein noch einmal differenziert (▶ Kap. 3.2): Die Werte und Normen sind teils sichtbar und teils unsichtbar und bei den Grundannahmen geht man davon aus, dass diese nicht sichtbar sind. Während es demnach sicher noch denkbar ist, an einer veröffentlichten Firmenphilosophie zu arbeiten, dürfte allein schon die Definition des Beratungsobjekts in Form der dieser Firmenphilosophie zugrundliegenden Unternehmens-DNA schwierig sein.

Mehr noch: Man wird möglicherweise an einer neuen Philosophie zu arbeiten beginnen, jedoch im Laufe der Zeit erkennen, dass dieser Ansatzpunkt nicht der richtige war. Dies geht in diesem Fall einher mit der Beratungstiefe. Die Hypothese ist demnach, dass ein Beratungssetting, das bei Themen unterhalb der Oberfläche ansetzt, eine reine Symptomarbeit per Definition zum Scheitern verurteilt ist.

Und dies insbesondere dann, wenn der Startpunkt nicht einmal sichtbar ist. Dies ist vergleichbar mit Leadership-Trainings, deren Fokus es beispielsweise ist, der Führungskraft ein besseres Auftreten beizubringen. Richtig wäre hier über Grundannahmen von Führungsverständnis sowie über die mit der Aufgabe verbundenen persönlichen Defizite zu sprechen.

Kommt man nun zur Bedeutung dieser Art von Beratungstiefe im Zusammenhang mit der Entwicklung von Ängsten und Widerständen, so ist vorstellbar, dass Letztere durchaus auftreten können. Es ist an dieser Stelle vermutlich eher eine Intuition denn ein rationaler Gedanke: Um im Beispiel des Leadership-Trainings zu bleiben, besteht für einen Teilnehmer die latente Gefahr, dass über die reine Verbesserung der Rhetorik auch tiefergehende Themen angeschnitten werden.

Der Autor erlebt dies selbst als Berater immer wieder: Denn die systemische Beratung arbeitet sehr oft mit dem Mittel der Tiefenbohrung. So sind die Teilnehmer schon bei einfachen Visions- und Missionsworkshops häufig sehr überrascht, wie nah der Prozess an ihren Persönlichkeiten haltmacht. Insgesamt dürfte sich also diese Kombination bei professioneller Bearbeitung eher in die Richtung der nachfolgenden Variante entwickeln. Ähnlich wie bei einer Verhaltenstherapie, die die noch sichtbaren Muster symptomatisch bearbeitet und dabei im Verlauf von der Tiefe und den Methoden her zu einer Psychotherapie wird (ohne dass dies der Therapeut auch unbedingt so formulieren würde).

Das Beratungsobjekt ist nicht sichtbar. Es wird an den Ursachen gearbeitet

Bereits mit der Beschreibung dieser Konstellation ist erkennbar, dass hier Angst und Widerstand auslösende Umstände entstehen werden. Schwierigkeiten dürften zu Beginn (wie zuvor) die echte Fassung des Beratungsobjekts sein. Nicht nur auf der Seite der Beratenden, sondern auch beim Auftraggeber. Der den Auftrag auslösende Umstand ist ja zumeist etwas, das zumindest für die Entscheider sichtbar ist wie beispielsweise ein Mangel an Kooperationsbereitschaft auf der nächsten Hierarchieebene. Wenn nun im Beratungssystem im Laufe des Prozesses die Erkenntnis reift, dass dieser Mangel mit eher unsichtbaren Themen wie alte Loyalitäten oder individuelle Karriereabsichten korreliert, so wird die Bearbeitung nicht nur der Symptome, sondern der Ursachen in der Regel sehr ungemütlich für die Beteiligten.

Es ist demgemäß festzuhalten, dass auch die Art der Beratungstiefe Auswirkungen auf die emotionale Betroffenheit der Beteiligten hat. Die Grenzen dieser Kombinationen können dabei jedoch fließend sein und sich auch dynamisch entwickeln. Wichtig aus Beratersicht ist, dass man sich stets bewusst ist, im welcher Beratungstiefe man sich aktuell befindet und wo möglicherweise Tendenzen zu erkennen sind. Denn nur so können Reaktionen aus dem Kundensystem richtig gedeutet werden.

Wie zu Beginn dieses Kapitels erwähnt, starten Beratungsprojekte oftmals in einer ungefährlichen Zone (oberhalb/Symptom) und gehen dann allmählich in eine andere Beratungstiefe über (oberhalb/Ursache). Dies dürfte auf einen Großteil der Projekte zutreffen. Gelegentlich – und insbesondere mit den Mitteln und der Haltung der systemischen Beratung – bleibt man dann aber nicht mehr bei dem oberflächlichen Thema, sondern geht in die oben letztgenannte Kombination (unterhalb/Ursache). Der Übergang dorthin ist für das Beratersystem in der Regel erkennbar.

4.5 Ziele oder Werte?

Zum Ende dieses Kapitels, das sich mit den psychologischen Hintergrundmodellen im Beratungskontext befasst hat, soll noch einmal ein Aspekt des vorangegangen Kapitels 4.4 aufgegriffen werden, der für das Thema Emotionalität eine große Rolle spielt. Es geht um die Frage, ob Individuen sich eher über Ziele oder über Werte motivieren und damit auch steuern lassen – was gerade im Kontext von Veränderungsprozessen bedeutsam ist. Die Rolle von Angst wurde bereits ausführlich besprochen. Diese dient wie gezeigt generell als Antriebskraft zur Vermeidung einer sich abzeichnenden Veränderung. Schwieriger (insbesondere für Führungskräfte und für mit Veränderungen Beauftragte) ist es, auf der positiven Seite Neugier und Interesse für eine Veränderung zu wecken, da deren Eingehen für ein Individuum mit einem Risiko verbunden ist (hinzu kommt noch, dass die Risikobereitschaft auch höchst individuell ausgeprägt ist).

Die Frage nach der Effektivität von Motivation über Ziele oder Werte geht über die Motivationsforschung: Diese wurde in diesem Buch schon zitiert und soll nun hierfür konkreter analysiert und definiert werden. Sprenger definiert Motivation zunächst als Zustand aktivierter Verhaltensbereitschaft des Mitarbeiters (Sprenger 2000: 21). Das beschreibt eine Perspektive, die diejenige einer Führungskraft ist, die vor der Frage steht, wie man die maximale Leistung aus seinen Mitarbeitern generieren kann. Das häufigste (und einfachste) Mittel hierzu sind extrinsische Motivationsanreize wie monetäre Leistungen oder die implizite oder explizite Nennung von Aufstiegschancen innerhalb der Hierarchie.

Dem Autor gegenüber äußerte einmal ein Regionalmanager, der die vertriebliche Gesamtverantwortung für den asiatischen Bereich übernommen hatte, dass er diese Herausforderung nicht nur wegen des Geldes und der sich abzeichnenden Karriere angenommen hätte, sondern auch wegen des Potenzials für seine persönlichen Weiterentwicklung. Es sind damit vor allem die intrinsischen Anteile, die im genannten Beispiel eine Rolle gespielt hatten. Es ergibt sich so eine Matrix von Motivationshebeln (intrinsisch oder extrinsisch) und Motivationsfaktoren (Ziele oder Werte), deren Kombination dahingehend untersucht werden kann, welche davon im Rahmen von Veränderungsprozessen bestenfalls gewählt werden sollte, um das gewünschte Ziel zu erreichen. Der Fokus liegt dabei auf den Motivationsfaktoren (▶ Dar. 20).

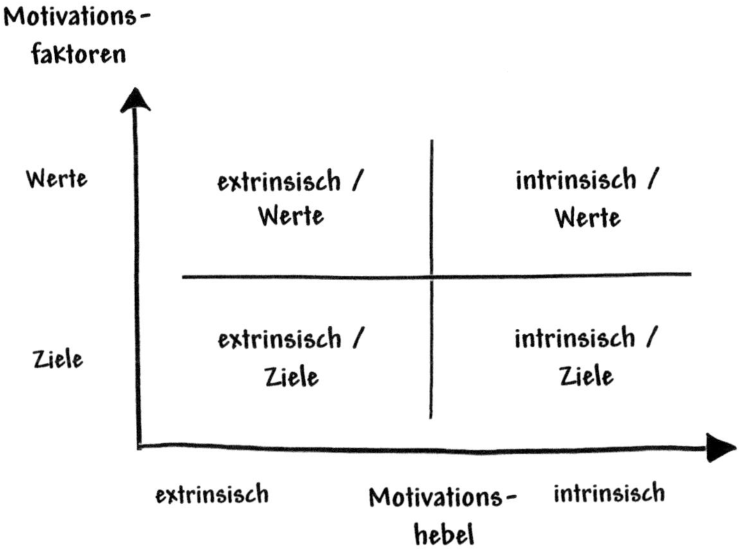

Dar. 20: Motivationsmatrix

Führungskräfte (und Veränderer) setzen auf extrinsische Motivation über Ziele

Bereits die Aussagekraft dieser Formulierung macht zunächst klar, dass gerade beim Thema Motivationshebel diese für die Führungskräfte und für die mit der Veränderung Beauftragten unterschiedlich ausgeprägt sind. Ein Berater hat lediglich eine geborgte bzw. von einem Entscheider übertragene Macht. Es liegt also eher in der Persönlichkeit eines Beraters, diese Macht klug zu nutzen – wohlwissend, dass die beteiligten Mitarbeiter grundsätzlich freiwillig mitarbeiten, denn es fehlt schlicht am Instrumentenkasten der Sanktionsmöglichkeiten. Führungskräfte hingegen können sowohl diesen als auch deren positive Komplementäre einsetzen. Sprenger (2000: 54ff) formuliert zu beiden Kategorien die fünf großen B: Bedrohen, Bestrafen, Bestechen, Belohnen und Belobigen. Aus dem Bedrohen und Bestrafen wird so zunächst die Strategie Zwang.

In Verbindung mit dem Faktor Ziele lassen sich denkbare Beispiele formulieren wie die Vermeidung von im Raum stehenden Kündigungen, Abmahnungen oder Gehaltskürzungen. Bei den Mitarbeitern wird damit eine mechanistische Erkenntnislogik angenommen, die – hier im Kontext von Veränderungsprozessen – dazu führen soll, dass sie sich am Projekt beteiligen. Jedoch findet diese Strategie dort ihre Grenze, wo den Betroffenen eine Ausweichmöglichkeit offensteht, beispielsweise durch inneren, nicht nach außen getragenen Widerstand. Mit anderen Worten: Eine durch externen Druck erzeugte Veränderung kann möglicherweise einen Energieimpuls auf das betroffene System auslösen, wird aber voraussichtlich keinen nachhaltigen Erfolg haben.

Diese Erkenntnis führt zu einer weiteren Variante der extrinsischen Motivation über Ziele: Es ist die Strategie Ködern. Hier wird indirekt belohnt und indirekt bestraft. Dieser Ansatz ist bekannt aus dem klassischen Provisions- und Optionsmodellen: Ein vorher definierter Rahmen sorgt dafür, dass das Individuum sich entsprechend anstrengt, um das Ziel zu erreichen. Tut es das nicht, wird es (indirekt) bestraft. Auch hier ist die innere Einstellung eines Mitarbeiters zunächst nicht von Bedeutung. Steigt er in das System ein, ist es von Vorteil für ihn (und das Unternehmen, sofern das Anreizsystem klug aufgesetzt ist), anders ein Nachteil (und hier nicht unbedingt für das Unternehmen, da keine zusätzlichen Kosten entstehen). Für Veränderungsprozesse erscheint dieser finanzielle Ansatz weniger geeignet. Allenfalls der Köder zusätzliche Karrierechance wäre denkbar, möglicherweise sogar in der Form einer vorübergehenden Übernahme der internen Projektverantwortung mit Aussicht auf eine Fortführung in einer neuen Struktur (indirekte Belohnung). Beteiligt man sich also nicht an dem Projekt, steht die indirekte Bestrafung (möglicherweise in Form einer Kündigung).

Führungskräfte (und Veränderer) setzen auf intrinsische Motivation über Ziele

Es gilt hier Vergleichbares zur Durchsetzungskraft von Entscheidern und Beratern wie im obigen Fall. Allerdings bietet der Hebel der Intrinsität Ansatzpunkte für die externen Unterstützer. Denn intrinsisch bedeutet zunächst einmal innerlich oder von innen her kommend und ist damit für einen außenstehenden Betrachter nicht einsehbar. Somit haben beide die gleichen Startchancen – oder anders formuliert sind beide darauf angewiesen, dass die Betroffenen entsprechend auf das Vorhaben reagieren.

Eine echte Motivierung, wie Sprenger sie nennt, ist daher nur der Versuch, die intrinsische Motivation adäquat anzusprechen. Er nennt die erste Strategie dazu die Verführung. Sie geht einher mit Bestechung, Belohnen und Belobigen. Die Ziele werden nach Sprenger (2000: 59) dabei eingeschleust »...in die Persönlichkeit des Mitarbeiters..., ohne dass dieser es bemerkt«. Damit spielt die innere Einstellung der Mitarbeiter die wesentliche Rolle. Man kennt dies insbesondere von amerikanischen Unternehmen, die ihren Mitarbeitern den psychologischen Deal anbieten, dass sie bei einem vollständigem Commitment zu den Zielen und zur Unternehmenskultur ein Teil von etwas Größerem werden und so über sich hinauswachsen können. Dies wiederum liegt zum einen an erfolgreich erprobten Anleihen aus dem Militär, aber auch an der im Vergleich zu Europa geringeren Loyalität zum Arbeitgeber und den damit notwendigen Personalbindungsansätzen.

Berater können ebenfalls hier anknüpfen, indem sie im Rahmen eines Projekts dessen Bedeutung für beispielsweise die Zukunft des Unternehmens herausstellen und damit möglicherweise die intrinsische Motivation der Beteiligten ansprechen. Von den hier angesprochenen fünf großen B bleibt für Berater jedoch nur das Belobigen zum Verführen. Verknüpft man dies noch mit Belohnung und Bestrafung (durch die Entscheider), so führt dies zur Strategie Vision. Gerade hier wird die emotionale Ebene angesprochen. Anders formuliert ist eine schriftlich verfasste Vision ohnehin nur dann hilfreich, wenn sie beim Rezipienten auch eine emotionale Wirkung entfacht. Es ist daher kein Zufall, dass – wie bereits in Kapitel 3.4 beschrieben – Kotter in seinem Phasenmodell neben der Überwindung der Complacency die Entwicklung einer Vision zu Beginn eines Veränderungsprozesses als essenziell erachtet.

Als Zwischenergebnis kann daher festgehalten werden, dass beim Motivationsfaktor Ziele die Ansteuerung des intrinsischen Motivationshebels hilfreicher ist als ein extrinsischer Ansatz.

Dies auch deshalb, weil bei letztgenanntem Modus immer die Grundhaltung des Misstrauens vorherrscht. Man agiert dementsprechend lieber (vermeintlich) motivierend über extrinsische Anreize als den Mitarbeitern zu vertrauen. Bevor nun die anderen beiden Kombinationen aus Werten und den eben genannten Motivationshebeln analysiert werden, soll zunächst ein genauer Blick auf die Werte gelegt werden, da diese im Vergleich zum Begriff des Ziels weniger eindeutig definiert sind.

Obwohl Werte in aller Munde sind, gibt es bis dato dazu keine einheitliche Definition. Wikipedia listet mehrere Ursprünge aus der Volks- und Betriebswirtschaftslehre, der Finanzwirtschaft und den Geisteswissenschaften, hier speziell der Ethik, der Theologie, der Soziologie und der Pädagogik, auf. Die Trennlinie zwischen den ökonomischen und den anderen Bereichen ist dabei der reale und der ideelle Wert. Ansonsten (im allgemeinen Sprachgebrauch) seien Werte »...als erstrebenswert oder moralisch gut betrachtete Eigenschaften bzw. Qualitäten, die Objekten, Ideen, praktischen bzw. sittlichen Idealen, Sachverhalten, Handlungsmustern, Charaktereigenschaften oder auch Gütern beigemessen werden«.

Im für dieses Buch und für das übergeordnete Kapitel relevanten Bereich der Psychologie gab es ebenfalls Definitions- und Erklärungsversuche. Insbesondere Joas mit seinem Werk »Die Entstehung der Werte« hat hier einen wesentlichen Beitrag geleistet. Bereits in seinem ersten Kapitel wirft er selbst die Frage auf, wo Werte eigentlich herkommen – und beantwortet diese zugleich: »Werte entstehen in Erfahrungen der Selbstbildung und Selbsttranszendenz« (Joas 2019: 10). Der Begriff Selbstbildung ist wiederum fast selbsterklärend: Darunter ist zu verstehen, in welcher Weise Erfahrungen, Verletzungen oder auch Prägungen Einfluss nehmen auf die Entwicklung einer persönlichen Identität (zur Selbsttranszendenz vgl. weiter unten). Die Werte entstehen dabei nicht zufällig, sondern aus der aktiven Suche des Individuums nach seinem wahren Selbst (Kaube 1998: 35). Nun jedoch zurück zu den Motivationshebeln und Motivationsfaktoren.

Führungskräfte (und Veränderer) setzen auf extrinsische Motivation über Werte

Schleckser (2021) hat in seinem Beitrag »Why your company needs values, not a rulebook« eine gute Vorlage für diese Kombination aus Motivationhebel und Motivationsfaktor erstellt. Es geht hier um den Umstand, dass viele Unternehmen – auch nach außen kommuniziert – bestimmte Werte für sich propagieren. Diese sind im besten Fall ein Orientierungspunkt dafür, wie im unternehmerischen Kollektiv Entscheidungen getroffen werden. Sie sind damit kein Selbstzweck. Hintergrund ist der, dass für die internen wie externen Schnittstellen (insbesondere zum Kunden) zwar sog. »standard operation procedures« beschrieben werden können. Die Anzahl und die Variabilität dieser Prozessbeschreibungen (im rulebook) jedoch nicht alles abdecken.

Als Beispiel nennt Schlickser McDonald's. Das Unternehmen hat es geschafft, weltweit einen weitestgehend einheitlichen Auftritt zu kreieren, der zwar zu einem bestimmten Teil auf die angesprochenen Regelwerke und Standards zurückzuführen ist, was jedoch nicht nur daran liegt. McDonald's schreibt dazu passend auf deren Homepage: »Our values are the filter through which all business decisions are made because actions are bigger than words« (o. V. o. J. d).

Ähnlich aufgestellt sind in Deutschland beispielsweise die Lufthansa oder Siemens. Denn werden diese Werte tatsächlich täglich gelebt, so entsteht eine Unternehmenskultur. Nicht umsonst bezeichnen sich die Angestellten der beiden letztgenannten Firmen auch selbst als Lufthanseaten oder Siemensianer, was ein großes Committment zu den Werten des Unternehmens ausdrückt. Es rückt damit im Kontext von Veränderungsprozessen noch eine ganz andere Frage in den Mittelpunkt: Gehen die geplanten Veränderungen konform mit den Werten und der Kultur dieser Unternehmen? Ist dies nämlich nicht der Fall, so dürften die Widerstände sogar noch größer werden.

Insbesondere externe Berater haben dann wegen der oben beschriebenen Mangelsituation bezüglich Sanktionen wiederum wenige bis keine Hebel in der Hand. Auch besteht bereits vorher die Gefahr, dass die formulierten Werte entweder nicht gelebt werden und/oder nicht mit den Werten der Mitarbeiter übereinstimmen. Dies bezieht sich nicht grundsätzlich auf alle Mitarbeiter. Es sollte jedoch eine normalverteilte Übereinstimmung der individuellen Werte mit den Unternehmenswerten existieren. Andernfalls wäre sogar der Bestand des Gesamtsystems in Gefahr, da die Summe der Realitätskonstruktion jedes einzelnen Mitarbeiters ein Unternehmen erst konstituiert. Fehlt hier eine gemeinsame Ausrichtung, werden Identität und Abgrenzung schwer möglich.

Zusammengefasst ist der Motivationsfaktor Werte damit hilfreicher als Ziele – die alleinige Fokussierung auf den extrinsischen Motivationshebel jedoch mit Gefahren verbunden.

Führungskräfte (und Veränderer) setzen auf intrinsische Motivation über Werte

Im vorangegangenen Abschnitt wurde die Problematik des Auseinanderfallens von individuellen und unternehmerischen Werten angesprochen. Die Frage ist dabei, weshalb dies so gefährlich ist. Die Antwort ist in der Bedeutung der Werte für ein Individuum zu finden. Damit kommt man an dieser Stelle wieder zu dem o. g. Begriff der Selbsttranszendenz. Nach Frankl ist damit definiert, dass ein Individuum sich nur so verwirklichen kann, indem es einen Sinn in seiner Außenwelt, nicht aber in sich selbst sucht (vgl. Frankl 1997: 34). Dieser Sinn bzw. die Sinnsuche sei »...in der Tiefe des Selbst verankert...« (Ohnesorge & Fitz 2014: 3). Damit erhält die individuelle Sinnsuche eine gewichtige emotionale Schlagkraft: Die zur Sinnsuche korrespondierenden Werte werden so zu höchst wirksamen Motivationsfaktoren.

Gerade aus dem Coaching (und zum Teil aus der Psychotherapie) ist jedoch bekannt, dass Menschen Probleme bei der Sinnsuche haben. Deshalb erscheint es für den Einzelnen einfacher, sich der Verfolgung von Zielen zu widmen, da diese besser zu identifizieren und zu erreichen sind. Im beruflichen Umfeld sind dies beispielsweise eine steile Karriere oder Selbstbewusstsein im Auftreten. Die Erreichung dieser Ziele wirkt jedoch nicht in die Tiefe des Selbst: Sie »...beschreiben lediglich die Art und Weise, wie unsere Werte erreicht bzw. vermehrt werden sollen« (Fitz 2021: 46). Nur Werte schaffen damit für ein Individuum Sinn – und passen damit auch zum extrinsischen Motivationshebel. Das stellt jedoch Führungskräfte wie Veränderer vor ein Dilemma: Wie oben ausgeführt, ist der Motivationsfaktor Ziele nur bedingt, der Faktor Werte dagegen deutlich besser geeignet. Letztere entziehen sich jedoch dem direkten Zugriff und werden bisweilen nicht einmal von den Betroffenen selbst richtig erkannt.

In einer idealen Welt müsste man daher konsequenterweise noch vor einem Veränderungsprojekt mit den Beteiligten ein individuelles Coaching absolvieren, dass zur Klärung der eigenen Werte führt. Die unternehmerischen Werte müssten dann damit verglichen und die nach dem Veränderungsprozess möglicherweise neuen Werte identifiziert werden. Auch spielt hier dann wieder die Vision eine Rolle, die bestenfalls aufbauend auf den (gemeinsamen) Werten als neues Ziel erarbeitet wird.

Die Realität ist bekanntermaßen eine andere: Oftmals liegt nicht einmal eine echte Vision vor (Ziel), das Unternehmen steuert überwiegend über extrinsische Motivationshebel, die Werte stehen nur auf dem Papier und die Mitarbeiter verfolgen ihre eigenen Ziele und Werte. Aus einer unternehmerischen Beratersicht sind dies die besten Voraussetzungen dafür, dass diese Gemengelage zumindest zu einem Symptom führt, das letztlich ausschlaggebend für eine Auftragserteilung ist.

Fallstudie StromWind AG
Mit Unterzeichnung des schriftlichen Vertrags wurde vereinbart, dass ein Steering Committee zur Projektsteuerung eingerichtet werden sollte. Bei dessen ersten Zusammentreffen war es ein Anliegen des Beraterteams, noch einmal darauf hinzuweisen, dass Veränderungsprozesse naturgemäß mit Widerständen einher-

gehen und deshalb das Projektdesign dies entsprechend berücksichtigen muss: »Widerstand ist ganz normal – und dahinter liegen in der Regel ganz gewöhnliche Ängste. Es geht im Kern immer um Angst vor Veränderung, da diese individuell damit verbunden wird, dass sie sich letztlich letal auswirken könnte. Das ist komplett irrational, aber dennoch entwicklungsgeschichtlich nachvollziehbar. Diese Angst hat uns nämlich evolutorisch geholfen zu überleben. Wir sind am Ende die Nachfahren von Angsthasen«, führten die Berater aus.

Es wurde daher bei der Entwicklung der Projektarchitektur darauf Wert gelegt, die typischen Veränderungsphasen zu berücksichtigen und vor allem auch den betroffenen Mitarbeitern Zeit einzuräumen, diese individuell reflektorisch verarbeiten zu können. Dies beginnt generell bereits mit dem Startschuss für eine Veränderung. Dabei ist es wichtig, einen Veränderungsanstoß zu setzen und Aufmerksamkeit zu erzeugen. Es wurde daher beschlossen, hierfür ein Town-Hall-Meeting einzuberufen, bei dem alle Mitarbeiter am Hauptstandort zusammenkommen sollten. Der Vorstand bekam den Auftrag, dort die notwendigen Veränderungsziele vorzustellen und den Betroffenen sollte die Gelegenheit gegeben werden, sich damit auseinanderzusetzen. Für die danach folgende Phase des vorauszusehenden, einsetzenden Widerstands wurde die Idee generiert, die Mitarbeiter bei der Ausarbeitung der Maßnahmenplanung mit einzubinden. Dem Steering Committee war jedoch bewusst, dass das »Tal der Tränen« individuell unweigerlich kommen würde. Viele Mitarbeiter würden sich früher oder später bewusst werden, dass sie entweder neue Aufgaben und Verantwortlichkeiten übernehmen müssten – und bis dahin möglicherweise auch die potenzielle Gefahr des Arbeitsplatzverlustes im Raum stehen könnte. Das Beraterteam gab an dieser Stelle den Hinweis, dass es psychologisch nicht möglich sei, diese Phase zu überspringen oder zu verkürzen. Sowohl aus der Wissenschaft wie aus vielen anderen Projekten sei bekannt, dass ein Übergehen hier zu einem individuellen wie systemischen Stillstand führt. »Ja. Da muss man durch!«, sagte eine Führungskraft der StromWind. »Genau wie auf dem Jakobsweg. Da gibt es auch diesen Moment, wo man einfach nicht mehr weiterkann und will. Und es tut auch verdammt weh. Aber man hat ein Ziel und da muss auch jeder für sich irgendwie herausfinden!« Ein Berater schlug vor, für diejenigen, die sich in dieser Phase besonders schwertun würden, ein persönliches Coaching anzubieten. Für die folgenden Veränderungsphasen der Akzeptanz und des Commitments wurden dann weitere Maßnahmen beschlossen wie Führungskräftetraining – aber auch das Zelebrieren der Veränderung und des Fortschritts.

Bezüglich des zeitlichen Rahmens war es der Vorschlag der Beraterseite, für das Gesamtprojekt insgesamt ein Fenster von ca. 1,5 Jahren zu reservieren. Das erschien auf Kundenseite zunächst sehr lange. Jedoch wurde bei der Diskussion um das Ausmaß und Tiefe der Veränderung klar, dass hierfür vermutlich auch ein Wandel bezüglich der Unternehmens-DNA notwendig seien. Konkret ging es zwar inhaltlich um das Geschäftsmodell, auf der Tiefenebene jedoch um das

Selbstverständnis der StromWind als Unternehmen, das Gutes tut und die Erzielung eines Profits eher nachgelagert ansieht. Diese Haltung hatte zum Teil verhindert, dass die StromWind sich in Richtung Antifragilität entwickeln konnte, schlussfolgerten die Berater: »Die Veränderung einer solchen Grundannahme korreliert für gewöhnlich dann mit noch größeren Ängsten – und in diesem Fall quer durch alle Hierarchieebenen, was wiederum mehr Ver- und bearbeitungszeit verlangt«. Diese Argumentation konnte die Kundeseite im Steering Committee nachvollziehen und so wurde ein entsprechender Projekt- und Zeitplan verabschiedet.
Zum Abschluss des Meetings ergab sich dann noch eine fast akademische Diskussion: Die Frage war, wie man als Führungskraft generell Ängsten begegnen und wie man gleichzeitig für ausreichend Neugier sorgen kann. Ein Berater führte aus: »Man kommt hier auf die beiden wesentlichen Hebel Ziele oder Werte. Letztere sind besser geeignet, um Individuen anzusprechen, da über die individuelle Wertebildung der in einer Persönlichkeit verankerte Wunsch nach Sinnbildung verfolgt werden kann. Das Problem dabei ist, dass zum einen nicht jeder seine Werte kennt. Und umgedreht Führungskräfte nur indirekt darauf Einfluss nehmen können. Das ist im Grunde ein Dilemma. Wenn man es richtig machen wollte, müsste man daher vor einem Veränderungsvorhaben mit jedem einzelnen Mitarbeiter auf die Suche nach seinen Werten gehen um dann gemeinsam hierüber Veränderungen in der Organisation anzustoßen.«

Dar. 21: Psychologische Hintergrundmodelle im Beratungskontext

5 Methodenauswahl auf der Seite der Berater

Gleich zu Beginn dieses Buchs sowie an verschiedenen anderen Stellen, wurde diskutiert, welcher schlechte Ruf Beratern und Beratungshäusern bisweilen vorauseilt. Abgesehen von dem darin enthaltenen Anteil von Missgunst wegen vermeintlichen Reichtums dürfte dies oftmals sicher auch an der Haltung der Berater liegen, mit der ein Projekt angegangen und bearbeitet wird. Im Rahmen der Beschreibung des Phasenmodells von Beratung wurde darauf bereits hingewiesen: Es gibt das Setting eines Fachberaters und dasjenige eines Prozessberaters. Der Fachberater tritt als Experte für ein Thema auf – der Prozessberater betreibt eher Hilfe zur Selbsthilfe. Erstgenannter wiederum dürfte grob dem »typischen«, ungeliebten Beraterbild entsprechen. Bei Zweitgenannten besteht dagegen sogar eher die Möglichkeit, dass diese Personen noch nicht einmal als Berater wahrgenommen werden. Für (systemische) Prozessberater kann in der Praxis schon einmal das Stichwort »Psychos« fallen oder man bedankt sich nach einem gelungenen Workshop bei den »Moderatoren«. Beratung hat dann in den Augen der Kunden gar nicht stattgefunden, obwohl aus der Perspektive der beratenden Seite sehr wohl und intensiv beraten wurde.

In diesem Kapitel soll daher der Fokus auf die Methodenwahl bei der Beratung gelegt und untersucht werden, inwieweit dies Einfluss auf die Wirksamkeit von Beratung hat und bei welchen Anlässen welche Methodik hilfreicher ist. Dies alles vor dem Hintergrund der bei der Beratung im Hintergrund ablaufenden psychologischen Prozesse. Auch soll überlegt werden, ob es über die klassischen Methoden hinaus weitere Ansätze gibt, die hilfreich sein können.

5.1 Fachberatung oder Prozessberatung?

Zu Beantwortung der Frage in der Überschrift soll zunächst in aller Kürze das hier zugrunde gelegte Verständnis von Fachberatung und Prozessberatung näher erläutert und analysiert werden (eine erste Annäherung gab es bereits in Kapitel 3.2). Demgemäß soll unter Erstgenannter ein Modus verstanden werden, bei dem »…der Berater auf der Basis seines Wissens oder seiner Erfahrung Vorschläge, Anregungen, Hinweise gibt. Dabei kann es sich um Vorschläge zur Lösung bestimmter EDV-Probleme handeln, oder eine Beraterin kann darstellen, wie sie in einer Konfliktsituation vorgehen würde…« (König & Volmer 2008: 57). Fachberatung wird deshalb auch oft als Expertenberatung bezeichnet. Diese Beratung existiert nicht nur im Bereich der Betriebswirtschaft, sondern in einer ganzen Reihe von Fach- und Lebensbereichen: Das Arzt-Patienten-Modell wurde oben schon genannt.

Demgegenüber steht die Prozessberatung. Diese ist »...Unterstützung des Kunden, die Situation selbst zu klären und selbst neue Lösungen zu entwickeln: Eine Klientin wird dabei unterstützt herauszufinden, wo genau die Probleme mit ihrem Vorgesetzten liegen; im Rahmen einer Teamberatung entwickelt das Team selbst neue Regeln zur Verbesserung der Zusammenarbeit« (König & Volmer 2008: 57). Es steckt hier jedoch noch mehr dahinter: Die Prozessberatung impliziert sogar, dass so entwickelte Lösungen länger Bestand haben und effektiver sind als Lösungen, die auf anderen Wegen zustande gekommen sind (vgl. Schein 2000: 28). Genau dies meint Hilfe zur Selbsthilfe, die somit einen Lernprozess auslöst und dementsprechend nachhaltiger ist.

Die Prozessberatung wird häufig (wie in diesem Buch bereits auch) mit der systemischen Beratung gleichgesetzt bzw. auch als systemische Prozess- oder Organisationsberatung bezeichnet. Letztlich ist dies jedoch eine Herkunfts- oder eine theoretische Frage. Die Prozessberatung als Begriff wurde bereits mit Schein in Verbindung gebracht. Die systemische Beratung hat mehrere Gründungsmütter und -väter und hat ihre Wurzeln eher in Europa als in den USA. Dementsprechend verfügt die systemische Beratung auch über eine etwas andere, breitere theoretische Fundierung (insbesondere in Verbindung mit der Systemtheorie). Königswieser et al. (2006: 34) beschreibt wie folgt: »Die systemische Prozessberatung ist kontextorientiert, offen in den Ergebnissen und Prozessschritten, bindet Betroffene ein, mobilisiert Energien, fordert Reflexion und Feedback-Prozesse... Durch ein Erkennen der eigenen Denk- und Handlungsmuster, durch Verstehen, wie Probleme entstehen, und durch Verbesserung der Kommunikations- und Problemlösungsfähigkeit erzeugen sich nachhaltige Lösungen im Unternehmen quasi von selbst«. Man erkennt, dass ein theoretischer Diskurs über die Unterschiede zur (reinen) Prozessberatung akademisch interessant, aber praktisch nicht von großer Relevanz sind.

Anders und zusammenfassend ausgedrückt: (Organisations-)Beratung kann Fach- oder Prozessberatung sein. Systemische Beratung kann eigentlich nur Prozessberatung sein.

Zurückkommend zur Fragestellung dieses Kapitels werden die Fachberatung und die (systemische) Prozessberatung nun anhand der in den drei übergeordneten Kapiteln diskutierten Kriterien Antifragilität, Beratungsanlass und Psychologie beurteilt. Konkret wird jeweils hinterfragt, inwiefern der Forderung nach dem Aufbau von Stressoren und Redundanzen, dem jeweiligen Anlass (»von schlecht nach gut« und »von gut nach exzellent«) gemäß und unter Berücksichtigung der Aspekte Angst und Widerstand durch die Anwendung der einen oder der anderen Methode genüge getan wird.

Fachberatung und Antifragilität

Beginnend mit den Stressoren (Vision, Risiko und Ungewissheit) ist die Frage, ob diese mittels Fachberatung geeignet entwickelt werden können. Sie soll so beantwortet werden, dass eine ungefähre Einschätzung möglich ist, denn die Stressoren sind zum einen in ihrer Stoßrichtung unterschiedlich und es wäre hier zum anderen auch ein Unterschied zu machen zwischen den im unternehmerischen System Beteiligten bzw. Betroffenen. Eher generell also sollte man davon ausgehen dürfen, dass Beratungshäuser wie beispielsweise die Boston Consulting Group, die als Management- und Strategieberatungen bekannt ist, im Bereich Visionsentwicklung gute Arbeit leistet. Nimmt man den Markt und die dort weiter steigende Nachfrage nach Beratung in diesem Bereich als Indikator, wird diese Hypothese gestützt (vgl. Fröndhoff 2019).

Schwieriger ist die Einschätzung für den Stressor Risiko. Hier trifft das externe, fachliche Beratungsangebot auf eine bestimmte Risiko-DNA des Auftraggebers. Konstruiert man einen Beratungsauftrag, bei dem ein relativ risikoaverses in ein risikofreudiges System fachlich hinberaten werden soll, dürfte dies vermutlich nicht gelingen. Die Veränderung ist zu groß und Fachberatung nimmt oder bekommt in der Regel nicht die Zeit, dem System eine Adapationsleistung zu ermöglichen.

Anders sieht dies vermutlich für die Ungewissheit aus: Es ist themenunabhängig häufig eine wesentliche Motivation, Berater ins Haus zu holen, damit das System einem Veränderungsimpuls ausgesetzt wird. Der Flurfunk sorgt dann dafür, dass diese Information sich schnell verbreitet. Je nachdem, wie die Beauftragung der Berater dann noch kommuniziert wird, kann sich die Ungewissheit über das, was passiert oder passieren soll, noch verstärken. Wird dies zusätzlich auf der inhaltlichen Ebene beispielsweise mit dem oben bereits genannten »Business Process Reengineering« betrieben, kommt eine weitere Verschärfung hinzu.

Bei der Schaffung von Redundanzen (im Bereich Strategie, Struktur und Kultur) durch Fachberatung kann die Analyse kürzer ausfallen: Denn betrachtet man wiederum das Angebot der klassischen Beratungshäuser und nimmt dazu deren wahrgenommen Kompetenzen im Markt als Maßstab, so steckt fast immer die vom Auftraggeber erhoffte Generierung von Effizienzen hinter einem Beratungsauftrag. Das ist exakt das Gegenteil von dem, was für die Entwicklung von Redundanzen notwendig ist. Grob argumentiert läuft fachliche Beratung damit darauf hinaus, im Bereich Redundanzen Unternehmen nicht mehr, sondern weniger antifragil zu machen. Im Detail dürfte es sogar so sein, dass Fachberatung noch nicht einmal im Stande ist, eine kulturelle Veränderung in Richtung Antifragilität auszulösen. Die Arbeit an effizienten Strukturen ist das Kerngeschäft von Beratungsunternehmen wie McKinsey. Einzig eine Strategie, die aus einer antifragilen Vision abgeleitet wird, unterstützt noch diesen Stressor.

Fachberatung und Beratungsanlass

Beginnend mit dem Anlass »von schlecht nach gut« wurde hierzu in Kapitel 2.3 der Begriff des Pull diskutiert. Unternehmen befinden sich in einer mehr oder minder kritischen Lage, die sie selbst nicht mehr bewältigen können und holen sich deshalb externe Helfer, deren Auftrag es ist, den akuten Notstand schnellstmöglich abzustellen. Es wurden dazu noch Unterkategorien von Dringlichkeiten erarbeitet. Allen Situationen war jedoch gemein, dass nur schnelles und radikales Handeln hilfreich ist. In Abgrenzung zur Prozessberatung muss daher konstatiert werden, dass in diesen Fällen (und auch wieder grob argumentiert) zu wenig Zeit ist, um die Hilfe zur Selbsthilfe anlaufen zu lassen. Es bedarf schneller, einfacher Lösungen, um ein Überleben sicherstellen zu können. Fachberatung ist damit die erste Wahl für diesen Beratungsanlass.

Für den Anlass »von gut nach exzellent« ist es zunächst denkbar, dass Fachberatung hilfreich unterstützen kann. So gibt es gerade bei großen Unternehmen interne Beratungseinheiten, die genau hierfür gegründet wurden. Beispielsweise beschreibt die Siemens Advanta Consulting (früher Siemens Management Consulting) sich so: »Die Kombination aus herausragender digitaler Kompetenz und einzigartiger Branchenexpertise führt zu maßgeschneiderten und implementierbaren Lösungen und ist die Basis für messbaren Erfolg auf Seiten unserer Kunden« (o. V. o. J. e). Das Geschäftsmodell dieser internen Beratung fußt im Grunde auf der Idee des Benchmarkings bzw. der Best Practice und erzeugt so einen themenbezogenen Know-How-Transfer. »Von gut nach exzellent« ist damit der selbst definierte Anspruch: »Wir sehen unsere Projekte nur dann als Erfolg, wenn sie nachhaltig Veränderung schaffen« (o. V. o. J. e).

Übertragen auf ein externes Beratungsunternehmen würde dies in etwa auch auf Spezialisten zutreffen. So gibt es welche für bestimmte Themen (z. B. Pricing: Simon, Kucher & Partner) oder Branchen (z. B. Automotive: Berylls). Auch für sie gilt, dass sie sich weniger als kurzfristiger, sondern als langfristiger Partner sehen. Geht man nun von diesen speziellen Bereichen weg und betrachtet die nächsthöhere Abstraktionsebene, kommt man wieder zum Begriff der lernenden Organisation. Was impliziert, dass ein Unternehmen immer wieder Lösungen aus sich selbst heraus kreiert – und die Berater dazu da sind, beim Aufbau dieser Kompetenz zu helfen. Das in Verbindung mit Fachberatung sich vorzustellen, erscheint schwierig. Schein hat berichtet, dass er sehr häufig als Fachexperte für Prozessberatung mehrfach mit genau dieser Art von Auftrag betraut wurde (vgl. Schein 2017: 99). Er ist jedoch immer wieder trotz seiner Expertise daran gescheitert.

Fachberatung und Psychologie

In Kapitel 4 wurden die Bedeutung von Angst und die sich daraus entwickelnden Widerstände diskutiert. Kernthema war, dass Ängste und Widerstände tendenziell zu Problemen bei (auf Nachhaltigkeit ausgelegten) Veränderungsprozessen führen. Wenn nun Fachberatung auf diese Thematik trifft, so kann man annehmen, dass in einem derartigen Setting (schlauer Arzt und dummer Patient) Ängste und Widerstände quasi natürlich aufkommen. Dies wird noch dadurch verstärkt, dass in der Wahrnehmung der betroffenen Mitarbeiter die Berater als sehr arrogant gelten: In der bereits zitierten Studie von Fink und Knoblach werden beispielsweise den Beratern von McKinsey auf einer Skala von 100 bis 500 insgesamt 386 Arroganzpunkte zugeschrieben. Fast diametral steht dagegen deren Fähigkeit zur Selbstkritik (Student 2016: 37).

Dem Autor (selbst eher Prozess- als Fachberater) sind darüber hinaus Fälle bekannt, wo sogar in Notsituationen zunächst positiv auf die Berater reagiert wurde, deren Gestaltung des Beratungsprozesses sowie ein wenig empathischer Umgang mit den Mitarbeitern im Verlauf dann dazu geführt haben, dass – bildlich gesprochen – die Ertrinkenden sich lieber ihrem Schicksal ergeben wollten als weiter mit den Beratern zusammenzuarbeiten.

Konträr dazu wurde in Kapitel 4.1 jedoch auch gezeigt, dass Angst bisweilen ein hilfreicher Hebel sein kann, um Veränderungen zu initiieren. Wenn also beispielsweise in der Kombination »von gut nach exzellent« der Sense of Urgency nur rudimentär vorhanden ist, kann das mehr oder minder bewusste Befeuern von Angst ein geeignetes Mittel sein, um eine Veränderungsdynamik zu induzieren. Die Dosierung ist an dieser Stelle entscheidend. Denn letztlich geht es darum, entweder keinen oder wenig Widerstand auszulösen oder den Widerstand zu brechen. Da Angst ein höchst individuelles Thema ist, ist das Angstmanagement jedoch sehr herausfordernd. Tendenziell sind damit Fachberatung und die dazu beschriebenen angstauslösenden Umstände weniger gut geeignet, mit auftretenden Widerständen gut umzugehen.

Prozessberatung und Antifragilität

Ein wesentlicher Faktor für die Beurteilung der Prozessberatung im vorliegenden Kontext ist das Thema Zeit. Denn anders als bei der Fachberatung ist man sich bei dieser bewusst, dass Veränderungen Zeit benötigen (▶ Kap. 2.1 und 3.1). Ein seriöser Prozessberater würde bzw. müsste daher ein Projekt ablehnen, bei dem der Auftraggeber eine signifikante und nachhaltige Veränderung innerhalb weniger Monate fordert. Mit diesem Leitgedanken lassen sich zunächst die Stressoren diskutieren.

Beginnend mit der Vision wird diese anders als in der Fachberatung evolutionär entwickelt. Nagel und Wimmer (2002) aus der Wiener Beraterschule OSB haben diese Gedanken bereits vor zwei Jahrzehnten in ihrem Werk »Systemische Strategieentwicklung« veröffentlicht. Sie stellten dort das Paradigma auf, dass es nicht hilfreich sei, Zukunft linear und expertenorientiert zu entwerfen. Die Begründungen hierzu ähneln denjenigen, aus denen Taleb einige Jahre später die Idee der Antifragilität abgeleitet hat. Wichtig waren Nagel und Wimmer nicht nur die Entwicklung, sondern auch der Gedanke an die Umsetzung visionärer, strategischer Ansätze, die ganz in der Tradition der Prozessberatung bereits damit beginnt, dass die Betroffenen mit in deren Entstehungsprozess eingebunden werden.

Visionsarbeit und -umsetzung benötigen damit Zeit, um auch nachhaltig zu wirken.

Beim Stressor Risiko wurde für die Fachberatung bereits analysiert, dass diese kaum imstande sein dürfte, Risikobereitschaft »hinzuberaten«. Mittels Prozessberatung ist dies möglich – im Vergleich zum Stressor Vision wird hier aber noch mehr Zeit benötigt, denn es geht im Kern um die Veränderung einer Unternehmens-DNA. Hier spielen wiederum die Entscheider eine große Rolle. Jüngstes Beispiel ist die Transformation der Mercedes-Benz Group AG hin zu einem Anbieter von Elektroautos der Luxusklasse (vgl. Hägler 2021: 17). Wesentlicher Treiber für diese Entwicklung ist der Vorstandsvorsitzende Ola Källenius. Er steht für einen neuen, grünen Kurs des ältesten Automobilunternehmens der Welt. Die Revolution startet damit von oben. BMW hatte ähnlich dem sog. EQS bereits eine viel frühere, risikoreichere Entwicklung begonnen mit dem sog. I3 (ab 2013). Der Impuls versandete jedoch und das Unternehmen nimmt jetzt nach vielen Jahren (und nach dem Produktionsstopp des I3) wieder einen neuen Anlauf in Richtung Elektromobilität. Prozessberatung kann beim Stressor Risiko deshalb auch nur dann funktionieren, wenn die Hierarchie dies uneingeschränkt unterstützt.

Beim Stressor Ungewissheit wiederum setzt sich die Prozessberatung von der Fachberatung ab: Da die Mitarbeiter im besten Fall vollständig in den Prozess integriert und alle, auch weniger Betroffenen zumindest gut darüber informiert sind, ist Ungewissheit kein vordringliches Thema. Zukunft ist selbstverständlich immer mit Ungewissheit verbunden – sofern jedoch ein Individuum die Möglichkeit hat, diese aktiv mitzugestalten, verringert sich das persönliche Gefühl des Ausgeliefertseins. Wenn es also das Ziel sein sollte, den Stressor Ungewissheit zu verstärken, ist die Prozessberatung fast paradoxerweise hier weniger geeignet.

Bei der beraterischen Entwicklung von Redundanzen kann die Prozessberatung wiederum aus ihrer eigenen Philosophie heraus ihre Stärken ausspielen: Wie noch in Kapitel 6 detailliert erläutert werden wird, können im Verbund der Veränderungshebel Strategie, Struktur und Kultur übergreifend Redundanzen geschaffen werden, die das Gesamtsystem antifragiler machen. Voraussetzung ist die Bereitschaft, sich dies etwas kosten zu lassen und dazu passend das Commitment der Entscheider, die hier zugleich auch die Budgetverantwortlichen sind.

Prozessberatung und Beratungsanlass

Auch hier steht wieder die Zeit und damit insbesondere die Geduld der Auftraggeber im Vordergrund: Der Anlass »von schlecht nach gut« war oben in Kapitel 2.3 als eine Art Notarzteinsatz deklariert worden. Um ein einschlägiges Vorurteil als Bild zu nehmen: Einen zweitägigen Workshop zur Ursachenfindung und Verbesserung eines Umsatzeinbruchs von 80% zu veranstalten und dort mit der persönlichen Vorstellung der Hobbies der Beteiligten zu beginnen, dürfte Verwunderung und möglicherweise sogar Widerstand auslösen. Schnelle Lösungen (bestenfalls von Experten) sind hier gefragt. Es soll damit nicht in Abrede gestellt werden, dass dieser konstruierte zweitägige Workshop (und weitere Workshops) nicht hilfreich ist. Es sind aber schlicht die Erwartungshaltung und die Ungeduld der Auftraggeber, die eine andere Methodenwahl zumindest opportun erscheinen lassen.

Beim Anlass »von gut nach exzellent« ist die Prozessberatung die erste Wahl. Die oben zitierten Verbesserungen der Kommunikations- und Problemlösungsfähigkeiten innerhalb des Systems sorgen aus sich selbst heraus für die gewünschten nachhaltigen Lösungen.

Prozessberatung und Psychologie

Bei diesem Kriterium spielt der Faktor Zeit eine eher untergeordnete Rolle. Auswirkungen hat hier vielmehr die Beratungsphilosophie: Die damit im Zusammenhang stehenden Schlagworte wie Einbindung, Reflexion und Feedbackprozesse deuten schon darauf hin, dass hier im Modus der Angstreduzierung beraten wird, was dann direkt zur Folge hat, dass auch die Unsicherheit und die Widerstände nicht so stark auftreten (können) wie bei der Fachberatung. Wenn es allerdings wie gezeigt auch das Ziel ist, den Sense of Urgency zu fördern, so geht dies nur indirekt über die Selbsterkenntnis der Betroffenen. Das wiederum setzt eine gewisse systemische und individuelle Reife voraus.

5.2 Komplementärberatung?

Aus der vorangegangenen Analyse war zu entnehmen, dass sowohl Fach- als auch Prozessberatung ihre spezifischen Stärken und Schwächen aufweisen. Die Idee, deshalb das Beste aus beiden Welten zu nehmen und in einen neuen Beratungsansatz einfließen zu lassen, hatte die Beratergruppe Neuwaldegg. In ihrem Werk »Komplementärberatung« entwickelten Sie in einer Verbindung aus Praxiserfahrung und wissenschaftlicher Begleitung den gleichnamigen Ansatz (Königswieser et al. 2008). Es ist der Verdienst der Neuwaldegger Gruppe, diese Idee ausformuliert haben – jedoch hatten in der Praxis viele Berater bereits Vergleichbares ausprobiert, ohne dies jedoch mit einem bestimmten Label versehen zu haben. Nichtsdestotrotz sollen hier jetzt die Grundannahmen und Paradigmen der Komplementärberatung kurz skizziert werden, bevor diese Methodik analog zur Untersuchung im vorangegangenen Kapitel analysiert wird.

Laut Königswieser et al. (2008: 41) ist es »das zentrale Anliegen... [des komplementären Ansatzes, Anm. d. Verf.], Organisationen dabei zu unterstützen, Zukunftsfähigkeit zu entwickeln, und zwar ganzheitlich und nachhaltig«. Dieser Ausgangspunkt wird noch wichtig werden, da die jeweiligen, zugrundeliegenden Basisannahmen sehr gegensätzlich sind. Die Autoren machen dies deutlich u. a. im Vergleich der Idee von Funktionsweisen von Organisationen und deren Folge für Beratung (Defizitorientierung versus Selbsthilfe), an den Beratungsprinzipien (Fachwissen versus Prozesswissen), an der Beratungspraxis (Standardisierung versus Reflexion) und an der Beziehung zwischen Kunden- und Beratersystem (asymmetrisch versus Augenhöhe) (vgl. Königswieser et al. 2008: 59). Hieraus ergeben sich fast triviale Fragestellungen, die aber in der Praxis eine große Bedeutung erlangen können: »Wer übernimmt die Projektleitung? Wie konkret muss das Angebot ausformuliert sein? ... Soll man die Kundenvorgaben erfüllen und (Pseudo-)Sicherheit geben oder die Ansprüche der Kunden erst aushandeln und dabei die Zielsetzungen relativ offenhalten? ... Inwiefern sollen Berater der Organisation vor Ort zur Verfügung stehen?« (Königswieser et al. 2008: 61).

Damit nun das eben genannte zentrale Anliegen erfüllt werden kann, gibt es eine wesentliche Voraussetzung für die Konstitution des komplementären Beratungssystems: Es bedarf einer gemeinsamen Werthaltung. Diese soll sich den Autoren zufolge durch »...das wechselseitige Vertrauen in die Kompetenz und Rücksichtnahme der jeweils anderen Seite und die Wertschätzung der jeweiligen komplementären Vorgehensweise« einstellen. Man könnte dies auch so übersetzten, dass es insbesondere auf die jeweiligen Beraterpersönlichkeiten und deren gegenseitigen Respekt ankommt. Und Prämisse von Königswieser et al. ist damit auch, dass beide Rollen in Persona besetzt sein sollten, was die Komplexität noch erhöht: »Wir halten diese Personalisierung der Komplementarität im Berater-System für ein Kernelement des komplementären Beratungsansatzes. Dabei sollte der Fachberater über jenes Businesswissen verfügen, das dem Niveau einer fundierten Top-Managementposition entspricht. Darüber hinaus braucht er ein gutes Basiswissen ... auf der Prozessebene« (Königswieser et al. 2008: 90). Für den Prozessberater gilt Vergleichbares vice versa.

Es soll jetzt untersucht werden, inwieweit die Themen Ganzheitlichkeit und Nachhaltigkeit (vgl. Grundannahme) sowie die gemeinsame Werthaltung und -schätzung (vgl. Grundvoraussetzung) für die Komplementärberatung bei den Kriterien Antifragilität, Beratungsanlass und Psychologie zutreffen.

Komplementärberatung und Antifragilität

In Kapitel 5.1 wurde ausgeführt, dass der Stressor Vision sowohl von der Fachberatung als auch von der Prozessberatung ausreichend entwickelt werden kann. Die Frage könnte an dieser Stelle zunächst lauten: Wer macht es besser im Sinne einer langfristigen Wirkungsperspektive? Tatsächlich ist diese Frage kaum beantwortbar, da dies insbesondere von der Unternehmenssituation und der Dynamik des Umfelds abhängt. Auch ist es ein Faktor, inwieweit die Fachexpertise auf der Seite der an der Visionsentwicklung Beteiligten ausgeprägt ist. Hier ist insbesondere die Marktkenntnis gemeint, die – aus der Erfahrung des Autors – doch zur Überraschung häufig nur insoweit vorliegt, dass der Status zwar bekannt ist, der Ausblick jedoch eher linear als revolutionär gelingt. Auf der einen Seite scheint genau dann externer, fachlicher Rat hilfreich – aber auch die systemische Prozessberatung hat wiederum Interventionsdesigns, die es den Beteiligten ermöglichen, über den Tellerrand hinauszublicken. Genau hier setzt die Frage nach der gegenseitigen Wertschätzung innerhalb des Beratungssystems an.

Aus der Perspektive der Prozessberatung dürfte ein fachlicher Input als tendenziell weniger hilfreich betrachtet werden, da hierdurch Begrenzungen von Denkräumen gesetzt werden. Die Fachberatung dürfte dagegen relativ skeptisch auf den prozessualen Visionsentwicklungsprozess blicken, da dem Ergebnis vermeintlich die sachlogische Rationalität fehlt. Interessant wäre daher eine entsprechende empirische Studie zu beraterisch entwickelten Visionen. Diese liegt bis dato jedoch nicht vor.

Beim Stressor Risiko wurde im vorangegangenen Kapitel analysiert, dass hier im Vergleich die Prozessberatung die geeignete Methodik liefert. Für das Binnenverhältnis der Komplementärberatung bedeutet dies, dass die Prozessberatung der Fachberatung möglicherweise erklären muss, was sie da tut bzw. was wirksame Beratung im Sinne von Entwicklung von Stressoren bedeutet. Wiederum aus der Erfahrung des Autors ist zu berichten, dass Fachberatung oftmals die Argumente der Prozessberatung aber ganz anders einordnet, als diese eigentlich gemeint sind. Ist es dazu ein systemischer Ansatz, verorten Fachberater die Interventionen häufig sogar in einem esoterischen Bereich. Es dürfte damit schwierig sein, Wertschätzung für diese Arbeit zu bekommen.

Beim Stressor Ungewissheit wurde zuerst die Fachberatung genannt. Interessanterweise offenbart sich hier erstmals ein weiterer, wesentlicher Unterschied zwischen Fach- und Prozessberatung: Es ist dies die Reflexionsarbeit innerhalb des Beratersystems. Königswieser et al. (2008: 100) formulieren dazu punktgenau: »Für nicht systemische Fachberater ist Reflexion meist Zeitverschwendung«. Daraus folgt die Hypothese, dass sich Fachberater vermutlich gar nicht im Klaren darüber sind, dass ihre Aktivitäten Ungewissheit im Kundensystem auslösen (die ja an dieser Stelle sogar gewünscht sind). Dies ist schlicht Fachberater-DNA und wird konsequenterweise nicht hinterfragt. Die Prozessberatung schaut damit zu weilen anerkennend auf die Fachberatung, da wiederum durch deren Grundphilosophie der Hilfe zur Selbsthilfe der Hebel Ungewissheit als nicht geeignet qualifiziert wurde.

Bei den Redundanzen wird der Unterschied zwischen Fachberatung und Prozessberatung am deutlichsten bzw. die beiden Beratungsphilosophien stehen sich hier im Grunde unversöhnlich gegenüber. Wo die Fachberatung beispielsweise Strukturen schlanker machen möchte, will die Prozessberatung erreichen, dass ein gewisses Fettpolster für plötzliche externe Veränderungen oder schlechtere Zeiten angelegt wird. Das ist im Sinne der Komplementärberatung ein aporetischer Konflikt. Es kommt damit nicht zur Klärung der Frage der Nachhaltigkeit, da dies die Entscheidung des Auftraggebers ist und dieser sich für die eine oder die andere Richtung öffnen muss. Im Binnenverhältnis der Komplementärberatung herrscht dazu ein Unverständnis für die Vorgehensweise und Philosophie der Gegenseite und damit auch keine gegenseitige Wertschätzung.

Insgesamt also ergibt sich beim Zusammenspiel von Fach- und Prozessberatung beim Thema Antifragilität ein gemischtes bis diffuses Bild, bei dem es schwerfällt, sich eine entsprechende (in der Sprache der systemischen Prozessberatung) Interventionsarchitektur vorzustellen. Allenfalls bei der Visionsarbeit wäre ein gemischtes Team denkbar. Risiko ist ohnehin nicht durch Fachberatung zu erreichen (gleichwohl hier sicher gerne ein Risikomanagementtool verkauft werden würde) und die Ungewissheit entsteht ungeplant. Und Redundanzen werden entwickelt – oder eben nicht. In der Summe ist das Kriterium Antifragilität damit nur bedingt durch die Komplementärberatung zu erreichen.

Komplementärberatung und Beratungsanlass

Die Fachberatung wurde in Kapitel 5.1 als grundsätzlich geeignet, die Prozessberatung als eher ungeeignet für den Anlass »von schlecht nach gut« beschrieben. In Verbindung mit dem neu eingeführten Prüfkriterium für die Komplementärberatung der Ganz- und Nachhaltigkeit verändert sich die Beurteilung in gewisser Weise. Denn die Frage ist, ob eine notwendige, schnelle Fachberatung auch eine nachhaltige Wirkung hinterlässt. Grob gesprochen ist dies eher zu bezweifeln. Kurzfristige Lösungen im Sinne von Notfalleinsätzen können angeschlagene Systeme retten oder sie stabilisieren – in der Regel jedoch nicht zukunftssicher machen. Zum anderen bedarf es sogar bei schnellen Lösungen zumindest auch einer mittelfristig gesicherten Umsetzung. Hier könnte die Prozessberatung wieder helfen.

Baut man demgemäß eine Interventionsarchitektur auf, in der die Fachberatung mit dem Rettungseinsatz beginnt und die Prozessberatung die anschließenden Rehamaßnahmen durchführt, kann zumindest mittelfristige Nachhaltigkeit erzielt werden. Bei der gegenseitigen Wertschätzung sollte es hier keine Probleme geben: Die Prozessberatung erkennt die Notwendigkeit und Expertise der Fachberatung gerne an. Umgedreht in derselben Weise: Es fehlen der Fachberatung in der Regel schlicht die Tools und auch die Geduld für die Umsetzung der erarbeiteten Konzepte.

Vergleichbares gilt für »von gut nach exzellent« – zumindest in der Interpretation von Organisationsentwicklern. Denn die Exzellenz aus der Sicht der Fachberatung liegt eher in der Effizienz. Bei der Prozessberatung eher in der Effektivität. Nachhaltigkeit kann hier grob also nur über die Prozessberatung erreicht werden. Für die gegenseitige Wertschätzung gilt Vergleichbares wie bei der Entwicklung der Redundanzen: Es herrscht somit tendenziell gegenseitiges Unverständnis bezüglich Philosophie und Vorgehensweise. Insgesamt steckt hier also zumindest bei erstdiskutiertem Beratungsanlass ein gewisses Potenzial für die Komplementärberatung.

Komplementärberatung und Psychologie

Beim Thema Psychologie wird es paradox. Fachberatung ist hier geeignet, Angst auszulösen. Ähnlich wie bei der Ungewissheit dürfte jedoch deren mangelnde Reflexionsfähigkeit dazu führen, dass das geeignete Maß an Angst (zur Generierung des Sense of Urgency) nicht gefunden wird. Die Prozessberatung möchte dagegen Angst im Grunde nicht als Instrument einsetzen, erkennt aber wiederum die diesbezügliche Fähigkeit der Fachberatung an. Für das komplementäre Beratersystem heißt das, dass eigentlich eine Verhandlung über das optimale Maß an Angst stattfinden sollte. Dies wiederum kann aber wegen unterschiedlicher Reflexionsniveaus nicht geschehen. Eine schwierig zu erklärende Konstellation, die mit einem Bild beschrieben werden soll: Wie ein Blinder und ein Sehender, die versuchen, über die Wirkung unterschiedlicher Töne der real existierenden Farbe Rot zu philosophieren. Eine gegenseitige Wertschätzung ist damit nicht zu erreichen.

Die Paradoxie weiter verstärkend geht es auch noch um die Nachhaltigkeit in Verbindung mit der Angst. Auch diese beiden Begriffe schließen sich im Grunde aus. Angst kann sich einerseits zu einem nicht endenden Zustand entwickeln. Andererseits ist das Ideal einer lernenden Organisation (wie auch die eines lernenden Individuums) nicht erreichbar mittels dieses Hebels.

Beim Widerstand, den die Prozessberatung bestenfalls gut bearbeiten kann, sieht die Fachberatung zumeist eine indirekte Anerkennung ihrer Arbeit bzw. erfährt dies als regelmäßiges Beratungssetting. Dementsprechend wird hier zumeist nicht versucht, den Widerstand zu respektieren und ihn möglicherweise auch zu nutzen. In Verbindung mit der Prozessberatung ist also erneut eine hilfreiche Interventionsarchitektur denkbar: Die Fachberatung startet mit ihrem angsterzeugenden Modus – und die Prozessberatung bearbeitet im Nachgang die Widerstände.

In der Summe entspricht diese Analyse größtenteils auch den praktischen Erfahrungen des (noch einmal: überwiegend prozessberatenden) Autors. Kollisionen mit Fachberatern gibt es insbesondere bei den Redundanzen und beim Beratungsanlass »von gut nach exzellent« (wobei bei Letzterem selten parallele Aufträge vergeben werden). Ansonsten sind die meisten Aufträge in der Art »von schlecht nach gut« mit dem Unterauftrag des Abbaus von Widerständen, allerdings in der Regel als nachgelagerte Psychotruppe nach einer harten Fachberatung. Das ganzheitliche Angebot einer nachhaltigen Komplementärberatung kann hier also funktionieren.

Das Problem der Komplementärberatung liegt jedoch in der unterschiedlichen Sicht auf die Welt und auf den Kunden und damit in der Schwierigkeit, die entsprechenden Interventionsarchitekturen gemeinsam zu entwickeln.

Ein Blick auf den Markt scheint dies auch zu bestätigen: Es dürfte aktuell allenfalls Nischenanbieter der Komplementärberatung geben. Der Anfang des Jahrtausends entwickelte Ansatz hat es damit offensichtlich nicht zu einer echten Marktreife geschafft.

5.3 Beraterhaltung ist alles!

In diesem Kapitel werden die Fach- und die Prozessberatung (sowie deren Kombination als Komplementärberatung) noch einmal aufgegriffen und der Versuch gestartet, mittels einer anderen Betrachtungsebene eine Idee zu generieren, welche Methodenwahl hilfreich für wirksame Beratung sein kann. Dies impliziert, dass es vermutlich keinen revolutionär neuen Ansatz gibt bzw. geben kann, da dieser sich ansonsten am Markt (ob angebots- oder nachfrageseitig) mittlerweile sicher durchgesetzt haben dürfte. Auch fällt es schwer, sich eine Vorstellung davon zu machen, wie ein Beratungsangebot außerhalb von Fach- und Prozessberatung konkret aussehen könnte – digitale Angebote natürlich ausgenommen. Ausgangspunkt kann daher einzig die Person sein, die Beratung ausübt. Das Kapitel ist deshalb auch entsprechend überschrieben.

Zur Person des Beraters selbst hat Handler (2007: 377ff) sog. individuelle, notwendige Beratungsfundamente definiert. Diese sind Werte, Haltung und Auftreten. Deren Zusammenhang besteht nach seiner Interpretation in der Art, dass die Werte den Ausgangspunkt bilden, diese wiederum mit den individuellen Erfahrungen kombiniert eine persönliche Haltung generieren – und dies wiederum nach Außen (hier beim Kunden) ein spezifisches Auftreten prägt (es kommen dann noch die Beratungsintelligenz und die Beratungskompetenz zum Anforderungsprofil eines Beraters hinzu). Wichtig für diesen Kontext sind zunächst insbesondere die Werte (und später die Haltung).

Im vorangegangen Kapitel 5.2 war von der notwendigen, gegenseitigen Wertschätzung für eine Komplementärberatung die Rede. Anders formuliert ging es um den Respekt vor den Werten der jeweils anderen Seite (und im Übrigen auch vor dem sog. Gewordensein des Kunden). Es war herausgearbeitet worden, dass die Wertschätzung der Fachberater gegenüber den Prozessberatern in vielen Fällen nicht übermäßig ausgeprägt ist. Dies ist hier keine Wertung (im klassischen Sinne), sondern die Beschreibung einer Zuschreibung, die aus der Sicht eines Fachberaters zwangslogisch ist, da dieser wiederum mit einem anderen Wertegerüst seine Umwelt beurteilt. Das gilt umgekehrt natürlich auch – jedoch dürfte die Toleranz auf der Seite der Prozessberater deutlich größer sein (hier jedoch könnte man auch Arroganz unterstellen, da man dann die andere Seite gleichzeitig als zumindest unzureichend reflektiert ansieht).

Ein Indiz für die Richtigkeit dieser Hypothese sind auch die jeweiligen Grundeinstellungen gegenüber dem Kunden: »Während ein klassischer Berater durch sein Wissen in Bezug auf die Themenstellung eine asymmetrische Haltung dem Kunden gegenüber einnimmt, bezieht ein systemischer [Prozess-]Berater in der gleichen Situation durch sein Nichtwissen eine symmetrische Haltung gegenüber dem Kunden, was letztendlich aus anderen Arten der Kompetenz resultiert und zu unterschiedlichen Formen der Unterstützung führt« (Handler 2007: 379). Dieser Unterschied ist dann auch im Binnenverhältnis zwischen Fach- und Prozessberatung spürbar. Zusammengefasst ist damit noch einmal zu konstatieren, dass auf der Ebene der persönlichen, gegenseitigen Wertschätzung und deren Verbesserung wenig Spielraum für einen neuen Ansatz gibt.

Vor der genaueren Untersuchung des Begriffs und der Arten der Haltung soll noch auf einen weiteren, hierfür wesentlichen Aspekt eingegangen werden. Es geht um den Beratungsprozess als solchen, der sich bei Fach- und Prozessberatung grundsätzlich unterscheidet, was sich auch schon aus der eben zitierten Grundeinstellung gegenüber dem Kunden ergibt. Zunächst und generell sind soziale Prozesse durch viele Unwägbarkeiten geprägt. Besonders im Zusammenspiel zwischen dem Kunden- und dem Beratersystem erfährt dies noch einmal eine Verstärkung, da wie gezeigt einerseits mit Widerständen zu rechnen ist und anderseits das Beratersystem auch den Auftrag hat, die Organisation durch Interventionen in Schwingung zu bringen. Hinzu kommt, dass derartige Systeme nicht-trivial und zugleich so komplex sind, dass es kaum möglich ist, aus Beraterperspektive Standardmethoden und -tools anzuwenden. Damit sind diese Prozesse im Kern »...nur schwer steuer-, plan- und voraussagbar« (Kühl 2001 a: 211).

Interessanterweise wird dieses Faktum des Standardisierungsproblems von der Fachberatung nahezu ausgeblendet bzw. existiert in deren Wahrnehmung nicht, da die Methoden als alternativlos angesehen werden und der Kunde sich mechanistisch diesen zu fügen hat. Auf der Seite der Prozessberatung wiederum ergibt sich daraus ein Dilemma: Es ist geradezu das Hauptmerkmal dieses Ansatzes, das Kundensystem so anzunehmen, wie es ist und in einem »Trial and Error«-Modus eine Dynamik auszulösen, die gemäß Auftrag zu einem bestimmten Ziel führen soll (idealerweise natürlich zur Antifragilität). Das wiederum ist immer ein spezifischer Prozess und ähnelt damit eher einer individuellen Auftragsarbeit. Bildlich gesprochen ist dies Ikea (oder zumindest Roche Bobois) im Gegensatz zur Arbeit eines Schreiners.

Kühl (2001 b: 5) bezeichnet u. a. deshalb die Prozessberatung (er verwendet überwiegend den Begriff der Organisationsberatung) daher auch als ein Handwerk. Aus diesem Grund spricht er der Organisationsberatung sogar ihre eigene Professionalität ab. Unter dieser versteht er, dass »Professionen... sich von Berufen dadurch [unterscheiden], dass sie mit Unsicherheit in ihren Tätigkeiten umgehen können« (Kühl 2001 a: 213). Dazu gehört auch ein methodischer Baukasten, der als grundlegendes Gerüst einerseits Sicherheit gibt, aber andererseits auch Flexibiltät ermöglicht. Kühl (2001 a: 214) vergleicht dies u. a. mit einem Juristen, der auch Rechtsfragen in neuen Rechtsgebieten bearbeiten kann. Den Hintergrund für die mangelnde Professionalisierung sieht Kühl in der innerhalb der Organisationsberatung in der Vergangenheit nicht ausgetragenen Auseinandersetzung über die Verbindung von personen- und strukturorientierten Ansätzen bzw. die Konzentration auf personenorientierte Ansätze (vgl. Kühl 2001 a: 231). Strukturorientierte Ansätze sind bekanntermaßen die Domäne der Fachberatung.

Diese Positionierung hat Folgen für die Organisationsberatung: Da es damit an einheitlichen Merkmalen (vgl. die oben erwähnten Beratungsfundamente) für professionelle Organisationsentwickler mangelt, bilden sich Auftraggeber eigene Merkmale für die Auswahl von prozessberatenden Beratungsunternehmen, die sie insbesondere an der Beraterpersönlichkeit festmachen: »Eine Konsequenz ist, dass Kunden in starkem Maße zu den Beratern greifen, die in der Szene als kompetent gehandelt werden« (Kühl 2001 b: 11). Anders formuliert, resultiert aus der so identifizierten mangelnden Professionalität der Organisationsberatung ein Käufermarkt, der einerseits bei fachlichen Themen auf die Berater zugreift, die einen planbaren Übergang in einer Veränderung versprechen (McKinsey & Co.) und andererseits bei Prozessberatern diejenigen engagieren, die entweder bekannt und/oder willfährige Dienstleister sind.

Das Zwischenfazit ist daher, dass es für eine neue Komplementärberatung nicht reicht; die Fachberatung am Markt aber tatsächlich nach wie vor reüssiert und die Prozessberatung ein Professionalisierungsproblem hat, was deren Erfolg verhindert. Es kommt daher zu der Frage, ob der Markt recht hat oder lediglich bequem ist. Baecker greift dies auf und versucht, den Gegensatz zwischen Ökonomie und Organisation aufzulösen bzw. zu hierarchisieren. Seine hier zitierten Ideen sind deshalb auch ein Kommentar auf die Definition von Haltung in der Beratung (dazu gleich mehr). Die Diskussion um den Nutzen von Fach- und Prozessberatung wird hier also auf anderer Ebene diskutiert.

Baecker bemüht zunächst einen Vergleich mit der Quantenmechanik (vgl. auch das Doppelspaltexperiment): Sie »...denkt die klassischen Annahmen der Kausalität gegen den Strich und im Kontext einer Welt der *Gleichzeitigkeit* und vermag deswegen von der Denkfigur *schwache Voraussetzung für starke Restriktionen* auszugehen«. Weiter (und damit wesentlich): »Die Ökonomie liefet nur die schwachen Voraussetzungen, einen Kontext der Bestimmbarkeit, aber nicht des Bestimmenden, alles Weitere, die *Konstruktion der Wirklichkeit*, kann nur die Organisation leisten (Baecker 2006: 116). Noch konkreter bedeutet das, dass die Themen der Fachberatung lediglich die Vorderbühne besetzen, aber auf der Hinterbühne die eigentliche Musik gespielt wird. Dies ist bekanntermaßen auch das Bild der (systemischen) Prozessberatung – nur hier nicht direkt aus der Systemik abgeleitet, sondern aus der physikalischen und konstruktivistischen Denkebene.

Es schimmert an dieser Stelle erneut die Arroganz der Systemiker durch – jedoch würde vermutlich jeder so arbeitende Berater diese Herleitung verstehen. Fachberatern dürfte der Zugang dazu etwas steinig geraten. Damit nähert man sich auch der Frage von eben, ob der Markt nur bequem ist. Sie ist nicht digital zu beantworten, sondern muss eher aus der Perspektive der Kunden interpretiert werden: Diese sind ebenso wie die Fachberater zumeist gar nicht in der Lage, eine derartige Denkebene einzunehmen. Daher ist es auch vor diesem Hintergrund der vordergründig ideale Fit, dass ein fachliches Problem auch durch Experten bearbeitet wird. Erst die Reflexion beim Auftraggeber darüber, weshalb ein derartiges Projekt zu keinem Erfolg führte, öffnet den Denkraum in Richtung der Prozessberatung.

Wenn nun die Wirksamkeit von Beratung im Vordergrund steht, bedarf es für die Prozessberatung (als vermeintlich überlegene Beratungsmethodik) eines spezifischen Beratertypus, der professioneller im oben definierten Sinn auftritt. Da aber die Fachberatung die dominierende Methodik ist, wird diese kaum auf mittlere Sicht zu verdrängen sein. Auch für Fachberater muss also gelten, dass es einer bestimmten hilfreichen Haltung bedarf. Eine neue, für beide Beratertypen passende Haltung ist zwingend notwendig.

»Haltung ist die Art und Weise, wie wir uns zu uns selbst und zu unserer Umwelt in Beziehung bringen, wie wir uns mit unserer Außen- und Innenwelt auseinandersetzen, wie wir Beziehungen gestalten... Sie bestimmt letztlich, was wir wahrnehmen (*für wahr nehmen*) oder für falsch halten. Haltung hat Konsequenzen für das eigene Selbstverständnis, für die Sicht von Professionalität, für bevorzugte Konzepte und Methoden« (Königswieser & Hillebrand 2006 a: 75). Das schließt auch (wie das Wort »Halt-ung« schon sagt) eine Positionierung und Definition von Grenzen ein (Königswieser & Hillebrand 2006 b: 107).

Kurz frei nach Handler: Aus Werten wird Haltung – aus Haltung wird Authentizität. Wie soll also eine integrierte bzw. übergeordnete Beraterhaltung aussehen? Königswieser et al. haben dazu Stichworte zusammengestellt, die zum einen die jeweiligen Haltungen der Fach- und Prozessberatung versuchen zu beschreiben, aber eben auch für den synthetischen, hybriden Ansatz haben sie Aussagen definiert, die dessen Identität gut vermitteln und geeignet sind, die geforderte Haltung eines Idealberaters zu skizzieren. Beispielhaft nachfolgende Zitate (Königswieser et al. 2008, 105): »Wir geben so viel Sicherheit wie nötig und so wenig vorgefertigte Lösungen wie möglich«. »Je nach vorhandenen Motiven, Potenzialen und Defiziten tragen wir wertschätzend zur Entwicklung von Alternativen bei«. »Wir oszillieren zwischen Sachlogik, Deblockierungsarbeit und Reflexion« (zum Begriff des Oszillierens in diesem Kontext weiter unten in diesem Kapitel mehr). Handler beschreibt die Haltung treffend durch den Begriff der »Allparteilichkeit zweiter Ordnung« (Handler 2007: 380). Während die Allparteilichkeit erster Ordnung eine Eigenkreation der Systemiker ist, lässt diese die Berater jedoch nur in ihrem eigenen Beratungsparadigma agieren. Die neue Allparteilichkeit öffnet dies situationsspezifisch und lässt für beide Beratertypen ein »sowohl als auch« zu. Eine sprachlich einfachere Formel für diese kann auch der Begriff Gelassenheit sein – »...eine schwer erklärbare Form von aktiver Passivität« (Königswieser & Hillebrand 2006 a: 79).

Wie man nachfühlen kann, sollten diese Grundhaltungen für beide Ur-Beratertypen akzeptabel und gut handelbar sein. Sie drücken einen selbstbewussten Blick auf das Kundensystem und einen verantwortungsvollen Umgang mit der komplexen Aufgabe von Beratung aus. Welche Bedeutung diese Haltung(en) haben, kann man gut aus einem besonderen Praxistest ableiten (die nachfolgenden Ausführungen beruhen auf einem Konzept von Poppenburg und Vollmer, welches von ihnen in einem Video als Reflexion auf ihre langjährige Erfahrung als Berater im Jahr 2020 vorgestellt wurde https://www.youtube.com/watch?v=-VFxAKzotBA). Verschriftlichte Veröffentlichungen existieren bis dato nicht.

Die beiden Organisationsberater haben dabei den Begriff des sog. Beratertheaters kreiert. Es ist kein Zufall, dass auch hier wieder das Bild einer Bühne und eines Schaustücks bemüht wird, um das Agieren des Kundensystems und dessen Interagieren mit dem Beratersystem zu skizzieren. Theater bedeutet hier insbesondere, dass das Stück (vom Kunden) gespielt wird, die Zuschauer (also die Berater) den Vorstellungsraum auch nicht frühzeitig verlassen – und beide Parteien in jeder Weise bemüht sind, die Vorstellung zu Ende zu bringen, obwohl letztlich nichts passiert. Anders formuliert: Das Beratungssystem bleibt unwirksam, aber alle machen das Spiel mit. Poppenburg und Vollmer definieren dazu drei besondere Situationen für die Berater, die diese oftmals dazu veranlassen, das Spiel einzugehen bzw. dieses nicht abzubrechen. Hier soll untersucht werden, ob eine entsprechende Beraterhaltung geeignet ist, dies Fallen zu vermeiden.

Die Beschäftigungsfalle

Um diese zu verstehen, ist zunächst zu erläutern, was der Unterschied zwischen einer Beschäftigung und einer Arbeit ist. Letztere definieren beide als einen Beitrag zur Wertschöpfung, Erstere lediglich als ein (sinnloses) Investment an Zeit und Geld. Gerade Leser aus großen Organisationen, die selbst intern viel mit sich selbst beschäftigt sind kennen vermutlich den Unterschied zwischen wertschöpfenden und zeitraubenden Arbeiten. Im Verhältnis Kunde/Berater kommt es nun häufig vor, dass der Auftraggeber im Rahmen eines Projekts etwas einfordert, das auf den ersten Blick der Kategorie Beschäftigung zuzuordnen ist (beispielsweise die Runderneuerung eines Kennzahlensystems). Man könnte dies als Beschäftigung 1. Grades bezeichnen. Der einzelne Berater hat hier im Grunde keine Wahl: Ist sein Beratungsunternehmen auf genau dieses Thema spezialisiert, so erfüllt er schlicht den Auftrag. Seine innere Haltung wird in diesem Fall kaum abgefragt.

Eine Beschäftigung 2. Grades stellt die Beraterhaltung vor eine andere Herausforderung: So ist es nicht unüblich, dass der Kunde einen Auftrag vergibt, um das wahre Problem nicht bearbeiten zu müssen. Die Berater mögen bitte ein Führungskräfteschulungskonzept erstellen (bisweilen ahnt der Auftraggeber sogar, dass es damit nicht getan ist, möchte aber sonst keine Unruhe entstehen lassen). Oder das Beratungsunternehmen wird dafür benötigt, eine vorab beschlossene Umstrukturierung nachträglich zu legitimieren. In den meisten so gelagerten Fällen dürften naturgemäß die Fachberater diese Aufträge annehmen, da dies nicht gegen ihre Haltung verstößt. Eine neue, hilfreiche Haltung orientiert sich hier jedoch direkt am Begriff: Es muss (nachdem man die Falle auch erkannt hat – siehe dazu weiter unten zum Thema Reflexion) dem Kunden ein »Halt!« signalisiert werden, dass das oberste Prinzip Wirksamkeit (idealerweise Antifragilität) ist und Aufträge, die lediglich Beschäftigungen darstellen oder nach sich ziehen, nicht eingegangen werden. Dies deckt sich im Übrigen mit den in Kapitel 1.2 beschriebenen Grundsätzen des BDU (§ 4).

Die Dienstleisterfalle

Diese Falle greift die Idee des Käufermarkts für Beratungsdienstleistungen auf. Besonders bei der (oben als nicht professionell bezeichneten) Organisationsberatung.

Kühl (2001 a: 214) spricht daher auch von Beratern als Befehlsempfänger. Jedoch gehen Poppenburg und Vollmer hier noch viel weiter: Sie sehen insbesondere die Fachberatung im Fokus dieses Problems. Denn – so die Hypothese – wenn ein Experte beispielsweise für Einsparungen im Bereich Vertrieb bekannt ist, so wird ihm diese Aufgabe übertragen. Und er muss diese auch vollumfänglich erledigen. Die Gefahr besteht nun, dass die eigentlichen Hintergründe für das vom Kunden so definierte Problem gar nicht realisiert bzw. nicht kritisch hinterfragt werden. Im worst case könnte beispielsweise im Fall von zu hohen Kosten in Verbindung mit nicht optimalen Prozessen im Vertrieb die Ursache in einem Führungs- oder strategischem Thema liegen. Damit wäre der Experte für Vertriebsoptimierung nicht nur überfordert, sondern er würde seinen Auftrag nach einer ersten Analyse auch zurückziehen müssen.

Mit der Haltung der aktiven Passivität kann es zu einer solchen Situation jedoch nur schwer kommen: Zunächst einmal dürfte ein solcher Berater erkennen, dass er nur der Erfüllungsgehilfe sein soll, der jedoch (siehe die Beschäftigungsfalle) an einer Stelle operiert, die keine wertschöpfende Arbeit ausmacht und hinterlässt. Es ist auch der selbstbewusste Blick auf das Kundensystem und seine Grenzen (▶ Kap. 6.6), der einerseits versteht, dass der Kunde keine andere Idee generieren kann, aber andererseits auch die möglicherweise umsatzschmälernde Verantwortung annimmt, den Kunden mit entsprechenden Hinweisen zu konfrontieren.

Die Personifizierungsfalle

Diese Falle ist eine gerade in der Auftragsklärung eine alte Bekannte. Denn zum Problem gesellt sich in der Perspektive des Auftraggebers zumeist ein dafür Verantwortlicher hinzu. Poppenburg und Vollmer formulieren, dass, solange im weiteren Projektverlauf der Kunde noch immer einen Schuldigen identifiziert, die Berater das eigentliche Problem noch nicht erfasst haben. Hier hilft als Haltung die Allparteilichkeit. Sowohl der ersten als auch der zweiten Ordnung. Denn bekanntermaßen erfüllen alle Beteiligten eine bestimmte Rolle im Gesamtsystem. Die Berater aber sind nicht dem Auftraggeber, sondern immer dem Gesamtsystem gegenüber verantwortlich (erste Ordnung). Poppenburg und Vollmer räumen aber auch ein, dass im Einzelfall tatsächlich einzelne Personen ein Problem darstellen können. Demgemäß kommt hier die Allparteilichkeit zweiter Ordnung zum Tragen, die zulässt, dass es auch anders sein kann (was die Systemik ohnehin schon propagiert). Es ist die Gelassenheit der Berater, die sich zunächst die Themen und Interpretationen des Kunden anhören – und dann im Verlauf des Projekts sich selbst auch Hypothesen über die beteiligten Personen und deren Rollenverständnis zugestehen.

Zusammengefasst geht es immer um Wirksamkeit und die professionelle Haltung der Berater, diese Wirksamkeit auch gegen den Willen des Auftraggebers immer im Blick zu haben. Damit ist es nicht mehr relevant, ob ein Berater eher aus der Fachecke oder der Prozessecke kommt.

Wenn nun die ideale Beraterhaltung geklärt und theoretisch wie praktisch bestätigt ist, rückt die Frage ins Zentrum, ob dies innerhalb einer einzigen Beraterpersönlichkeit oder durch mehrere, also mindestens zwei (unterschiedlich ausgeprägte) Berater abgedeckt werden kann oder muss. Zwei Interviewpartner von Handler (2007: 434) behaupten, dass dies für nur eine Person schlicht zu viel sei und es einer spezifischen Spezies von Menschen bräuchte, von denen es nicht viele gäbe. Auch durch das Werk von Königswieser zieht sich fast durchgängig die Prämisse, dass der integrierte Ansatz mindestens zweier, für den Kunden auch so auftretender und identifizierbarer Beratertypen braucht. Handlers Analysen stammen aus dem Jahr 2007. Die Komplementärberatung von der Grundidee aus 2006. Es ist durchaus denkbar, dass es Stand heute hier eine Weiterentwicklung – wenn nicht theoretisch, dann zumindest als marktliche Anforderung – gegeben hat.

Auch aus der praktischen Erfahrung des Autors ist zu entnehmen, dass die Kunden häufig eine fachliche Rolle einfordern. Durch Titel etc. ist dies manches Mal sogar auch der Einstieg in ein Projekt. Letztendlich sehen sich nicht nur der Autor, sondern auch viele Kollegen als (zweiter Ordnung) allparteiliche Berater im Markt als gefordert an.

Die Konsequenz aus diesen Beobachtungen ist in einer abgeschwächten Form, dass innerhalb eines Projekts zumindest beide Rollen besetzt sein müssen – und es zwingend erforderlich ist, dass von jedem Beratertypus eine allparteiliche Haltung gelebt wird. In der stringenten Form als moderner Berater sollte dieser allerdings über der klassischen Zuordnung stehen. Und möglicherweise für den Kunden auch nicht explizit einer bestimmten Richtung zuordenbar sein. Denn letztlich geht es um Wirksamkeit und die dazu von den Beratern genutzten, geeigneten Mittel. Das Stichwort dazu lieferte bereits Baecker (2006: 113): »Ein Experte ist ein Profi darin, Gegensätze als solche zu identifizieren und oszillierend zwischen den beiden Polen einer Unterscheidung sein eigenes Wissen zu entwickeln, praktisch werden zu lassen und gegen Alternativen durchzusetzen«. Wesentlicher Begriff ist das Oszillieren. Es ist die Fähigkeit zum Pendeln zwischen dem »sowohl als auch«. »Es geht darum, dieses Oszillieren und die damit verbundene Unsicherheit auszuhalten« (Königswieser & Hillebrand 2006 a: 81f). Im Umkehrschluss bedeutet dies, dass der Beratertypus aus der alten Fachberatung damit sogar etwas an seiner Professionalität verliert!

Bei der Analyse der Voraussetzungen für die Fähigkeit zu Oszillieren rückt erneut der Begriff der Reflexion in den Fokus. Dieser soll deshalb an dieser Stelle noch einmal intensiver betrachtet werden, da er der Schlüssel zur Entwicklung einer idealen Beraterhaltung ist. Königswieser et al. formulieren dies sogar so: »Ohne Reflexion, Bewusstheit, d. h., ohne sich selbst, die eigenen blinden Flecken, Fehler, Werte, Grenzen zu kennen und zu akzeptieren, ist dieses paradoxe Oszillieren zwischen Nähe und Distanz *kaum auszuhalten*« (Königswieser & Hillebrand 2006 a: 77).

Begrifflich bedeutet Reflexion (philosophisch und auf sich selbst bezogen) laut Duden »das Nachdenken; Überlegung, prüfende Betrachtung«. Für Beratung hat dies noch eine andere Dimension: Auch die physikalische Interpretation kommt hier zum Tragen, da die Interventionen des Beraters auf das Kundensystem dort etwas auslösen und in irgendeiner Form wiederum zurückgeworfen werden. Da insbesondere auch in der systemischen Prozessberatung mit mindestens zwei Beratern gleichzeitig gearbeitet wird (wie auch in der Komplementärberatung), findet Reflexion zusätzlich auch noch innerhalb des Beratersystems statt. Die Frage ist, in welchen Bereichen bzw. Ebenen Reflexion möglich und notwendig ist. Handler hat dazu ein sog. Reflexionsmandala entwickelt, das hier in aller Kürze vorgestellt werden soll (vgl. zum Folgenden Handler 2007: 442ff):

Es sind dies jeweils vier Begriffspaare, die einmal in sich selbst aber auch untereinander Wechselwirkungen aufweisen. Das erste Begriffspaar ist Problem und Lösung. Die Wechselwirkung, die hier revolvierend reflektiert werden muss, ist die bereits mehrfach beschriebene, nicht eindeutige Definition des Problems. Die Berater sollten fortlaufend evaluieren, ob das identifizierte Problem und die damit beauftragte Lösung tatsächlich relevant sind.

Das nächste Begriffspaar Verhalten und Konstruktion beschreibt das Zusammenspiel von beobachtbarem Verhalten der Personen im Kundensystem und deren Wirklichkeitskonstruktion. Mit anderen Worten: Die Berater sollten stets überprüfen, ob hier eine Kongruenz vorliegt oder nicht bzw. wie groß das Delta ist und wie es sich verändert. Beispielsweise verändert eine Gruppe von Führungskräften im Verlauf von mehreren Workshops, die sich mit der persönlichen Interpretation von Führungsidentitäten befasst, im Idealfall die jeweilige innere Haltung und entwickelt sich hin zu einem authentischen Auftreten.

Beim dritten Begriffspaar Kompetenzen und Rollen geht es überwiegend um das Zusammenspiel innerhalb des Beratersystems. Die Sichtweisen und Spannungen als Reflexionsebene beziehen sich auf die Beobachtung von energetischen Zuständen, die sich aus der Wechselwirkung unterschiedlicher Perspektiven ergeben.

Es ist Handler positiv anzurechnen, dass er diese Mandala-Elemente herausgearbeitet und beschrieben hat. Auch zeigt die Praxis, dass bei Berücksichtigung aller genannten Wechselwirkungen eine gute Reflexion gelingen kann. Ein angehender Berater dürfte allerdings etwas überfordert sein, während des Beratungsprozesses dieses Prüfmuster stets parat zu haben. Aus der Erfahrung des Autors ist daher als Einstieg und Abkürzung zu empfehlen, immer die Distanz zum Kundensystem zu wahren. Und dazu – insbesondere im Rahmen eines Workshops – mit dem Beraterkollegen Hypothesen über das auszutauschen, was der Kunde den Beratern anbietet. Kernfrage ist: »Was machen die da eigentlich?« Das ist eine Frage, die Gelassenheit erfordert und diese zugleich in den Mittelpunkt einer neuen beraterischen Grundhaltung rückt. Die Schlussfolgerung der Analysen im Kapitel »Methodenwahl auf der Seite der Berater« muss daher lauten:

> Die Methode steht im Hintergrund. Es braucht eigentlich nur Berater mit einer gelassenen, persönlichen Grundhaltung! Oder wie Handler (2007: 435) mit Blick auf die klassische und die Organisationsberatung kurz resümiert: »...Beide Beratungsformen müssen sich von ihren Grundannahmen verabschieden«.

Fallstudie StromWind AG

Die Disruptio Consult war und ist bekannt als ein Beratungsunternehmen, das die Absicht hat, beim und für den Kunden Antifragilität zu kreieren. Dies vor allem vor dem Hintergrund der regelmäßig zu erwartenden Widerstände in Organisationen. Die Frage, die auch die StromWind in diesem Zusammenhang hatte, war die, welche beraterischen Methoden das Beratungsunternehmen dafür eigentlich konkret einsetzt. Denn man hatte sich ja bereits grundsätzlich darauf verständigt, dass als Start zunächst die Fachberatung und dann später die Prozessberatung das Primat haben sollte. Beim bis dato unerfahrenem Managementteam kam daher die Frage auf, ob man nicht gleich einen komplementären Ansatz versuchen sollte.

Die neue Leiterin der Bereiche Forschung und Produktion hatte in einem anderen Unternehmen bereits Erfahrung mit einem solchen Methodenmix gemacht und teilte nun diese mit den Kollegen: »Insgesamt ergab sich ein gemischtes Bild. Der Ansatz der Komplementärberatung versucht ja generell, das ›Beste aus beiden Welten‹ zusammenzuführen. Da beide Beratertypen jedoch so unterschiedlich sind und es kaum vermögen, eine gemeinsame Perspektive auf den Beratungsprozess zu entwickeln, scheitern diese Versuche in der Praxis. Wie auch bei uns damals. Man merkte deutlich: Der Fachberater betrachtete den Prozessberater als ›esoterischen Psycho‹. Und dem Prozessberater merkte man an, dass dieser den Fachberater im Grunde verachtete, weil der aus seiner Perspektive heraus generell wenig Reflexionsfähigkeit besitzt bzw. auch nicht besitzen kann«.

Die Berater der Disruptio Consult bestätigten diese Probleme bei einer solchen Zusammenarbeit. Man habe daher bereits vor geraumer Zeit damit begonnen, sich von der reinen Methodik gedanklich zu lösen und die Beraterpersönlichkeit in den Mittelpunkt zu stellen. Der Teamchef des Beraterteams erläuterte daher: »Die Zauberformel heißt hier Gelassenheit. Sowohl mit dem Kollegen. Als auch mit dem Kunden. Denn der versucht bisweilen, Beratung – und damit die Berater – in diverse Fallen zu locken, damit sich nichts verändert. Das zum Teil auch unbewusst. Dann werden die Berater mit unnützen Aufgaben betraut. Wir nennen das Beschäftigungsfalle. Und/oder die Berater werden einfach dafür benutzt, die ›Drecksarbeit‹ zu machen. Das nennen wir Dienstleisterfalle. Das kann man mit einer gelassenen Beraterhaltung erkennen und ablehnen. Und dann ist es nicht von Bedeutung, ob man Fachberater oder Prozessberater ist. Es kommt im Wesentlichen darauf an, als Beobachter zweiter, besser dritter Ordnung zu agieren.«

Für das Projekt bei der StromWind war damit klar, dass dies aus der Perspektive der Beratenden ein anstrengender Prozess werden würde. Denn man hatte sich offensichtlich keine Wasch-mir-den-Pelz-aber-mach-mich-nicht-nass-Berater eingekauft. Es war zu »befürchten«, dass mit dieser Beraterhaltung Veränderungen identifiziert und Widerstände dagegen abgebaut werden würden.

Dar. 22: Methodenauswahl auf der Seite der Berater

6 Interventionshebel und Grenzen von Beratung

Dieses Kapitel beginnt direkt mit einer Praxiserfahrung des Autors. Ausgangspunkt ist ein jüngst geführtes Akquisegespräch mit dem Manager eines Unternehmens, das in einem B2B-Spezialsegment Weltmarktführer ist. Der Kontakt war über einen der Vorstände zustande gekommen, der bei einem anderen Unternehmen bereits Erfahrungen mit der Arbeit des Autors gemacht hatte. Es ging im Kern um eine zuvor nicht genauer definierte potenzielle Unterstützung im Bereich Strategie.

Im Verlauf des Gesprächs wurde aus Beratersicht zunächst relativ schnell klar, dass sowohl eine Dienstleister- als auch eine Beschäftigungsfalle aufgestellt wurde. Zu Erstgenannter gehörte der mögliche Auftrag zur Schulung der Strategieabteilung inklusive der Vermittlung neuester Strategietools, aber auch mit Blick auf ein mögliches Projekt das Abfragen von vergleichbaren Erfahrungen in ähnlichen Branchen. Man wollte schlicht die eigenen Leute qualifizieren und befähigen (enabeln) sowie bei möglichen Projekten einen passenden Experten präsentieren.

Bei zweitgenannter Falle wurde es nun interessant: Der Gesprächspartner äußerte, dass es seine Intention sei, durch das Engagement eines Experten neue Perspektiven für sich und am Ende für das gesamte Unternehmen zu generieren. Auf die Frage, was dies bewirken soll, kamen die üblichen ausweichenden Management-Floskeln. Anders ausgedrückt: Ob Schulung oder Projekt – ein Engagement dort würde unter diesen Voraussetzungen sicher keine wertschöpfende Arbeit für alle Beteiligten sein.

Um insbesondere der Beschäftigungsfalle aus dem Weg zu gehen, war es aus der Perspektive des Autors zunächst wichtig, den aktuellen Zustand des Unternehmens in Erfahrung zu bringen. Kotter hätte hier sicher seine Freude gehabt, da dieses nicht nur im Jetzt, sondern bereits seit seiner Gründung in den Nachkriegsjahren überaus erfolgreich agierte. Die Idee des potenziellen Auftraggebers, Veränderungen allein mit Strategie-Fachberatern initiieren zu können, war damit schon vor Projektbeginn fragwürdig. Denn es fehlte in Kotters Worten in der Gesamtorganisation durch die Erfolgssättigung ein Sense of Urgency.

Erstaunlicherweise konnte der Gesprächspartner mit dieser vom Autor geäußerten Einschätzung nichts anfangen. Offensichtlich war er der Meinung, dass (am Ende) die Entwicklung einer logisch hergeleiteten, neuen Strategie (mit neuen, schicken Tools) ausreiche, Zweifler zu überzeugen und eine Veränderungsenergie generieren zu können. Der Hinweis des Autors lautet, dass hierfür generell nicht nur ein Strategie- sondern zumindest auch ein Kulturwandel notwendig ist (bzw. dass Letzterer gerade in diesem Unternehmen die Voraussetzung dafür sei, dass eine neue Strategie erfolgreich sein könne), stieß dann auf vollkommenes Unverständnis.

Was ist nun der Grund, weshalb dieses Gespräch hier in aller Kürze wiedergegeben wird? Es soll ein Beispiel dafür geben, wie stark selbst im dritten Jahrzehnt des aktuellen Jahrhunderts noch immer ein mechanistisches Unternehmensbild sogar (oder insbesondere) bei den Top-Entscheidern vorherrscht. Es wird zumeist völlig außer Acht gelassen, dass ein Unternehmen sich ganz im Sinne Luhmanns systemisch durch die Mitarbeiter (kommunikativ) selbst konstruiert. Das Arbeiten an einer neuen Strategie wird daher ohne die Berücksichtigung und Veränderung der durch die Mitarbeiter gelebten Unternehmenskultur sicher ins Leere verlaufen: »Culture eats Strategy for Breakfast!«

Hinzu kommt, dass die Strategie auch Konsequenzen für die Organisation haben muss: Es ist dabei nicht nur »Structure follows Strategy«, sondern die parallele Berücksichtigung dieses Aspekts. Nimmt man dies zusammen, kommt man direkt zu den in Kapitel 1.3 erstmals vorgestellten Redundanzen Strategie, Struktur und Kultur. Dort wurden diese noch als Motor der Antifragilität beschreiben. In diesem Kapitel rücken zunächst deren Funktionen und Wechselwirkungen in den Vordergrund.

6.1 Strategie – Struktur – Kultur

Nimmt man die zitierten Zusammenhänge zwischen Kultur und Strategie einerseits sowie Strategie und Struktur andererseits ernst, scheint hier auch eine übergreifende Verlinkung zu bestehen, die zunächst aus der Erfahrung des Autors eindeutig bestätigt werden kann. Ähnlich wie in Kapitel 2.1 unter den generellen Zugängen zu Projekten (und auch in der Einleitung zu diesem Kapitel) beschrieben, ist es zumeist ein konkreter Anlass, der sich in etwa zu jeweils 40 Prozent den Bereichen Strategie und Struktur und zu 20 Prozent dem Bereich Kultur zuschreiben lässt. Letzteres wird jedoch häufig nicht explizit so genannt, sondern mit dem Thema Kommunikation betitelt.

Es ist nun eine Frage der beraterischen Kunst, wie und wann man den potenziellen Kunden mit den Zusammenhängen zwischen diesen drei Elementen vertraut macht. Im oben beschriebenen Fall half nur eine direkte Intervention auf einer intellektuellen Ebene. Das Risiko, in einer derartigen Konstellation keinen Auftrag zu erhalten, ist damit dann zwar sehr hoch – jedoch dürfte ein Projekt ohne diese Intervention auch nur unter der Bedingung der bereitwilligen Verharrung in der Dienstleistungs- und/oder Beschäftigungsfalle zustande kommen.

Die erstmalige Beschreibung des Zusammenhangs zwischen Strategie, Struktur und Kultur in der Literatur wird häufig wiederum der Neuwaldegger Gruppe zugeschrieben. Unter dem Namen Systemisches IntegrationsManagement (SIM) stellten Königswieser et al. (2001: 48ff) das sog. Dreieck der Unternehmensentwicklung auf. Es war aber schon früher Glasl, der als ganzheitliches Systemkonzept sog. sieben Wesenselemente der Organisation definierte, die in wechselseitigen Abhängigkeiten voneinander ein Unternehmen konstituieren (vgl. Glasl & Lievegoed 2016: 16). Beide Ansätze lassen sich begrifflich vernetzen und postulieren, dass Veränderungen in einem Element immer auch Auswirkungen auf die anderen Elemente haben bzw. für ganzheitliche Veränderungen stets die anderen Elemente mit einbezogen werden müssen (zum Ansatz von Glasl ebenfalls gleich mehr). »Eine Strategie ist nur so gut, wie sie umgesetzt wird, neue Strukturen nur so gut, wie sie gelebt werden, und Unternehmenskultur nur so gut, wie sehr sie Teil der Identität wird«. Und weiter: »Veränderungen beziehungsweise Entwicklungen innerhalb einer der Dimensionen lösen zwangsläufig ein Mitschwingen der beiden anderen aus« (Königswieser et al. 2001: 48).

Das Konzept SIM ist so einfach, dass Königswieser et al. es auf nur wenigen Seiten vorstellen, um dann der Praxis wiederum Raum zu geben, um die Grundidee zu verifizieren. Die Autoren betonen in ihrem theoretischen Teil zuvor noch, dass es als zweites Element des Modells einer ausreichenden Veränderungsenergie bedarf. Sie liegen damit ganz auf der Linie von Kotter und dem Antifragilitätskonzept von Taleb, da sie eine Vision als geeignet und notwendig identifizieren, um diese Energie generieren zu können. Außerdem sei »...die Visionsarbeit selbst [sogar] wichtiger als die endgültige Formulierung« (Königswieser et al. 2001: 50).

Zum Konzept von Glasl ist zunächst zu konstatieren, dass die Wesenselemente eng mit dem systemischen Gedanken verknüpft sind. Sogar das häufig von Königswieser et al. formulierte Bild des Mobile findet sich hier wieder. Die Elemente selbst sind weitestgehend selbsterklärend. Deshalb wird auf eine weitere Erläuterung verzichtet. Man könnte zwar den Versuch diskutieren, weitere Wesenselemente hinzuzufügen bzw. zu hierarchisieren. Einen Anspruch auf Absolutheit zu erheben, ist aber nicht nötig, da systemisch gesehen externe Veränderungen auch zur Neukonfiguration von derartigen Wesenselementen führen können. Glasl ist darüber hinaus auch bekannt für die Definition von Entwicklungsphasen eines Unternehmens. Diese spielen noch im letzten Kapitel 8.3 eine bedeutende Rolle und sollen daher an dieser Stelle bereits kurz genannt werden: Es sind dies die Pionierphase, die Differenzierungsphase, die Integrationsphase und die Assoziationsphase (vgl. Glasl & Lievegoed 2016: 55ff). Kernbotschaft ist, dass die Wesenselemente in den unterschiedlichen Phasen auch unterschiedliche, typische Ausprägungen annehmen. Damit werden quasi auf der Zeitachse der Entwicklung einer Organisation klassische Zustände beschrieben.

Der Zusammenhang zwischen den SIM-Modell und den Wesenselementen von Glasl ist zum Teil bereits begrifflich identisch – aber teilweise auch begrifflich irreführend: Identität und Strategie bezeichnet Glasl als kulturelles Subsystem, Struktur, Menschen etc. und Funktionen als soziales Subsystem sowie Prozesse und physische Mittel als technisch-instrumentelles System. Letztgenanntes entspricht der Struktur des SIM-Konzepts, ergänzt um die Struktur (Glasl) und die Organe. Die Kultur ist vergleichbar mit Identität und Menschen etc. und die Strategie wiederum mit sich selbst (SIM).

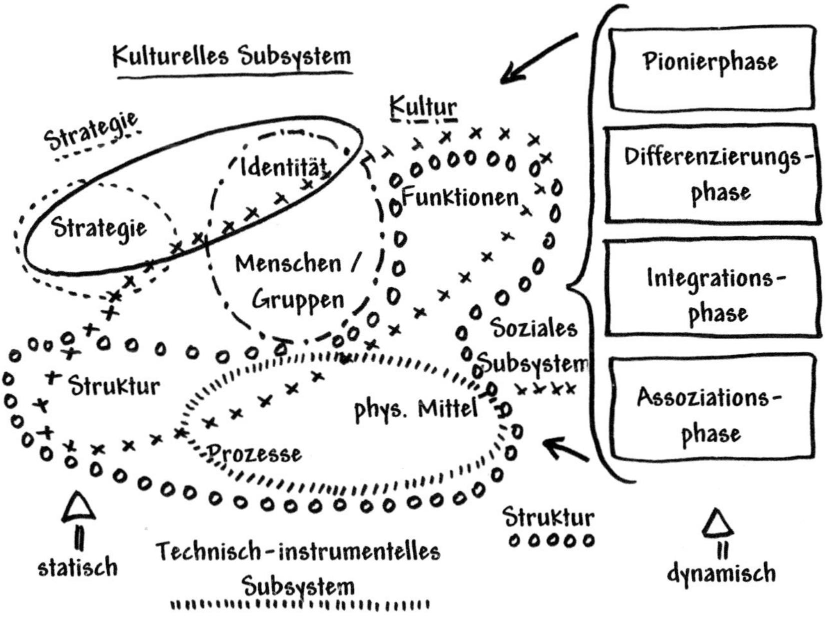

Dar. 23: Wesenselemente, SIM und Entwicklungsphasen

Letztlich ist es aber nicht von Relevanz, welche Korrelationen vorliegen. Es ist die Erkenntnis um die Interdependenzen innerhalb der beiden Konzepte, die sie so wertvoll machen. Auch interessant sind besonders bei Glasl die Polaritäten zwischen dem kulturellen Subsystem und dem technisch-instrumentellen Subsystem, die wiederum durch das soziale System ausbalanciert werden. Für die Interventionshebel der Beratung wird nun wieder Bezug genommen auf das SIM-Modell von Königswieser et al. Dessen Elemente werden zunächst unabhängig voneinander diskutiert, insbesondere um deren Funktionen herauszustellen. Im Anschluss werden dann noch einmal über die kurze Skizzierung des SIM-Modells hinaus detaillierter deren Wechselwirkungen im Kontext von Veränderungen beleuchtet.

Strategie (hier insbesondere deren Funktion)

Der Begriff der Strategie muss an dieser Stelle sicher nicht erläutert werden. Was wiederum eine Strategie bewirken kann (nicht nur als Treiber von Redundanz), ist am besten durch eine dynamische Betrachtung möglich (bereits leicht angelehnt an die Phasen von Glasl). Gerade in der Anfangsphase eines Unternehmens existiert Strategie nur intuitiv und ist zumeist direkt mit der Persönlichkeit des Firmengründers verknüpft. Die Strategie selbst ist dann häufig auch produkt- bzw. technologiegetrieben und blendet viele Perspektiven aus. Gut zu sehen ist dies in der »Höhle der Löwen«, wo häufig sehr ambitionierte Gründer bei der ersten Nachfrage aus der Outside-In-Perspektive ins Stottern geraten. Jedoch hat die (implizite) Strategie hier die wichtige Funktion als emotionaler Antrieb für die Protagonisten (vergleichbar zu einer Vision, die häufig auch hier mit verschmolzen ist).

Entwickelt sich ein Unternehmen nun weiter, hat dies in der Regel zur Folge, dass die (vorhandene) Strategie ausformuliert wird. Hintergrund ist der, dass mit wachsenden und sich ausdifferenzierenden Strukturen (!) das wachsende System mindestens darüber informiert werden muss, was die Strategie des Unternehmens ist. Anders müsste die Strategie vom Gründer jedem neu in das System eintretenden Mitarbeiter persönlich vermittelt werden. Das ist auch zwangslogisch: Man stelle sich vor, dass Bill Gates oder Mark Zuckerburg diesen Job jeweils übernommen hätten. Zu diesem Zeitpunkt kann man ohnehin davon ausgehen, dass die Strategie zumindest ausformuliert vorliegt. Vermutlich noch ohne die Beteiligung externer Beratung. Möglich ist auch, dass die Strategie bereits in der Kultur (!) verankert ist. So ist beispielsweise Amazons Strategie der absoluten Kundenorientierung (die sich aus deren Mission gut ableiten lässt) längst dort angekommen.

Gehen nun das Wachstum und die Entwicklung eines Unternehmens weiter, hat Strategie wiederum eine neue Funktion: Sie dient dann insbesondere dazu, die auseinanderdriftenden Unternehmensbereiche auf ein gemeinsames Ziel hin zu vereinen. Das ist die technische Funktion von Strategie – auch im Sinne von Gesamtunternehmenssteuerung und Portfoliopolitik. Die weiche Funktion ist die Möglichkeit, über die Auseinandersetzung mit der Strategie den Beteiligten eine Plattform dafür zu bieten, bestimmte Themen zu verhandeln (die zumeist unterhalb der Wasseroberfläche sind) und einzubringen (wenn nicht nur die Führungskräfte an der Strategieentwicklung beteiligt sind) und damit systemintern eine soziale Kohäsion zu fördern.

Wie in der Einleitung zu Kapitel 6 gezeigt, präferieren viele Unternehmen den technischen Part. Allein dies reicht in der Regel bereits aus, dass die Strategie nicht umgesetzt wird. Die häufig genommene Formulierung »nicht gelebt« bezieht sich dann auf den kulturellen Aspekt. Eine nahezu paradoxe Situation ergibt sich aus einer auftretenden Krise: Wenn Strategie generell die Funktion haben sollte, genau diese zu verhindern, dann ist aus Beraterperspektive häufig zu hören, dass genau jetzt für Strategie keine Zeit sei. Zum Teil ist das verständlich, weil die größten Brände zunächst gelöscht oder die Hochwasser bekämpft werden müssen (► Kap. 2.3). Andererseits bedarf es im Hintergrund der parallelen Entwicklung eines Plans, wie solch eine Krise mittel- bis langfristig überwunden werden kann.

Struktur (hier insbesondere deren Funktion)

Zur Struktur müssen an dieser Stelle einige erklärende Sätze formuliert werden – insbesondere deshalb, weil gerade bei diesem Begriff vermeintlich jeder weiß, von was gesprochen wird, jedoch die Meinungsbilder sehr verschieden sein können (gerade auch im Verhältnis von Systemikern zu Nicht-Systemikern).

Struktur soll hier zunächst verstanden werden als Organisation (Struktur im engeren Sinne ist die Aufbauorganisation). Organisationen wiederum werden definiert von Kieser und Walgenbach (2003: 6) als »...soziale Gebilde, die dauerhaft ein Ziel verfolgen und eine formale Struktur aufweisen, mit deren Hilfe die Aktivitäten der Mitglieder auf das verfolgte Ziel ausgerichtet werden sollen«. Diese Definition vereint einerseits die systemische Perspektive (insbesondere soziale Gebilde) mit der nicht-systemischen Perspektive (insbesondere formale Struktur) und andererseits wird auch hier wieder der Bezug zur Strategie hervorgehoben (insbesondere verfolgtes Ziel).

Zu unterscheiden ist dann noch zwischen Aufbau- und Ablauforganisation. Letztere finden im vorgegebenen Rahmen der Struktur statt bzw. es ist eigentlich so angelegt, dass genau dies passiert – denn durch die Struktur allein ist noch nichts geschehen. Dies ist vergleichbar mit einem beispielsweise leeren Hotel außerhalb der Saison. Der eigentliche Zweck des Hotels, nämlich die Beherbergung und Verpflegung von Gästen, kommt erst zum Tragen, wenn das Personal und die Gäste anwesend sind. Eine erste Funktion von Struktur ist damit generell die Zurverfügungstellung von Potenzial zur Leistungserstellung.

Dies geht einher mit einer weiteren Funktion, der Spezialisierung. Auch hier kann man eine dynamische Betrachtung anstellen, da gerade in der Anfangsphase kaum Strukturen vorhanden und in der Regel auch nicht notwendig sind. Im inneren Kreis um den Unternehmensgründer machen häufig alle alles bzw. das, was sie am besten können. Das ist auch der Pfad im Rahmen des weiteren Wachstums, da hier die Fokussierung auf Spezialthemen immer wichtiger wird. Sei es durch interne Anforderungen (Bsp. F&E wegen Produktentwicklung) oder durch externe Verpflichtungen (Bsp. Rechnungswesen wegen Prüfpflichten).

Eine interessante Frage ist, ob Struktur auch (tatsächlich) die Funktion von Koordination hat, wie häufig formuliert wird. Dies schließt auch die Entscheidungsfunktion mit ein. Mit Letzterer kann man beginnen und einen Praxischeck machen: Aus der Erfahrung des Autors werden Entscheidungen häufig weniger dem Organigramm gemäß, sondern aus dem politischen Netzwerk heraus getroffen, das als zweite, verdeckte Ebene über (oder unter) der Struktur liegt. In der vermeintlich idealen Welt hingegen werden ganz dem Subsidiaritätsprinzip entsprechend Entscheidungen genau dort getroffen, wo sie am besten angesiedelt sind. Das ist ein offensichtlicher Widerspruch. »Politics ignores Structure«, könnte man formulieren. Je bedeutender und je höher angesiedelt, finden ein mehr an Entscheidungen in den berühmten Hinterzimmern statt: Es werden Koalitionen gebildet, Strategien (!) formuliert und andere Interessengruppen blockiert. Die Struktur ist dann mehr oder minder außen vor. Selbstverständlich gilt dies (zumindest in der Regel) nicht in der Gründerphase, sondern es ist als Voraussetzung bereits eine ausdifferenzierte Struktur notwendig.

Die Bedeutung dieser Erkenntnis für die Koordinationsfunktion ist klar: Deren typische Mechanismen wie Regeln, Rollen oder Kommunikationswege werden ebenfalls unterlaufen. Es ist letztlich wiederum die Kultur (!), die ohne schriftlich ausformuliertes Handbuch diese Koordinationsfunktion ausfüllt. Gerade aus der externen Beratersicht sind insbesondere die Unterschiede von Kulturen gut zu erkennen. Das schließt einerseits jedoch nicht ein, dass sich die jeweils vorhandene Kultur in ihrer Ausprägung schnell erschließt (▶ Kap. 3.2). Andererseits muss an diesem Punkt das Konzept der internen Beratung kritisch beurteilt werden: Denn wie sollte es möglich sein, Strukturen zu verändern, wenn zwangsläufig keine objektive Sicht auf die vorhandene Kultur möglich ist?

Kultur (hier insbesondere deren Funktion)

Die Funktion von Kultur wurde ja bei den Erläuterungen zu Strategie und Struktur bereits mehrfach – und dort fast zwangsläufig – genannt und indirekt als die treibende Kraft im Hintergrund definiert. Aber auch hier ist noch einmal die Frage zu stellen, welche Funktion Kultur daneben eigentlich noch hat. Der Titel des Buches von Berner bringt es (im Untertitel wiederum) auf den Punkt: »Unternehmenskultur als Wettbewerbsvorteil«. Berner zitiert ebenfalls Schein (den er als Nestor der Unternehmenskultur-Forschung bezeichnet), bietet jedoch für den Kulturbegriff eine sehr praxisnahe Definition an: »Kultur ist die Persönlichkeit eines sozialen Systems, d. h. die Art, wie es auf die großen und kleinen Fragen des Lebens antwortet. Sie ist das Resultat der Entscheidungen, die dieses System im Laufe seiner Entwicklung in Reaktion auf kritische Erfahrungen getroffen hat« (Berner 2019: 16). Unternehmenskultur ist damit jeweils höchst spezifisch und basiert auf einer Reflexionsleistung des Systems im Austausch mit seiner Umwelt.

Was insbesondere Letzteres bedeutet, kann man gut an einem Beispiel aus der Erfahrung des Autors festmachen: Dieser hat sowohl bei der Robert Bosch GmbH wie bei der Siemens AG gearbeitet. Ohne die jeweilige Unternehmenspersönlichkeit hier näher beschreiben zu wollen, wäre es ein interessantes Gedankenexperiment sich eine fusionierte Kultur aus den Ursprungskulturen abzuleiten. In dieser neuen Kultur sollten eigentlich beide Unternehmen zu erkennen sein. Diese theoretische Überlegung ist aber gar nicht notwendig, da es ein gemeinschaftliches Unternehmen gibt, die Bosch-Siemens Hausgeräte GmbH (B/S/H). Dort finden sich tatsächlich Grundelemente beider Kulturen wieder, die jedoch auf dem Prinzip des kleinsten gemeinsamen Nenners basieren: Es sind beispielsweise die vermeintlich konservativen Tugenden wie Gründlichkeit, Verlässlichkeit oder ein hoher Qualitätsanspruch, der beiden Firmenkulturen (durch deren Gründer) als Unternehmens-DNA innewohnt. Dennoch ist die gefühlte Persönlichkeit der B/S/H noch eine ganz andere, denn es stehen hier Aspekte wie Kundenorientierung und Innovationsfreude noch mehr im Vordergrund, als dies die Ursprungskulturen vermittelt haben könnten. Der Grund hierfür ist schnell gefunden: Das Unternehmen wurde bereits in den 1960er Jahren als Gemeinschaftsunternehmen gegründet und hat so eine mehr als fünf Jahrzehnte lange Reflexions- und Lernphase hinter sich.

Es wird interessant zu beobachten sein, ob und wie die Kultur sich verändern wird, seitdem die Robert Bosch GmbH den Anteil der Siemens AG vor wenigen Jahren übernommen hat. Derartige Prozesse hinterlassen in der Regel deutliche Spuren bei der integrierten Unternehmenskultur.

Ebenfalls gut an den drei genannten Unternehmen zu erkennen ist der von Berner zitierte Wettbewerbsvorteil, der aus der Kultur entsteht: Es geht hier schlicht um den von ihm sog. Niederschlag des Erfolgs (Berner 2019: 19). Denn alle drei Unternehmen wären nach seiner generellen Einschätzung ohne eine erfolgreiche eigene kulturelle Ausprägung gar nicht mehr am Markt (Bosch und Siemens sind sogar jeweils bereits im zweiten Unternehmensjahrhundert). Man könnte dies möglicherweise auch einer immer wieder revolvierenden, überlegenen Strategie – oder Visionsentwicklung zusprechen. Über so einen langen Zeitraum ist aber eine nicht durch eine entsprechende Kultur geprägte Beschäftigung mit Zukunftsthemen eher unwahrscheinlich. Zumal die Gründungsväter sicher nicht den Begriff der Strategie offen definiert und gedacht haben.

Zur Funktion von Kultur kommt man nun direkt über die Tatsache, dass Kultur kein statischer Zustand ist. Gewisse Elemente bleiben stabil, andere passen sich an. Insbesondere auch vor dem Hintergrund der Entwicklungsphasen eines Unternehmens. Besonders die lange gültigen Grundannahmen (im Sinne der Unternehmens-DNA) geben damit eine Orientierung vor allem innerhalb des Systems. Dies führt zur oben angesprochenen Koordinationsfunktion, die wiederum dafür förderlich ist, dass die Mitarbeiter nach dem Erlernen dieser Spielregeln über eine gewisse Sicherheit für ihr (betriebliches) Denken und Handeln verfügen. Legen nun Entscheider und Berater die Axt an diese Sicherheiten, ist der Widerstand naturgemäß groß.

Geht man nun wieder auf das Zusammenspiel und die Wechselwirkungen von Strategie, Struktur und Kultur ein (mit Kultur als der wesentlichen Komponente) und betrachtet dies insbesondere vor dem Hintergrund von (gewünschten) Veränderungen, muss noch einmal die Frage der internen Hierarchie diskutiert werden. Wie oben ausgeführt, ist die Kultur als solche wesensbestimmend. Will man diese verändern, benötigt es jedoch einer gewünschten Soll-Richtung. Berner (2019: 8) schreibt dazu: »...man muss daher im Grunde nur die Bedingungen ändern, unter denen die Organisationsmitglieder ihre jeweiligen Ziele erreichen«. Wie bedeutend diese Aussage ist, wird noch später im Kapitel 9.2 eine wesentliche Rolle spielen. Berner führt zu dem bei ihm in Anführungszeichen gesetzten nun noch weiter aus, dass hier die Richtung nicht willkürlich sein darf, sondern »...sich an den Anforderungen von Markt und Wettbewerb« ausrichten muss (Berner 2019: 8). Damit gibt es für Veränderungen die Forderung nach einem Primat der Strategie. Berner formuliert gar für diese Konstellation »Culture Follows Strategy« (vgl. Berner 2019: 140).

Der Weg dahin geht über sog. Capabilities im Sinne kollektiver Fähigkeiten des Systems, um die strategischen Ziele erreichen zu können. Über diese Brücke muss die Soll-Kultur definiert werden (wie auch die Strukturen inkl. der Prozesse). Zum Thema Akzeptanz hat Berner eine klare Empfehlung: Seiner Meinung nach sollten neben (kulturellen) Veränderungszielen auch solche Kulturmerkmale herausgearbeitet werden, die bestehen bleiben sollten oder müssten (Bewahrungsziele) und solche, die auf jeden Fall nicht eintreten sollten (Vermeidungsziele) (vgl. Berner 2019: 136f). Dies knüpft wiederum an den Begriff des Containers an.

Insgesamt ist genau dieses Konzept der Veränderung theoretisch in sich stimmig.

Die Praxis zeigt jedoch, dass zumeist der in der Kultur versteckte Widerstand stärker als alles andere ist. Hypothesen hierzu gäbe es reichlich. Diese dürften sich bewegen zwischen den Extremen »Zusammenhang von Strategie, Struktur und Kultur überhaupt nicht erkannt oder gar bewusst« oder »Fehler handwerklicher Art in der Soll-Kultur-Ausarbeitung«.

Jedenfalls sollte klar geworden sein, dass als Interventionshebel immer alle drei Elemente berücksichtigt werden müssen und aus beraterischer Sicht ein Auftraggeber auch stets hierauf aufmerksam gemacht werden muss.

6.2 Praxisbeispiel Post Merger Integration

Welche Auswirkungen dieser Zusammenhang in der Praxis haben kann, soll hier am Beispiel einer Post Merger Integration verdeutlicht werden. Diese folgt in der Regel einer Unternehmensübernahme oder einem Unternehmenszusammenschluss und ist für beide beteiligten Organisationen zumeist ein massiver Eingriff in die bestehenden Systeme (in Abhängigkeit von den Kräfteverhältnissen). Auch aus der persönlichen Erfahrung des Autors als Übernehmender (in der Rolle als M&A-Manager) und als Übernommener (in einer anderen Rolle als Mitarbeiter) kann diese Hypothese bestätigt werden.

Vom gewöhnlichen Ablauf her entspringt ein M&A-Deal im Idealfall einer zuvor eingehenden strategischen Analyse, der Definition von Targets (bei Übernahme), Kontaktaufnahme, Due Diligence und schließlich dem Signing und Closing des Deals. Betriebswirtschaftlicher Hintergrund sind in der Regel eine erhoffte Verbesserung der Marktposition und/oder die Schaffung von Synergien. Vor allem bei Letzteren führt dies zumeist zu organisatorischen Veränderungen innerhalb der Unternehmen. Es geschieht daher fast zwangsläufig, dass die besonders betroffenen Mitarbeiter in aktiven oder zumindest passiven Widerstand gehen – oftmals auch in Verbindung mit tatsächlicher Angst. Ergebnis ist, dass je nach Studie bis zu 85% der M&A-Deals scheitern (vgl. u. a. Jansen 2000: 34).

Im Rahmen der Post Merger Integration stellt sich nun die Frage, auf welche Weise die Interventionshebel Strategie, Struktur und Kultur genutzt werden sollten, um hier erfolgreicher zu sein. Dies gilt selbstverständlich für jeden Integrationsprozess – sei er unterstützt von externen Beratern oder als Eigenleistung durch das Management.

Gerade mit Blick auf die in Kapitel 3.4 erwähnten, großartig gescheiterten Unternehmenszusammenschlüsse wie bei Daimler und Chrysler (der »Hochzeit im Himmel«) oder die Übernahme von Time Warner durch AOL (New Economy »frisst« Old Economy) wird der Misserfolg häufig im Nachhinein den unterschiedlichen Kulturen zugeschrieben. Im erstgenannten Fall war dies die europäische versus die amerikanische Kultur zusätzlich zur falschen Etikettierung als Fusion, obwohl der Deal eigentlich eine Übernahme war. Im zweitgenannten Fall wurde zum Teil gemutmaßt, dass die alte Kultur ungeachtet der unterlegenen Position sich gegen die neue, unerfahrene durchgesetzt hätte. Die Argumente sind sicher nicht ganz abwegig, jedoch greifen sie zu kurz. Kultur ist sicher wie oben beschrieben die alles tragende Komponente. Jedoch formulierte Jansen (2000: 41) bereits zur Jahrtausendwende die These, dass die Integration der Kultur als solche kein eigenständiges, signifikantes Erfolgskriterium sei. Im Gegenteil: Die kulturelle Differenz sei der Erfolgsfaktor selbst.

Aus systemischer Sicht kann diese Aussage gestützt werden. Denn wenn man davon ausgeht, dass im Idealfall das übernehmende System die Kultur des übernommenen Systems als Intervention und Reflexion auf den eigenen Status quo interpretiert, sollten hierdurch positive Entwicklungspotenziale induziert werden. Jansen (2000: 42) nennt dies das Vorhandensein einer Metakultur, die den Umgang mit fremden Kulturen beherrscht und als bereichernd empfindet. Ein Blick in die Praxis (und die oben zitierte Empirie) zeigt gleichwohl, dass dies in den seltensten Konstellationen der Fall ist.

Schaut man sich die Ursachen hierfür an, fällt auf, dass vor allem und überraschenderweise das übernehmende System Gründe hat, einen Zusammenschluss oder Kauf zum Scheitern zu bringen. Wie angedeutet geht es hier zunächst nicht um die einzelnen Betroffenen, sondern um bestimmte interne Stakeholdergruppen, die ihrer eigenen Agenda folgen. Es sind dies zunächst explizit nicht die Manager, die über den M&A-Deal entschieden haben. Diese tragen ein hohes Risiko und versuchen daher, das Projekt erfolgreich werden zu lassen. Wie sich jedoch zeigen wird, fehlen ihnen hierzu häufig die Ansätze bzw. der Abschluss einer Übernahme selbst ist für sie bereits der Erfolg an sich. Beispielhaft könnte hier (neben ex-Daimler-Manager Jürgen Schrempp) Wendelin Wiedeking von Porsche genannt werden, der gemeinsam mit seinem Finanzchef über ein »Hostile Takeover« versucht hatte, den deutlich größeren Volkswagenkonzern zu übernehmen.

Wieder mit Blick auf die Mitarbeiter des übernehmenden Unternehmens sind es insbesondere das mittlere Management und die operativen Mitarbeiter, die als Besitzstandswahrer auftreten (vgl. Berner 2017: 89). Beim übernommenen Unternehmen herrscht ohnehin Alarmstimmung. Es kommt dort auf allen Ebenen entweder zu Anpassungs- oder zu Abwanderungsbewegungen.

Zurück zur Kultur können vor der Beschäftigung mit einem Lösungsansatz einer optimalen Post Merger Integration (in Verbindung mit der Strategie und der Struktur) noch vier Fälle unterschieden werden, die diesem Thema eine mehr oder minder bedeutende Rolle zuweisen:

Wie in Darstellung 24 zu erkennen ist, spielen die Kräfteverhältnisse (in etwa vergleichbar mit den Fällen Übernahme oder Fusion) und die jeweiligen Kulturen eine Rolle. Zu sog. Kontrastverstärkungen kommt es, wenn die Kulturen sich ähneln – und dies zunächst unabhängig davon, wer bei dem Deal gefühlt in der Führungsposition ist. Jansen (2000: 42) nennt dies eine Aktivierung der organisationalen Immunsysteme als Abgrenzung bei hoher Übereinstimmung. Anders aus-

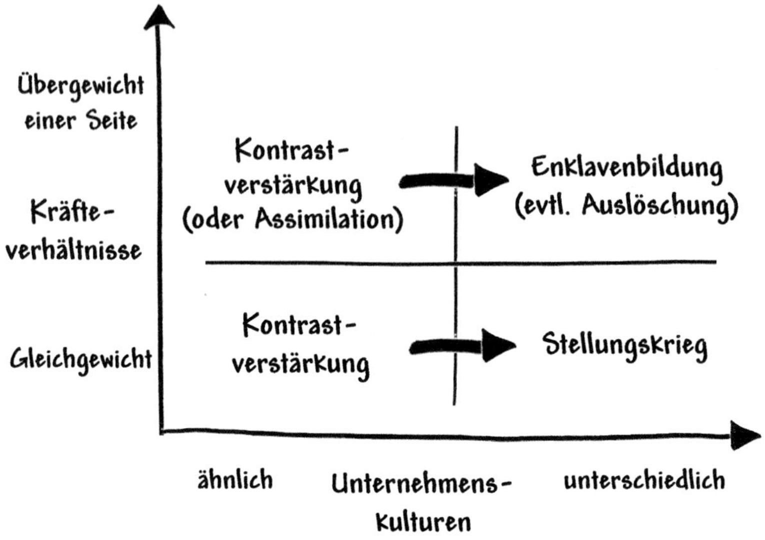

Dar. 24: Post-Merger-Matrix (nach Berner 2017: 92)

gedrückt versuchen beide Systeme, die immer noch bestehenden, kleineren Unterschiede bewusst wahrzunehmen und selbst weiter auszuprägen.

Diese Kontrastverstärkung kann sich dann auflösen, wenn der unterlegene Partner quasi eliminiert wird. Dies geschieht bisweilen sogar auch dann, wenn in der kräftemäßig selben Konstellation unterschiedliche Kulturen aufeinandertreffen. Übrig bleiben dann höchstens noch isolierte Zellen von alter Kultur.

Dieses Phänomen kann aus der Erfahrung des Autors insbesondere für die Fälle bestätigt werden, wenn ein Großunternehmen einen Mittelständler übernimmt. Der Übernehmende erstickt häufig den Übernommenen mit seinen Rollen, Regeln und Prozessen (wogegen er sich nicht zur Wehr setzen kann) und dieser versucht, in Nischen weiterhin das zu tun, was ihn zuvor erfolgreich gemacht hat. Ein Manager drückte dies dem Autor gegenüber einmal so aus, dass »ihr mit dem LKW kommt und eure ganzen Handbücher hier auf dem Hof kippt – wir aber damit überhaupt nichts anfangen können und deshalb einfach so weitermachen wie bisher«. Auf lange Sicht werden diese Nischen dann weniger und verschwinden auch irgendwann.

Die unangenehmste Situation ist sicher die Kombination aus vergleichbaren Kräfteverhältnissen und unterschiedlichen Kulturen. Ein Kollege des Autors berichtete vom Unternehmen Ciba-Geigy, das später wiederum mit Sandoz zu Novartis fusionierte. Die beiden erstgenannten Traditionsunternehmen hatten sich Anfang der 1970er Jahre zusammengeschlossen. Bei einem Besuch etwa 20 Jahre nach der Fusion traf er als Berater in Basel mit einer Führungskraft zusammen und beide gingen nach dem Gespräch noch in die betriebliche Kantine. Der Kollege bemerkte inmitten des großen Saales einen überdimensionalen Vorhang, der den

Raum in zwei Hälften teilte. Auf Nachfrage, wer den hinter dem Vorhang säße, antwortete der ehemalige Ciba-Manager, dass dort »die Geigy-Leute« sitzen würden. Es ist dies nur ein symptomatisches Beispiel, was aber gut ausdrückt, wie stark die unterschiedlichen Kulturen noch nach zwei Jahrzehnten ihre Position regelrecht pflegen. Im Übrigen gilt dies deckungsgleich auch bei der HypoVereinsbank, was sogar noch unter dem Dach der Unicredit vor allem am Standort München so anzutreffen ist.

Besonders für die Fälle der Kontrastverstärkung und des Stellungskriegs ist es also von Bedeutung, der Kultur innerhalb des Integrationsmanagements eine besondere Bedeutung zuzuweisen – immer mit dem Hintergrund, die Kulturen nicht zwanghaft fusionieren zu müssen. Wenn also in diesen beiden Fällen die kulturellen Spezifika scheinbar unauflösbar gegenüberstehen oder parallel zueinander verlaufen, ist es gerade dann notwendig, eine neue Soll-Kultur zu definieren. Wie gezeigt, funktioniert dies über den Umweg der Strategie und die dazu erforderlichen Fähigkeiten zur deren erfolgreichen Umsetzung. Ganz praktisch gedacht ist es dafür hilfreich, die obersten Hierarchieebenen mit dieser gemeinsamen Aufgabe zu konfrontieren. Denn wie oben bereits angedeutet, ist es zwar einerseits die Führungsmannschaft des übernehmenden Unternehmens, die das höchste Risiko trägt. Jedoch scheint es, dass sie für Strategiearbeit (außer der zuvor geleisteten Portfolioanalysen) offenbar zu wenig Zeit aufwenden – oder nicht bereit sind, mit dem Management des übernommenen Unternehmens auf Augenhöhe über eine Soll-Strategie zu verhandeln. »The winner takes it all« – für eine Fusion gilt dies erst recht in dem Sinne, dass aus Rechtfertigungsgründen sich beide Parteien als Sieger deklarieren.

Für den Fall, dass tatsächlich eine gemeinsame, neue Strategie sowie eine Soll-Kultur definiert worden ist, gilt es nun, das Mitarbeiterverhalten in diese Richtung zu entwickeln. Dies geht zum einen über die Schaffung der entsprechenden Strukturen, jedoch ist bekannt, dass neue Prozesse nicht automatisch zu Musterveränderungen fuhren. Deshalb kommt es wie unter einem Brennglas besonders bei einer Post Merger Integration auf die (direkten) Führungskräfte und deren Führungskultur an. Es sind also zunächst diese jeweiligen Hierarchieebenen, die zuerst auf die neue Soll-Kultur eingeschworen werden müssen. Wie gezeigt, sogar insbesondere im übernehmenden System. Nach einer gewissen Zeit funktionieren in der Theorie dann auch die strukturellen Maßnahmen. Dennoch bleibt, wie Jansen schreibt: »Wenn Sie morgens aufwachen und Sie haben das Gefühl, Sie *müssen* heute ein Unternehmen kaufen, nehmen Sie zwei Aspirin, gehen Sie wieder ins Bett und schlafen weiter« (Jansen 2000: 46).

6.3 Personennahe Beratung

Gerade im vorangegangenen Kapitel wurde neben der Anwendung der Interventionshebel Strategie, Struktur und Kultur wieder deutlich, dass es die beteiligten Personen auf allen Ebenen sind, die den Erfolg oder Misserfolg von Veränderungen bestimmen. Aufgabe von Beratung muss es daher sein, im Beratungsprozess möglichst nah an diese Menschen zu kommen und ihnen wertschätzend gegenüberzutreten. Auch wissend um die psychologischen Hintergrundmodelle, die das Denken und Handeln sowohl steuern als auch erklären.

Das Beratungsunternehmen des Autors nennt diese Beraterhaltung personennahe Beratung. Dahinter steckt eine über den systemischen Ansatz hinaus gehende Fokussierung auf den einzelnen Menschen im Rahmen eines Beratungsprozesses. Das bedeutet, dass mehr noch als im Interventions-Dreiklang der Architektur, des Designs und der Werkzeuge die das Gesamtsystem letztlich definierenden Individuen im Mittelpunkt stehen, unabhängig davon, auf welcher der Interventionsebenen man sich befindet. Beispielsweise heißt das, dass bereits mit dem ersten Kontakt der potenzielle Auftraggeber mehr als Mensch und weniger in seiner Rolle wahrgenommen wird. Diese Haltung sollte durchgängig und dazu nicht nur bei der direkten Beratungsarbeit (Ebene der Werkzeuge), sondern auch bei der Entwicklung der Architektur und des Designs maßgebend sein.

Es fällt an dieser Stelle schwer, eine gut nachvollziehbare, theoretische Erläuterung hierfür zu geben, die im Grunde als eine ganz spezifische, innere Haltung als Berater in dessen Persönlichkeit verankert ist. Als Bild ist dies weniger ein McKinsey-Berater im Anzug und Anflug in der Business-Class als vielmehr eine Mischung aus Richard David Precht und einem Psychotherapeuten. Den beiden Letztgenannten sind nämlich in der Summe ein grundsätzliches, tiefes Interesse an der Welt und den Menschen (Precht) und die Analyse- und Umsetzungstools zwecks Problemidentifikation und Veränderung zum Wohle des Kunden (Psychotherapeut) zu eigen.

Es ist der bereits zitierte Schein, der quasi als Resümee seiner eigenen beraterischen Erfahrung und seiner theoretischen Überlegungen den Begriff des sog. Humble Consulting (HC) kreierte. Wiederum die praktische Erfahrung des Autors in Verbindung mit den Gedanken von Schein werden im weiteren Verlauf des Buches noch eine größere Rolle spielen (insbesondere in Kapitel 8.1). Es werden daher an dieser Stelle nur die Grundzüge des Humble Consulting erläutert.

Zunächst ist einmal zu klären, was hinter dem Konzept des Humble Consulting eigentlich steckt: »Das Modell des vorurteilslosen Beratens (HC) geht davon aus, dass Sie sich für das Helfen *engagieren*, eine echte *Neugier* mitbringen und die richtige *fürsorgliche* Einstellung haben, d. h. die Bereitschaft herauszufinden, was Ihren Kunden tatsächlich beunruhigt« (Schein 2017: 25f). Dies entspricht fast exakt dem Psychotherapeuten-Bild. Und weiter: »[Sie] werden ... paradoxerweise feststellen, dass Sie sich durch den Prozess des Beziehungsaufbaus als solchen auf eine Weise verhalten, die der Kunde sofort als hilfreich empfindet« (Schein 2017: 26).

Wesentliche Voraussetzung für einen guten Beziehungsaufbau wiederum ist das Ablegen fast aller Förmlichkeiten und damit – im Gegensatz zum Psychotherapeuten – die Überwindung der professionellen Distanz (vgl. Schein 2017: 26). Zum einen deckt sich dies mit der im Kapitel 5.3 aufgestellten Forderung nach weniger Professionalität im Sinne von Zulassen von Unsicherheit auf der Seite der Berater. Zum anderen erscheint das auf den ersten Blick jedoch auch etwas kritisch im Sinne der zwingend notwendigen Aufrechterhaltung des systemischen Abstands zum Kundensystem. Allerdings ist diese Distanzreduzierung auf der rein persönlichen Ebene angesiedelt. So interpretiert ist es die Herausforderung für Berater, auf zwei Ebenen zu denken (Inhalt und Prozess) und auf einer Ebene zu fühlen, wobei nach Schein die Beziehungsebene der Schlüssel zu den anderen Ebenen ist.

Es ist für den Autor eine gewisse Herausforderung, die Ausführungen von Schein in wenigen Absätzen ausreichend wiederzugeben. Es werden daher an dieser Stelle die von ihm aufgestellten wesentlichen Anforderungen an das Humble Consulting zitiert und jeweils – wo nötig – kommentiert (vgl. Schein 2017: 27ff):

a) *Humble Consulting erfordert eine neue Art von persönlicher Beziehung zum Kunden*: Hiermit ist die eben bereits eingeleitete, neue Haltung zum Kunden gemeint. Wesentliches Ziel ist der Aufbau von Vertrauen. Wie bereits in Kapitel 3.1 gefordert ist dies die erste Aufgabe schon in der Kontaktphase. Über den sog. Personalisierungsprozess signalisiert ein Berater, dass man ihm vertrauen und sich ihm öffnen kann. Diese Art der Beziehung nennt Schein eine Level-2-Beziehung.
b) *Humble Consulting erfordert eine neue Haltung der Demut, Engagement fürs Helfen und Neugier*: Hier geht es insbesondere um Demut angesichts der Komplexität von Problemen und deren Hintergründe. Auf Berater kommt die Rolle zu, gemeinsam mit dem Kunden an Lösungen zu arbeiten und nicht in die Beschäftigungs- und/oder Dienstleisterfalle zu geraten. Dies ist eigentlich eine Selbstverständlichkeit. Dass Schein dies jedoch genau so postuliert, lässt erneut darauf schließen, dass diese Haltung noch nicht sehr verbreitet ist (im Übrigen auch in der Erwartungshaltung beim Kunden).
c) *Humble Consulting erfordert neue Fähigkeiten des Zuhörens und Antwortens*: Schein verdeutlicht den Hintergrund dieser Anforderung anhand eines Beispiels: Ein Kunde möchte eine Kultur des Engagements implementieren und bittet um Unterstützung. Klassische Beraterfragen wären dann nach der Definition von Kultur und Engagement. Bescheidene, demütige Berater müssten jedoch eher danach fragen, weshalb sich der potenzielle Kunde hierüber überhaupt Gedanken macht und was ihn persönlich beunruhigt. Ist es die Neugier auf das Problem oder die Neugier auf die Person und dessen Problem mit dem Problem?
d) *Humble Consulting bedeutet eine neue und andere persönliche Rolle für den Berater*: Es ist die Rolle des ehrlichen Helfers, die hier beschrieben wird. »In der neuen HC-Rolle besteht das Hauptziel des Beratenden darin, den Kunden zu befähigen, selbst herauszufinden und zu verstehen, was seine eigentliche Sorge ist und was ihn tatsächlich interessiert« (Schein 2017: 30). Beratung findet hier auf Augenhöhe statt. Eigentlich wieder eine grundsystemische Haltung – da ja Schein aus der Prozessberatung kommt, musste er dies wohl extra noch so formulieren.
e) *Humble Consulting fördert ein breiteres Verhaltensspektrum beim Berater, das darauf basiert, dass der Berater in der Beziehung offen, authentisch und innovativ ist*: Es bedeutet dies im Zusammenspiel von Beratern und Kunden bildlich ausgedrückt

mehr Improvisationstheater oder Jazzband als Burgtheater Wien und New Yorker Philharmoniker. Ein Beratungsprozess ist damit einerseits höchst individuell und andererseits geprägt durch eine hohe persönliche Flexibilität der Berater.

Neben diesen Anforderungen nimmt Schein auch noch Bezug zur Problemstellung (und damit indirekt zur Fach- und Prozessberatung): Falls das Problem eindeutig ist, kann der Berater in eine Expertenrolle gehen. Ist es dies nicht, sondern chaotisch und komplex, so sieht er einzig den gleichberechtigten Dialog als Mittel, um zumindest eine sog. Anpassungsbewegung und damit auch eine erste Entlastung des Kundensystems zu erreichen.

Zusammengefasst beschreibt Humble Consulting also mit anderen Worten einen modernen Berater mit entsprechender Haltung (▶ Kap. 5.3), der aber möglicherweise auf einen Kunden trifft, der ganz andere Erwartungen an ihn hat.

Es wird eine wesentliche Herausforderung sein, diese Art von (wirksamer) Beratung entsprechend im Markt zu positionieren.

6.4 Alles vielleicht nur Zufall?

Das Kapitel war überschrieben worden mit »Interventionshebel und Grenzen von Beratung«. Als wesentlicher Ansatzpunkt für wirksame Beratung hatte sich neben Strategie, Struktur und Kultur das menschliche Individuum in seiner Eigenschaft als Teil des Gesamtsystems herausgestellt. Nimmt man die praktische Erfahrung des Autors (und vieler weiterer Kollegen) sowie die verschriftlichte Erfahrung von Schein hinzu, kommt man jedoch an dem Begriff der Demut nur schwer vorbei. Denn anders als ein Vorstandssprecher, der bei der jährlichen Hauptversammlung Erfolge zumeist (indirekt) seiner eigenen Person zuschreibt, so ist aus Beratersicht Erfolg oftmals einfach da bzw. hat sich Misserfolg trotz beraterischer Kunst unerwartet eingestellt.

Überspitzt formuliert könnte man die Hypothese aufstellen, dass im Grunde das Ergebnis eines Beratungsprozesses mehr oder minder zufällig ist. Es gäbe hierfür auch ausreichend Gründe, weil Komplexität und Dynamik innerhalb und außerhalb von Unternehmen die Planung und Umsetzung eines Veränderungsprozesses von vorneherein ausschließen. Es ist in etwa so, als befinde man sich in einem Mikrokosmos – was aber dort passiert, interessiert den Makrokosmos sehr wenig. Jedoch versuchen die handelnden Personen eigene Handlungen und Veränderungen in einen logischen Zusammenhang zu setzen, um sich selbst vor sich und anderen zu rechtfertigen. Das trifft natürlich auch und ganz besonders auf Teile der Berater(-branche) zu. Gerade dann, wenn hohe Rechnungen geschrieben werden.

Diese Hypothese des zufälligen Erfolgs kann nicht final falsifiziert werden – es dürfte jedoch aufgrund der Umstände zumindest ein gewisser Anteil des Erfolgs (oder auch des Misserfolgs) dem Zufall zugesprochen werden. Die zu untersuchende Frage ist daher, wie groß dieser in etwa ist bzw. welche Konstellationen eher günstig und welche eher ungünstig sind, um zufällige Ergebnisse nicht auftreten zu lassen.

Bleibt man in einem vergleichbaren Setting und nimmt dieses als Benchmark, könnte man zur Annäherung an die Frage zunächst das Coaching oder die Verhaltenstherapie als Referenz nehmen. Auch hier geht es im Kern um Veränderungen von (individuellen) Mustern und der Arbeitsmodus dazu sind persönliche Gespräche zwischen Coach/Therapeut und dem Coachee/Patient. Es existieren eine ganze Reihe von Studien zur Wirksamkeit der jeweiligen Form und des spezifischen Themas.

Für eine bestimmte Coaching-Form (St. Gallener Modell) wurde beispielsweise eine nachhaltige Wirksamkeit laut Webseite durch mehrere Studien bestätigt. Steigt man hier tiefer in die Methodik ein, so wird jedoch schnell klar, dass die Ableitung der Ergebnisse mittels direkter Befragung der Coachees durchgeführt wurde. Vor dem Hintergrund, dass diese Coachees wiederum eine Ausbildung zum Coach bei dem entsprechenden Trainingsinstitut absolviert hatten und die Befragung eine Reflexion auf die dabei gemachten eigenen Erfahrungen war, dürften Zweifel an der Validität der Forschungsansatzes angebracht sein. Auch finden sich keine Hinweise auf weitere Einflussfaktoren sowie eine Veränderung der Wirksamkeit im Zeitablauf. Der Faktor des Zufalls wird in diesen Studien damit nicht erfasst.

Im Gegensatz dazu gibt es für die Verhaltenstherapie objektive Kriterien, die beispielsweise eine Depression definieren. Damit kann man tatsächlich evaluieren, ob nach einer Behandlung eine Depression noch existent ist. Hierzu durchgeführte Metaanalysen kommen zu dem Schluss, dass dies in etwa der Hälfte aller Fälle erfolgreich geschieht (vgl. Anthes 2014: 185). Dass es aber in der anderen Hälfte der Fälle nicht funktioniert und auch die Behandlung selbst eine Black Box ist, zeigt die Aussage von Anthes: »But no one knows exactly how CBT [Verhaltenstherapie] helps« (Anthes 2014: 185). Es klingt etwas ernüchternd – aber offensichtlich spielt der Zufall eine nicht unerhebliche Rolle und kann zudem nicht bewusst gesteuert oder begrenzt werden.

Sicher richtig ist, dass die Coachees und Kunden qua Interventionen generell zu Denkprozessen angeregt werden, die ihre Perspektiven verändern können. Ob sie dies jedoch tatsächlich auch annehmen, hängt vom spezifischen Thema und deren individueller Situation ab: »There is a lot of trial and error« zitiert Anthes eine Psychologin am Centre for Addiction and Mental Health in Toronto (vgl. Anthes 2014: 187).

Als Ergebnis steht damit, dass aus diesem Bereich kaum Impulse für die Beantwortung der Frage nach dem Zufall und dessen Eingrenzung kommen können. Dies umso mehr, da das Setting Coaching oder Therapie stets ein Zweiersetting ist. Die (klassische) Beratung richtet sich hingegen zunächst immer an ganze Systeme. Die beratungsseitigen Interventionen auf dieses System dürften allein schon wegen der im Vergleich multilateralen Kommunikation weit komplexere Auswirkungen haben (zur Rolle gerade der systemischen Beratung in diesem Zusammenhang mehr unten).

Bleibt man im Bild der intervenierenden Berater auf Organisationen, so kommt noch ein zusätzlicher Faktor hinzu, der das Potenzial eines zufälligen Ergebnisses weiter erhöht: Es ist dies die bekannte Prinzipal-Agent-Theorie, die auch hier eine Rolle spielt. Denn die Berater sind in dieser Konstellation die Agenten der Agenten und müssen zunächst ihre Informationen ausschließlich von diesen beziehen. Da aus beraterischer, ethischer Sicht jedoch das Interesse der Prinzipale (Antifragilität!) Leitgedanke sein müsste, ergeben sich hieraus erhebliche Unsicherheiten. Wie bereits an mehreren Stellen in diesem Buch beschrieben, ist der Auftrag häufig nicht eindeutig bzw. er beinhaltet auch eine versteckte Komponente. Zusätzlich können die notwendigen Informationen dann auch noch unvollständig oder gar falsch sein. Der gleichzeitige Druck des externen Agenten, hieraus ein erfolgreiches Projekt zu generieren sowie die vermeintliche Aussicht des Entscheiders als dessen Prinzipal auf Lösung des vorgebrachten Problems, lässt beide Seiten in dieses Spiel einsteigen.

»Summa summarum befinden sich beide Parteien in einem gegenseitigen Abhängigkeitsverhältnis, in welchem theoretisch mal die eine, mal die andere Partei den größeren Einfluss, mehr Informationen oder ein höheres Selbstbewusstsein besitzen kann« (Jung 2010: 95). Die Berater sitzen jedoch generell am kürzeren Hebel, da sie sich mit einer Thematik beschäftigen, die außerhalb ihres Systems angelegt ist. Vor diesem Hintergrund erklärt sich auch die häufige Frage des Kunden nach Vorerfahrungen in der Branche und/oder Thema als Indikator dafür, ob sie in der Lage sind, die Informationsasymmetrie zu verringern (was entweder gewollt oder eben explizit nicht gewünscht ist).

Am Ende bleibt es für den Auftraggeber aber immer noch ein Risiko, Berater zu engagieren. Es ist daher allzu verständlich, dass ein gewisser Informationsvorsprung gewahrt und gegebenenfalls strategisch genutzt wird. In einem Fall, um das Beratersystem einzubremsen, falls dieses zu unerwünschten Schlussfolgerungen kommt oder im anderen Fall bei sich abzeichnendem Misserfolg diesem noch mehr die Verantwortung dafür zu geben. Außerdem ist gerade der Aufbau eines Beratungssystems auch dadurch gekennzeichnet, dass »...Entscheidungsgelegenheiten, Teilnehmer, Probleme und Lösung« (Jung 2010: 215) eher zufällig zusammentreffen. Damit gemeint ist die Kenntnis und die Aufmerksamkeit eines Entscheiders rund um ein spezifisches Thema, die finanziellen Mittel für das Engagement von Beratern, die wiederum bekannt oder akquiriert werden müssen sowie mögliche aktuellen Trends und Methoden zur Bearbeitung des Auftrags. All dies hat vorher nicht kalkulierbare Auswirkungen auf das Ergebnis des Beratungsprozesses. Insgesamt trägt damit die Problematik hinter der Prinzipal-Agent-Theorie also dazu bei, dass dem Zufall eine noch größere Bedeutung eingeräumt werden muss.

Mehrfach wurde bereits von dem gemeinsam aufgeführten Schauspiel namens Beratung gesprochen. Auffällig häufig wird dies im klassischen Fachberatungs-Setting aufgeführt – mit Vorteilen für beide Seiten. Die Prozessberatung (und hier insbesondere die systemische Beratung) versucht ebenfalls den Eindruck zu erwecken, den Prozess im Griff zu haben. Würde ihr dies nicht gelingen, dürften markseitig die entsprechenden Dienstleistungen gar nicht mehr angeboten werden, weil die Nachfrage dann vermutlich ausbleiben würde.

Interessanterweise ergibt sich hier wieder ein Spezifikum der systemischen Beratung. Diese beruft sich gerne auf ihre theoretischen Wurzeln und begründet damit ihre Haltung und Methodik. Jedoch beim Thema Zufall entfernt sie sich davon: »Die systemischen Berater betrachten Organisationen als sich selbst organisierende Systeme, die Veränderungen nur selbst vornehmen können. Veränderungen können ... [nicht] einfach im Voraus geplant und gesteuert werden. Das Kundensystem kann durch das Beratersystem lediglich während der Beratungssituation ... irritiert werden« (Kühl 2005: 349). Mit anderen Worten: Systemische Beratung beraubt sich damit im Grunde seiner Legitimation.

Auffällig ist daher auch, wie systemische Berater im Vergleich zu Fachberatern vom Kunden gesehen werden. Kolbeck (2002: 51) hat hier eine Untersuchung durchgeführt und in der Reihenfolge als Rollenzuschreibung systemische Berater als Jongleur, Co-Pilot, Arzt und Pfarrer und bei den klassischen Beratern Feuerwehrmann, Arzt, Jongleur und Pfarrer ermittelt (vgl. Kolbeck 2002: 55). Interessant hierbei ist: Der systemische Berater als Feuerwehrmann wurde in der Befragung überhaupt nicht genannt. In den beschriebenen Rollen kommt der systemische Berater damit an die »...Grenze zur Unmöglichkeit von Beratung« (Walger 2005: 106). Systemische Beratung wäre damit beliebig.

In der Tat stellt es ein Problem dar, dem Kunden durch Interventionen nur Angebote von Perspektivenwechseln und Alternativoptionen zu machen. Insbesondere dann, wenn dessen Erwartungshaltung eine ganz andere ist. Dieses schlechte Gewissen der systemischen Beratung spiegelt sich als Hypothese auch in deren geringerer Bezahlung wider, beispielsweise im Vergleich zur IT-Beratung. Auch aus der praktischen Erfahrung des Autors ist gerade die Verhandlung um den Preis stets ein heikles Thema. Vor allem auch deshalb, weil die systemische Beratung bestenfalls ein Zweier-Staffing in Workshops erfordert – auf der anderen Seite jedoch wegen Unkenntnis der Philosophie Unverständnis hierüber herrscht. Selbst bei Vorerfahrung mit systemischen Beratern werden diese wie erwähnt als Psychos beschrieben und spielen damit finanziell in einer anderen Liga als ein McKinsey-Berater.

Zurück zur Problematik des Zufalls ergibt sich dennoch ein Vorteil der systemischen im Vergleich zur klassischen Beratung: Denn mit dem in der Regel höheren Grad an Reflexionsfähigkeit und in Verbindung mit einem »Trial end Error«-Beratungsprozess verringert sich trotz der theoretischen Grundannahme das Potenzial eines zufälligen Ergebnisses. Während die Fachberatung häufig in der Dienstleistungsfalle befindlich die Blindheit des Kundensystems ungefragt übernimmt, agieren systemische Berater viel kritischer und konfrontieren die Beteiligten mit ihren Hypothesen. Brutalstmögliche Aufklärung wäre wünschenswert – obwohl zugleich soziologisch kritisch (vgl. Kühl 2005: 358). Da dies nicht stets eine direkte Immunantwort des Kundensystems auslöst, vermutet Wimmer: »Offensichtlich ist ins Beratungsgeschehen selbst eine Verdunkelungstendenz eingebaut, deren Funktion es ist, diese Grenzen für alle Beteiligten unsichtbar zu machen« (Wimmer 2005: 366). Dies fördert die Anschlussfähigkeit des Beratersystems und ist letztlich die Erklärung dafür, dass die systemische Beratung in Summe zumindest einen konstanten Marktanteil hält.

Das Zwischenfazit ist, dass der Zufall im Beratungsprozess und -ergebnis nicht ausgeschlossen werden kann und sogar wegen der besonderen Umstände tendenziell größer ist als beide beteiligten Parteien dies wünschen können. Einzig mit einer systemischen Haltung ist es möglich, diverse, den Zufall fördernde Paramater zu identifizieren und den Versuch zu unternehmen, mit ihnen entsprechend umzugehen.

Zusätzlich zu diesen theoretischen Überlegungen soll nun noch ein Praxistest durchgeführt werden, bei dem anhand beispielhafter Projekte der Zufall konkret abgeschätzt werden soll. Wichtige Faktoren sind dabei auch noch die Ebene, auf der der Beratungsprozess stattfindet sowie die Vorerfahrung der im Kundensystem beteiligten Personen. Zur Auswahl der Themen wird je ein Beispiel genommen aus der Kategorisierung von externer Beratung gemäß Schrädler: Unternehmensorientierte Beratung (I), marktorientierte Beratung (II) sowie funktionsübergreifende Beratung (III) – verknüpft mit einem konkreten Thema, das wiederum wörtlich aus den förderfähigen Projekten des Bundesamts für Wirtschaft entnommen ist (vgl. Schrädler 1996: 16 und BAFA o. J.).

Beispiel (I) »Einführung oder Anpassung eines Qualitätsmanagementsystems im Unternehmen«

Ein derartiges Projekt wird zumeist in einen bestimmten Unternehmensbereich durchgeführt. Direkt Beteiligte sind häufig Abteilungen mit einem wertschöpfenden Hintergrund in einer mittleren oder unteren Hierarchieebene.

Bei einer erstmaligen Einführung eines derartigen Systems mischt sich in der Regel zugleich Neugier mit Widerstand, da Ziel eines solchen Projekts eine Zertifizierung oder zumindest Kosteneinsparung ist. Gibt es bereits Vorerfahrungen, so gilt dies jedoch häufig als Pflichtübung. Vom Ablauf her haben diese Projekte typischerweise eine harte Deadline (insbesondere dann, wenn die Erneuerung eines Qualitätszertifikats ansteht) und es herrscht damit auch eine gewisse Drucksituation im Prozess. Da der Charakter des Themas jedoch dergestalt ist, dass aus der Perspektive der operativ Beteiligten kein tatsächlicher Nutzen entsteht (außer der Zertifizierung) oder sogar ein Nachteil resultiert (wegen vermeintlicher Einsparungen, nicht nur beim Personal), ist deren Engagement häufig überschaubar. Erst gegen Ende eines solchen Projekts werden alle Energien mobilisiert (oder die Berater in die Dienstleistungsfalle geschickt) – und dies auch nur wegen des ausgeübten Drucks der Führungskräfte.

Aus der Erfahrung des Autors als Angestellter ist zu berichten, dass ein kaufmännischer Leiter am Ende des Projekts stolz den Aktenschrank mit den (zu dieser Zeit) noch ausgedruckten Qualitätshandbüchern und dem entsprechend verliehenen Zertifikat präsentierte. Auf die Frage, ob denn nun auch gemäß Handbuch gearbeitet würde, fing der Kaufmann an zu lachen: Denn darum ginge es doch gar nicht, erwiderte dieser. Man arbeite seit Jahrzehnten genauso, wie man es für richtig halte. Wichtig wäre hier nur die Zertifizierung.

Kommt man nun zur Frage des Zufalls zurück, ist diese für den vorliegenden Fall wiederum je nach Perspektive zu beantworten. Denn einerseits wurde in Form der Handbücher exakt das geliefert, was erwartet wurde (und dazu sogar noch mit einem Stempel versehen). Andererseits jedoch waren sämtliche Interventionen der Berater vergebens, da das Kundensystem diese im Sinne einer tatsächlichen und nachhaltigen Veränderung letztlich ignorierte bzw. neutralisierte. Dies umso mehr, wenn es sich um ein Folgeprojekt handelt. Auch mit Blick auf die Führungskräfte ist zu konstatieren, dass bei einer Haltung wie der des zitierten kaufmännischen Leiters sicher keine Veränderung stattfinden wird. Das Ergebnis ist dann überhaupt nicht mehr zufällig – jedoch nicht im Sinne des eigentlichen Auftrags an die Berater. Aus Zufall wird damit eher Beliebigkeit.

Beispiel (II) »Technologie- und Innovationsberatung zur Klärung der Chancen und Risiken von Innovation und Anwendung neuer Produkte, Verfahren und Dienstleistungen«

Ein solches Projekt dürfte an der Schnittstelle zwischen Grundlagenforschung (falls vorhanden), Produktentwicklung und Vertrieb angesiedelt sein. Klassischerweise existiert hier ein Interessenkonflikt zumindest zwischen den am Kunden und am Markt orientierten Vertrieb und den internen, zuliefernden Abteilungen. Möglicherweise kommt noch ein Konflikt zwischen den beiden Letztgenannten hinzu, sofern die jeweils aufgetragene Zielsetzung nicht komplementär ist (besonders hinsichtlich des technologischen Anspruchs und des Zeitmanagements). Dies spiegelt sich häufig auch bei den verantwortlichen Personen wider. Die zum Beratungsthema passenden Berater sind zumeist fachliche Experten. Es ist aber auch denkbar, dass gerade zur Klärung der Konfliktlinien systemische Prozessberater herangezogen werden.

Die Frage des Zufalls muss also je nach Projektkonstellation beantwortet werden. Vorerfahrungen dürften nur insofern eine Rolle spielen, als dass man den Fachberatern möglicherweise vertraut (falls nicht, kommt es wahrscheinlich nicht zu einem Folgeauftrag an derartige Beratungsunternehmen) oder man es schätzt, wie Prozessberater mit der Situation umgehen können (bzw. man der Meinung ist, dass so keine Verbesserung erwartet werden kann). Die Frage der Vorerfahrung richtet sich damit an die Führungskräfte, die dann das Projektumfeld und den -modus entsprechend positiv definieren. Mit anderen Worten: In beiden Fällen dürfte es nur dann zu einem Projekt kommen, wenn dieses entweder zum ersten oder nach positiver Vorerfahrung zum wiederholten Mal stattfindet.

Zurück zum Zufall hängt es bei der Fachberatung zuvorderst und zunächst davon ab, ob die Berater diesbezüglich ihr Handwerk verstehen und die entsprechenden technologischen Trends richtig einschätzen. Gleichwohl könnten je nach (personeller) Konstellation die internen Abteilungen die externen Unterstützer als Konkurrenten ansehen. Dies wäre wiederum einem eher zufälligen Ergebnis zuträglich, da so durch aktiven oder passiven Widerstand die Berater nicht mit den notwendigen Informationen versorgt werden dürften (vgl. die Prinzipal-Agent-Theorie).

Für die systemische Beratung hingegen ist ein Auftrag zur Befriedung der Konfliktsituation wiederum klassisches Geschäft. Es ist für den Fall einer Auftragsvergabe beim oben definierten Thema sogar so, dass klar ist, dass die unterschiedlichen Stakeholdergruppen sich hier gegenseitig behindern und diese Situation zum Wohle des Gesamtsystems aufgelöst werden muss. Anders formuliert liegen die Konfliktlinien damit bereits offen da und müssen nicht mehr identifiziert werden.

Es war die Voraussetzung, dass die Führungskräfte hinter einem solchen Projekt stehen. Falls nicht bzw. falls der Auftrag von übergeordneter Stelle kommt, sind im Rahmen der Projektarchitektur auch noch Prozessschritte auf dieser Ebene zu berücksichtigen. Insgesamt jedoch erscheint damit die Chance, ein gutes, möglichst zufallsfreies Ergebnis zu erzielen, relativ hoch.

Beispiel (III) »Kooperationsberatung zur zwischenbetrieblichen Zusammenarbeit«

Dieses im am weitestgehenden Sinne in den Bereich eines M&A-Deals fallende Projekt kann bereits aufgrund der im Kapitel 6.2 gemachten Ausführungen als ein solches bezeichnet werden, dass den größten Anteil von Zufall impliziert. Denn auch systemisch betrachtet sind hier nicht nur das Berater- und das Kundensystem, sondern gerade in der Post-Merger-Phase ein mehr oder minder für den Deal offenes zusätzliches System plus das Ursprungssystem mit seinen beschriebenen Reaktionen beteiligt – mit den entsprechenden Folgen. Andersherum betrachtet könnte man sogar argumentieren, dass diese Konstellation überhaupt kein zufälliges, sondern im Gegenteil ein sehr voraussehbares (negatives) Ergebnis zeigt. Aus Beratersicht ist dies sehr unbefriedigend.

Der Grund, weshalb derartige Projekte dennoch als Dienstleistung angeboten werden, sind die extrem hohen Preise in diesem Marktsegment in Verbindung mit der bisweilen auftretenden Gier der Entscheider zu nicht-organischem Wachstum. Scheitern diese Deals, ist auch selten bekannt, dass den Beratern eine Mitschuld gegeben wird. Somit finden trotz der extrem hohen Zufallswahrscheinlichkeit diese Projekte zum vermeintlichen Vorteil von Auftraggeber und Auftrag immer wieder statt. Später werden dann häufig Prozessberater engagiert, um den kulturellen und sonstigen Wandel im Nachgang zu erreichen.

Zusammengefasst: Anhand der beiden zuletzt dargestellten Praxisfälle konnte nochmals bestätigt werden, dass die systemische Beratung zumindest annähernd in der Lage ist, den Zufall zu begrenzen. Auch beim Beispiel (I) ist der systemische

Ansatz denkbar und hilfreich – allerdings hier nicht im Sinne einer Zertifizierung, sondern für eine echte, nachhaltige und qualitative Verbesserung der Prozesse. Nimmt man jedoch noch das geforderte Kriterium der Antifragilität hinzu, stößt auch die systemische Beratung unter Umständen an ihre Grenzen. Denn hierzu bedarf es einer ganz anderen Aufgabenstellung bzw. einer direkten Positionierung im Rahmen der Auftragsklärung.

6.5 Grenzen im Beratersystem

Für einen Beratungsprozess, der im Idealfall zu einem nicht zufälligen, antifragilen Ergebnis führt, braucht es simpel formuliert die entsprechenden Berater. In Kapitel 5.3 wurde bereits über die erforderliche Haltung gesprochen. An dieser Stelle taucht dieses Thema wieder auf – jedoch nicht nur auf der Ebene der Beraterpersönlichkeit, sondern auf der Systemebene. Dort werden insbesondere diejenigen immanenten Hürden in den Fokus genommen, die ein besseres Ergebnis erschweren oder sogar unmöglich machen können. Es ist in diesem Buch an mehreren Stellen herausgearbeitet worden (und so auch die persönliche, praxisbezogene Einschätzung des Autors), dass die systemische Prozessberatung die bessere Methode ist. Es werden daher in der nachfolgenden Analyse vor allem die Grenzen gerade dieser Beratungsform diskutiert, die hier bezüglich ihrer Philosophie, der Struktur und des Prozesses innerhalb des Beratungssystems sowie der Selbstreflexion auf der Metaebene analysiert werden.

Im vorangegangenen Kapitel wurde bereits diskutiert, dass die systemische Beratung mit ihrer Grundhaltung der ausschließlichen Irritation von Systemen unter Umständen Gefahr läuft, überhaupt nicht als Beratung wahrgenommen zu werden. Dem steht in der Praxis gegenüber, dass genau diese Grundhaltung – wie in Kapitel 5.3 herausgearbeitet – mit einem eigenen Überlegenheitsgefühl gegenüber anderen Beratungsansätzen verbunden ist. Die Frage ist deshalb, wie diese beiden Bestandsaufnahmen zueinander passen. Der Vorwurf, der hier im Raum steht, ist zunächst der, dass die systemische Beratung sich zwar auf eine ganze Reihe von theoretischen Fundamenten beruft, sich in der Praxis dann aber diesen nicht mehr verpflichtet fühlt (vgl. Lau 2013: 151). Beispielsweise schlagen König und Vollmer (2008: 292ff) als geeignetes Diagnoseverfahren im Rahmen systemischer Organisationsberatung tatsächlich eine Diagnose auf der Basis von Kennzahlen (KPIs) vor. Damit ergibt sich ein erheblicher Widerspruch zwischen dem eigenen Anspruch und dem tatsächlichen Handeln beim Kunden.

Wenn aber die Beratungsphilosophie den praktischen Erfordernissen problemlos geopfert wird, ist die Frage, was diese dann noch wert ist. Gerade, weil mit der entsprechenden Argumentation ein spezifisches Projektdesign verkauft wird. Anders formuliert dürfte die systemische Beratung in ihrer angepassten Form als Beratung tatsächlich wahrgenommen werden. Bleibt sie hingegen ihren Wurzeln treu, funktioniert dies weniger gut, was aber bei den Beratern selbst ein authentisches Gefühl hinterlässt, da in diesem Fall der Kunde als beratungsresistent oder nicht beratungsfähig (▶ Kap. 6.6) gilt und vermeintliche Konkurrenten als weniger wertvolle Berater abgeurteilt werden können.

Bleibt die systemische Beratung sich jedoch treu, kämen nach Lau nur Methoden der systemischen Familientherapie infrage, die er als deren einzig legitime Basis identifiziert hat (vgl. Lau 2013: 152f). Ferner: »Es bleibt bei der Feststellung, dass therapeutische Techniken und Methoden im Betrieb nichts verloren haben, im Seminar nicht, in der Beratung nicht und auch im Coaching nicht« (Lau 2013: 153f). Egal, welchen Modus die systemische Beratung also wählt, zeigt sich ein gewisses Dilemma, das bereits in der eigenen Grundhaltung des Ansatzes angelegt ist.

Eine weitere Begrenzung aus der Philosophie heraus zeigt sich im Primat des »Wie?« über das »Was?« im Rahmen eines systemischen Beratungsprozesses. In der Tat ist dies auch die Erfahrung des Autors, dass beispielsweise bei einem Strategieentwicklungsprozess gerade in technisch anspruchsvollen Branchen die Berater sehr schnell an ihre Verständnisgrenzen stoßen (abgesehen von der spezifischen Sprache inklusive der Abkürzungen, mittels derer innerhalb des Kundensystems kommuniziert wird). Es ist aus systemischer Sicht im Kern dagegen auch nichts einzuwenden, da die Interventionen im Fokus stehen und diese kontext- und inhaltsunabhängig eingesetzt werden können. Für die Berater selbst bedeutet dies jedoch, dass sich gerade in Workshops ein bisweilen ungutes Gefühl einstellt, da dies zu einer gewissen Entkoppelung vom Diskussionsstand führen kann. Ein typischer Reflex ist es dann, inhaltliche Nachfragen zu stellen und damit jedoch wieder von der eigentlichen systemischen Philosophie abzuweichen.

In seinen Anfangsjahren als Berater war der Autor regelrecht erstaunt, wie ein altgedienter Kollege von ihm nach zwei Tagen Workshop befragt wurde, was er denn inhaltlich verstanden hätte. »Überhaupt nichts!«, war dessen Antwort, wobei der Kunde jedoch mit der Beratungskunst des Kollegen äußerst zufrieden war. Der genannte Kollege ist intern bekannt für seine vollständige Konzentration auf das »Wie?«, der er nur dann erfolgreich nachgehen kann, wenn er den Inhalt komplett ausgrenzt.

> Die Botschaft aus diesem und aus anderen Beratungsprozessen muss also lauten, dem eigenen Drang, das »Was?« besser zu verstehen, nur in homöopatischen Dosierungen nachzugehen.

Dies gelingt wie berichtet nicht immer, zumal gerade bei systemischen Beratern das Hochstapler-Selbstkonzept bisweilen verbreitet ist, das besagt, dass der eigene Erfolg im Grunde dem Zufall zu verdanken sei und man deshalb ständig bestrebt ist, die eigenen Unzulänglichkeiten möglichst zu maskieren (▶ Kap. 4.1). Es entsteht so der Zugzwang, Kompetenz abzustrahlen – und dies insbesondere in einem Bereich, wo der Kunde dies auch tatsächlich wahrnehmen kann (»Was?«). Noch anders formuliert: Man kommt als gut bezahlter Berater häufig in die eigene mentale Drucksituation, auch entsprechend liefern zu wollen (und gerät damit zumindest teilweise in die Dienstleisterfalle).

Auch der Anspruch des Kunden fördert dies bisweilen noch, was sich beispielsweise auch daran festmacht, dass nach einem erfolgreichen Workshop, bei dem sich die Berater tatsächlich ganz im systemischen Sinn fast ausschließlich mit dem »Wie?« beschäftigt haben, der Dank am Schluss derart ausfällt, dass man sich wie oben erwähnt lediglich für die Moderation bedankt, daneben aber ganz erstaunt ist, welche wertvollen inhaltlichen Themen aus der Arbeit resultierten. Dies ist systemisch auch genau so gewollt – findet aber dort wiederum seine Grenzen, wo auf der Kundenseite zu wenig fachliches Potenzial für die Lösung der vermeintlichen Probleme vorherrscht.

Ökonomie-evolutorisch könnte man dann wiederum argumentieren, dass ein solchermaßen ausgestattetes System ohnehin nicht überlebensfähig wäre und der Beratungsanlass »von schlecht nach gut« nur unter ganz bestimmten Bedingungen überhaupt erfolgreich sein kann (▶ Kap. 2.3). Es kommt damit wiederum auf die Auftragsklärung und die Positionierung des Beratersystems an, das dann möglicherweise auch einen potenziellen Auftrag ablehnen muss.

Im Kontext der Fokussierung auf das »Wie?« gibt es noch einen weiteren, operativen Aspekt: Die Interventionen selbst sind zum Teil für den Kunden schwer einzuordnen bzw. aus seiner Perspektive häufig mit der Frage verbunden, welchen Beitrag sie denn für die Bearbeitung des »Was?« eigentlich leisten. Zum einen Teil sind dies natürlich Ausweichbewegungen, zum anderen aber auch aus Kundensicht berechtigte Einwände, wenn nicht klar ist, welchen Zweck diese oder jene Übung hat. Selbst Königswieser und Hillebrand (2006: 12) berichten von einem Fall, wo sie als Intervention das Ergebnis eines Visionsprozesses als Rollenspiel aus der Sicht der betroffenen Stakeholder durchführen wollten. Der Vorstand verließ deshalb den Raum und sprach von »Kindergartenspielchen«. Es hat sich aus der Erfahrung des Autors daher als nützlich erwiesen, bei der Aufgabenstellung stets den Zusammenhang zum »Was?« herzustellen. Dies ermöglicht wiederum den Brückenschlag zu den inhaltlichen Bedürfnissen des Kunden und vermittelt auch, dass die Berater Anschlussfähigkeit an dessen betriebliche Themenwelten besitzen.

Als letzte Begrenzungen aus der Philosophie heraus sollen noch die Beratungsethik sowie das Verhältnis zur Macht angesprochen werden. In der Change Management-Studie 2008 von Cap Gemini schreiben die Autoren Claßen und von Kyaw (2008: 1) folgenden bemerkenswerten Satz: »Die Prozessdimension [im Sinne der systemischen Beratung] behält alles Wichtige im Auge (und, eigentlich, alles ist wichtig) und möchte dazu noch anständig bleiben. Daher lähmt sie sich viel zu häufig selbst. Denn praktikable Lösungen sind heute nur noch durch gezielte Ausblendungen zu erreichen«. Der systemischen Beratung wird damit erneut eine begrenzte Wirksamkeit unterstellt.

Dem steht gegenüber, dass andere Autoren wiederum postulieren, der Beratungsansatz sei dazu in der Lage, manipulativ auf das Kundensystem einzuwirken (vgl. Peterke 2009). Die Wahrheit liegt hier weder in der Mitte noch lassen sich generelle Tendenzen ableiten. Es ist dies in der Tat die tatsächlich geleistete Beratungsarbeit vor Ort durch die entsprechenden Berater, die beides denkbar erscheinen lassen. Die Philosophie der systemischen Beratung ist jedenfalls getragen von der Unterstützung des Kundensystems im Sinne seiner positiven Weiterentwicklung. Es ist hier die individuelle Haltung als Hilfe zur Selbsthilfe kombiniert mit der spezifischen fachlichen Ausbildung oder Vorerfahrung, die den Unterschied ausmachen.

Zur angeblichen Machtproblematik des systemischen Ansatzes hat sich der Autor Kühl (2005: 350) geäußert. Er bemängelt, dass die Theorie der systemischen Beratung sich überwiegend auf die Autopoiesis sozialer Systeme fokussiert, jedoch die spezifischen Rahmenbedingungen weitestgehend ignoriert. Anders formuliert konstatiert er, dass die systemische Beratung keinen Unterschied macht, wie die (Kunden-)Systeme quantitativ und qualitativ aufgebaut sind. Interventionen werden damit als universell anwendbar angesehen (was sie aus der Erfahrung des Autors auch größtenteils sind), können jedoch (abgesehen von der Widerstandsproblematik) besonders am Beispiel der unterschiedlichen Ausprägung von Machtstrukturen und mechanismen ganz unterschiedliche Ausgänge nehmen.

Kommt es beispielsweise in einem groß angelegten Projekt dazu, dass mehr oder minder sichtbare Mächtige eine für das Gesamtsystem notwendige Veränderung sabotieren, dürfte die Arbeit der Berater weitestgehend unwirksam bleiben (▶ Kap. 3.2). Die systemische Beratung hält zwar einige Interventionen zur Offenlegung solcher Strukturen vor. Bei der notwendigen Bearbeitung bzw. der Veränderungen blockierender Machtstrukturen fehlen diese jedoch fast gänzlich. Der Trick dabei ist, dass die systemische Beratung in der Anfangsphase eines Projekts sich darauf verlässt, von den Entscheidern (gleich Mächtigen) ein Beratungsmandat und deren hierarchische Zustimmung einzuholen. Eröffnet sich jedoch im Laufe des Prozesses ein ganz anderes als das dargestellte Machtgefüge, zieht sie sich häufig auf die Selbstregulationsargumentation zurück. Dahingehend bedarf es an dieser Stelle tatsächlich einer Weiterentwicklung der systemischen Beratungsphilosophie.

Bezüglich der Struktur und des Prozesses innerhalb des Beratungssystems, das sich aus dem Kundensystem und dem Beratersystem zusammensetzt, ergeben sich eine ganze Reihe weiterer Begrenzungen für die systemische Beratung, die im Buch auch bereits an manchen Stellen indirekt angesprochen wurden. Einige wesentliche dieser Begrenzungen werden hier nun nochmals als Fragen explizit diskutiert (vgl. zum Folgenden König & Vollmer 2008: 493ff):

a) *Wer soll Teil des Beratungssystems werden?* Gerade vor dem Hintergrund des eben angesprochenen Machtthemas auf der einen sowie der Frage nach den passenden Beraterkompetenzen auf der anderen Seite kann dies bei einer ungünstigen Auswahl zu einem suboptimalen Prozess und einem schlechten Ergebnis führen. Aus der Erfahrung des Autors berichtend sind die Kunden daher häufig überrascht, dass beispielsweise im Rahmen eines klassischen Veränderungsprojekts im Zweifel dem Prinzip »Umsetzung vor Fachkompetenz vor Hierarchie« gefolgt werden sollte. Die vermeintlich logische Zusammensetzung wäre demnach die Etablierung eines hochrangigen Expertenkreises (kundenseitig) mit den Experten des Beratungsunternehmens mit anschließendem Rollout und späterer Beteiligung der betroffenen Mitarbeiter. Günstiger ist jedoch, bereits bei Erarbeitung des Konzepts an die Umsetzung zu denken, indem man (wiederum kundenseitig) Multiplikatoren und Fachkräfte aus unterschiedlichen Hierarchieebenen mit einem für das Kundenthema und den Prozess hilfreichen Beraterteam zusammenbringt.

b) *Wie sieht die jeweils subjektive Perspektive auf das Beratungssystem aus?* Die Kernproblematik ist hier, dass bisweilen kundenseitig Erwartungshaltungen vorherrschen, die sich nicht mit dem Selbstverständnis und der Arbeitsweise der Berater decken. Es ist deshalb wichtig, gleich zu Beginn einerseits diese Erwartungen einzuholen, andererseits jedoch klar zu machen, dass die Beraterseite für den Prozess verantwortlich ist und diesen auch steuert. Dies wiederum funktioniert nur dann, wenn die Auftraggeber das Beraterteam entsprechend positionieren und ihnen so ihre eigene Autorität auf das Beratersystem innerhalb des Beratungssystems übertragen. Wichtig: Es geht hier ausschließlich um die prozessuale Befugnis. Anders würde dies ein Aushandeln zwischen den beteiligten Subsystemen nach sich ziehen, was mit Blick auf die Zielsetzung kaum erfolgreich sein kann.

c) *Welche Regeln gelten für das Beratersystem?* Dieser Aspekt umfasst eine ganze Reihe von Unterpunkten. Beispielhaft soll hier das Thema Kommunikation angesprochen werden: Die kundenseitig Beteiligten sind oftmals unsicher, inwiefern das Besprochene in einem sicheren Raum verbleibt. Dies ist zunächst einmal wichtig, da ansonsten viel kreatives und kritisches Potenzial auf der Strecke bleiben könnte. Auch hier sind zu Beginn die entsprechenden Rahmenbedingungen zu definieren – wohl wissend, dass die Multiplikatoren noch einen eigenen Auftrag haben, den sie aufgrund ihrer Persönlichkeit und ihrer Rolle aber ohnehin selbständig ausführen. Der Flurfunk ist niemals zu verhindern, kann aber so in entsprechende Bahnen geleitet werden. Andes formuliert: Beraterseitig muss mit dem Thema etwas gespielt werden (aber nicht manipulativ) – und zwar in der Weise, dass einerseits Sicherheit verabredet wird, dem Kundensystem es letztlich aber überlassen wird, wie es damit umgeht. Eine Regelaufstellung interpretiert als Intervention.

d) *Welche Entwicklung nimmt das Beratungssystem?* Aus der eigenen Erfahrung des Autors ist es tatsächlich so, dass nicht nur auf der Seite der Kunden die Veränderungskurve von Kübler-Ross durchlaufen wird, sondern dass auch das Beratersystem ähnliche Verläufe durchlebt – hier allerdings auf einer anderen emotionalen Ebene. Grob formuliert gerät man zu Projektbeginn häufig in eine Aufbruchstimmung, die dann fast unweigerlich an einem Punkt anlangt, wo das Projekt etwas zäh verläuft. Auch ist man nach Überwindung dieser Talsohle am Schluss mehr oder minder erleichtert, dass der Prozess zunächst einmal endet. Gefährlich können im Grunde alle diese Phasen werden: Zu Beginn rutscht man wegen der eigenen Euphorie möglicherweise in die Dienstleisterfalle, bei stockendem Verlauf in die Beschäftigungs- und/oder Dienstleisterfalle und am

Ende besteht die Gefahr, dass die eigene, mangelnde Energie im Kundensystem gespiegelt und damit die Umsetzung der Veränderung gehemmt wird. Gerade wegen der Philosophie des alleinigen Irritierens ist man als systemischer Berater geneigt, bei ausbleibendem, in der Meinung des Beratersystems ungünstigem Prozessverlauf das Kundensystem sich selbst zu überlassen. Das in den Kapiteln 3.4 und 5.1 erwähnte Zitat, dass man ein System nur soweit bringen kann, wie es das System zulässt, drückt dies ganz treffend aus. Es steht dann für das Beratersystem die Entscheidung an, das Projekt abzubrechen oder mit anderen, zum Teil paradoxen Interventionen dem Kundensystem eine Erkenntnis zweiter Ordnung über den eigenen Status zu verschaffen und damit dem Prozess eine neue Wendung zu geben.

e) *Welche Probleme ergeben sich aus einem mangelnden Abstand zum Kunden?* Gerade wenn ein Projekt etwas länger läuft oder sich ein Teil der Beteiligten bereits länger kennt, kann es dazu kommen, dass ein gewisses Maß an professioneller Distanz verloren geht, was wiederum Auswirkungen insbesondere auf die Interventionen hat. Besonders problematisch ist dies dann, wenn die Wirklichkeitskonstruktion des Kundensystems vom Beratersystem übernommen wird. Dann sind wiederum neutrale Interventionen schwer möglich bzw. diese letztlich nur dienlich, um das Kundensystem in dessen gewünschte Richtung zu entwickeln. Dies geht häufig damit einher, dass Koalitionen innerhalb des Beratungssystems entstehen. Aus der Erfahrung des Autors werden gerade zu Beginn eines Prozesses von diversen Beteiligten Angebote gemacht bzw. mehr oder minder verdeckte Zusatzaufträge verteilt (beispielsweise »Gut, dass Sie da sind! In der Nachbarabteilung müsste man auch mal schauen!« oder »Der Herr Maier könnte auch mal ein Coaching gebrauchen!«). Es gilt hier jedoch der Grundsatz der Allparteilichkeit und der Verantwortung dem Gesamtsystem gegenüber. Dies gilt auch für den Auftraggeber.

Neben all den genannten Aspekten ergibt sich eine weitere wesentliche, fast natürliche Begrenzung aus der Reife und damit der Reflexionsfähigkeit des Beratersystems selbst: Exner und Exner (2017: 70) kritisieren entsprechend: »Erstaunlich erscheint uns allerdings, dass zwar viele systemische Berater mit verschiedensten Interventionsformen versuchen, diese Transformationsprozesse zu unterstützen, jedoch kaum ein expliziter Diskurs darüber geführt wird, welche Implikationen sich daraus für die Profession der systemischen Unternehmensberatung selbst ergibt«. Es ist dies die Kritik an Beratungsunternehmen, die vermeintlich hochklassige, neuartige Produkte verkaufen – die damit zusammenhängenden strategischen, strukturellen und/oder kulturellen Veränderungen in der eigenen Organisation entweder gar nicht oder nur mangelhaft vollzogen haben.

Ein klassisches Beispiel ist das Beratungsunternehmen des Management-Gurus Michael Porter. Dessen Monitor Group war von 1983 an im Bereich der Strategieberatung tätig und agierte mit bis zu 1.500 Mitarbeitern weltweit. Das Unternehmen ging 2012 in die Insolvenz und wurde im Anschluss von Deloitte übernommen. Die von Porter entwickelten Methoden, die in Hochschulen immer noch gelehrt werden, sind also entweder nicht hilfreich oder die Monitor Group hat diese für sich selbst nicht eingesetzt. Diese Frage ist final nicht zu beantworten – die breite Nutzung in der Unternehmenspraxis dürfte aber für die zweite Variante sprechen. Exner und Exner (2017: 71) überschreiben Ihre Kritik daher auch mit »Unternehmen brauchen agile Beratung« in dem Sinne, dass die Beratung selbst agil handeln müsse. Mit Blick auf die Dynamik der Märkte ist die erste Forderung, dass der in der systemischen Philosophie verankerte Grundsatz des »Veränderung versus Bewahren« ersetzt werden muss durch »evolutionärer versus revolutionärer Wandel«.

Es ist dies auch die Erfahrung des Autors, dass gerade bei längeren Prozessen plötzliche Veränderungen im Projektumfeld die Zielrichtung des Projekts sowie bisweilen das Gesamtvorhaben infrage gestellt werden, ohne dass der Kunde dies beabsichtigen würde. Beispiele sind größere interne Umstrukturierungen, eine plötzlich auftretende Krisensituation oder die Übernahme durch oder eines anderen Unternehmens mit den daraus folgenden Konsequenzen. Es ist in der VUKA-Welt auch schwer denkbar, einen Veränderungsprozess solide über einen Zeitraum von mehr als einem Jahr zu begleiten. Agilität als Beratungsunternehmen bedeutet dann, sich mit diesen Veränderungen beim Kunden zu arrangieren und den Prozess fortlaufend anzupassen. Es geht damit mehr um kurzfristige Notfallmaßnahmen, die das Kundensystem punktuell stabilisieren als um eine langfristig begleitete Veränderung. Ein Gedanke, mit dem sich die systemische Beratung sehr schwertut.

Exner und Exner betonen noch einen weiteren Aspekt, der die eigene Agilität von Beratungsunternehmen auf die Probe stellt und die (nicht beratungsspezifische) Grundhaltung der eigenen Berater zum Inhalt hat: Es geht hier insbesondere um die Generation Y (und Social Media etc.), die generell eine neue Sicht auf sich und die Welt mit sich bringt. Hier entwickelt sich wiederum ein Paradoxon: Während sich die systemische Beratung von ihrem Selbstverständnis als offen und tolerant definiert, sind die Herangehensweisen und die Interventionen im Kern lange erprobt und konservativ, was sich auch in der klaren Rollenverteilung innerhalb des Beratersystems zeigt. Auch die im Vergleich zur Fachberatung zum Teil nach außen demonstrierte Arroganz wurde ja bereits angesprochen. Auf diesen Widerspruch und blinden Fleck macht nun die neue Generation von Beratern die systemische Beratung aufmerksam (vgl. Exner & Exner 2017: 75). Dies ist auch notwendig, da die neue Generation auch auf der Kundenseite die Vorherrschaft gewinnt. Man könnte argumentieren, dass aus dem systemischen Gedanken heraus der Unterschied zwischen Beratersystem und Kundensystem hilfreich ist – wenn jedoch die Anschlussfähigkeit verloren geht, gehen die Interventionen ins Leere.

Es ist damit günstig und notwendig für Beratungsunternehmen, die sich verändernden Haltungen zu integrieren, um selbst zukunftsfähig zu bleiben:

> »Die systemische Beratung passt wunderbar zur VUCA-Welt, ... sie birgt jedoch gleichzeitig die Gefahr einer gewissen Selbstgefälligkeit und damit der Nicht-

Beachtung, welche Weiterentwicklungen und Anpassungen notwendig sind« (Exner & Exner 2017: 77).

6.6 Grenzen im Kundensystem

Das vorangegangene Kapitel beschäftigte sich mit den Grenzen des (systemischen) Beratersystems. Bei der Analyse wurde zwangsläufig auch das Kundensystem mit erwähnt – insbesondere im Abschnitt, als es um das Beratungssystem ging. Hier soll nun das Kundensystem selbst noch einmal genauer diskutiert werden, zumal von der Beratungsseite her oftmals der Vorwurf im Raum steht, der Kunde sei beratungsresistent bzw. es würden die Voraussetzungen für eine gute Beratung fehlen oder zumindest nicht geschaffen.

Dass Beratungsprojekte oftmals genau deshalb stocken, weil das Kundensystem in Widerstand geht, wurde bereits an verschiedenen Stellen angesprochen: Es ist dies die natürliche Ausweichbewegung von Individuen oder Gruppen vor einer unerwünschten Veränderung, mit dem die Berater beauftragt wurden. Darum soll es hier jedoch nicht gehen, sondern um die für ein erfolgreiches Projekt notwendigen Rahmenbedingungen beim Kunden bzw. um deren Abwesenheit, die dann die Grenzen des Kundensystems definieren. Da die Betrachtung des Kundesystems bis dato relativ rudimentär in der Wissenschaft behandelt wurde (Ausnahme die Gruppe um Mohe), soll an dieser Stelle das Phasenmodell der Beratung genutzt werden, um konkrete Praxis-Beispiele aufzuzeigen – ergänzt um den aktuellen empirischen Forschungsstand.

Grenzen in der Kontaktphase

Eine bedeutende Grenze innerhalb des Kundensystems ist generell die mangelnde Erfahrung mit Beratung. Dies wird in den weiteren Phasen immer wieder zur Sprache kommen – und hat hier zunächst die Bedeutung, dass bereits die Fragestellung, ob Beratung überhaupt notwendig ist, ohne Vorerfahrung kaum beantwortet werden kann. Dies hat Konsequenzen für die Erwartungshaltung an Beratung und damit eine enge Verbindung zur Dienstleister- und/oder Beschäftigungsfalle als Eingangshypothese.

Umgedreht ist es auch die mangelnde Kenntnis des Nutzens von Beratung, die Kunden davon abhält, überhaupt Berater zu engagieren. Kommt es aber dennoch zu einem Erstkontakt und dort dazu, dass von den Beratern »seltsame« Fragen gestellt werden (was für die Berater spricht und in Richtung des systemischen Ansatzes geht), könnte kundenseitig die Irritation kaum erkannt und positiv konnotiert werden. Im Gegenteil: Verläuft die Kontaktphase relativ schmerzfrei für den Kunden, spricht dies für das Selbstverständnis der Berater als Dienstleister und wie oben gezeigt für einen wenig hilfreichen Beratungsprozess. Gerade aus dieser Konstellation heraus dürfte auch die größte Kritik an Beratungsunternehmen resultieren: Ein unerfahrener Kunde trifft auf ein Verkäuferunternehmen, das nach seinem Engagement keinen wirklichen Impuls und damit keinen echten Nutzen beim Kundensystem hinterlassen hat – auch wenn der Prozess als solches (dazu gleich mehr) subjektiv relativ angenehm wahrgenommen wurde.

Dies führt direkt zur Problematik der richtigen Auswahl der Berater. Nach der bekanntesten Studie zum Thema verfügen weniger als die Hälfte der Unternehmen über eine zentrale Einheit, die sich um die Beraterauswahl (und dann später um die Begleitung des Beratungsprojekts) kümmert. Auf der anderen Seite ist es ebenfalls in weniger als der Hälfte der Fall, dass bereits bekannte Beratungsunternehmen engagiert werden (vgl. Mohe et al. 2009: 82). Dieser Aspekt ist ambivalent zu bewerten: Einerseits spricht ein wiederholtes Engagement für eine gute Qualität der Beratungsarbeit. Andererseits lässt dies systemisch eine professionelle Distanz nur schwer zu. Es sind dies dann wieder die Haus-und-Hof-Berater, die so bereits quasi Teil des Systems sind und damit wiederum in die Dienstleister- und Beschäftigungsfalle gehen, ohne dass sie es möglichweise selbst noch erkennen können.

An der Schnittstelle zur Orientierungsphase liegt noch die Auftragsdefinition. Grenze im Kundensystem kann hier einerseits die tatsächliche Identifikation des Problems sein. Wobei dies eher die Aufgabe eines professionellen Beratersystems ist, das dieses spätestens in der übernächsten Phase eindeutig identifiziert wird. Für die Kontaktphase gilt andererseits noch, dass zumindest Aufträge und Themen, die in den Bereich der »Legitimation durch Beratung« fallen, von den Beratern zurückgewiesen werden. Dies ist im Übrigen auch keine echte Grenze beim Kunden, sondern aus seiner Sicht eine rationale Herangehensweise, die jedoch dann nicht mehr in den Bereich einer echten Beratung fällt.

Grenzen in der Orientierungsphase

Die Orientierungsphase ist immer noch geprägt vom Aufbau eines im besten Fall kooperativen Vertrauensverhältnisses zwischen den beteiligten Individuen auf Kunden- und Beraterseite. Damit dies gelingen kann, benötigt es kundenseitig einer geeigneten Auswahl von Prozessbeteiligten sowie der Definition, wer die Führung im Projekt übernimmt. Gerade in diesem Punkt inklusive der damit im Zusammenhang stehenden notwendigen Legitimation der Berater hat eine weitere Studie große Spannungsfelder identifiziert (vgl. Wolf et al. 2014: 76).

Das kann auch aus der Erfahrung des Autors bestätigt werden: Bei einem Großprojekt im Bereich Change Management wurde dies von der Architektur her so gestaltet, dass im Grunde alle Hierarchieebenen eingebunden wurden. Tatsächlich – und fast klischeehaft – stieß die Veränderung und damit deren Bearbeitung auf der Arbeitsebene auf den größten Widerstand. Da das vom Beraterteam zunächst einmal als gewöhnlich wahrgenommen wurde, gab es diesbezüglich auch keine gesonderte Rückmeldung an den Auftraggeber. Im Verlauf stellte sich jedoch heraus, dass Teile der Beteiligten zum einen gar keine Betroffenen waren – und dazu die Legitimation des Beraterteams nicht absprachegemäß stattgefunden hatte. Im Gegenteil: Die Beteiligten entwickelten die Hypothese, dass die Berater im Auftrag der Entscheider die Veränderung lediglich »verkaufen« sollten und dazu noch als deren Spione agierten. Vor diesem Hintergrund konnte zunächst keine vertrauensvolle, kooperative Zusammenarbeit stattfinden.

Zeigt sich dies generell nicht nur auf der beschriebenen Ebene, sondern insbesondere im Verhältnis zu den Auftraggebern selbst, sind Beratungsprojekte vom Abbruch bedroht. Geht man ceteris paribus davon aus, dass auf der Beraterseite keine gröberen Fehler begangen und die professionelle Distanz zum Kunden gewahrt wurde, ist das zumeist auf persönliche Vorbehalte zurückzuführen. Die Frage ist dann, wie wiederum das Beratersystem hierauf reagieren kann und sollte. Einerseits ist es möglich, die Person(-en) auszutauschen – andererseits übernimmt das Kundensystem hiermit wieder die Führung innerhalb des Beratungssystems. Es ist damit eine Einzelfallabwägung vor dem Hintergrund der Projektstruktur und des Gesamtprozesses. Interessanterweise hatte die zuerst zitierte Studie auch bei den Aufgaben von zentralen Einheiten die Einbindung der Mitarbeiter (ohne weitere Differenzierung) als eine nur untergeordnete Kategorie identifiziert (vgl. Mohe et al. 2009: 84).

Es gibt damit sowohl auf der Mitarbeiter- wie auf der Entscheiderebene noch Verbesserungspotenzial in Richtung Fitting mit den beratenden Individuen. Dies folgt auch der Logik eines Selbstzwecks: Hintergrund ist die Grundproblematik einer persönlichen Dienstleistung (hier aber nicht die gleichlautende Falle), die nur dann funktioniert, wenn der Auftraggeber zur Auftragserfüllung zwingend mit eingebunden werden muss. »Mit anderen Worten, entschieden wird die Beratung immer vom Kunden selbst, ansonsten wäre die Beratung keine Beratung mehr, sondern sie übernähme bereits Managementkompetenz und wäre Bestandteil des Kundensystems« (Nicolai 2000: 238).

Grenzen in der Analysephase

Für diese Phase gilt zunächst Vergleichbares wie in der Orientierungsphase, was insbesondere die Kooperation im Rahmen der besonderen Dienstleistung Beratung betrifft. Will man den Blick hier weiten, kann man als Gedankenexperiment und Ausgangssituation hinzufügen, dass das Beratersystem ceteris paribus nicht so agiert, wie es seiner Profession entspricht. Das Kundensystem steht damit gerade in dieser Phase vor einer Herausforderung, die sie wiederum an die eigenen Grenzen führt.

Als eine der Hautursachen für schlechte Beratung wird häufig genannt, dass Beratungsunternehmen mit vorgefertigten Methoden und Lösungen an die Problemstellungen vor Ort gehen. Anders formuliert, verfügen die Berater möglicherweise auch über gar keine anderen Perspektiven und deuten die vorliegenden Umstände dergestalt um, dass sie zu den Produkten des Beratungsunternehmens passen. Auf der anderen Seite ist das Kundensystem komplett überfordert, diesen Prozess zu durchschauen. Im Gegenteil: Es ist sogar möglich, dass die Herangehensweise und Rückschlüsse der Berater positiv aufgenommen werden, zumal davon auszugehen ist, dass der Verkauf dieser Leistung einen höchst professionellen Anschein erweckt (genau dies ist wiederum die USP der großen Beratungshäuser mit deren Geschichte und Powerpoint-Folien).

Die mangelnde Erfahrung lässt hier also die (Fach-)Berater gewähren – das trifft im umgekehrten Sinn auf die systemischen Berater zu: »Sobald der Berater beginnt zu beobachten, wie das Unternehmen beobachtet oder wie im Unternehmen beobachtet, d. h. unterschieden und bezeichnet wird, kann er den Problemen dieses Systems einen Sinn geben« (Luhmann & Fuchs 1989: 215). Dies entsprechend einordnen und wertschätzen zu können, stellt ebenfalls eine Überforderung des Kundensystems dar, sofern hier keine Vorerfahrung existiert. »Ein professioneller Umgang mit Beratung bedeutet letztlich die Fähigkeit zur Selbst- und Fremdbeobachtung« (Mohe & Pfriem 2002: 37).

Grenzen in der Veränderungsphase

Besonders diese Phase wird wie in Kapitel 3.4 herausgearbeitet überlagert vom Widerstand innerhalb des Kundensystems gegen die Veränderung selbst. Darüber hinaus gibt es jedoch noch weitere Aspekte, die hier auf Grenzen im Kundensystem hindeuten. Auch geht es wieder um das Zusammenspiel zwischen dem Beratersystem und dem Kundensystem – vor allem um die Evaluation dessen, was die Berater in dieser Phase für die Veränderung beitragen. Auch sei an dieser Stelle erneut der Aspekt der Antifragilität genannt, wobei hier jedoch nur erste Anzeichen für die Schaffung von Stressoren und Redundanzen identifiziert werden können. Im Kern mangelt es daher generell schon an Messkriterien und einer tatsächlichen Evaluation. In der oben bereits genannten ersten Studie ist es wiederum keine Hauptaufgabe von zentralen Einheiten (die ohnehin nicht in der überwiegenden Anzahl der Unternehmen existent ist), die laufenden Projekte zu evaluieren (vgl. Mohe et al. 2009: 84). Die Mutmaßung ist daher auch, dass die Berater ihre Arbeit professionell erledigen und daher laufende Evaluationen über flüssig und zeitraubend sind (vgl. Wolf et. al. 2014: 77).

Tatsächlich ist es auch die Erfahrung des Autors, dass es zwar im Prozessverlauf Feedbackschleifen insbesondere mit den Auftraggebern gibt. Jedoch verlaufen diese Gespräche eher im Sinne von beraterseitig gesteuerten Beschreibungen und Hypothesen bezüglich des aktuellen Status. Wolf et al. (2014: 78) beschreiben interessanterweise den Entwicklungsprozess für eine Toolbox für Kunden zur laufenden Beratungsevaluation. Diese wurde nach Angaben der Autoren im Jahr 2012 online freigeschaltet. Die Seite www.beratungsexzellenz.ch ist jedoch aktuell nicht mehr abrufbar. Es geht hier jedoch nicht nur um eine Evaluation, sondern gerade in der Veränderungsphase auch um die kundenseitig notwendige Projektsteuerung. Hier gilt wiederum, dass sie nur unzureichend als Aufgabe definiert ist (vgl. Mohe 2009: 84) oder die Haltung vorherrscht, dass die Veränderung sich durch die Beratungsarbeit von allein einstellt bzw. dies die Arbeit der Berater ist (Dienstleister- und/oder Beschäftigungsfalle).

Grenzen in der Sicherungsphase

Auch hier steht zunächst das Thema Evaluation im Fokus. Wiederum gilt, dass nicht jedes Projekt auf seine Wirksamkeit hin überprüft wird. Klassischerweise finden Projektabschlussgespräche zwischen Kunden und Beratern statt, es kommt jedoch relativ selten zu einer Überprüfung der Nachhaltigkeit (und damit auch der Antifragilitätswirkung) nach einem längeren Zeitraum. Die fehlenden Tools auf der Kundenseite wurden bereits thematisiert.

Praxis ist das regelmäßige Nachhaken von Beraterseite, was häufig aber eher den Hintergrund einer Nach-Akquise hat (bekanntermaßen ist es jedoch so, dass nur bei einer Minderleistung weitere Arbeiten überhaupt erst notwendig werden – außer die Maßnahme wird in einem anderen Bereich durchgeführt). Es mangelt beim Kunden häufig auch an einer zentralen, professionellen Projektdokumentation (vgl. Mohe 2009: 84), was letztlich dazu führt, dass regelmäßige Projektsupervisionen nicht stattfinden können. »Der Aufbau und die Weiterentwicklung eigener Beratungskompetenz muss [daher] zu einem dringenden Anliegen von Unternehmen werden« (Mohe & Pfriem 2002: 38).

In diesem Zusammenhang kommt es auch öfter zur Forderung nach einer Metaberatung, die systemisch gedacht die bestehenden Grenzen und die damit im Zusammenhang stehenden Mängel des Kundensystems ausgleichen soll (vgl. Thomann 2012: 8). Dies wirft jedoch bekannte Fragen wie die Auswahl der Metaberatung auf und hat sich auch bis dato im Markt noch nicht durchgesetzt, was in der Regel wieder ein Indiz für den tatsächlichen Bedarf an dieser Leistung ist.

In der Summe dürften also eine Reihe von Begrenzungen im Kundensystem dafür sorgen, dass Beratung ihren Auftrag nicht erfüllen kann. Dass dies kein Phänomen der Moderne ist, zeigt das Zitat von Machiavelli aus seinem Ratgeber für den Fürsten: »Es ist eine allgemeine, untrügliche Regel, dass ein Fürst, der selbst nicht weise ist, auch nicht gut beraten werden wird« (vgl. Mohe & Pfriem 2002: 37).

Fallstudie StromWind AG

Die Projektarchitektur, die unter Berücksichtigung der Balance von Dringlichkeit und Nachhaltigkeit sowie des potenziellen individuellen Widerstandspotenzials entwickelt worden war, berücksichtige bei der StromWind noch eine weitere Denkebene: Denn für gewöhnlich stellen sich auch bei der Disruptio Consult Beratungsaufträge dergestalt dar, dass entweder ein strategisches Thema zu bearbeiten ist und/oder Maßnahmen organisatorischer, struktureller Art im Fokus stehen. Etwas weniger häufig sind Aufträge im Bereich der alleinigen Veränderung von Kultur. Gerade mit dem Ziel der Erzielung von Antifragilität ist es jedoch bedeutsam, Strategie, Struktur und Kultur im Gleichklang weiterzuentwickeln. Es müssen damit stets alle drei Interventionshebel berücksichtigt

werden, da ansonsten ein System entweder in Schieflage gerät oder in einen vorherigen Zustand zurückfällt.
Für die Stromwind bedeutete dies konkret, dass zunächst die Maßnahmen im Bereich Struktur fokussiert wurden. Eine erste hatte die Stromwind ja bereits selbst unternommen, indem man die Bereiche Entwicklung und Produktion unter eine Führung gebracht hatte. Das sollte jedoch nur der Anfang sein: Man begann damit, die bis dato funktionale Gliederung in eine prozessuale zu überführen. Entlang der Wertschöpfungskette wurden so neue Verantwortlichkeiten und Abteilungen geschaffen. Für die Belegschaft bedeutete dies, dass sowohl die Führungskräfte als auch die Mitarbeiter größtenteils neue Funktionen und Aufgaben übernehmen mussten. Da diese Veränderung so umfangreich war, musste im Steering Committee auch nicht darüber diskutiert werden, dass hierzu flankierende Maßnahmen notwendig seien. Gemäß dem Prinzip »Structure follows Strategy« wurde parallel an einer neuen strategischen Ausrichtung gearbeitet. Dazu wurde vom Steering Committee eine Gruppe definiert, die sich mit deren Ausarbeitung befassen sollte. Es war dies jedoch nicht nur die neue zweite Führungsebene (neben dem Managementteam), sondern auch ausgewählte Mitarbeiter aus den weiteren Hierarchieebenen. Dies deshalb, weil zum einen deren fachliches Know-How sie dafür empfiehl. Zum anderen aber auch als Multiplikatoren in das Unternehmen hinein. Ein Ergebnis dieser strategischen Diskussionen war der Umgang mit dem Joint Venture in Australien. Dieses war zum einen aus Kapazitätsgründen und zum anderen aus vertrieblichen Gründen eingegangen worden. In diversen Strategieworkshops mit den Beratern von Disruptio Consult wurde herausgearbeitet und dann beschlossen, das Joint Venture neu auszurichten: So sollte es sich vertrieblich nicht weiter nur nach Australien, sondern neu auch nach Südostasien orientieren. Die Produktion sollte sich zugleich auf die Vorgängerversion von Windrädern fokussieren, um im Preiswettbewerb mit chinesischen Anbietern bestehen zu können. Man splittete damit die eigene Marktposition auf. Dass dies alles auf einer kulturellen Ebene begleitet werden müsste, war dann ebenso offensichtlich. Nicht nur die neue Organisationsstruktur, sondern auch das neue Selbstverständnis bedurfte einer kulturellen Absicherung: Zum einen musste das Unternehmen verdauen, dass man nicht mehr nur ein Premiumanbieter sein sollte. Zum anderen brachte das Ziel der langfristigen Erfolgsorientierung die Notwendigkeit einer Veränderung des Mindsets vieler Mitarbeiter mit sich. Bei diesen Herausforderungen waren vor allem die Führungskräfte gefragt, die die Veränderung der Kultur letztlich aktiv vorantreiben mussten. Für die Führungsteams der zweiten und dritten Ebene wurden daher besondere Workshopreihen aufgesetzt. Wichtig ist dabei generell: Gerade die Arbeit an kulturellen Veränderungen bedingt eine Beraterhaltung, die sehr nah an den Personen und an deren Persönlichkeiten agiert, was die Berater der Disruptio Consult beherrschten.
Im Projektverlauf kam kundenseitig die Frage auf, inwieweit die Ergebnisse eigentlich in der Praxis eher zufällig entstehen würden. Dies, weil im Umfeld ei-

nes Projekts sich ohnehin vieles ändert und die Dynamik in einem Unternehmen es nicht immer vorhersehbar macht, wie ein Projekt ausgeht. Ein Seniorberater dazu: »Der Zufall an sich ist sicher nicht wegzudiskutieren - aber die systemische Prozessberatung mit ihrer reflektorischen Haltung ist in der Regel relativ gut und besser geeignet, zufällige Ergebnisse zu verhindern als beispielsweise reine Fachberatung, die Veränderungen in einem Projekt und im Projektumfeld im Zweifelsfall gar nicht wahrnimmt.« Diese reflektorische Haltung sei auch deshalb notwendig, weil Beratungsunternehmen ebenso wie deren Kunden über eigene blinde Flecken verfügen. Das könne in Projekten zu Fehlberatung führen.

Bei der internen Projektsupervision bei der Disruptio Consult wurden auch die Grenzen des Kundensystems diskutiert. Wie beschrieben, war die StromWind komplett unerfahren mit Beratungsunternehmen. Das Beraterteam war darauf jedoch vorbereitet gewesen und hatte beispielsweise auf die notwendige Zeitinvestition sowie auf das letztliche Ziel der Antifragilität hingewiesen. Dadurch hatte man erreichen können, dass das Unternehmen die Projektarchitektur so mitgetragen und nicht versucht hatte, die Ursachenfindung und Problemlösung allein dem Beraterteam zu übertragen.

Dar. 25: Interventionshebel und Grenzen von Beratung

7 Neue Denkmodelle in Sicht?

Ein Zwischenergebnis an dieser Stelle könnte lauten, dass Haltung und Methoden der systemischen (Prozess-)Beratung sicherlich besser geeignet sind, ein Unternehmen in einen antifragilen Status zu bringen als andere Beratungsansätze. Dies insbesondere deshalb, weil hier aus deren eigener Entstehungsgeschichte heraus einerseits eine tiefergehende Kenntnis über emotionale Hürden in Veränderungsprozessen vorliegt und andererseits die Reflexionsfähigkeit der Berater derart ausgeprägt ist, dass man sich der Unmöglichkeit einer mechanistischen Steuerung dieses Vorgangs zumindest bewusst ist.

Dennoch erstaunt es, dass in den vergangenen ca. 20 Jahren objektiv betrachtet kaum eine wesentliche Weiterentwicklung der systemischen Beratung stattgefunden hat. Objektivität wird hier definiert als Markterfolg und zeigt, dass entweder die Systemik ihren Weg in klassische Beratungsformen (und dort nur ein anderes Labeling) gefunden oder sich tatsächlich der Kundenstamm nicht erweitert hat. Anders formuliert: Geht man von einer Überlegenheit des systemischen Beratungsansatzes aus, steht dies im Widerspruch zu dessen Erfolg. Die Frage ist daher, ob und inwieweit man deren Grundkonzept weiterentwickeln kann, damit sich das ändert. Denn ein völlig anderes Modell hat sich bis dato ebenso nicht angeboten und das Verständnis der systemischen Beratung, das sich aus der Übertragung von Erkenntnissen von lebenden Systemen auf Organisationen speist wie beispielsweise Konstruktivismus und Autopoiese, ist wissenschaftlich abgesichert.

Die Suche nach einer Ergänzung, die dann möglicherweise auch zu einem Markterfolg führt, muss zudem auch dem Kriterium der Antifragilität standhalten, wie in diesem Buch bereits zu Beginn herausgearbeitet worden war, um auch eine wirksame Beratung leisten zu können. Alles andere würde nur in Richtung der Beschäftigungs- und/oder Dienstleistungsfalle laufen.

In diesem Kapitel werden dazu zunächst verwandte Theorien und Ansätze entsprechend evaluiert und detailliert sowie besondere Ausprägungen von bilateralen Interventionen untersucht. Die Schlussfolgerungen geben dann einen Ausblick auf die praktische Arbeit an und mit dem Kunden.

7.1 Aus welcher Richtung soll es kommen?

Eine wissenschaftlich saubere Identifikation geeigneter Quellen ist nahezu unmöglich. Der entsprechende Suchprozess müsste eine Vielzahl von Wissenschaften und deren Theorien untersuchen, um Anknüpfungspunkte an die systemische Beratung finden zu können. Es folgt daher hier die Analyse von bewusst begrenzten, der systemischen Beratung bereits nahestehenden Disziplinen, die eine Option darstellen könnten.

Die Auswahl resultiert aus der (Er-)Kenntniswelt des Autors, der insbesondere in der Anwendung der systemischen Beratung und der anschließenden, projektweisen Reflexion diese Anknüpfungspunkte identifiziert hat. Startpunkt soll sogar die Systemtheorie selbst sein – gefolgt von der Verhaltensökonomie und der Spieltheorie; wenn man die im Kapitel 6.4 diskutierte Frage, ob der Prozess und die Ergebnisse möglicherweise zufällig sind, noch einmal aufnimmt.

Systemik (und Synergetik)

Als kurze Wiederholung und Zusammenfassung ist zu konstatieren, dass aus systemtheoretischer Sicht eine Organisation als ein nicht-triviales System verstanden werden muss. Dies hat weitreichende Konsequenzen, insbesondere für Berater: »Nicht-triviale Systeme sind aufgrund ihrer inneren Dynamik unanalysierbar und ebenso unvorhersagbar und unsteuerbar. Letztlich lässt sich noch nicht einmal sagen, ob ein gezeigtes Verhalten überhaupt einen Zusammenhang mit einer bestimmten Perturbation hat« (Lindemann 2019: 192).

Als Perturbation (Intervention) stehen dem Beratersystem im Kern die Veränderung des Systemumfelds oder die Energetisierung des Systems selbst zur Verfügung. Besonders bei Letzterem kommt häufig die Dienstleisterfalle zum Tragen, da man mangels Unterstützung durch die Hierarchie meint, diesen Hebel stark einsetzen zu müssen. Bei Erstgenanntem sind die generellen Möglichkeiten des Beratersystems ebenfalls eingeschränkt – jedoch kann man den Beratungsprozess selbst als die Kreation von vielen verschiedenen Settings und damit als Veränderung des gewohnten Systemumfelds aus der Sicht der Beteiligten interpretieren.

So oder so werden durch die Interventionen die Kundensysteme irritiert und (bestenfalls) in einen Status der Instabilität versetzt. Lindemann vergleicht dies mit einer oder mehreren Kugeln (gleich das System bzw. die Beteiligten), die auf einer Kurve verlaufen. Bringt man aber beispielsweise durch Energetisierung eine Kugel (Gesamtsystem) von einem Zustand in den nächsten, so ergibt sich für diese Kugel entweder die Option, in den Ausgangszustand wieder zurückzufallen oder in einen neuen, stabilen Zustand überzugehen (vgl. Lindemann 2019: 83). Dies ist in der Regel auch der Auftrag an Beratung. Wichtig dabei ist: Für gewöhnlich ist es die Kugel und damit das System selbst, die hierüber entscheidet. Eine Ausnahmesituation ist es, wenn der Sense of Urgency und damit die Energetisierung des Kundensystems beispielsweise durch einen externen Schock groß genug ist. Dann steigt die Wahrscheinlichkeit für die Realisierung des Übergangs. Noch komplexer wird es, wenn man die Betrachtung auf mehrere Beteiligte sowie mehrere Stabilitätszustände erweitert.

Vor diesem Hintergrund haben die Autoren Haken und Schiepek Grundsätze entwickelt, die formulieren, welche Bedingungen gegeben sein müssten, damit sich nicht-triviale Systeme überhaupt in die gewünschte Richtung entwickeln können. Haken ist der Begründer der sog. Synergetik: »Gegenstand dieser Theorie ist die Erklärung und Beschreibung von Prozessen der Strukturbildung und des Strukturwandels in der belebten und unbelebten Natur, wobei hier Phänomene, die auf unterschiedlichsten materiellen Substraten beruhen und auf unterschiedlichen Zeitskalen angesiedelt sind, erstaunlich ähnliche dynamische Eigenschaften aufweisen« (Schiepek et al. 2000: 169).

Aus dieser Beobachtung von Selbstorganisation näherte sich Schiebeck zunächst der Frage, wie man im Bereich der Therapie stabile Ordnungen verstören und wie man Übergänge in eine neue Ordnung gestalten könnte. Dies wiederum war der Ausgangspunkt für die Entwicklung der sog. generischen Prinzipien und deren Übertragung auf Veränderungsprozesse in Organisationen. Haken und Schiebeck haben diese Prinzipien dann in ihrem gemeinsamen Werk für diesen Kontext weiter ausformuliert. Sie klingen zum Teil erstaunlich vertraut, da sie implizit zu einer systemischen Beraterhaltung gehören (vgl. zum Folgenden aus dem Online-Zusatzmaterial zum Buch von Kannicht & Schmid 2014). Die Frage ist dabei, ob diese auch eine antifragile Beratung möglich machen:

a) *Stabilität unterstützen:* Wie bereits mehrfach ausgeführt, implizieren Veränderungen zumindest eine gewisse Destabilisierung des betroffenen Systems. Je nach Intensität wird dies unterschiedlich aufgenommen und verarbeitet. Eine Grundregel ist jedoch: »Kein lebendes System würde sich auf einen Prozess entgrenzter Destabilisierung einlassen« (Shiepek et al. 2000: 174). Genau das wird jedoch häufig in Organisationen angestrebt, wenn massive Veränderungsmaßnahmen durchgeführt werden. Anlässe sind dann zumeist größere externe Schocks oder beispielsweise ein Führungswechsel mit damit einhergehendem Strategiewechsel. Gerade in letzterem Modus erscheint einem neuen Vorstand oder Aufsichtsrat ein radikaler Ansatz auch als einzige Möglichkeit, ein behäbiges System in Schwingung zu versetzen. Ein jüngeres Beispiel ist die Berufung des neuen Vorstands der SKF (Svenska Kullagerfabriken) SE. Dieser hatte bis dato u. a. als Vorstand für die Fluglinie SAS sowie für ein schwedisches Versicherungsunternehmen und General Electric gearbeitet. Aus Branchenkreisen ist zu hören, dass er das über 100 Jahre alte Unternehmen völlig neu aufstellen möchte, was verständlicherweise zu Unruhe und zur Auslösung von Ängsten bis in die obersten Hierarchieebenen führt. Interessanterweise hatte der Aufsichtsrat auch genau diese unabhängige Person ausgewählt und keine interne Lösung präferiert – vermutlich, um SKF überhaupt energetisieren zu können (die Parallelen zum Beispiel von Peter Löscher bei der Siemens AG sind offensichtlich). Es stellt sich für die Zukunft nun die Frage, ob und wie das System SKF destabilisiert werden kann und – falls ja – ob und wie es wieder in den

Ausgangszustand zurückfällt. Damit zumindest Ersteres passiert, muss dem System ein Angebot gemacht werden: Es ist dazu neben der Notwendigkeit für eine Veränderung eindeutig zu kommunizieren, was sich auf gar keinen Fall ändern wird. Gerade hier spielt (systemische) Beratung eine große Rolle. Denn aus systemtheoretischer Kenntnis und der hier eingeführten Synergetik (und insbesondere auch aus der praktischen Erfahrung des Autors) ist es zwingend erforderlich, dem Auftraggeber mitzuteilen, dass er genau diese Botschaft vermittelt. Erfahrungsgemäß ist es aber auch so, dass Entscheider gerne den harten Weg wählen, um dann nach einer gewissen Zeit mit dem Gesamtvorhaben zu scheitern. Vor dem Hintergrund des Anforderungskriteriums Antifragilität fällt eine Beurteilung hier jedoch gemischt aus: Positiv ist die Grundhaltung, dass besonders im Bereich der Stressoren mit derartigen Veränderungen ein Risiko eingegangen wird, das möglicherweise sogar auch mit einem visionären Gedanken gekoppelt ist. Gerade bei der Ungewissheit jedoch wird genau diese durch das Prinzip »Stabilität unterstützen« im gewissen Umfang konterkariert. Hier trifft die Theorie der Psychologie auf die reine Logik der Antifragilität und gibt ihr damit den Hinweis, bei der praktischen Anwendung sorgsam vorzugehen, um letztlich ihr eigenes Ziel nicht zu gefährden. Daher wird die Schaffung von Stabilität noch einmal wichtig zu Beginn des Kapitels 8.1, wo das Thema der Sicherheit in der Unsicherheit beleuchtet wird.

b) *Relevante Systeme und Muster identifizieren:* Dieses Prinzip ist im Grunde relativ einfach zu erklären, denn es geht um die Erfassung des betreffenden Systems im Sinne der Identifikation seiner Grenzen und seiner internen Spielregeln. Dies gehört zum Handwerkzeug von Beratung und bietet zugleich keinen besonderen Beitrag zur Erzielung von Antifragilität.

c) *Sinnbezug herstellen:* Die Grundidee ist, dass durch die Kommunikation der Veränderungsnotwendigkeit die betroffenen Organisationen eine erhöhte Bereitschaft zum Wandel aufbringen. Dies kann aus der Praxis heraus eindeutig bestätigt werden, jedoch ist die Wahl der Kommunikationsebene entscheidend. Gerade Führungskräfte sind häufig der Meinung, dass durch eine faktenbasierte Informationsvermittlung alles Notwendige getan ist. Wie bereits an verschiedenen Stellen erläutert, wird hier jedoch nur die Position oberhalb der Oberfläche im Eisberg angesprochen und die Ängste der Mitarbeiter bleiben außen vor bzw. es wird ihnen auch nicht die Möglichkeit gegeben, sie entsprechend zu formulieren und vorzutragen. Wenn dann die gewünschte Veränderung nicht stattfindet, werden typischerweise Beratungsunternehmen hinzugezogen und beauftragt, ein Kommunikationskonzept zu erstellen sowie bestenfalls die Notwendigkeit der Veränderung auch zu verkaufen (Dienstleisterfalle!). Prüft man dies wieder mittels des Antifragilitätsfilters, wird klar, dass ein derartiger Prozess nicht zum entsprechenden Ziel führt. Und das System wird im schlechtesten Fall so noch nicht einmal ausreichend energetisiert. Es ist daher Aufgabe einer wirksamen Beratung, den Auftraggeber hierauf hinzuweisen und für den Beratungsprozess ein geeignetes Design zu entwickeln. Hier können besonders die Stressoren Vision und Ungewissheit einen Beitrag zur Klärung der Sinnfrage leisten.

d) *Energetisierung ermöglichen:* Dieses Prinzip dürfte am nächsten zu therapeutischen Anwendungsbereichen liegen, denn es geht hier um die Stärkung der an der Veränderung beteiligten Individuen. Im Kern ist dies die Abkehr von einer Defizitorientierung hin zu einer Identifikation und Wertschätzung der individuellen Kompetenzen, um im Anschluss die Mitarbeiter aktiv in den Veränderungsprozess einzubinden. Das steht im Gegensatz zu der Annahme, dass es ausreichend sei, genügend Druck aufzubauen, um damit Veränderungen zu erzwingen: Es werden im wahrsten Sinne des Wortes Betroffene zu Beteiligten gemacht. Im weitesten Sinne kann dies auch zu einer Stärkung der Antifragilität führen, da vor allem im Bereich der Kultur hierdurch Redundanzen geschaffen werden. Und es ist auch schon ein erster Hinweis darauf, wo eine wirksame Beratung tatsächlich ansetzen sollte (▶ Kap. 7.2).
e) *Destabilisieren:* Für die Verwirklichung dieses Prinzips werden Beratungsunternehmen im Grunde eingekauft. Es steht hier der gesamte Methodenkasten an Interventionen zur Verfügung. Allerdings reicht die Destabilisierung als solche nicht aus und ist zudem kein Selbstzweck. Denn in Verbindung mit der Energetisierung ist es die Kunst des Beratersystems, den Prozess so zu steuern, dass direkt mit der Destabilisierung auch eine bestimmte Richtung eingeschlagen wird. Antifragil gedacht, liegt hier die größte Bandbreite vor, da das Beraterhandeln auf die Entwicklung aller möglichen Aspekte von Stressoren und Redundanzen ausgerichtet sein kann. Beispielsweise kann der erwünschte Musterwechsel (oder -bruch) durch die Erarbeitung einer neuen Vision in Verbindung mit einer völlig neuen Organisationsstruktur und der Entwicklung einer agilen Unternehmenskultur erreicht werden. Wie aus dem Beispiel zu erkennen ist, wird auch die Forderung nach einer bestimmten Ausrichtung damit sichergestellt.
f) *Zeitqualität nutzen:* Hier geht es um das Timing. Aus der persönlichen Erfahrung des Autors ist zu berichten, dass relativ schnell zu erkennen ist, ob ein Veränderungsvorhaben in einem Unternehmen vor dem Hintergrund der aktuellen Situation wie gewünscht möglich ist. Dies erfährt man insbesondere dann, wenn man nicht nur mit dem potenziellen Auftraggeber spricht, sondern auch das Projektumfeld befragt sowie die derzeitige Gesamtsituation versucht einzuschätzen. In Kapitel 2 war die Rede von Beratungsanlässen. Bei »von gut nach exzellent« fällt es beispielsweise schwer, ein Kostenoptimierungsprojekt, bei »von schlecht nach gut« einen langwierigen Visionsentwicklungsprozess zu starten. Ein Beitrag zur Erzielung von Antifragilität ist bei diesem Prinzip nicht zu erkennen.
g) *Restabilisieren:* Dieses Prinzip ähnelt dem Prozessschritt »Sicherung« und meint besonders die nachhaltige Etablierung neuer Muster und Stabilisierung des Systems in einem anderen als dem vorherigen Zustand. Es ist dies aus Beratersicht der Zeitpunkt, das Beratungssystem aufzulösen und dem Kundensystem die Möglichkeit zu geben, den Lernfortschritt zu internalisieren. Weitere Beratung kann an dieser Stelle möglicherweise sogar schaden. Der Einfluss von Beratung auf die Erzielung von Antifragilität ist dementsprechend sowohl vom Zeitpunkt als auch vom Hebel her begrenzt.

Zusammengefasst bleibt damit die Erkenntnis, dass die untersuchten generischen Prinzipien zumindest teilweise dem Anspruch auf Herstellung von Antifragilität genügen können. Es muss jedoch nochmals konstatiert werden, dass selbst bei punktgenauer Anwendung der Prinzipien die perturbierten Systeme den Ausgang und die Konsequenzen der Verstörung immer noch selbst bestimmen.

Die Synergetik liefert damit zwar ein für Antifragilität notwendiges, nicht aber hinreichendes Modell. Wesentlicher Nutzen ist jedoch die Hervorhebung der Sicherheit in der Unsicherheit und die Fokussierung von Interventionen auf die Ebene der Individuen, wie ja bereits in Kapitel 6.3 bereits angedeutet wurde.

Verhaltensökonomie

In einem weiteren Schritt soll nun die Verhaltensökonomie untersucht werden. Dies vor allem deshalb, weil die Interaktion zwischen Beratersystem und Kundensystem wie mehrfach ausgeführt selten rationalen Logiken folgt, obwohl es ja aus Auftraggebersicht zumeist nur um die Sache geht.

Die Verhaltensökonomie (oder Behavioral Economics) befasst sich mit dem menschlichen Verhalten in wirtschaftlichen Situationen. Das sollte eigentlich durch die Wirtschaftswissenschaften geklärt sein, da sie grundsätzlich unterstellt, dass die an wirtschaftlichen Prozessen Beteiligten stets nutzenmaximierend handeln. Es ist dies die Grundannahme des Homo oeconomicus. Tatsächlich aber genügt ein Blick in die tägliche Realität und aus Beratersicht in die Interaktion mit dem Kundensystem, dass Menschen charakterisierbar sind über eine begrenzte Rationalität, begrenzte Willenskraft und auch und sogar über begrenzten Eigennutz (vgl. Beck 2014: 2f). Hauptgrund für das Erstgenannte ist nach Meinung der Verhaltensökonomie, dass Menschen für Problemlösungen auf einfache Heuristiken zurückgreifen, da sie entweder nicht fähig oder nicht willens sind, einen langwierigen rationalen Abwägungsprozess zu durchlaufen.

Die zweite Begrenzung dürfte jedermann aus der eigenen persönlichen Erfahrung bekannt sein: Selbst, wenn man sich der mittel- bis langfristigen Konsequenzen einer Handlung rational bewusst ist, entscheidet man dennoch kurzfristig genau anders. Der Homo oeconomicus dürfte daher weder Fast Food essen noch klimaschädliche Flüge nutzen und darüber hinaus andauernd Sport treiben.

Die Verbindung des Einzelnen zu seinem sozialen Umfeld sieht man in der letztgenannten Begrenzung. Denn es ist zumindest kurzfristig nicht rational, altruistisch zu handeln – es sei denn, man hat beispielsweise einen internen Deal mit der katholischen Kirche um die Zugangsberechtigung ins Himmelreich (diese Art von Deals als »mental accounting« sind ebenfalls Forschungsgegenstand der Verhaltensökonomie). Im Übrigen gilt die Verhaltensökonomie als ein Ansatz, die Wirtschaftswissenschaften wieder mit der Psychologie in Einklang zu bringen, da deren Ursprungsthesen tatsächlich viele psychologische Elemente enthielt (vgl. Beck 2014: 9).

Bevor der Bezug zur Beratung hergestellt wird, soll noch kurz auf den Begriff und den Hintergrund der Heuristiken eingegangen werden. Grundsätzlich betrachtet sind dies mentale Abkürzungen zur Lösung von Problemsituationen. Sie konkurrieren damit mit der wissenschaftlichen und menschlichen Logik, die insbesondere die klassische Ökonomie unterstellt. Heuristiken sind »...grundsätzlich geeignet, gute Lösungen zu erbringen, können aber auch zu Verzerrungen im Urteil der Menschen führen, so genannten Biasses« (Beck 2014: 26). Letztlich sind Heuristiken damit eine Art von Faustregeln, die geeignet sind, real existierende Komplexitäten zu reduzieren, um dadurch zu schnellen Lösungen zu kommen. Verhaltensökonomen haben eine ganze Reihe von typischen Heuristiken abgeleitet. Im Kern lassen sich diese auch evolutorisch rechtfertigen, da die Spezies Mensch sich offensichtlich mithilfe dieser Technik bis in das 21. Jahrhundert gerettet hat, ohne dass – zumindest bis Adam Smith – für den Bereich der Ökonomie eine entsprechende Theorie entwickelt wurde. Wichtig ist dabei, dass auch zahlreiche wissenschaftliche Studien existieren, die die Leistungsfähigkeit und sogar Überlegenheit von Heuristiken bestätigen (vgl. Beck 2014: 90). Mit Bezug zur Interaktion zwischen Berater- und Kundensystemen erscheinen besonders zwei Heuristiken interessant: Es sind dies das sog. Framing und der Status-quo-Bias.

Erstgenannte Heuristik befasst sich damit, dass allein die Beschreibung einer Problemstellung Einfluss auf die Entscheidung hat (vgl. Beck 2014: 153ff). Als typisches Beispiel wird das sog. Asian-Disease-Problem genannt: Abstrahiert werden versuchsweise Personen mit zwei Optionen konfrontiert, die einmal sicher und einmal unsicher ist. »Formuliert man beide Optionen einmal als Gewinne und einmal als Verluste, so neigen die Probanden bei der Verlust-Formulierung zu riskanterem Verhalten als im Falle einer positiven Formulierung als Gewinn« (Beck 2014: 155). Ein drohender Verlust motiviert die Menschen also deutlich stärker als die Option, einen möglichen Gewinn zu erzielen.

Zwei Beispiele hierzu: Die Erfahrung des Autors als Hochschullehrer in Bezug auf das Motivieren von Studierenden über eine Bonus-Malus-Regelung hat gezeigt, dass es wirkungsvoller ist, einen nur geringen Malus in Aussicht zu stellen, als einen großzügigen Bonus. Es geht hier um die Akquise von studentischen Beratungsprojekten: Die Studierenden erhalten einen Abzug von 0,3 Notenpunkten für den Fall, dass sie kein Projekt akquirieren. Im Gegenzug erhalten sie eine Verbesserung von 1,0 Notenpunkten, wenn sie erfolgreich sind. Nach Aussage der Studierenden wiegt selbst bei dieser asymmetrischen Verteilung der drohende Verlust subjektiv deutlich höher.

Ein anderes Beispiel ist die Covid-19-Impfkampagne. Fast über alle Länder verteilt war die wirksamste Methode, die Impfquote zu erhöhen, die Androhung des Verlusts an Partizipation am öffentlichen Leben (Gastronomie, Stadionbesuche etc.). Die Aussicht auf eine Immunisierung, die in den Augen von Impfskeptikern zudem noch unsicher sei, konnte einen derart starken Impuls nicht auslösen. Für Beratung bedeutet dies, dass vor allem in der Kontaktphase dem potenziellen Auftraggeber das Risiko eines Nicht-Engagements der Berater zumindest unterschwellig deutlich gemacht werden müsste. Für den Aufbau von Vertrauen in dieser Phase erscheint dies fast als Paradoxon, jedoch genügt das der Anforderung, für ein Unternehmen Antifragilität herzustellen. Für den Beratungsprozess selbst folgt daraus eine konsequente Beraterhaltung, die bewusst die Stressoren Risiko und Ungewissheit zulässt und damit das Gegenteil einer Dienstleistermentalität darstellt, die versucht, die am Prozess Beteiligten mit der Aussicht auf eine schmerzlose Verbesserung in Sicherheit zu wiegen.

Auch die zweite Heuristik (Status-quo-Bias) ist vor dem Hintergrund von Antifragilität bedeutsam: Wie der Name schon ausdrückt, wollen Menschen, dass die Dinge so bleiben, wie sie sind. Auch diese Heuristik hat – wie die eben beschriebene – als Hypothese die sog. Prospect Theory, die hier bereits die Aufgabe des Status quo als Verlust erscheinen lässt und diesen tendenziell höher bewertet als eine potenzielle Alternative (vgl. Beck 2014: 167). Berater erleben das im Prozess häufig als Ausweichbewegung der Betroffenen, obwohl rein objektiv sogar die absolute Notwendigkeit für eine Veränderung deutlich ist. Es ist dies im Kern die Basis für einen mangelnden Sense of Urgency im Kundensystem. Hinzu kommt, dass ein aktives Handeln weniger attraktiv erscheint als ein Nicht-Handeln: »Wer nichts macht, macht auch nichts falsch« und muss auch seine Handlungen nachträglich nicht bedauern. Trifft dies bereits für einen möglichen Auftraggeber zu, gilt die oben getätigte Aussage des leichten Verängstigens – bezieht sich das Verharren auf den Status quo auf die betroffenen Mitarbeiter, ist es die Aufgabe der Führungskräfte, die Konsequenzen eines Nicht-Handelns klar zu machen. Beides ist wiederum notwendig, aber nicht unbedingt hinreichend für die Erzielung von Antifragilität.

Zusammengefasst bietet die Verhaltensökonomie also weitere Erklärungen für das Auftreten realer Situationen in der Beratung, anstatt dass sie entsprechend neue Ansätze generieren könnte. Implizit jedoch wird genau daraus ersichtlich, dass die geeignete Interventionsebene das Individuum ist, was schon bei der Untersuchung zur Synergetik als Ergebnis abgeleitet werden konnte. Dies hängt insbesondere damit zusammen, dass die Verhaltensökonomie versucht, äußeres Verhalten mit inneren psychologischen Vorgängen in Zusammenhang zu bringen, ohne diese jedoch wissenschaftlich mit der Sprache und den Methoden der Psychologie zu beschreiben.

Spieltheorie

Ein zur Verhaltensökonomie diametraler Ansatz (was das Thema Rationalität anbelangt) ist die Spieltheorie. Sie stammt aus der Mathematik und versucht, soziale Konfliktsituationen in Zahlen abzubilden und damit analytisch zu lösen. Mit Blick auf das Kapitel 6.4, in dem der Zufall hinterfragt wurde, lohnt sich möglicherweise eine kurze Prüfung, um hieraus wiederum neue Ansätze für Beratung ableiten zu können.

Die Spieltheorie setzt ebenfalls beim Individuum an und versucht sich mit dem Ansatz einer logischen Psychologie. Die Anwendungsfelder sind nahezu unbegrenzt: »Der Zweig der Sozialwissenschaften, der sich mit strategischen Entscheidungen befasst, nennt sich Spieltheorie. Die Spiele in dieser Theorie reichen dabei vom Poker bis zur Pädagogik, vom Tennis bis zu Take-Overs, von der Werbung bis hin zum Wettrüsten« (Dixit & Nalebuff 1997: 5).

Interessant für hier ist zunächst der Begriff der Glaubwürdigkeit: »Glaubwürdigkeit herzustellen bedeutet im strategischen Sinne, dass man von Ihnen erwartet, dass Sie ihre bedingungslosen Züge ausführen, dass Sie Ihre Versprechen einhalten und Ihre Drohungen wahrmachen« (Dixit & Nalebuff 1997: 140). Das gilt in der Politik und zum Teil im Privaten, aber besonders für Führungskräfte und auch für Berater. Glaubwürdigkeit ist damit ein Teilaspekt von Vertrauen und von Beraterhaltung – und zwar in dem Sinne, dass die Aktionen der Handelnden (in diesem Fall die Berater) stringent erfolgen. Die Spieltheoretiker nennen dies Selbstbindung: »Die Idee ist, die Dinge so zu arrangieren, dass es in Ihrem Interesse ist, Ihrer Selbstbindung Folge zu leisten, eine Drohung also in eine Warnung zu verwandeln, ein Versprechen in eine Beteuerung« (Dixit & Nalebuff 1997: 141).

Konkret steckt dahinter eine konsequente Anwendung und Umsetzung der vorab angekündigten Vorgehensweise. Wieder kommt hier als Negativbeispiel die Dienstleisterfalle zum Tragen: Im unglaubwürdigsten Fall wirft man bereits bei Auftragsannahme die eigenen Prinzipien über Bord oder man kippt im Laufe des Prozesses um, besonders dann, wenn es um Antifragilität geht. Die Spieltheoretiker nehmen gerne die Kuba-Krise und Kennedys Umgang damit als Beispiel für den günstigsten Fall. Es war und ist das Spiel mit dem Abgrund (sog. Brinkmanship) und das absichtliche Herbeiführen eines Risikos: »Obwohl die Drohung mit einem sicheren Krieg nicht glaubwürdig ist, kann die Drohung mit dem Risiko...eines Krieges durchaus glaubwürdig sein. Falls Chruschtschow den Forderungen nicht nachkommt, besteht das Risiko, aber nicht die Gewissheit, dass die Raketen starten. Die Unsicherheit verkleinert die Drohung. Diese Verkleinerung macht die Drohung aus Sicht der USA tragbarer, aus Sicht der Sowjets glaubwürdiger« (Dixit & Nalebuff 1997: 203).

Wenn das noch mit einer Abgabe von Kontrolle verbunden ist wie beispielsweise während der Kuba-Krise der Hinweis auf die generelle Eigenständigkeit des Militärapparats, verstärkt sich die Glaubwürdigkeit noch. Es ist im Grunde das Narrativ aus Good Cop und Bad Cop, das einen Verdächtigen zu einem Geständnis verleitet, da er vermutet, dass der böse Polizist vom guten nicht mehr kontrolliert werden kann und ihm so körperlicher Schaden zugefügt werden könnte. »Überlassen Sie das Ergebnis dem Zufall!« lautet daher die Empfehlung (Dixit & Nalebuff 1997: 142) und liegt damit ganz nah am Setting und der Grundhaltung der systemischen Beratung, da wie gezeigt die Interventionen auf das Kundensystem – auf Hypothesen basierend – zunächst zu dessen Irritation führen soll und das Ergebnis vorab nicht feststehen kann. Das fördert direkt die Glaubwürdigkeit des systemischen Ansatzes und schafft damit zugleich mehr als nur eine Voraussetzung für die Erzielung von Antifragilität, da Systeme so bereits im Beratungsprozess mit dem Stressor Risiko konfrontiert werden.

Die Spieltheorie bestätigt auf diese Weise den systemischen Ansatz. Die Frage ist, ob darüber hinaus noch andere Ansätze für Beratung zu finden sind. Denkbar wäre beispielsweise eine neue Theorie der Beratung unter spieltheoretischen Bedingungen. An dieser Stelle jedoch dürfte generell die Diskrepanz zwischen den mathematischen Methoden der Spieltheorie und dem psychologischen Ansatz von Beratung zu groß sein. Es gibt jedoch neben dem Teilaspekt der Glaubwürdigkeit in der Spieltheorie auch das generelle Thema der Kooperation, das in diesem Buch unter nicht-spieltheoretischer Betrachtung schon mehrfach genannt wurde (eine tiefergehende Analyse dazu ▶ Kap. 7.3).

Als Fazit aus der Untersuchung alternativer Quellen für neue Beratungsansätze lässt sich somit festhalten, dass die Synergetik (aus der Systemtheorie), die Verhaltensökonomie und die Spieltheorie zumindest teilweise den Fokus auf die Interventionsebene der Individuen legen. Der Grund hierfür dürfte im jeweils direkten (Verhaltensökonomie) und indirekten Bezug (Synergetik/Systemtheorie und Spieltheorie) zur Psychologie liegen, deren Analyseebene zumeist der einzelne Mensch ist.

Anders formuliert: Möchte man Veränderungen erfolgreich umsetzen, so sind nicht ausschließlich die übergeordneten Systeme in den Blick zu nehmen, sondern die Wechselwirkungen von Individuen mit deren organisatorischen Kontexten zu berücksichtigen. Andernfalls wird es nicht gelingen, Antifragilität auf der Gesamtsystemebene zu erreichen. Auch spielte bei der Synergetik die Thematik Sicherheit/Unsicherheit (bei den Individuen) eine Rolle, die bei der Spieltheorie über den Aspekt des Zufalls und des Risikos diskutiert wurde. Die Antifragilität ist bei Letzterer der Weg zum Ziel, wobei nicht gesichert ist, dass das Kundensystem dadurch tatsächlich auch in einen antifragilen Zustand versetzt wird.

7.2 Das Individuum als Ausgangspunkt

Anknüpfend an die eben indirekt abgeleiteten Ergebnisse soll hier der Versuch eines auch theoretischen, direkten Nachweises geführt werden, weshalb es insbesondere vor dem Hintergrund einer systemischen Sichtweise wichtig ist, bei allen Interventionen stets das Individuum in den gedanklichen Fokus zu nehmen. Bis hierher wurde ja schon bei den psychologischen Hintergrundmodellen (mehr oder minder implizit) und bei der personennahen Beratung (sogar explizit) darauf hingewiesen. Auch wurde in Kapitel 7.1 bereits im Rahmen der Diskussion um die generischen Prinzipien der Synergetik und dort insbesondere bei dem Aspekt der Energetisierung dieser Ansatzpunkt vertreten. Und die Synergetik liefert für diese Untersuchung sogar noch ein generelles Modell: Es ist dies ein wesentliches Grundschema der Synergetik, das Aufschluss darüber gibt, wie komplexe Systeme sich selbst organisieren.

Die Synergetik hat ihre Wurzeln in der Physik und die Erkenntnisse dort wurden zunächst auf Prozesse in der Chemie, der Biologie und der Soziologie übertra-

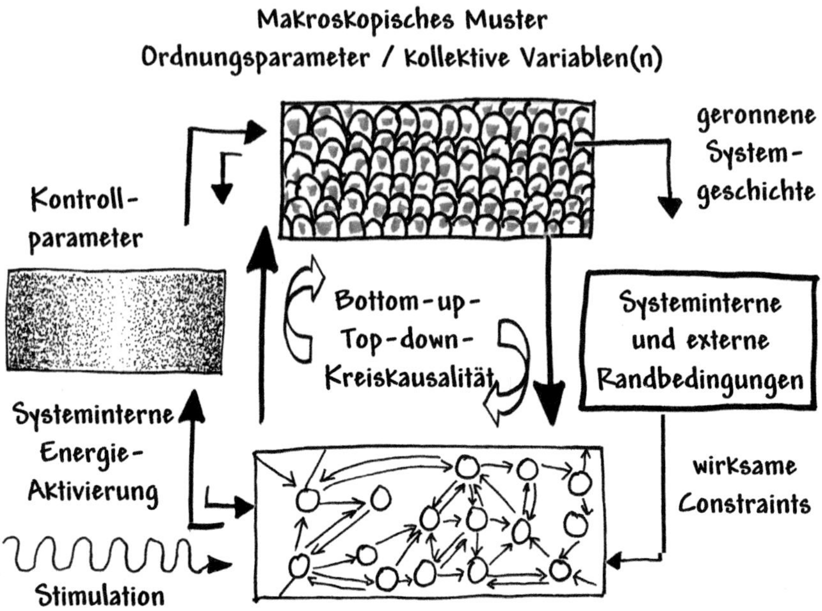

Dar. 26: Grundschema der Synergetik (nach Haken & Shiepek 2010: 244)

gen, bevor auch die Psychologie dieses Feld für sich erkannte (vgl. Haken & Schiepek 2010: 41). Somit entstand eine ganz spezifische Begriffswelt, die hier zwar jeweils genannt, aber zugleich in den systemischen und beraterischen Kontext übertragen wird.

Hintergrund ist jedenfalls die Systemik und damit auch das Verständnis von sich selbst organisierenden Einheiten, wobei es auch keine Rolle spielt, ob die einzelnen Elemente eines Systems im Sinne von Personen oder deren Kognition oder Kommunikation (nach Luhmann) beschrieben werden. Es geht hier um die »hinreichend dichte Vernetzung zwischen den Elementen..., damit intrasystemisch Wechselwirkungen zur Entfaltung kommen und systemische Eigenschaften (emergente Qualitäten) entstehen können (Haken & Schiepek 2010: 530).

In Darstellung 26 ist diese Vernetzung im unteren Bildabschnitt zu erkennen. Aus dieser komplexen Gemengelage heraus entsteht nun ein makroskopisches Muster. Dessen Entstehung wird als Emergenz bezeichnet. Darunter wird das »...Hervortreten neuer Eigenschaften (oder Qualitäten) eines Systems« verstanden (Haken & Schiepek 2010: 79). Die Eigenschaften treten jedoch nur im Zusammenwirken der einzelnen Elemente auf.

Ein banales Beispiel könnte wiederum ein Teamsport wie Fußball sein. Ein einzelner Spieler ist nicht in der Lage, das Spiel als solches zu spielen. Er kann allein lediglich seine Fähigkeiten wie Schießen, Ball jonglieren etc. ausüben. Erst im Mannschaftsverbund sind dann (mit genau diesen einzelnen Eigenschaften) ein Pressing oder ein Abwehrverhalten möglich. Auf Unternehmen übertragen kann ein makroskopisches Muster die Art der Sprache, eine bestimmte Innovationsfähigkeit oder ausgeprägte Widerstands- und Beharrungstendenzen sein (und liegt damit nah am Kulturebenenmodell von Schein).

Wenn nun diese makroskopischen Muster über einen längeren Zeitraum existieren, nennt man sie Ordner – und diese Ordner bestimmen auf lange Sicht das Verhalten der einzelnen Teile. Es taucht also an dieser Stelle wieder die Erkenntnis auf, dass die einzelnen Mitarbeiter mehr oder minder Symptomträger des Gesamtsystems sind und ihre Rolle so ausfüllen, wie dies innerhalb des Systems durch die Ordner definiert wird. Man nennt dieses Prinzip in der Synergetik Versklavungsprinzip (vgl. Haken & Schiepek 2010: 82f). Dieses »...schlägt eine Brücke zwischen dem Verhalten der Ordnungsparameter und dem der einzelnen Teile« (Haken & Schiepek 2010: 109).

Es ist damit das statische Grundkonstrukt, nicht jedoch eine mögliche Bewegung bzw. Verharrung eines Systems geklärt. Als Übergang hierzu ist noch wichtig, dass zwischen dem Makro- und dem Mikrosystem eine sog. Kreiskausalität (oder zirkuläre Kausalität) besteht: »Zum einen bestimmten die Ordner das Verhalten der Teile (Versklavungsprinzip), während umgekehrt durch das Zusammenwirken der Teile erst die Ordner entstehen« (Haken & Schiepek 2010: 83). Haken und Schiepek (2010: 61f) demonstrieren diesen Zusammenhang anhand folgender Metapher: Ein Indianerstamm steht wie jeden Herbst vor der Frage, wieviel Holz für den Winter geschlagen werden sollte. Der nach der voraussichtlichen Härte des Winters befragte Schamane möchte kein Risiko eingehen und empfiehlt eine große Menge an Holz zu besorgen. Da er sich aber nicht sicher ist, geht er in die Stadt und befragt dort einen meteorologischen Experten. Dieser bestätigt ihm, dass der Winter voraussichtlich streng wird. Erleichtert fragt der Schamane nach dem Hintergrund dieser Erkenntnis. Der Experte antwortet: »Weil die Indianer gerade viel Holz schlagen«.

Aus beratersicher Sicht (und/oder aus der Sicht eines Managers) ist es nun die Frage, wie ein derartiges, sich selbst erhaltendes und verstärkendes System verändert werden kann. Denn wie ebenfalls aus der Abbildung erkennbar ist, wirkt die sog. geronnene Systemgeschichte von der Makroebene auf die Mikroebene noch verstärkend als sog. Constraints ein, die letztlich auf der individuellen Ebene wirken. Anders formuliert könnte man dies als die nicht fassbare unternehmerische Kultur bezeichnen, der sich jeder innerhalb des Systems ausgesetzt sieht (gleich Grundannahmen gleich Unternehmens-DNA). Nachteilig ist weiter, dass sich »in der Regel...Randbedingungen relativ langsamer als Ordner und Ordner langsamer als die Teile« bewegen (Haken & Schiepek 2010: 245). Es ist genau das die Behäbigkeit insbesondere älterer, eingeschwungener Systeme, die die Entstehung einer Dynamik erschweren.

Zur Frage der gewünschten Veränderung kann diese einmal ausgelöst werden durch eine Stimulation von außen. Darunter können in etwa eine Branchenkrise, disruptive Erfindungen oder ähnliche Vorkommnisse aus der VUKA-Welt fallen. Haken und Schiepek sind beim energetischen Impuls entweder auf das Mikrosystem oder das Makrosystem nicht ganz stringent. Jedenfalls dürfte wegen der Kreiskausalität zumindest eine Ebene betroffen sein und dies dann sicher Auswirkungen auf die andere Ebene haben. Derartige Stimulationen wirken also wie massive Interventionen, die jedoch nicht planbar sind. Besser ist es also, mittels eines sog. Kontrollparameters, der wie eine geplante Intervention verstanden werden kann, einen energetischen Impuls auf das System zu geben. Genau das ist letztendlich die Aufgabe von Beratung.

Auch hier sind Haken und Schiepek zunächst nicht stringent – im Kapitel »Management« beziehen sie aber deutlich Position: Die Kontrollparameter sollen vor allem auf die Mikroebene abzielen: »Lassen sich Mitarbeiter nicht von den entsprechenden Notwendigkeiten, Zielen oder Visionen überzeugen, so finden die gewünschten Prozesse nicht oder nur unzureichend statt... Sensibel ist dieser Parameter, weil er nicht nur von überzeugenden Argumenten, sondern insbesondere von Wertschätzung und Anerkennung sowie von der Resonanz zwischen Unternehmens- bzw. Teamzielen und den individuellen Zielen der Mitarbeiter abhängt« (Haken & Schiepek 2010: 603).

Haken und Schiepek (2010: 531) diskutieren dann die Frage, ob Instabiliät ansteckend sei.

Tatsächlich identifizieren sie eine emotionale Ansteckung in Gruppenprozessen und liefern als Erklärung das System der Spiegelneurone. Diese sorgen dafür, dass sich auf der Mikroebene Synchronisationseffekte im Anschluss an eine Intervention einstellen können.

Es kann dies selbstverständlich auch durch einen Top-Down-Ansatz gelingen. Die Wahrscheinlichkeit zur Auslösung dieses Prozesses dürfte aufgrund der von Haken und Schiepek gelieferten Erkenntnisse jedoch hier geringer sein – oder zumindest wesentlich länger dauern.

Ein weiteres Argument liefert die Synergetik wieder aus der Physik und der Biologie: Systeme dort selektieren ihre Kontrollparameter. Anders formuliert wählt ein System aus, auf welche Art von Impuls es überhaupt reagiert (vgl. Haken & Schiepek 2010: 134). Hinzu kommt bei neuronalen bzw. psychischen Systemen eine Top-Down-Wirkung auf Kontrollparameter, d. h. wir sensibilisieren uns für oder schotten uns gegen bestimmte Reize ab (vgl. Haken & Schiepek 2010: 245). Wenn also eine Intervention überwiegend auf das Makrosystem wirkt, so kann bereits hier eine Entscheidung für die Ablehnung des Impulses erfolgen und somit gar nicht auf die Mikroebene durchdringen.

Gleichwohl ist auch ein umgekehrter Mechanismus bekannt und wurde bereits im Jahr 1895 von Gustave le Bons beschrieben: Es geht hier um das Phänomen der Massenpsychologie. Dass dieses tatsächlich funktionieren kann, stellten später zum Leidwesen der Weltordnung und mit der Folge großer Verluste von Menschenleben die Nationalsozialisten unter Beweis. Jedoch sind hierzu höchst manipulative Methoden notwendig, die im Rahmen von Führungs- und Beratungsprozessen keine Daseinsberechtigung haben sollten.

Abschließend soll eine weitere Metapher von Haken und Schiepek zitiert werden (vgl. Haken & Schiepek 2010: 48): Es geht hier um die Arbeit von »Change Managern«, die sie damit vergleichen, als wenn diese mit einem Stock (gleich Intervention) in einem Wasserstrudel rühren (gleich eingeschwungener Systemzustand). Wenn der Stock herausgezogen wird (gleich Projektende), wird sich der Strudel voraussichtlich wieder konstituieren, weil die Energiemenge (gleich Verharrungskräfte) einfach zu groß ist.

Auf der anderen Seite steht die überraschende Erkenntnis, dass bisweilen auch ohne massive Interventionen die Individuen plötzlich von selbst aktiv werden und so eine Veränderung von unten getragen wird. Dies deckt sich auch mit der Erfahrung des Autors und zeigt die Bedeutung dieser Interventionsebene und -ausrichtung. Die Fokussierung auf das Individuum als Ausgangspunkt ist damit für eine erfolgreiche Veränderung in Richtung von Antifragilität eine notwendige Bedingung.

Anders formuliert: Der Einzelne muss eine antifragile Haltung (durch Beratung) entwickeln, damit das Gesamtsystem antifragil werden kann. Hinreichend kann diese Bedingung allerdings nicht sein, da Beratungsprozesse gerade in nicht dyadischen Kontexten generell zu komplex sind.

7.3 Die Bedeutung von Kooperation und Interaktion

Die beiden ersten Gedankengänge in diesem übergeordneten Kapitel hatten vor allem das Kundensystem im Fokus. In diesem Abschnitt ist der Ausgangspunkt das Beratersystem bzw. die Perspektive ist diejenige der intervenierenden Berater. »Beratung ist wie ein Tanz – nur manchmal weiß man nicht, wer gerade führt«, lautete ein weiterer Leitspruch des Lehrers des Autors. Es ist aber letztlich die professionelle Aufgabe und Selbstverpflichtung von Beratung, dem Kundensystem Unterstützung dafür zu geben, dass es sich in die gewünschte Richtung verändern kann, wobei die Verpflichtung gegenüber dem Gesamtsystem (nicht die Interessen von Einzelnen – unter Umständen sogar diejenigen des Auftraggebers) und das Ziel der Antifragilität handlungsleitend sind. Dies mag im Einzelfall für die Beteiligten etwas schmerzhaft sein (▶ Kap. 4.3), ist dann aber notwendig und über den genannten Zweck auch legitimiert.

Die Frage ist dann, wie mit (tänzerischen) Ausweichbewegungen bestenfalls umgegangen werden kann oder sogar muss. Die Ausführungen dazu sind möglicherweise etwas ungewohnt und provokant, entspringen jedoch der bereits diskutieren Spieltheorie und vertiefen diese am Aspekt der Kooperation. Der Aspekt der Interaktion dagegen fokussiert sich auf die operative Konkretisierung von Interventionen mit dem Ziel einer positiven »User Experience« und mildert damit theoretisch eine mögliche, so wahrgenommene Negativerfahrung durch das Handeln der Berater ab.

Kooperation

Beginnend mit dem Aspekt der Kooperation wurde bereits in Kapitel 7.1 der Begriff der Glaubwürdigkeit für den spieltheoretischen Kontext eingeführt. Damit im engen Zusammenhang steht die Frage, wie man sich im Rahmen einer fortlaufenden Interaktion bestenfalls verhält – oder anders ausgedrückt: »Wann sollte eine Person kooperieren, und wann sollte sie sich selbstsüchtig verhalten?« (Axelrod 2009: VII). Die Spieltheorie hat dazu einen theoretischen Situationstyp entwickelt, der als Gefangenendilemma bekannt ist. »Dieses Spiel erlaubt es den Spielern, wechselseitige Vorteile aus der Kooperation zu ziehen, aber es ist auch möglich, dass der eine Spieler den anderen ausbeutet oder dass keiner der Spieler kooperiert« (Axelrod 2009: VII).

Übertragen auf die Interaktion im Rahmen eines Beratungsprozesses rückt hier die Frage ins Zentrum, wie sich die Beraterseite verhalten sollte, damit der Prozess in die gewünschte Richtung laufen kann. Dazu zunächst die generelle Beschreibung des Gefangenendilemmas: Es »...ist ein Spiel mit zwei Spielern, von denen jeder zwei Entscheidungsmöglichkeiten hat, nämlich zu kooperieren oder nicht zu kooperieren. Nichtkooperation nennen wir Defektion...Unabhängig vom Verhalten des jeweils anderen führt Defektion zu einer höheren Auszahlung als Kooperation. Das Dilemma liegt darin, dass es für jeden Spieler...vorteilhafter ist, zu defektieren, dass jedoch beiderseitige Defektion für jeden Spieler ungünstiger ist als wechselseitige Kooperation« (Axelrod 2009: 7).

Anders formuliert: Wählen beide Parteien die für sie zunächst dominante Strategie, stehen beide am Ende schlechter da als das, was sie erwartet hätten bzw. was sie bei wechselseitiger Kooperation hätten erreichen können. Die Voraussetzung dafür ist, dass es den Spielern nicht möglich ist, Absprachen zu treffen (deshalb auch Gefangenendilemma, da beide nicht wissen, wie der andere sich verhält, wenn sie als voneinander isolierte Gefangene jeweils ihre Entscheidungen treffen).

In Beratungssituationen erleben beide Parteien ein in etwa vergleichbares Setting: Zunächst sind sie wie Gefangene unausweichlich in einem Spiel verhaftet und es herrscht verständlicherweise ein mehr oder minder großes Misstrauen oder es ist zumindest noch keine tiefere Vertrauensbasis aufgebaut. Anders als im Gefangenendilemma ist die Ausprägung des Misstrauens jedoch ungleich verteilt und dürfte auf der Kundenseite größer sein bzw. sollte auf der Beraterseite aufgrund von Professionalität (im weiteren Sinne) geringer sein. Genau diese Asymmetrie gibt den Beratern aber auch die Chance, ihr Handeln in Richtung von Kooperation auszurichten. Glaubwürdigkeit ist ein Aspekt davon.

Wie dies konkret aussehen soll, hat Axelrod in seiner »Evolution von Kooperation« detailliert beschrieben. Es ist dies die Strategie des »Tit for Tat«. Sie ist denkbar einfach: 1. Der Spieler startet mit einer kooperativen Wahl und kopiert danach 2. immer die Antwort des Gegenübers (vgl. Axelrod 2009: 28). Axelrod testete dies Strategie mehrfach gegen andere Strategien. Jedoch war »Tit for Tat« in jeder Konstellation am Ende überlegen. »Unter geeigneten Bedingungen kann sich auf Gegenseitigkeit gestützte Kooperation selbst zwischen Feinden entwickeln« (Axelrod 2009: 19). Erklären lässt sich dies dadurch, dass »Tit for Tat« eine Kombination aus Freundlichkeit und Konsequenz darstellt und auch nicht nachtragend ist. Dazu ist die Regel denkbar einfach und lässt sich relativ schnell erkennen.

Auf der anderen Seite ist »Tit for Tat« aber auch davon abhängig, wie lange die Interaktion andauert (vgl. Axelrod 2009: 52). Hier ist ein erster Rückschluss zu Beratungsprozessen erkennbar: Beiderseitiges kooperatives Verhalten kann sich nur dann einstellen, wenn ein Projekt lange genug andauert. Ansonsten besteht die Gefahr von Nicht-Kooperation, womit das Ziel einer Veränderung kaum erreicht werden kann. Ferner ist entscheidend, dass die kooperative Strategie sich nicht nur einzeln, sondern vermehrt durchsetzt. Das hat Axelrod in der Weise identifiziert, dass sich bei einer Strategie der Nicht-Kooperation nur durch gruppenhaftes Auftreten von »Tit for Tat« die freundlichen Strategien durchsetzen (vgl. Axelrod 2009: 61). Denn »die Untersuchung, wie Individuen sich in Verfolgung ihrer eigenen Interessen verhalten, ermöglicht die Aufdeckung der Folgen für die Gruppe insgesamt« (Axelrod 2009: 21).

Dies gibt einerseits einen weiteren Hinweis darauf, dass die Interventionsebene der Individuen der richtige Ansatzpunkt ist – ganz im Sinne der Ergebnisse aus der Synergetik. Andererseits sind im Beratungskontext dafür aber auch Rahmenbedingungen zu schaffen, dass dieses Gruppenmomentum erzeugt werden kann. Anders formuliert ist es hier wieder die Aufgabe von Führung, den Mitarbeitern die Bedeutung des Beratungsprozesses klar zu machen und keinen Zweifel daran zu lassen, dass von jedem Einzelnen eine Veränderungsbereitschaft erwartet wird.

Zurück zu den Beratern muss noch die oben genannte, möglicherweise verwirrende Schlussfolgerung formuliert werden: Wenn also bei »Tit for Tat« in der Interaktion von Beratern und Beratenen auf der Seite der letztgenannten Nicht-Kooperation gespielt wird, muss dies ebenfalls einen Spielzug Nicht-Kooperation bei den Beratern zur Folge haben. Aus der Erfahrung des Autors ist das Auftreten dieser Situation nicht nur persönlich unangenehm, sondern sogar Standard. Eine übliche Ausweichbewegung – jetzt vom Beratersystem – ist dann häufig die Übernahme der Dienstleisterrolle, um eine weitere Konfrontationseskalation zu vermeiden. Dies ist jedoch nicht zielführend und kann wie gezeigt kaum dazu dienen, eine Veränderung (bzw. Antifragilität) zu erreichen.

Andererseits kann eine direkte spieltheoretische Defektion ebenfalls nicht zum Ziel führen, da im weiteren Verlauf die Spaltung des Beratungssystems zu befürchten ist. Nicht-Kooperation ist daher beraterseitig auf einer anderen Denkebene zu formulieren. Interessanterweise hat die Theorie und Praxis der systemischen Beratung unabhängig von diesen spieltheoretischen Erkenntnissen hierfür ein probates Instrument entwickelt: Es ist dies die Grundidee und der Methodenkasten der paradoxen Interventionen. Diese können oder sollten in allen Phasen der Beratung eingesetzt werden, wenn das Kundensystem defektiert bzw. sich den gewöhnlichen Interventionen verschließt. Es ist dann häufig die einzige Methode, das Spiel wieder zu drehen.

Beispielhaft soll aus der Erfahrung des Autors eine paradoxe Intervention bereits im Rahmen der Orientierung geschildert werden: Ein potenzieller Kunde hatte um ein Gespräch gebeten, da es bei einer Umstrukturierung größere Probleme gab. Er schilderte die konkreten Umstände und die getroffenen Maßnahmen und erwünschte sich hierbei externe Unterstützung. Bei der Diskussion um das Prozessdesign begann der Kunde, in eine defensive Haltung zu gehen, die sich soweit verschärfte, dass er die Vorschläge der Beraterseite ablehnte. Es bestanden nun die Alternativen des Gesprächsabbruchs oder diejenige einer paradoxen Intervention. Der Trick hierbei ist, dem System gegenüber mitzuteilen, dass man gar nicht daran interessiert sei, etwas zu verändern. Dies funktioniert zumeist über eine gedachte Verstärkung der Ist-Situation. In diesem Fall war es die einfache Aussage, dass man es im Kundensystem einfach mit noch mehr Maßnahmen der gleichen Art probieren sollte und dass dazu eine externe Unterstützung sicher nicht wirklich notwendig sei.

Letztlich ist so etwas in gewisser Weise ein Hasardspiel, das jedoch sehr häufig funktioniert. Hintergrund ist vermutlich schlicht eine massive Musterunterbrechung, die das Kundensystem (und in diesem Fall den potenziellen Auftraggeber) deutlich verstört. Erst dadurch wird es dem Gegenüber möglich, neue Perspektiven für sich selbst zu erkennen. Im Rahmen von »Tit for Tat« kommt eine paradoxe Intervention zunächst also als konsequenter Spielzug nach Defektion daher. Eigentlich ist er jedoch auf der zweiten Ebene ein Angebot zur Kooperation. Nicht unerwähnt bleiben soll, dass zu Beginn eines Beratungsprojekts (oder auch eines Workshops) gemäß »Tit for Tat« eine kooperative Handlung und Haltung stehen muss. Das deckt sich mit den Erkenntnissen aus Kapitel 3.1 und 3.2, dass Vertrauensaufbau in diesen Phasen die Basis für ein erfolgreiches Projekt ist. Auch wurde dies im Kapitel 6.3 im Rahmen des Humble Consulting bereits diskutiert.

Interaktion

Der oben genannte Begriff der Interaktion stammt aus einem völlig anderen Kontext als demjenigen der (systemischen) Beratung. Es geht dabei um die Gestaltung der Interaktion von Nutzern mit einem Produkt. Die diesbezügliche Forschung konzentriert sich besonders auf die Schnittstelle zwischen Psychologie und industriellem Design. Kernfrage ist, wie man die Interaktion gestaltet sollte, damit »... die Gestaltung der Interaktion im Einklang mit dem intendierten Erlebnis...« ist (Diefenbach et. al 2011: 129). Dies meint zum einen eine Kongruenz von Produktbotschaft und -nutzen im Rahmen der Interaktion. Zum anderen aber auch die Chance, die Interaktion derart zu gestalten, dass für den Nutzer ein subjektiv erlebbarer Mehrwert entstehen kann.

Für die Übertragung auf den Beratungskontext sind dabei die beiden identifizierten Ebenen der Interaktion bedeutsam. Es ist das Wie der Interaktion und das Warum: »Die Ebene des Wie betrachtet Interaktion im Sinne von konkreten Operationen und deren grundlegenden Eigenschaften... Die Ebene des Warum betrachtet Interaktion in ihrer psychologischen Bedeutung« (Diefenbach et al. 2012,

122). Aus der Forschung konnte abgeleitet werden, dass bei der Gestaltung der Interaktion nicht das Wie, sondern das Warum im Mittelpunkt stehen muss, um die gewünschten Ergebnisse erzielen zu können (vgl. Diefenbach 2011: 129). Nur dann kann von einer Ästhetik der Interaktion gesprochen werden. Gerade bei technischen Produkten zeigt sich jedoch häufig die fast ausschließliche Betrachtung des Wie. Einen Paradigmenwechsel hatte hier bekanntermaßen Apple vollzogen, die die Forderung nach einer einfachen Handhabung ihrer Produkte als Ausgangspunkt definierten (das Warum) und so iPhone, iPad etc. entwickelten.

Auf den Beratungskontext übertragen bedeutet dies, dass eine Intervention als Interaktion für den Kunden zunächst als ein Wie angesehen wird. Aus der Erfahrung des Autors jedoch (insbesondere aus den ersten Projekten) kann konstatiert werden, dass die Kunden diese oder jene Aufgabenstellung (in Workshops) nicht sofort verstehen. Es folgt dann zumeist die Nachfrage, wie die Aufgabe bearbeitet werden soll. Sofern dies keine Ausweichbewegung ist, kann das durchaus so verstanden werden, dass es den Kunden tatsächlich schwerfällt, den Bezug der Aufgabenstellung zum Gesamtkontext herzustellen. Es fehlt damit dann offensichtlich am Warum. Trifft dies dann noch auf ein nicht-kooperatives Kundensystem, hilft erfahrungsgemäß noch nicht einmal eine paradoxe Intervention. Es ist daher hilfreich, im Rahmen der Aufgabenstellung den Kontext dieser Intervention zu erklären (▶ Kapitel 6.5).

Eine Mindermeinung von Kollegen aus dem Umfeld des Autors vertritt hier die Ansicht, dass die Kunden ohnehin (nur) über das sprechen möchten, was sie bewegt – was dazu führt, dass die Aufgabenstellung bewusst nicht erläutert wird (»Beantworten Sie die Fragen so, wie Sie sie verstehen!«) und somit auch als Nebeneffekt ganz unerwartete Perspektiven zutage kommen. Es sollte dies dann einzelfallbezogen entschieden werden, was auch impliziert, dass die vorgeschlagene Gestaltung der Interaktion überwiegend auf die operative (Workshop-)Ebene abzielt. Königswieser würde hier von den Werkzeugen sprechen.

Zusammengefasst können eine kluge Kombination von auf Kooperation ausgelegtem, aber konsequenten Beraterverhalten (Defektion!) plus eine bewusste Ableitung der Interventionen aus deren Hintergrund heraus dazu führen, dass dies das Haltungsspektrum von Beratern punktuell erweitert. Anders formuliert wird es gerade nach der Identifikation des Individuums als Ausgangspunkt für Interventionen (Synergetik!) wichtiger, für die Erzielung von Antifragilität die Interaktion im Beratungssystem noch mehr in den Fokus zu nehmen. Der Erfolg von Beratung ist damit weniger an gut angelegten Architekturen und Designs als viel mehr an dem persönlichen Auftreten und Handeln der Berater festzumachen.

7.4 Implikationen für Methodenwahl und Interventionshebel

Die bis hierher in diesem Kapitel gewonnen Erkenntnisse müssen Konsequenzen für Berater und Beratersysteme haben. Diese werden im nachfolgenden Kapitel ausführlich besprochen. Zuvor sollen die Implikationen für die im jeweiligen Kapitel herausgearbeitete gelassene Beraterhaltung (Methodenwahl) und die personennahe Beratung (Interventionshebel) thesenartig zusammengestellt sowie erste Hinweise auf das nachfolgende Kapitel gegeben werden:

1. Zur Erreichung einer gelassenen Beraterhaltung ist es zunächst notwendig anzuerkennen, dass gemäß der Synergetik Systeme zwar nur begrenzt planvoll veränderbar sind – durch die genannten generischen Prinzipien jedoch ein Handlungsmuster für Berater existiert, das zumindest Anhaltspunkte für die Auslösung von Musterwechsel bereitstellt.
2. Ein wesentlicher Baustein ist dabei die Gewährleistung eines Minimums an Stabilität für das System, was sich im Prozess so auswirkt, dass auf der Seite der Berater (und der Führungskräfte) Ankerpunkte für Kontinuität gesetzt werden und so von Beginn an eine gewisse Sicherheit in der Unsicherheit entsteht.
3. Die beraterische Gelassenheit könnte dadurch gefährdet werden, dass gemäß Verhaltensökonomie (mit Blick auf das Kundensystem) eine bewusste »Nicht-Dienstleistermentalität« gefordert ist. Es ist damit eine »Gelassenheit zweiter Ordnung« notwendig, die anerkennt, dass Systeme quasi natürlich ihren Status quo aufrechterhalten möchten.
4. In eine vergleichbare Richtung geht eine spieltheoretische Argumentation: Das Thema Glaubwürdigkeit in Verbindung mit dem »Aushalten« eines nicht vorhersagbaren Ergebnisses als Folge der Irritation des Kundensystems erfordert ebenfalls eine beraterische Gelassenheit. Wichtig ist jedoch, dass auf Beraterseite darauf geachtet wird, dass überhaupt Musterwechsel stattfinden.
5. Stellt sich das Kundensystem gegen die Irritation und defektiert, bedeutet Gelassenheit hier, dass die Berater die Systemaktion spiegeln müssen. Die Spiegelung ist dabei im Kern nicht konfrontativ gedacht, sondern soll paradox wirken. An dieser Stelle ist besondere beraterische Gelassenheit gefordert, da das Risiko der Intervention im Vergleich am höchsten ist.
6. Im Rahmen der Interaktion mit dem Kundensystem ist diesem im Zweifel wiederholend zu erläutern, welchen Hintergrund der jeweilige Prozessschritt hat. Gelassenheit kann hier übersetzt werden mit Geduld, vor allem wenn nicht klar ist, ob nicht eine Ausweichbewegung hinter dem Verhalten des Kundensystems steckt.
7. Die personennahe Beratung ist der Schlüssel für Musterwechsel auf der individuellen Ebene. Diese sind die Voraussetzung dafür, dass auch größere Veränderungen auf der Ebene des übergeordneten Systems überhaupt möglich sind. Die Synergetik liefert hierfür einen eindeutigen Nachweis.
8. Die oben angesprochene Sicherheit in der Unsicherheit muss ebenfalls zunächst bei den einzelnen Personen ansetzen. Eine kollektive Reduzierung von Angst und Widerständen verspricht wenig Erfolg. Das »Tal der Tränen« wird höchst individuell oder zumindest gruppenweise erreicht und durchschritten.
9. Die Verhaltensökonomie ergänzt die Argumentation der Synergetik mit Blick auf die beteiligten Personen in der Weise, dass das Verhalten von Gruppen un-

ter bestimmten Bedingungen durch die Psyche der Individuen erklärbar ist. Mit dieser Erkenntnis ist es möglich, Musterwechsel auf der übergeordneten Ebene zu erreichen.

10. Die aus der Spieltheorie abgeleitete, notwendige Glaubwürdigkeit wirkt am besten im Rahmen einer direkten Interaktion auf der persönlichen Ebene.
11. Voraussetzung für das Gelingen einer paradoxen Intervention ist die Ansprache derjenigen Personen, die bereit sind, das Risiko eines Musterwechsels einzugehen. Erst dadurch lässt sich eine Energetisierung (vgl. Synergetik) des Gesamtsystems erreichen.
12. Die oben erwähnten Implikationen bezüglich Interaktionen gelten umso mehr mit Blick auf die personennahe Beratung und den damit einhergehenden Kontakt zwischen Person und Berater.

Es zahlen damit die diskutierten Denkmodelle größtenteils darauf ein, dass zur Initiierung von Veränderungen zunächst die Beteiligten als Individuen in den beraterischen Fokus genommen werden müssen. Zugleich gilt es, Nachsicht mit dem Gesamtsystem aufzubringen und mit dem zu arbeiten, was von diesem angeboten wird. Erst dann wird es möglich, individuelle Musterwechsel auszulösen, die sich dann auf der übergeordneten Ebene manifestieren können, damit sich letztlich (und bestenfalls) aus einer Vielzahl an individuellen antifragilen Mindsets eine entsprechende Haltung auf der Gesamtsystemebene durchsetzen kann.

Fallstudie StromWind AG

Die Disruptio Consult war im Markt dafür bekannt, dass sie eine enge Verbindung zur wissenschaftlichen Forschung unterhielt. Es ging dabei stets um die Frage, wie der eigene Beratungsansatz weiterentwickelt werden könne. Und dies besonders vor dem Hintergrund einer praxisnahen und marktlichen Perspektive. In einer internen Besprechung wurden über die vorläufigen Ergebnisse dieser Zusammenarbeit berichtet. Der interne Projektleiter führte aus:

»Der systemische, prozessorientierte Beratungsansatz scheint generell am besten geeignet zu sein, ein Unternehmen in einen antifragilen Status zu versetzen. Der Markterfolg fällt aber nicht annähernd danach aus. Es war daher zu untersuchen, wie man den Ansatz theoretisch weiterentwickeln kann. Analysiert wurden dazu vor allem die Synergetik und die Spieltheorie. Beiden Ansätzen ist gemein, dass sie anknüpfungsfähig an den systemischen Ansatz sind. Und darüber hinaus noch einmal auf den notwendigen Zugang zu und auf die Interventionsebene des einzelnen Individuums verweisen.

Schaut man sich die Synergetik einmal genauer an, so ist deren Grundaussage, dass sich Veränderungen nachhaltig eigentlich nur dann einstellen können, wenn auf der dort so genannten Mikroebene die Mitarbeiter energetisiert werden. Wichtig ist dabei, dass diese Energetisierung auf der emotionalen Ebene

erfolgt. Dann kann über den Mechanismus der Spiegelneuronen eine Synchronisation erfolgen, die letztlich zur Veränderung der Muster auf der Makroebene führen. Veränderungen beginnen also damit, dass der Einzelne sich verändert. Und diese sich dann in einem gruppendynamischen Prozess in der gesamten Organisation verfestigt.
Zur Spieltheorie: Im Rahmen eines Beratungsprozesses muss von Seite der Berater zunächst ein Kooperationsangebot gemacht werden, damit Vertrauen entstehen kann. Wenn jedoch der Kunde so reagiert, dass er gegen die Interventionen opponiert, kann resp. muss die Beraterseite ebenfalls eine vermeintlich opponierende Haltung einnehmen. Diese bezeichnet man in der systemischen Beratung als paradoxe Intervention. Wenn sie dann zum Erfolg führt, muss man auf Beraterseite wieder in den Kooperationsmodus wechseln. In der Spieltheorie nennt man dies ›Tit for Tat‹.«
»Was heißt das jetzt konkret für uns?«, wurde der Vortragende gefragt.
»Die personennahe Beratung ist der Schlüssel für Musterwechsel auf der individuellen Ebene. Diese sind die Voraussetzung dafür, dass auch größere Veränderungen auf der Ebene des übergeordneten Systems überhaupt möglich sind. Die Synergetik liefert hierfür einen eindeutigen Nachweis. Auch die notwendige Glaubwürdigkeit im Beratungsprozess wirkt am besten im Rahmen einer direkten Interaktion auf der persönlichen Ebene. Das beweist die Spieltheorie. Vor allem diese beiden Denkmodelle zeigen, dass zur Initiierung von Veränderungen zunächst die Beteiligten als Individuen in den beraterischen Fokus genommen werden müssen. Zugleich gilt es, Nachsicht mit dem Gesamtsystem aufzubringen und mit dem zu arbeiten, was von diesem angeboten wird. Erst dann wird es möglich, individuelle Musterwechsel auszulösen, die sich dann auf der übergeordneten Ebene manifestieren können, damit sich letztlich (und bestenfalls) aus einer Vielzahl an individuellen antifragilen Mindsets eine entsprechende Haltung auf der Gesamtsystemebene durchsetzen kann.«

Dar. 27: Neue Denkmodelle in Sicht?

8 Konsequenz für Berater(-systeme)

In diesem Kapitel geht es darum, wie die bis zu diesem Punkt generierten Erkenntnisse und damit der Auftrag an eine Beratung, die die Erzielung von Antifragilität als einzig wirksam definiert, adäquat umgesetzt werden können. Es wird dazu zunächst die Umsetzung der personennahen Beratung zwecks Generierung von Sicherheit für die Beteiligten diskutiert. Darauf aufbauend wird ein neuer Ansatz zur nachhaltigen Erzielung von Musterwechseln vorgestellt und in den Kontext einer wirksamen Beratung eingebunden und vertieft. Als Abschluss steht die Vorstellung einer Umsetzung für jede Phase von Beratung vor dem Hintergrund der unternehmerischen Entwicklungsphasen. Handlungsleitend ist dann der jeweilige Zugang auf der Interventionsebene der Individuen und die Forderung nach einer wirksamen Beratung.

Generell ist vorab jedoch festzuhalten, dass die nachfolgenden Ausführungen allenfalls dazu dienen können, eine notwendige Voraussetzung dafür zu schaffen, dass das Ziel der Antifragilität erreicht werden kann. Der Grundsatz, dass Systeme stets autopoietisch sind, besteht jedoch immer und konnte bis dato auch nicht falsifiziert werden. Beraterische Handlungen können daher niemals hinreichend für die Zielerreichung sein. Dies sollte stets als demütige (und gelassene) Beraterhaltung mitschwingen.

8.1 Sicherheit in der Unsicherheit

Die Diskussion um die Generierung von Sicherheit in der Unsicherheit setzt noch einmal an bei der personennahen Beratung und dort besonders beim in Kapitel 6.3 kurz vorgestellten Humble Consulting. Die Logik, die hinter dieser Beratungshaltung liegt, beschreibt Schein in einer einleuchtenden Kausalkette (vgl. zum Folgenden Schein 2017: S. 33f). Verkürzt lautet diese: Um wirksam beraten zu können, bedarf es der Identifikation des tatsächlichen Problems – um hier einen Einblick zu bekommen, ist vertrauensvolle Kommunikation notwendig – dies erreicht man nur über die Erzeugung einer persönlichen Ebene – für diesen Zugang ist es notwendig, als Berater von der eigenen Persönlichkeit etwas preis zu geben – dieser Vertrauensaufbau muss bereits beim ersten Kontakt erfolgen.

Anders formuliert: Man investiert als Berater in die Beziehung zum Kunden, indem man die emotionale Distanz verringert und erhält damit Zugang zum tatsächlich zu lösenden Problem. Wichtig ist dabei, dass der Aspekt der Problemlösung weiterhin systemisch zu denken ist und damit in der gemeinsamen Verantwortung des zu bildenden Beratungssystem liegt.

Schein beschreibt seine Grundhaltung des Humble Consulting mit zahlreichen Beispielen aus vielen Jahren Beratungserfahrung. Er deutet dabei mehrfach an, dass er diese über viele Jahre intuitiv entwickelt hat, jedoch dem Kind keinen Namen gegeben bzw. erst in der Gesamtrückschau auf sein Lebenswerk die passenden Worte und Begriffe hierfür entdeckt hat. Es ist in gewisser Weise paradox: Steigende Komplexität und damit verbundene chaotische Umstände von jedweden Themen- und Fragestellungen bedürfen einer helfenden, persönlichen Beziehung, um eine Chance zu haben, gelöst zu werden. Diese Botschaft richtet sich »...in erster Linie an Berater, Coaches und andere Arten von Helfenden..., aber sie eignet sich genauso gut für Eltern, Chefs und Teammitglieder...« (Schein 2017: 37), formuliert Schein entsprechend. Zwischenmenschlich betrachtet verringert sich dadurch die Interaktionsdistanz und eine Beziehung kann aufgebaut werden. »Man könnte sagen, eine gute Beziehung zu haben bedeutet, dass man ein gewisses Maß an Sicherheit empfindet, wenn man mit dem anderen zusammen ist und sich mit ihm wohlfühlt...Dieses Gefühl des Wohlbefindens ist häufig das, was wir mit dem Wort Vertrauen meinen« (Schein 2017: 39).

Diese so bezeichnete Level-2-Beziehung ist nicht zu verwechseln mit einer Beziehung, die enge Freundschaften bis hin zur Intimität umfasst. Es ist eine Beziehung, bei der in einem professionellen Umfeld (hier Beratung) Kunde und Berater damit beginnen, sich über die jeweilige Rolle hinaus als Menschen zu erkennen und zu behandeln (vgl. Schein 2017: 46).

In der letzten Konsequenz kommt man damit wieder zu der Frage der Wirksamkeit: Wenn das, was an Interventionen und Veränderungen passiert, nicht mehr hilfreich erscheint, ist dies dann entweder beraterseitig zu korrigieren oder dem Kunden auch mitzuteilen. Unternehmerisch betrachtet geht damit Wirksamkeit vor Umsatz. Würden die meisten Beratungsunternehmen diese Haltung befolgen, wäre das Image von Beratung ein ganz anderes als zu Beginn dieses Buches beschrieben. Berater hätten dann eher den Ruf von Krankenpflegern, Erziehern oder Feuerwehrmännern. Diese Aufzählung als Kontrast zeigt die Abwesenheit von Humble Consulting in der Branche zu deutlich.

Die Argumentation pro Humble Consulting wird im Übrigen auch gestützt von der Forschung um die beste Strategie zur Lösung komplexer Probleme, von denen eben die Rede war. Es sind dies die sog. Wicked Problems, die sich wesentlich von anderen Problemen unterscheiden. Den Begriff der Wicked Problems haben Anfang der 1970er Jahre zum ersten Mal Rittel und Webber definiert. Grint hat deren Gedanken später aufgegriffen und eine Kontextualisierung sowie spezifische Herangehensweisen zu den einzelnen Problemarten vorgeschlagen. Er definiert diese besondere Art von Problemen als »...more complex, rather than just complicated – that is, it cannot be removed from its environment, solved, and returned without affecting the environment. Moreover, there is no clear relationship between cause and effect« (Grint 2008: 12). Demgegenüber stehen Probleme der herkömmlichen Art (genannt Tame Problems) sowie kritische Probleme (Critical Problems). Ein Beispiel für ein Wicked Problem könnte die Klimakrise sein oder die allumfassende Lösung der Corona-Pandemie über den reinen Gesundheitsaspekt hinaus. Beim letztgenannten Thema kommt die Kategorisierung von Problemen und deren Umgang damit relativ gut zum Ausdruck, da das Auftreten des Coronavirus zu Beginn ausschließlich als Critical Problem angesehen wurde. Die dabei getroffenen Maßnahmen passen im Nachhinein sehr gut zum dem, wie Grint generell Probleme und die typische strategische Herangehensweise dazu dargestellt hatte (▶ Dar. 28).

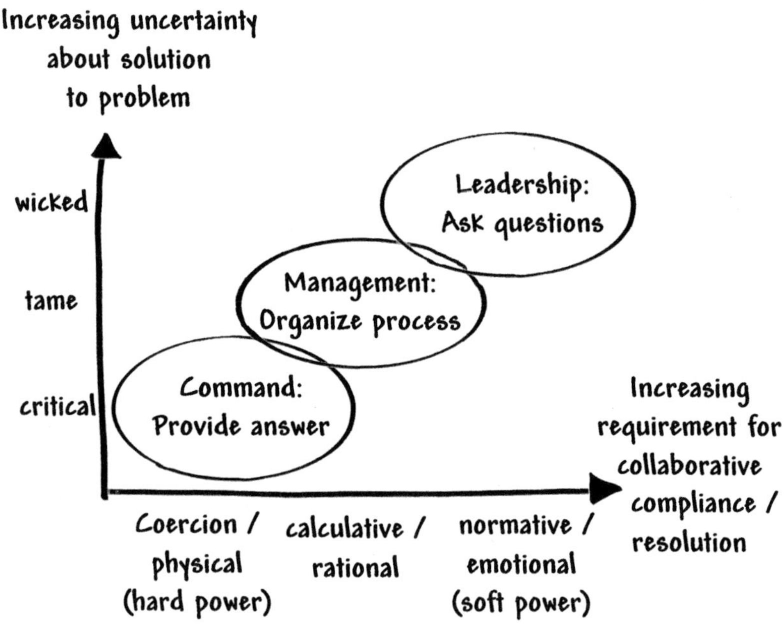

Dar. 28: Probleme und Problemmanagement (nach Grint 2008: 15)

Konkret führte die Definition als Critical Problem dazu, dass mittels »Hard Power« mehr oder minder restriktive Maßnahmen durch die Regierungen durchgeführt wurden – und das weltweit. Grint nennt dies wie in der Abbildung zu sehen ist »Command«. Das Ziel war stets relativ eindimensional: Es ging um »Flatten the Curve«, Verringerung der Inzidenzen sowie um eine Begrenzung von Todeszahlen. Gemäß der Definition von Grint führt eine derartige Fokussierung generell zu unerwünschten Nebeneffekten, von denen der Rückgang der Wirtschaftsleistung und eine damit verbundene, global sich verstärkende Armut wegen der Lockdowns nur ein Aspekt war. Selbst im Bereich Gesundheit sind direkte Folgen bereits quantifiziert in der Form von negativen Konsequenzen für die Psyche und Bildungs- und Aufstiegschancen vor allem von Kindern bzw. Schülern (vgl. Krüger 2021: 72).

Die Corona-Pandemie ist damit im Rückblick tatsächlich von Beginn an ein Wicked Problem gewesen. Dies hätte Konsequenzen dafür gehabt, mit welcher Strategie man an das Thema herangegangen wäre. Im weiteren Verlauf der Pandemie haben die Regierungen tatsächlich auch die Eigenschaft als Wicked Problem erkannt: Selbst in einem Inselstaat wie Neuseeland wurde »Zero-Covid« nach annähernd zwei Jahren aufgegeben, da man sich der Komplexität des Problems allmählich bewusst wurde. Anders als in der Volksrepublik China, wo noch im Jahr 2022 kein Exit aus dieser Strategie zu erkennen ist.

Zurück zur Komplexität von Wicked Problems und zum Umgang damit kann man in der Abbildung gut erkennen, dass man hierzu vom Modus Command zum Modus Leadership wechseln muss. Dies impliziert, dass sich die Rolle der Entscheider verändert: »Wicked Problems require the transfer of authority from individual to collective because only collective engagement can hope to address the problem« (Grint 2008: 13). Es ist damit mehr »Soft Power« gefragt sowie die Bewegung vom Antwortengeber zum Fragesteller. Damit rückt diese Argumentation einerseits wieder in die Nähe der Grundphilosophie der systemischen Beratung sowie andererseits in die tatsächliche Häufigkeit von Frage- und Problemstellungen, zu deren Lösung Beratungsunternehmen eingekauft werden. Es sind dies einerseits tatsächlich auf den ersten Blick Critical Problems, die sich jedoch wie gezeigt in der Regel eher und sogar häufiger nur als Symptom für ein tieferliegendes, jetzt Wicked Problem genanntes Thema, herausstellen.

Auch die VUKA-Welt trägt dazu bei, dass Probleme eher komplexer werden als wenig-dimensional. Trifft dies im Einzelfall zu, können Kundensysteme sie in der Regel auch ohne Berater lösen. Grint nennt diese Art Tame Problem: »A Tame Problem may be complicated but is resolvable through unilinear acts and it is likely to have occurred before« (Grint 2008: 12). Ist oder entwickelt sich das Tame Problem in eine komplexere Richtung bzw. hat es mehrere erfolglose Lösungsversuche gegeben, ist es vermutlich ein Wicked Problem und Berater kommen ins Spiel. Daher können Wicked Problems durchaus als Standardproblem für Beratersysteme bezeichnet werden.

Der Link zwischen den Wicked Problems und dem Humble Consulting ergibt sich dann aus nachfolgender Logik: Gerade für Entscheider ist es wesentlich angenehmer, im Sinne von Command oder Management zu agieren. Denn psychologisch betrachtet ist es aus deren Perspektive häufiger eine persönliche Herausforderung, zwecks Entscheidungsfindung andere Personen mit einzubinden oder sogar zu befragen. Interessanterweise erkennt man quasi komplementär ein ähnliches Muster bei den Nicht-Entscheidern: Wenn ein Mächtiger aus deren Perspektive nicht in der Lage ist, eine Entscheidung alleine zu treffen, gilt dieser schnell als schwach und wird nicht mehr respektiert. Da die Entscheider wiederum dieses Spiel kennen, treffen sie dann Entscheidungen auch für den Fall allein, wenn sie die Antwort nicht kennen. Zu diesem Zweck werden dann Wicked Problems als Critical Problems definiert, womit der strategische Umgang legitimiert ist – auch bei dem Entscheidungsempfängern. Es ergibt sich daraus in der Regel ein Vertrauensvorschuss in die Hierarchie.

Gefährlich wird es nur dann, wenn die Entscheider mehrfach falsch lagen. Ist also einem Entscheidungsträger dies alles bewusst und er lädt Berater zu einem Gespräch über ein Wicked Problem ein, so dürfte es ihm zumindest aus seiner Rolle heraus immer noch schwerfallen, kollaborativ mit dem Beratersystem zusammenzuarbeiten – hier zunächst, weil er ins restliche System so seine zumindest teilweise fehlende Antwortkompetenz dokumentiert. Es ist aber für einen potenziellen Auftraggeber auch im Zusammenspiel mit den Beratern bisweilen eine Herausforderung, von einem Critical oder Tame Problem ausgehend zu erkennen, dass es sich tatsächlich um ein Wicked Problem handelt.

Das Humble Consulting spricht in diesem Zusammenhang davon, dass das echte Problem herausgearbeitet werden muss. Gelingt es nicht, mit dem Kunden eine Level-2-Beziehung herzustellen, wird es maximal zur Bearbeitung von Nicht-Wicked-Problemen kommen. Anders formuliert sorgt nur der Vertrauensaufbau in dieser persönlichen Ebene dafür, dass die Chance existiert, an Wicked Problems zu arbeiten. Dies gilt im Übrigen nicht nur auf der beschriebenen Hierarchieebene. Denn es ist kein Automatismus, dass ein zuvor definiertes Wicked Problem auch auf den unteren Hierarchieebenen als solches anerkannt ist. Auch da muss also von Beraterseite mit verschiedenen Gruppen und Personen revolvierend ein persönliches Verhältnis aufgebaut werden.

Welche Konsequenz hat dies nun für Berater bzw. Beratersysteme? Es bedarf einer inneren Einstellung, die Schein als HC-Haltung bezeichnet und drei Hauptelemente umfasst: Engagement, Neugier und fürsorgliches Interesse (vgl. Schein 2017: 80). Für Schein muss diese Haltung sofort mit dem ersten Kontakt sichtbar werden: »Humble Consulting beginnt nicht mit einem Erkundungsgespräch, einer Vertragsaushandlung, einer Auskundschaftung oder Diagnose, weil ihre erste Reaktion den Auftakt zu einem Gespräch bildet, das, wenn es zum Beziehungsaufbau beiträgt, automatisch die Informationen liefert, die sie für die Entscheidung brauchen, ob und wie sie sich engagieren« (Schein 2017: 79).

Ohne es direkt zu benennen, zeigen diese Ausführungen auch, dass die Dienstleisterfalle hier ein Thema ist. Falls Berater mit einer HC-Haltung das Gefühl bekommen, dass es die Absicht ist, sie entsprechend zu benutzen, ergibt sich entweder die Konsequenz, dass genau dies thematisiert wird (um es anzusprechen und daraufhin in eine andere Rolle schlüpfen zu können) oder dass letztlich ein Auftrag auch abgelehnt wird.

Zurück zu den drei Hauptelementen formuliert Schein das geforderte Engagement so aus, dass dies durch eine emotional zugewandte Helferhaltung beschrieben werden kann: »Lassen sie sich von dem Motiv leiten, dass sie herausfinden möchten, ob sie das Problem des Kunden lösen können« (Schein 2017: 80). Es geht bzw. soll nicht darum gehen, dass mit Eingehen einer vertraglichen Beziehung möglichst Geld verdient werden soll, sondern das schlichte Helfen oder der Wunsch danach soll Ausgangspunkt sein und auch im weiteren Prozessverlauf im Mittelpunkt stehen.

Eine Hypothese dazu könnte sein, dass erst die Verwirklichung eines helfenden Akts eine individuelle Bedürfnisbefriedigung in diesem Kontext sein kann. Voraussetzung dafür wiederum ist die Fähigkeit zur Empathie bzw. Empathie selbst, was einen Hinweis darauf enthält, dass die Selbstreflexionsfähigkeit eines Beraters ihn erst zu einer helfenden Haltung bringt, da ohne diese im Umkehrschluss nur die weitestgehende Abwesenheit von Empathie steht. Eine Zustandsbeschreibung, die in der Außenwahrnehmung (wieder) dem Bild des klassischen Beraters entsprechen dürfte.

Das zweite Hauptelement, die Neugier, dürfte auf einer ersten Ebene regelmäßig auf die Spezies Berater zutreffen (wie Tierliebe bei Mitarbeitern in einem Zoo). Auf der zweiten Ebene geht es besonders Schein um eine aufrechte Neugier, die er ganz im systemischen Sinn formuliert: »Wenn Sie emotional zum Helfen bereit sind, aber keine Ahnung haben, worum es geht, zeigen Sie Ihre aufrechte Neugier« (Schein 2017: 80). Fast könnte man hier meinen, dass Schein Berater dazu auffordert, ohne Branchen-, Problem und Fachkenntnisse an den Kunden heranzutreten. Die Tatsache, dass selbst klassische Beratungsunternehmen nicht nur Betriebswirte u. ä. engagieren, sondern sogar Theologen, Chemiker und Astrophysiker, deutet darauf hin, dass diese Anforderung auch dort erkannt und umgesetzt wird.

Das dritte Hauptelement des fürsorglichen Interesses knüpft auf der emotionalen Ebene an das erste Hauptelement, das Engagement an und als Auftrag an Beratung am zweiten Hauptelement, der Neugier. Zum Erstgenannten: »Konzentrieren sie sich auf die Person und auf das, was der potenzielle Kunde ihnen zu sagen hat« (Schein 2017: 81). Zum Zweitgenannten führt Schein aus, dass er es stets »als hilfreich empfunden [hat], nicht zu recherchieren, um welche Firma es sich handelt und nicht das ganze Material durchzusehen, das der potenzielle Kunde vielleicht geschickt hat« (Schein 2017: 81). Eine andere Formulierung für die beschriebene beraterische Gelassenheit. Vergleicht man also die HC-Haltung mit der im Kapitel 5.3 postulierten, hilfreichen Beraterhaltung, gibt diese sogar noch einen indirekten Hinweis auf die Herkunft der systemischen Beratung: Es ist dies die Familientherapie – vorausgesetzt, dass Therapeuten eine entsprechende Haltung auch aufweisen.

Zusammengefasst bedeutet Humble Consulting, dass hierdurch Sicherheit in der Unsicherheit gestiftet werden kann, da zwischen den handelnden Personen auf Berater- wie auf Kundenseite eine bestimmte, intensivere persönliche Beziehung aufgebaut wird, die über den sonst üblichen professionellen Abstand deutlich hinausgeht. »Personalisierung heißt, dass wir dem anderen ein bisschen von unserer Geschichte erzählen, ihn wissen lassen, wer wir wirklich sind, woher wir kommen und wohin wir gehen« (Schein 2017: 110). Es ist dies mit anderen Worten das beraterseitige Angebot eines Containers.

Dass das vielen Beratern ungewohnt und auch unangenehm vorkommt, entspricht dem klassischen Image von Beratung. Auch, dass nach der Veröffentlichung von Schein wenig über Humble Consulting diskutiert oder wissenschaftlich veröffentlicht wurde, zeigt, dass das Thema im Markt noch nicht wirklich angekommen ist. Lediglich Schein selbst hat mit »Humble Leadership« inhaltlich noch einmal nachgelegt.

Hinzu kommt, dass es auch wieder nicht nur die Beraterseite, sondern auch die Kundenseite mit deren spezifischer Erwartungshaltung an eine gute Beratung ist, die eine Durchsetzung dieser Beraterhaltung erlaubt. Umso mehr muss es der Auftrag an eine wirksame Beratung sein, den Weg des Humble Consulting konsequent einzuschlagen, da ansonsten das Ziel der Antifragilität kaum erreicht werden kann. Letztgenannte baut – zur Erinnerung – u. a. auf den Stressor Ungewissheit und steht damit in direkter Korrelation zu einer Beraterhaltung, die Unsicherheit erzeugt bzw. erzeugen muss, um Veränderungen erreichen zu können.

8.2 Konsequente Anwendung des Modells

Zur Erinnerung: Für eine Veränderung auf Gesamtsystemebene ist es zwingend notwendig, eine Veränderung auf der individuellen Ebene anzustoßen und dort auch abzusichern. Dies schließt ein, dass genau das einerseits nicht nur zeitlich punktuell, sondern vor allem nachhaltig geschieht. Andererseits ist die Rolle und Aufgabe von Beratung zu klären, da Musterwechsel zwar grundsätzlich möglich sind, die Unterstützung dabei jedoch recht spezifisch erfolgen muss.

Wissenschaftlicher Ausgangspunkt für die Beschäftigung mit Mustern und deren Wechsel ist die bereits diskutierte Verhaltensökonomie. In diesem Zusammenhang ist in der jüngeren Vergangenheit ein beachtenswertes Werk erschienen. Die Autorin, Wendy Wood, ist zwar keine Verhaltensökonomin, sie geht aber in ihrem Buch »Good Habits. Bad Habits« explizit auf die vermeintlich rationalen Muster des Homo Oeconomicus ein und beschreibt auch hier den Umstand, dass wir als Individuen zumeist so handeln, dass wir in der Regel nicht so handeln, wie man es von diesem theoretischen Menschenbild her erwarten würde.

Startpunkt bei Wood ist das Beispiel einer mit ihr verwandten Person, die wiederholt versucht, ihr Gewicht zu reduzieren (vgl. zum Folgenden Wood 2019: 4ff). Jeder kennt diese Art von Vorhaben – ähnlich sind Versuche, zum Start in ein neues Jahr mit dem Rauchen aufzuhören, mehr Sport zu treiben oder (besonders bei Studierenden) mehr und rechtzeitig zu lernen. Wood beschreibt sogar, wie ihre Cousine zur Erhöhung des sozialen Drucks ihr Vorhaben über Social Media verkündet. Wie noch nachgewiesen werden kann, ist dies im Grunde ein erster Schritt in die richtige Richtung. Jedoch ist er nicht ausreichend und Woods Cousine scheitert dementsprechend erneut an ihrem Vorhaben. Hintergrund ist der, dass die Grundhypothese bezüglich Menschen, die es tatsächlich schaffen, Muster zu verändern, eine falsche ist. Die vorherrschende Annahme ist nämlich, dass es nur genügend Willenskraft bedarf, um Veränderungen anzugehen und nachhaltig zu sichern (vgl. Wood 2019: 6). Das Jesus zugesprochene Zitat »Der Geist ist willig, aber das Fleisch ist schwach« (weil seine Jünger auf dem Ölberg trotz Versprechen nicht mit ihm die Nachtwache gehalten haben und eingeschlafen sind) greift hier als Erklärung jedoch zu kurz. Denn es fehlte weder den Jüngern noch der Cousine von Wood am Willen, etwas zu tun bzw. zu ändern.

Wie Wood herausgefunden hat, gibt es noch eine andere Erklärung dafür, dass einerseits Menschen immer wieder scheitern – auf der anderen Seite jedoch manche von ihnen erfolgreiche Muster entwickeln und leben. Ausgangspunkt ist die Psychologie des Menschen in Verbindung mit dem Energieaufwand, der mit der Durchführung einer Entscheidung verbunden ist. Zum psychologischen Aspekt stellt Wood zunächst fest: »We do not have a single mind. Instead, our minds are composed of multiple but interconnected mechanisms that guide behaviour« (Wood 2019: 8). Weiter: »When we exert willpower, we actively engage mental effort and energy« (Wood 2019: 9). Anders formuliert, ist es im ersten Schritt eine mentale Abwägung, ob es uns der (initiale) Energieaufwand wert ist, ein Muster neu zu etablieren. Auf lange Strecke kann diese Abwägung nur dazu führen, dass die Entscheidung zuungunsten der Veränderung ausfällt. Wichtig ist dabei: Diese Art von Entscheidung ist tatsächlich rationaler Art. Genau hier ist der Mensch ein Homo Oeconomicus.

Die Konsequenz (und auch die Empirie) ist dann dergestalt, dass Veränderungen nur im Unbewussten ihren Anker finden können: »There are parts of your mind...that are specifically suited to establishing repeated patterns of behaviour. These are our habits – better suited to working automatically than to engaging in the noisy, combative work of the debate chamber that usually accompanies our decision-making« (Wood 2019: 10). Das bedeutet zugleich, dass es keine Rolle spielt, ob diese Muster positiv oder negativ für uns sind. Sie haben sich über unsere Erfahrungen etabliert bzw. es existiert dazu auch ein evolutionärer Mechanismus, der noch weiter unten erläutert werden wird.

Um die Bedeutung dieser Erkenntnisse einschätzen zu können, ist es wichtig, auch eine Vorstellung quantitativer Art zu erhalten. Anders formuliert: Würden die Muster nur einen kleinen Teil unseres Verhaltens betreffen, könnte gerade vor dem Hintergrund des energetischen Aspekts das Thema eine untergeordnete Rolle einnehmen, da hier mit punktuellem Aufwand unerwünschtes Verhalten beseitigt werden kann. Jedoch hat Wood in mehreren Studien herausgefunden, dass je nach Komplexität unserer Aktionen bis zu 88 Prozent habituell funktionieren. Konkret bezieht sich diese Zahl auf die tägliche Hygiene. »Chillen« am Abend (ohne Fernseher!) liegt bei 55 Prozent und selbst bei Arbeiten wie im Home Office (Telefonieren, Computerarbeiten und gleichzeitiges Musikhören) wurden noch 43 Prozent als habituell gemessen (Wood 2019: 23).

Es dürfte damit beim Großteil unserer täglichen Routine so sein, dass eingeschliffene Muster die Regie führen. Das ist vor allem für Führungskräfte und für Berater, die den Auftrag haben, eine Veränderung erfolgreich durchzuführen, zunächst keine gute Botschaft. Auch trifft dies vor allem dort zu, wo sich der Kontext nicht ändert: »Context pervades our understanding of habit. If the context remains stable – you keep living in the same place, you keep driving the same route to work, you keep sitting on your couch every evening – then you repeat past actions automatically« (Wood 2019: 30). Genau dies erklärt den Wunsch nach

Management- oder Beratungsmethoden wie dem »Business Process Reengineering« (oder der Einführung von Agilität), wo der Kontext derart verändert wird, dass Musterwechsel bei den Mitarbeitern quasi erzwungen werden. Wie oben bereits erläutert, sind solche Hebel so radikal, dass sie selten zu den gewünschten Ergebnissen führen. Vor dem Hintergrund der neuen Erkenntnisse um Muster und deren mentale Verortung sind sie jedoch im Rückblick erklär- und nachvollziehbar. Es ist somit auch nicht hilfreich, den Mitarbeitern, die ohnehin mit Ängsten auf Veränderungsprozesse reagieren, eine gewünschte Neuausrichtung zu erklären. Sie haben schlicht kaum oder wenig Zugang zu ihrem zweiten, habituellen Ich, wo ihre Muster abgelegt sind (und damit im übertragenen Sinn nicht in ihrem persönlichen Eisberg).

Zurück zu den Mustern selbst können diese nun definiert werden: Sie sind eine »mental association between a context cue and a response that develops as we repeat an action in that context for a reward« (Wood 2019: 43). Die Belohnung ist dann entweder die Abwesenheit von einer energetischen Investition (weil hierüber nicht mehr nachgedacht wird) oder die implizite Erinnerung an frühere Belohnungen zur Zeit der Etablierung des Musters. Dies erklärt auch die bisweilen fast schon pathologische Nutzung von Social Media. Die entsprechenden Nutzer gehen hier immer wieder online, um den Status ihrer Likes zu überprüfen oder Kommentare zu lesen. Dieser Mechanismus ist nicht neu. Es ist derselbe, der in Las Vegas einen notorischen Spieler wiederholend darauf hoffen lässt, den Jackpot des Spielgeräts mit dem nächsten Münzeinwurf zu knacken. Dies umso mehr, wenn genau das zuvor gelungen war: »Habits are a mental shortcut to obtaining that reward again. Just repeat what we did in the past« (Wood 2019: 45).

Beide Varianten von Belohnung sind im Übrigen evolutorisch nachvollziehbar: Es war hilfreich, nicht andauernd neue, energieaufwendige Verhaltensweisen auszuprobieren und zugleich die erfolgreichen, etablierten Verhaltensweisen aufrecht zu erhalten, die zudem dafür sorgten, dass entsprechende Belohnungen zu erwarten waren. Diejenigen unserer Vorfahren, die diese nachvollziehbare Regel befolgt haben, sind unsere genetischen Vorgänger. Ohne dass sie es wissen konnten, gehorchten sie damit neurobiologischen Prozessen, die uns bis heute begleiten.

Wesentlich für die Konsequenzen für Berater(systeme) ist nun, den Mechanismus zu identifizieren, wie »Bad Habits« abgestellt und wie »Good Habits« etabliert werden können. Denn wie Fatzer, Inhaber des Trias Instituts, sich treffend äußert, ist Beratung genau dann erfolgreich, wenn man dadurch erreicht, dass das Bewusstsein für die individuellen und systemischen Muster gestärkt wird (vgl. Krizanits 2009: 219). Er beschreibt dazu einen vierstufigen Prozess (der hier auch in der Länge komplett zitiert werden soll, da er nach Meinung des Autors treffend wie bedeutend ist): »Von der unbewussten Inkompetenz zur bewussten Inkompetenz, indem man benennen kann, was nicht richtig läuft, obwohl man es in bester Absicht getan hat. Dann geht man von der bewussten Inkompetenz zur bewussten Kompetenz mit der Aufforderung: Ihr habt jetzt sozusagen die Wahlmöglichkeit. Ihr könnt die Muster weiter so betreiben oder ihr könnt versuchen, ein anderes

Muster zu wählen. Nachher geht's wieder zurück in die Routine bis zur bewussten Inkompetenz« (Krizanits 2009: 219). Es ist dies in anderen Worten eine Bauanleitung im Sinne von Wood zur Veränderung von Bad Habits zu Good Habits.

Die bei Wood so bezeichneten vier Säulen für Musterveränderungen sind die Etablierung eines stabilen Kontextes, Reduzierung von Friction, Einrichtung eines Belohnungsmechanismus und Wiederholung bis zur Automatisierung (vgl. Woods 2019: 157).

Beim Ausgangspunkt, dem *(a) Kontext*, kommt Lewin wieder ins Spiel. Nach ihm ergibt sich Verhalten ganz simpel aus einer Funktion von Person und dem jeweils umgebenden Kontext (vgl. Wood 2019: 90). Wenn also die Person naturgemäß dieselbe ist, ist der einzige Hebel, der nachhaltig wirkt, die Veränderung des Umfelds. Selbstverständlich wird hier nicht in Abrede gestellt, dass Personen sich auch selbst ändern können. Die Muster, von denen hier die Rede ist, sind jedoch Muster, die eher der täglichen Routine zugesprochen werden. Anders als erlebte Musterveränderungen bei Personen, die möglicherweise durch Krankheit, besondere Schicksalsschläge o. ä. einen Bruch ihrer Biographie feststellen und genau deshalb damit beginnen, Muster zu verändern. Dann ist auch häufig zu beobachten, dass sie aktiv ihre Umgebung verändern – möglicherweise deshalb, weil sie sich unterbewusst im Klaren darüber sind, dass dies für einen nachhaltigen Musterwechsel notwendig ist. Es gibt genügend Beispiele, wo Menschen ihr Haus verkauft haben, um ab jetzt als Nomade durch die Welt zu ziehen. Oder man trennt sich von seinem Partner und startet im fortgeschrittenen Alter eine späte Karriere als Influencer (oder manche laufen erst einmal den Jakobsweg).

Zurück zur Veränderung der Muster soll nun an einem weiteren Beispiel die Überlegenheit der tatsächlichen Kontextveränderung versus gut gemeinte Apelle via Informationskampagnen detailliert werden. Auch hier bietet die Corona-Pandemie nochmals und letztmalig eine gute Vorlage. Neben und induziert durch die in Kapitel 7.1 diskutierten Risikoaspekte ergaben sich je nach kultureller und nationaler Vorerfahrung weltweit unterschiedlich hohe Impfquoten. Trotz diverser Aufrufe zum Impfen stieg die Impfbereitschaft in den Ländern mit geringen Quoten aber erst dann signifikant, als das tägliche Leben für Ungeimpfte deutlich erschwert wurde (eine Fußnote wert ist diesbezüglich die Feststellung, dass die deutschsprachigen Länder in Europa mit ihrer Impfquote Stand im November 2021 noch weit hinter Resteuropa lagen – vgl. Jones & Chazan 2021). Dies ist vergleichbar mit dem Zurückdrängen des Tabakkonsums in fast allen westlichen Staaten durch Verbote des Rauchens in Bürogebäuden oder Gaststätten. Das Abbilden von Folgen des Rauchens auf den Verpackungen sowie der Hinweis, dass Rauchen tödlich sei, waren bei weitem nicht so erfolgreich (vgl. o. V. 2020 b).

Bei den Bad Habits sind demnach nur genügend *(b) »Reibungspunkte« (Frictions)* zu etablieren, die die Beibehaltung des Musters unattraktiv machen. Umgedreht sind dementsprechend Reibungspunkte zu reduzieren, um zu gewünschten Veränderungen zu gelangen. Sind dies politisch opportune Verhaltensweisen, so spricht die Politik häufig von der Notwendigkeit sog. niedrigschwelliger Angebote (Bsp. beim Impfen!). Die Industrie war hier schon lange viel erfinderischer. Angefangen vom Bezahlvorgang via Kreditkarte (was die Verbindung von Kaufnutzen und Bezahlschmerz weitestgehend auflöste) über Drive-Ins bei Schnellrestaurants oder die Erfindung von Apps auf Smartphones: Immer dann, wenn dem Verbraucher Kauf und/oder Nutzung vereinfacht wurden, änderte sich das Konsumentenverhalten.

Wird dies dann noch zusätzlich so gestaltet, dass ein Wechsel zurück erschwert wird (wie im geschlossenen System von Apple zu erkennen ist), ist die Nachhaltigkeit nochmals abgesichert. »Remove the friction, set the right driving forces and let the good habits roll into your life« (Wood 2019: 98). Wood selbst gibt in einem Interview ein Beispiel dafür: Sie hatte sich vorgenommen, mit dem Laufen zu beginnen. Da sie nur am frühen Morgen Zeit für den Sport hatte, verringerte sie die Frictions in der Art, dass sie sich mit der Laufausrüstung gleich am Abend ins Bett legte. Nach eigener Aussage funktionierte dies, obwohl sie berichtet, dass sie das frühe Aufstehen hasste (vgl. Vollmuth 2020).

Das Laufbeispiel führt direkt zur dritten Säule, dem Belohnungsmechanismus. Aus der eigenen Erfahrung des Autors ist es tatsächlich so, dass gerade der Laufsport stets eine Belohnung bereithält. Leider ist der Weg dahin sprichwörtlich beschwerlich, da es zunächst gilt, eine Art Anfangsinvestition zu tätigen (bei einem 10km-Lauf sind dies die ersten zwei bis drei Kilometer). »Context will smooth the way...but if you aren't getting even a minor reward for your initial effort along the way, you won't get that habit to start on its own (Wood 2019: 115).

Da das *(c) Rewarding* wie oben kurz angedeutet insbesondere ein neurobiologischer Vorgang ist, hat genau dies auch einen Nachteil: Die größte Ausschüttung von Dopamin resultiert aus eher unerwarteten Ereignissen (Wood 2019: 123). Dies kann die Euphorie nach einem ersten Kuss sein oder das unwahrscheinliche Ereignis, dass der Heimatverein im Pokalwettbewerb den hohen Favoriten schlägt. Andersherum sind es die Fans ebendieses Vereins, die bei dem wiederholten Gewinn der Meisterschaft nur bedingt erregt sind. Evolutionär ist dies wiederum erklärbar: Wenn ein neues, erfolgsversprechendes oder zumindest überlebensnotwendiges Muster zufällig entdeckt wird, so ist es günstig, dass dies beibehalten wird. Entsprechend werden wir von uns selbst genau dann übermäßig entlohnt.

Als Zwischenfazit kann noch einmal das Beispiel von Woods Cousine zitiert werden. Was sie intuitiv richtig gemacht hat, war die Veränderung des Kontextes in der Weise, dass sie ihr Vorhaben zumindest veröffentlichte. Insbesondere wohl auch deshalb, weil sie sich von ihren Freunden eine Art Rewarding erhoffte. Es fehlte jedoch vermutlich an der Verringerung von Friction bzw. deren Aufbau, was ihren bisherigen Lebensmittelkonsum anbelangte.

Was vermutlich auch nicht passierte, ist die *(d) Wiederholung (des guten Musters)* bis zur Automatisierung. Denn ähnlich wie beim Laufen genügt das Wissen um die Belohnung alleine auf Dauer nicht – insbesondere in Verbindung damit, dass der positive Effekt nachlässt. Es muss also ein Mechanismus etabliert werden, der eine mentale Abwägung (beim Laufen) zwischen der Notwendigkeit der Investition versus die spätere Belohnung gar nicht mehr stattfinden lässt. Dies geht nur über stetige Wiederholung und damit die Überführung des Musters ins Unterbewusste (die vierte Säule). Eine wichtige Frage dabei ist, wie häufig diese Wiederholungen stattfinden müssen bzw. wieviel Zeit vergeht, bis eine Automatisierung einsetzt. »The magic begins silently, and you won't realize when it kicks in. You have to trust that it will happen, because it is the standard way that repeatedly rewarded actions restructure the way information is stored in our brains« (Wood 2019: 102). Die Frage kann damit nur individuell beantwortet werden. Wood spricht daher auch von keiner richtigen Zahl, gibt jedoch einen Zeitraum von in etwa zwei bis drei Monaten an (vgl. Vollmuth 2020).

Hilfreich und vermutlich die Zeitspanne reduzierend ist dabei noch, wenn das neue Muster verknüpft wird mit einer bereits bestehenden, bestenfalls positiven Verhaltensweise (vgl. Wood 2019: 142). So könnte beispielsweise das wöchentliche Training im Fitnessstudio damit verknüpft werden, dass man nebenan beim Bio-Supermarkt noch frische Lebensmittel einkauft. Oder der Gang in die Mensa wird mit einem Stopp in der Hochschulbibliothek verknüpft.

Zusammenfassend ist zu konstatieren, dass vermeintlich erfolgreiche »Life Hacker« nicht zwangsweise über einen eisernen Selbstwillen verfügen, sondern lediglich ihre Disziplin gekonnt dafür einsetzen, dass sie gewünschte Muster in das Stadium von Gewohnheiten überführen. Auch hier gibt es selbstverständlich individuelle Unterschiede. Beim berühmten Marshmallow-Experiment dürfte es bei denjenigen, denen das Widerstehen gelingt, etwas einfacher funktionieren, Muster zu verändern (deshalb sind diese Personen ja auch in der Regel im weiteren Leben erfolgreicher). Aber selbst in der Gruppe der Marshmallow-Esser zeigen sich noch Unterschiede. In einer Variante wurde das Marshmallow abgedeckt. Bei denjenigen, die dies entsprechend nicht sehen konnten (aber dennoch wussten, dass es da ist), dauerte es signifikant länger, bis sie es aßen. (vgl. Vollmuth 2020). Es besteht damit in gewisser Weise Hoffnung, dass jeder in der Lage ist, Muster zu verändern, wenn man zunächst einmal damit beginnt, den Kontext (hier die Abdeckung) zu verändern.

Nachdem nun der Mechanismus für Musterveränderungen sowie die Bauanleitung von Fatzer bekannt sind, kommt es abschließend zu der oben bereits kurz andiskutieren Frage, was dies für Konsequenzen und Empfehlungen für den Beratungskontext bereithält.

Von der unbewussten Inkompetenz zur bewussten Inkompetenz

Dieser Schritt ist vergleichbar mit der Generierung des Sense of Urgency und dementsprechend schwer zu gehen. Zudem ist festzuhalten, dass das Erkennen der unbewussten Inkompetenz häufig noch vor dem Engagement von Beratung stattfindet bzw. dessen Voraussetzung ist. Anders formuliert findet eine Beteiligung von Beratung von Beginn an nur in der Situation statt, wenn im Rahmen einer Kaltakquise dem Kunden dessen bis dahin nicht bewusste Inkompetenz tatsächlich klar wird. Zudem ist es nicht wahrscheinlich, dass das Gesamtsystem diese gleichzeitig erkennt. Es sind also die Entscheider, die in ihrem System einen Mangel (in ihren Worten ein Problem) identifizieren und zu dessen Bearbeitung Berater ansprechen. Der Auftrag setzt also zumeist im Übergang an. Nach Wood muss dafür bekanntermaßen der Kontext verändert werden.

Wichtig ist an dieser Stelle, es noch einmal zu verdeutlichen, dass es nicht unbedingt darum geht, das physikalische Umfeld zu verändern: »...context can also consist of intangible things: time of day, for instance, or your state of mind. One of the most important possible contexts is other people« (Wood 2019: 133). (Systemische) Beratung hat damit als Ansatzpunkt vor allem die individuellen oder gruppenspezifischen, mentalen Zustände. Bleibt man zunächst bei Letzteren, ist die Konsequenz, dass Beratung methodisch eher in Richtung einer Supervision geht. Einem Team oder einer Abteilung sollte dann im Prozess die Möglichkeit gegeben werden, über Reflexion die eigenen Muster zu erkennen.

Auch in diesem Prozessschritt wird deutlich, dass es einer Unterstützung durch die Entscheider bedarf. Angefangen damit, dass diese die Bedeutung und gegebenenfalls die dringende Notwendigkeit einer Veränderung (mit dem Zwischenziel der bewussten Inkompetenz) betonen bis dahin, dass Ansatzpunkte identifiziert werden, um die Friction zu erhöhen. Dies kann beispielsweise die Einführung einer Software sein oder die Neuaufteilung von Vertriebsgebieten. Es ist gut zu erkennen, dass hier Beratungsansätze, die in der Nähe der Dienstleisterfalle angesiedelt sind, Probleme bekommen.

Auf der individuellen Ebene kann der Schritt in die bewusste Inkompetenz zusätzlich über Coaching abgesichert werden. Insbesondere das systemische Coaching mit Fokussierung auf die persönlichen Werte gibt den Coachees die Chance, als Teil des Systems den eigenen Beitrag zur Aufrechterhaltung der Gruppen-Muster zu reflektieren.

Von der bewussten Inkompetenz zur bewussten Kompetenz

Auch hier bieten Beratung und Coaching Methoden, diesen Schritt zu unterstützen. Hebel ist dabei vor allem die Reduzierung von Friction. Coaching selbst kann auf der Metaebene genau diese Funktion erfüllen: In umfangreicheren Projekten sollte daher stets das Angebot von bilateraler Begleitung inkludiert sein.

Wie der Schritt in der Beratung aussehen kann, soll am Beispiel der Einführung von Agilität gezeigt werden. Diese verändert zunächst massiv den Kontext (über bestimmte, neue Methoden des Arbeitens und damit der Prozesse bis hin zu strukturellen Veränderungen in den betroffenen Teams). Gleichzeitig wird damit auch die Friction erhöht (im Sinne von Unausweichlichkeit der Abschaffung bisheriger Prozesse und Strukturen). Bereits die Prozessschritte bis dahin sind in der Regel mit großen Widerständen verbunden. Beratung kann nun helfen, ein Team oder eine Gruppe soweit zu unterstützen, dass bewusste Kompetenz erreicht wird. Ansatzpunkt ist dabei vor allem die Bearbeitung der Widerstände, damit das System sich selbst die Möglichkeit geben kann, die von den Entscheidern gewünschte Stufe auch zu nehmen. Normale Beratung fokussiert sich jedoch bei der Einführung von Agilität häufig auf den prozessualen Aspekt und lässt alles andere außen vor.

Aus der Erfahrung des Autors ist es so, dass Unternehmen, die vorgeben, Agilität eingeführt zu haben, bei Nachfragen häufig auf Aspekte wie eine vermeintlich erfolgreiche Kollaboration oder Kundenorientierung verweisen. Dies ist bisweilen nur ein anderes Wording dafür, dass die notwendige kulturelle Veränderung gar nicht stattgefunden hat, denn ein System wehrt sich naturgemäß gegen einen solch massiven Eingriff. Nimmt man hierauf beraterisch keine Rücksicht, fällt dieses auf die ursprünglichen Muster zurück und die Entscheidungsträger verklausulieren dies (bewusst oder unbewusst) mit Buzz-Words aus der Agilitätsküche, um das teure Beratungsprojekt im Nachgang rechtfertigen zu können.

Bei der dritten Säule, dem Rewarding, ist es dann wieder vor allem das Kundensystem, das hier Beratung unterstützen muss. Bleibt man beim Agilitätsbeispiel, ist es die Option, bestimmten Mitarbeitern herausfordernde Rollen wie den Product Owner zuzuweisen. Es können unter Führungsaspekten auch extrinsische Anreize gegeben werden – diejenigen intrinsischer Art wirken jedoch nachhaltiger. Wichtig ist, dass Beratung kaum in der Lage ist, diese Rewards bereitzustellen. Es ist dies maximal die Idee, dass einzelne Mitarbeiter durch die Besonderheit der systemischen Agilitätsberatung entsprechende Impulse aufnehmen und nicht nur auf der fachlichen, sondern auch auf der persönlichen Ebene diese goutieren.

Von der bewussten Kompetenz zur unbewussten Kompetenz

Wieder angefangen beim Coaching ist hier eine dauerhafte Begleitung durch den Coach denkbar (in der Praxis jedoch nicht üblich). Aber vor dem Hintergrund der Systemik ist es wichtig, dass ein Coach nicht Teil des Systems wird. Die Interventionen sollten also ausreichen, dass sich eine Automatisierung tatsächlich ereignen kann bzw. dass das Coaching genau an dem Punkt aufhört, wo diese beginnt. Dies ist die Verantwortung eines Coaches und erfordert dessen Professionalität versus die Aussicht auf weitere Umsätze. Ähnlich ist es in der Beratung: Die Automatisierung sollte genau solange unterstützt werden, bis zu erkennen ist, dass es weiterer Impulse durch Beratung nicht mehr bedarf. Beim Beispiel der Agilität wäre dies dann die Herstellung der agilen Arbeitsfähigkeit durch eine Begleitung des Kunden vor Ort.

Insgesamt ist zu erkennen, dass Beratung (inklusive Coaching) in der Lage ist, Musterveränderungen auf individueller wie auf übergeordneter Ebene zu erreichen und sicherzustellen. Wichtig ist dabei, dass dies nicht ohne Unterstützung der Führungskräfte funktioniert kann. Auch ist besondere Aufmerksamkeit darauf zu legen, dass der Zeitpunkt des systemischen Loslassens nicht verpasst wird. Es wird dazu erneut deutlich, dass die Diskussion um die Methodenwahl auf einer ganz anderen Ebene geführt bzw. die Beraterhaltung diejenige ist, die gemäß dieser Erkenntnisse ausgerichtet werden muss.

Ferner ist darauf zu achten, dass der Kontakt zu Individuen wie Gruppen auf »Humble Art« erfolgt, da nur so ein Zugang zu den Menschen in ihren Rollen als

Mitarbeiter oder Führungskräfte ermöglicht werden kann. Am Ende sind die Musterveränderungen zu stabilisieren. Aufgabe von Beratung ist es dann, Sicherheit in der Unsicherheit zu generieren: »If you set up your world to be constant, recurring, and unwavering, then cues can be the fuel to make your new habits take off with stupendous speed« (Wood 2019: 132).

8.3 Phasenbezogene Implikationen

In diesem abschließenden Kapitel werden anhand konkreter Praxisanwendungen die wesentlichen Ergebnisse dieses Buches zusammengeführt. Die in der Überschrift genannten Phasen sind einerseits diejenigen aus dem in Kapitel 3 diskutierten Phasenmodell der Beratung sowie die oben kurz erwähnten Entwicklungsphasen eines Unternehmens von Glasl. Letztere sind auch deshalb von Bedeutung, da je nach Evolution eines betrieblichen Systems auch anders gelagerte Ausgangssituationen entstehen, die beraterisch entsprechend berücksichtigt werden müssen.

Im Sinne einer wirksamen Beratung werden diese Konstellationen dann jeweils vor dem Hintergrund der Antifragilität sowie des Zugangs zu den das Gesamtsystem konstituierenden Individuen eingeordnet und daraus Konsequenzen für Beratung gezogen. Da bei einer Vollbetrachtung fünf mal fünf dieser Beispiele diskutiert werden müssten, wird jedoch nur eine Auswahl von insgesamt acht diskutiert – jeweils zwei pro Entwicklungsphase.

Pionierphase und Kontakt

In der Pionierphase wird ein Unternehmen von denjenigen Persönlichkeiten geprägt, die das Unternehmen gegründet haben (vgl. hierzu und zum Folgenden Glasl 2016: 55 und Abbildung 61). Dieses wird emotional getragen von deren Vision, die jedoch zumeist implizit vorliegt. Unter der Kurzbeschreibung »Das Unternehmen als Großfamilie« sind für diese Phase typische Merkmale, dass die Pioniere sowohl nach innen zu den Mitarbeitern wie nach außen zu den Kunden intensive Kontakte pflegen. Normale Angestellte wie Führungskräfte sind dabei stark identifiziert mit den Gründern, was zur Folge hat, dass das Gesamtunternehmen konsequent auf den Kunden und dessen Wünsche ausgerichtet ist. Die internen Beziehungen sind ambivalent konstruiert: Einerseits herrschen die Entscheider sehr direktiv, die persönlichen Beziehungen sind dazu jedoch intakt und der Führungsstil ist anerkannt. Vorteil dieser Phase ist damit eine hohe Flexibilität aus Sicht des Kunden bei gleichzeitig informellen Kommunikationsströme bei der Sicherstellung der Wertschöpfung.

Anlässe für Beratung dürften in der Pionierphase eher dem Bereich »von schlecht nach gut« als »von gut nach exzellent« zugesprochen werden. Dies kann mehrere Gründe haben: Zum einen haben der oder die Gründer eine eigene Vision mitgebracht. Solange diese sich in steigenden Markterfolgen niederschlägt, besteht fast naturgemäß kein Ansatz, sich Beratung ins Haus zu holen. Es geht noch nicht einmal um den Sense of Urgency, sondern um den tatsächlichen Proof of Concept. Zum anderen sind gerade Gründerpersönlichkeiten dadurch gekennzeichnet, dass sie tendenziell eher beratungsresistent sind. Dies ist ein Spiegel des Umgangs mit den eigenen Mitarbeitern und dem Selbstbewusstsein geschuldet, dass ihnen immanent ist (vgl. Glasl 2016: 74).

Es ist nun die Frage, durch welche Umstände ein Unternehmen in der Pionierphase für sich Beratungsbedarf identifizieren könnte und dann sich letztlich auch gezwungen sieht (aus der Perspektive der Pioniere), diese einzukaufen. Die Grundhypothese ist: »Solange die äußeren Einflüsse das System nicht stören, kann der Pionierbetrieb wachsen und sogar ohne große Schwierigkeiten von der nächsten Generation übernommen werden« (Glasl 2016: 74). Das Gegenteil kann passieren, wenn beispielsweise das Geschäftsmodell des Unternehmens nicht mehr kompatibel ist, also keine neuen Antworten auf Veränderungen des Marktes mehr generieren kann, durch Expansion die Kundenbindung verliert oder dem System intern durch starken Personalaufbau die bis dato geltenden Führungsprinzipien erodieren (vgl. Glasl 2016: 74). All dies kann man zusammenfassen unter dem Begriff Wachstumsschmerzen.

Wechselt man nun die Perspektive und geht auf die oben genannte Kontaktphase ein, so ist hier, wie in Kapitel 3.1 ausführlich beschrieben, der Aufbau von Vertrauen zwischen Berater- und Kundensystem wesentlich. Dies hat hier nicht die Funktion eines Selbstzwecks, sondern soll sicherstellen, dass das Beratungsprojekt so erfolgreich verläuft, dass das (Pionier-)Unternehmen danach antifragil aufgestellt ist. Auch sind die Zugangsebenen dahingehend zu untersuchen, inwieweit Beratung bei den Individuen andocken kann.

Konkret ergeben sich als Konsequenz aus den eben genannten Wachstumsschmerzen Dysbalancen in verschiedenen Spannungsfeldern. Beispielsweise ist es ein typisches Krisenphänomen, dass die Balance zwischen Ziel- und Zweckorientierung versus einer Effizienz- und Mittelorientierung verlorengeht: Einerseits geht die Sinnhaftigkeit aus der Perspektive der Mitarbeiter verloren, da die Pionierpersönlichkeiten plötzlich keine adäquate Antwort mehr auf die Herausforderungen des Marktes finden. Andererseits fehlt noch immer eine kritische Überprüfung des internen Ressourceneinsatzes, was eine adäquate Kompensation für Letzteres sein könnte. Resultiert daraus nun ein sinkender Unternehmenserfolg, wäre dies ein typischer Ansatzpunkt für Beratung. Die Frage ist nun, wie an diesem Punkt antifragil beraten werden kann.

Wirksame Beratung zeichnet sich dadurch aus, dass am Ende dafür gesorgt ist, dass ausreichend Redundanzen sowie Stressoren das System stabilisieren und zukunftssicher machen. In diesem Fall müsste Beratung also einerseits daran ansetzen, dass die Ziel- und Zweckorientierung wieder neu definiert wird. Idealerweise nicht nur mit dem (potenziellen) Auftraggeber (vermutlich einer der Pionierpersönlichkeiten), sondern auch mit den Führungskräften und Mitarbeitern. Dies gelingt beispielsweise sehr gut über die gemeinsame Ausarbeitung einer neuen Vision. Andererseits wäre der Aspekt der Effizienz- und Mittelorientierung als natürlicher Gegenpol dazu zu vermitteln. Dem Kundensystem muss klar werden, dass eine rein romantische Fokussierung auf die Wünsche der Kunden keinen nachhaltigen Erfolg nach sich ziehen wird. Aufgrund der Krisensymptome dürfte diese beraterische Botschaft möglicherweise noch ankommen.

Damit die Widerstände gegen dieses neue Denkmuster überwunden werden, muss jedoch vor allem auf der Ebene der Mitarbeiter diese Kenntnis reifen. Beraterisch bedeutet das also, den Aufbau von neuen Strukturen längerfristig zu begleiten – wobei hier kommuniziert werden muss, dass dies nicht wegen Kosteneinsparungen stattfindet wird, sondern vor allem dem Aufbau von Redundanz dient. Es ist dies besonders in der Pionierphase kein Widerspruch, da die vermeintlich bereits vorhandene Flexibilität eine Scheinredundanz ist, da für das Auftreten eines schwarzen Schwans zwar Ressourcen vorhanden sind, diese dann jedoch unkoordiniert zusammenwirken und so Chaos ausbrechen würde. All dies muss im Erstkontakt bereits vermittelt werden. Genau hierfür ist der Aufbau von Vertrauen notwendig. Denn letztlich geht es um eine signifikante Veränderung des Systemmusters, welches bei Beibehalten vermutlich zum Untergang führen würde (Beratung im Modus eines Dienstleisters dürfte diesen sogar eher noch beschleunigen).

Es ist also eine Beraterhaltung notwendig, die die Pionierpersönlichkeiten in ihren Begrenzungen abholt und so Vertrauen aufbaut. Diese müssen erkennen, dass Sie aus dem sich anschließenden Prozess wieder in eine Perspektive der Gründungszeit zurückgeführt werden. Bei den Mitarbeiten kann Vertrauensaufbau in einem ersten Schritt dadurch erfolgen, indem man diejenigen Kräfte adressiert, die die Notwendigkeit einer Veränderung bereits länger gesehen haben und sich nun Unterstützung von Extern erhoffen. Schwierig wird dies jedoch, wenn die Mitarbeiter hier gedanklich bereits weiter sind als die Pionierpersönlichkeiten und der Auftrag über diese Gruppe lanciert wird, wie dies einer oben geschilderten Erfahrung des Autors entspricht. Vertrauensaufbau und anschließende Veränderung ist so nicht möglich.

Pionierphase und Sicherung

Ist es also gelungen, Vertrauen aufzubauen, ein Projekt zu starten und den gesamten Beratungsprozess zu durchlaufen, muss am Ende in der Sicherungsphase dafür gesorgt werden, dass einerseits das System nicht wieder in alte Muster verfällt und andererseits genau dies auch ohne weitere externe Unterstützung passiert. Wie ein Nicht-Zurückfallen auf individueller Ebene konkret funktioniert, wurde im vorangegangenen Kapitel ausführlich beschrieben. Dies schließt fast alle Individuen des Gesamtsystems ein: Eine Organisation kann demgemäß den Wandel nur bewältigen, »...wenn sich Organisation und Führung und auch die Rollenmodelle der Beteiligten von Grund auf ändern« (Glasl 2019: 299). Die zuvor zwecks Herstellung von Antifragilität entwickelten Maßnahmen müssen dies ermöglichen.

Wie bei Woods beschrieben, dürfte dies vor allem die Schaffung neuer struktureller Rahmenbedingungen betreffen, welche die Mitarbeiter dazu veranlassen, quasi gezwungenermaßen neue Muster einzuüben und zu festigen. Für die geforderte längerfristige Stabilität muss das durch die Entwicklung einer neuen Kultur getragen werden (ebenso natürlich auch durch die entsprechende neue strategische Ausrichtung). Wie abzuleiten ist, liegt damit im operativen Geschäft der Fokus auf der Generierung von Redundanzen. Die Führung bzw. die Pionierpersönlichkeiten müssen dies durch die gleichzeitige Schaffung und Aufrechterhaltung von Stressoren begleiten.

Die Kunst ist es hier – kurz formuliert – ein gewisses Maß an Unsicherheit in der neuen Sicherheit zu kreieren. Beraterisch bedeutet dies, mit Blick auf das Gesamtsystem zu erkennen, ob es gelungen ist, für diese Balance als Ergebnis des Beratungsprozesses gesorgt zu haben. Ansonsten ist die Wahrscheinlichkeit eines Rückfalls zu groß. Normale Beratungshäuser generieren genau hieraus bekanntermaßen ihr Anschlussgeschäft. Dies darf aber nicht der Anspruch an eine wirksame Beratung sein.

Im generellen Spannungsfeld von dynamisierenden sowie stabilisierenden Polaritäten überwiegen in der Pionierphase trotz möglicher externer Störungen in der Regel noch immer Erstgenannte (vgl. Glasl 2016: 207). Es besteht jedoch die Gefahr, dass das Gesamtsystem beginnt, nicht mehr steuerbar zu sein. Jede größere beraterische Intervention könnte daher zu Instabilität führen. Beratung fällt an diesem Punkt daher eine wichtige Rolle zu – sofern sie überhaupt eingekauft wird. Mit Blick auf die Tatsache, dass die Dynamik erst dafür gesorgt hat, dass das Pionierunternehmen überhaupt gegründet wurde, sind während des Beratungsprozesses und auch mit dessen Abschluss die dynamischen Kräfte weiter zu fördern und sicherzustellen. In diesem Gesamtkontext sind auch die Pionierpersönlichkeiten gefordert. Deshalb ist es unter Umständen hilfreich, hier als unterstützende Maßnahme ein Coaching anzubieten, was besonders auf die persönlichen Themen wie Werte etc. abzielt. Dadurch kann verhindert werden, dass die Pioniere und damit ihre Unternehmen in eine Abwärtsspirale geraten. Da sie sehen und spüren, dass es zu Dysbalancen kommt, geraten sie bisweilen außer Tritt: »So schlittern Pioniere, die ihre Blütezeit erlebt haben, nach und nach in einen autoritären oder sogar diktatorischen Führungsstil, der keine Legitimierung mehr in charismatischen Pionierfähigkeiten aufweisen kann« (Glasl 2016: 297). Beratung bzw. Coaching kann das zwecks Sicherung verhindern.

Differenzierungsphase und Orientierung

»Das Unternehmen bemüht sich nach den Erfahrungen der chaotisierenden Entwicklungskrise jetzt um Transparenz, Systematik, Logik und Steuerbarkeit« (Glasl 2016: 56). Ausgehend von den negativen Erfahrungen einer überreifen Pionierphase ist das eine Reaktion des unternehmerischen Systems hierauf. Möglicherweise wurde dies auch unterstützt durch externe Beratung.

Wichtig ist dabei, dass unabhängig davon ein Verharren in der Pionierphase aus diversen Gründen unter Umständen kaum möglich ist. Hauptsächlich entweder wegen weiter andauernder Veränderungen im Markt oder wegen der nachlassenden Strahlkraft der Pionierpersönlichkeiten (bei Familienunternehmen kommt es spätestens bei der Übergabe an die nächste Generation intern zu Brüchen). In der Folge konstituiert sich das System so, wie man es von den meisten Unternehmen her kennt: Es wird eine klassische funktionale Gliederung etabliert, die durch Stabsstellen unterstützt wird. Die Prozesse werden standardisiert und formalisiert und das Gesamtsystem beginnt, von innen nach außen zu denken (vgl. Glasl 2016: 56). Es wird damit in der Summe diametral zu der Konfiguration in der Pionierphase neu aufgestellt. Mit Blickrichtung in den Markt ist dies gut zu erkennen: Dieser wird nur noch als anonym wahrgenommen und die (verschlankte) Produktpalette wird aggressiv in den Markt hinein verkauft. Die Wertschöpfung wird ebenfalls professionell und effizient erledigt, was eine Entemotionalisierung der Mitarbeiter bezüglich des Produkts und des Unternehmens zur Folge hat (vgl. Glasl 2016: 95).

Anlässe für Beratung können in der Differenzierungsphase theoretisch zweierlei Charakter haben: Einmal ist es denkbar, dass beim Aufbau der professionellen Strukturen sowie bei dem hierfür notwendigen Kulturwandel externe Unterstützung notwendig ist bzw. angefordert wird. Das oberflächlich Betrachtete »von gut nach exzellent« hat jedoch eine Hinterbühne, denn es ist durchaus denkbar, dass das Unternehmen gerade deshalb erfolgreich ist, weil die neuen Strukturen noch nicht so etabliert sind, wie es zunächst aussieht. »In gewissem Sinne ermöglicht die informelle Organisation, die nach Ende der Pionierphase in den Untergrund verdrängt wurde, die Existenz der formalen Organisation« (Glasl 2016: 90). Anders formuliert: Wird ein Beratungsunternehmen damit beauftragt, jüngst geschaffene Prozesse und Strukturen auf den nächsten Level zu heben, dann ist es nicht unwahrscheinlich, dass sich ein Erfolg nicht wegen, sondern trotz der intern geschaffenen Rahmenbedingungen eingestellt hat.

Die andere Variante des »von schlecht nach gut« resultiert in der Differenzierungsphase dann zumeist direkt aus dem Widerspruch zwischen Unternehmensstruktur und -kultur, was ebenfalls einer Überdehnung der Prinzipien in dieser Phase geschuldet ist. Die Symptome können vielfältig sein – über allem stehen jedoch die Nachteile einer stark ausgeprägten Formalisierung und Bürokratisierung. Angefangen bei einer Erstickung der unternehmerischen Flexibilität über ein ausgeprägtes Silodenken bis zu Problemen der vertikalen Kommunikation führt die Einrichtung eines Unternehmens als rationaler Apparat letztlich in der Konsequenz zu einer systemischen Krise (vgl. Glasl 2016: 91f).

Geht man nun in die Orientierungsphase von Beratung hinein, ergeben sich hieraus direkte Anknüpfungspunkte: Wie in Kapitel 3.2 ausführlich diskutiert, geht es in dieser Phase darum, dass das Beratersystem den Bodennebel lichtet und damit die Voraussetzung zu schaffen, in der anschließenden Analysephase die tatsächlichen Ursachen für das vorgetragene Problem identifizieren zu können – weil Letzteres wie eben beschrieben auf einer Fehlannahme des Managements beruhen kann (Beispiel formelle versus tatsächlich informelle Organisation). Weiter noch dient die Orientierungsphase generell der Identifikation der kulturellen Rahmenbedingungen sowie mit Blick auf die Erzielung von Antifragilität der Untersuchung auf Vorhandensein und Ausprägung von Stressoren und Redundanzen. Es sind dabei wiederum die unterschiedlichen Rollen der einzelnen Stakeholder zu betrachten und zu berücksichtigen.

Ein auffälliges Merkmal der Krise der Differenzierungsphase ist, dass im Vergleich zur Pionierphase allein durch die Größe der Organisation und damit dem allmählichen Verschwinden von direkten persönlichen wie vertrauensvollen Verbindungen für den Einzelnen das Gesamtziel dessen, was man tut, nicht mehr erkennbar ist. Anders formuliert: Wenn Berater Mitarbeiter oder auch Führungskräfte nach der Vision des Unternehmens fragen, so kommt häufig keine Antwort – so die Erfahrung des Autors. Letztlich bedeutet dies, dass ein wichtiger Stressor nicht mehr vorhanden ist. Dieser war in der Pionierphase möglicherweise auch nicht explizit ausformuliert, jedoch wusste hier jeder im Unternehmen über die Vision der Gründerpersönlichkeiten Bescheid. Es wird so auf Dauer »ent-antifragilisiert«. Dies trifft auch auf die eben schon kurz genannte Separation von Unternehmen und Markt zu. »Dieser anonyme Markt ist aus dem Modell des Unternehmens herausgerückt« (Glasl 2016: 94). Es fällt damit der Stressor Ungewissheit weitestgehend weg, da der externe Markt stets für starke Impulse hier sogar innerhalb des Systems gesorgt hatte. Letztlich war dies paradoxerweise auch ein Auslöser der Neuausrichtung, da man davon ausging, die Komplexität der externen Welt damit bewältigen zu können.

Beratung bieten sich also zunächst zwei konkrete Anknüpfungspunkte im Bereich der Wiedererlangung von Stressoren an. Rein strategisch betrachtet, gibt es grundsätzlich noch eine weitere Option: Die neu aufgestellte, differenzierte Organisation kann auch wieder in kleinere Pioniereinheiten aufgespalten werden (vgl. Glasl 2016: 207). Beratung kann dann helfen, die antifragilen Systemelemente in den jeweiligen Subsystemen neu zu definieren. Hier vermutlich überwiegend im Bereich der Redundanzen, da hierfür ein kluges Aufteilen der Ressourcen notwendig ist.

Zurück zu den Stressoren und der möglichst individuellen Ansprache im Rahmen von beraterischen Interventionen soll hier eine weitere Dysbalance vorgestellt und diskutiert werden. Es ist diejenige im Spannungsfeld von Risikobereitschaft versus Sicherheitsstreben. In einem ausdifferenzierten Unternehmen verliert typischerweise erstere deutlich im Vergleich zu letzterem. Es herrscht dann eine Kultur von »Cover-my-Ass« und Entscheidungen werden weit nach oben delegiert. Im Übrigen ist genau dies auch ein Einfallstor für Beratung, die hier dazu benutzt wird, eine Absicherung für Entscheidungen herbeizuführen. Solche Projekte dürfen nicht angenommen werden, sofern man die versteckte Agenda rechtzeitig entdeckt. Das muss spätestens in der Orientierungsphase der Fall sein.

Geht es um die Wiederherstellung der Balance, so beginnt der Prozess mit der Ansprache der Führungskräfte. Vor allem auch auf der jeweiligen Führungsebene (beginnend von oben nach unten) müssen Plattformen geschaffen werden, wo die Verantwortlichen der Silos miteinander in Kontakt treten und die für eine bessere Zusammenarbeit notwendigen Verhandlungen führen können. Ergebnis muss die

Ausrichtung auf ein gemeinsames Ziel sein. Der Aspekt der Risikobereitschaft ist dann im weiteren Verlauf nach oben hin einzufordern. Anders formuliert: Je mehr die Organisation wieder auf der persönlichen Ebene zusammenwächst, desto größer ist die individuelle Bereitschaft, eigenverantwortlich und risikobereiter zu handeln. Das stärkt die Antifragilität.

Auch bei den Redundanzen kann diese durch Hilfe von Beratung vergrößert werden. Vor allem die Orientierungsphase bietet die Chance, Potenziale für deren Schaffung zu identifizieren. Die im Kapitel 3.2 erläuterten Methoden sind geeignet, diese aufzudecken. Neben kulturellen und strategischen Potenzialen sind sie sichtbar vor allem in den Strukturen. Wie schon in der Pionierphase sind (gerade bei starkem Wachstum) ausreichend Redundanzen vorhanden – jedoch zu einem großen Teil zwecks Selbstbeschäftigung und Absicherung. Der Inhalt von Stellenbeschreibungen öffentlicher Institutionen und Unternehmen in der Differenzierungsphase bestätigt dies in beeindruckender Form. Bei der eben geschilderten Auseinandersetzung bezüglich Reduzierung des Silodenkens müssen diese Ressourcen somit mitverhandelt werden.

Differenzierungsphase und Analyse

Fokus der Analysearbeit ist es, ausreichend Informationen einzuholen, um damit die Ursache des Problems identifizieren zu können. Möglich bis wahrscheinlich ist es in dieser Phase auch, dass sich das ursprüngliche Problem als untergeordnet oder sogar als Symptom herausstellt bzw. dass sich ein neuer Problemraum öffnet. Dem systemischen Gedanken folgend sind also diejenigen Muster zu identifizieren, die die Konfiguration des Unternehmens ausmachen.

Es gibt dabei zwei beraterische Herausforderungen: Einmal muss die geeignete Datensammlungsmethode gefunden werden, die dies ermöglicht (▶ Kap. 3.3). Zum anderen müssen je nach Projekt die (mit Blick auf die gewünschte Veränderung in Richtung Antifragilität) unterschiedlichen Level von Muster identifiziert und auch deren Wechselwirkung berücksichtigt werden. Denn gemäß den Erkenntnissen aus der Synergetik bewirkt die Summe der individuellen Muster eine oder mehrere Muster auf der Makroebene. Anders formuliert: Die Analyse muss soweit betrieben werden, bis eine deutliche Korrelation zwischen Problem und Ursache für die Berater erkennbar wird. Die hypothetische Schleife hilft dabei.

Diese Art von beraterischer Arbeit dürfte gerade in der Differenzierungsphase erhebliche Widerstände hervorrufen, da die aus der Sicht der einzelnen Stakeholdergruppen gewonnene Positionierung spezifische Vorteile mit sich bringt. Weiter noch ist die für die Berater vorgefundene Situation dergestalt, dass sie natürlich gewachsen ist und zumindest einzelne Gruppen oder Individuum einen guten Grund dafür besitzen, den Status nicht zu ändern. Anders wäre dies aus einer systemischen Perspektive schon längst geschehen. Es ist dann letztlich die höhere Erkenntnis der Entscheider, dass das Zusammenspiel der einzelnen Einheiten auf der Gesamtunternehmensebene nicht mehr optimal ist und dementsprechend Beratung engagiert wird.

Wieder mit Blick auf das generelle Spannungsfeld von dynamisierenden und stabilisierenden Polaritäten in der Differenzierungsphase ist zunächst zu konstatieren, dass sich ein Paradoxon manifestiert: Einerseits fordern die Führungskräfte von den Mitarbeitern »unternehmerisches Handeln«. Andererseits wird die Bürokratie immer weiter ausgebaut. Die Folge ist, dass Letztere sich im Zweifel für den sicheren Weg entscheiden und sich so einerseits die Stabilisierung noch verstärkt (vgl. Glasl 2016: 213). Andererseits werden noch mehr Ressourcen gebunden sowie die Reste einer echten Internalisierung einer marktlicher Perspektive zerstört. Die sich verstärkende Rationalisierung des Unternehmens hat dann Folgen: »Die ganze Denkweise ist im Grunde darauf ausgerichtet, Märkte, Produkte und Menschen quasi als berechenbar zu betrachten und zu behandeln« (Glasl 2016: 306).

In letzter Konsequenz bedeutet dies, dass die Komplexität der VUKA-Welt nicht wahrgenommen wird und im Extremfall ein schwarzer Schwan die Antifragilität des Systems testet. Beratung stößt hier bisweilen auch an ihre Grenzen, da das Kundensystem es verlernt hat, Veränderungen zu erkennen bzw. sogar mit einer Ausweichbewegung reagiert, wenn Beratung im Rahmen der Analyse auf diese hinweisen. »Wenn jedoch die Krise der Differenzierungsphase schon sehr weit fortgeschritten ist, kann das Unternehmen nicht mehr mit den Grundsätzen geheilt werden, die es krank gemacht hat« (Glasl 2016: 308).

Integrationsphase und Orientierung

Als dialektische Antwort auf die Differenzierungsphase und deren Überdehnung folgt als nächster logischer Schritt die Integrationsphase (vgl. zum Folgenden Glasl 2016: 57). Zählt man deren positiven Aspekte auf, liest sich dies wie eine Liste der »Lessons Learned« aus den beiden vorangegangenen Phasen. »Die Organisation wird in überschaubare Einheiten gegliedert, die sich stark auf bestimmte Produktgruppen oder Marktsegmente richten und möglichst viel selbstständig entscheiden und handeln konnen«. Die internen Prozesse sind damit zwar weiterhin formal definiert wie in der Differenzierungsphase, jedoch klar ausgerichtet auf die Bedürfnisse der Kunden wie in der Pionierphase. Außerdem fungieren die Stabstellen als echte Unterstützer in die Organisation hinein und die zuvor gelebte Kultur von Bürokratie und Kontrolle weicht wieder eher flexibleren Arbeitsabläufen.

Auch die Führung scheint in dieser Phase wieder die Rolle anzunehmen, die aus der Pionierphase bekannt ist – jedoch ohne den Aspekt eines autoritären Stils. Ganz im systemischen Sinne agiert das Unternehmen wie ein lebender Organismus, der um die Abhängigkeit seines eigenen Überlebens aus der ihm umgebenden Umwelt weiß und die Beziehung zu dieser entsprechend gestaltet.

Aus dieser Beschreibung der Integrationsphase geht hervor, dass sie bei gut ausbalancierten Polaritäten wahrscheinlich deutliche Merkmale von Antifragilität zeigt. Anlässe von Beratung dürften daher vor allem bei der Konfiguration eines solchen integrativen Unternehmens auftreten (demnach mit Fokus »von gut nach exzellent«). In welcher Weise eine Überdehnung dieser Integrationsphase zu einer Krise (damit »von schlecht nach gut«) führen kann, kommt auf den Einzelfall an.

Es ist dann entweder ein Rückschritt in die Differenzierungsphase oder ein Übergang in die sog. Assoziationsphase möglich.

Es existieren keine Studien darüber, wie viele Unternehmen sich in einer Integrationsphase befinden und wie viele davon Beratungsleistungen anfordern. Glasl deutet an, dass diese Phase ein eher und zumeist wünschenswertes Stadium sei, indem er bei der Differenzierungsphase einen indirekten Hinweis dazu gibt: »Vermutlich befinden sich die meisten Wirtschaftsunternehmen in der Differenzierungsphase oder sogar in deren Krise – oft als Dauerzustand, an den man sich gewöhnt hat« (Glasl 2016: 211). Es dürfte daher der Regelfall sein, dass ein Unternehmen aus der Krise der Differenzierungsphase kommend eine integrative Organisation schaffen möchte. Insofern ist das der direkte Anknüpfungspunkt an die oben beschriebene Beratungssituation, die mit erheblichen Widerständen korreliert, wobei hier das Ziel noch genauer definiert ist und den Stakeholdergruppen eigentlich eine Perspektive gegeben ist.

Dies ist auch die Erfahrung des Autors, die kurz zusammengefasst so umschrieben werden kann: Es ergibt sich ein Auftrag eines Unternehmens in der Differenzierungsphase, der sehr oberflächlich ist (z. B. schlechte Kommunikation). Es stellt sich bei der Orientierung heraus, dass dies nur ein Symptom für etwas Tieferliegendes sein kann. In der Analyse kommt das wahre Problem zum Vorschein und kann dann bestenfalls offen dargelegt und diskutiert werden. Widerstände begleiten diesen Prozess, da Sorge besteht, dass eine echte Veränderung stattfinden wird.

In der Integrationsphase ist der Auftrag zur Veränderung nun klar definiert und die Widerstände nehmen aber dennoch weiter zu, da das System neben der subjektiv wahrgenommenen Gefahr eines Statusverlusts möglicherweise noch nicht reif für diesen Schritt ist. Die Führungskräfte dürften diesen Schritt bereits vollzogen haben, da ansonsten kaum ein Auftrag erteilt werden würde.

Abgesehen von den tatsächlichen und potenziellen Widerständen (die sich ja erst im weiteren Verlauf eines Projekts verstärkt zeigen) dürfte sich die Orientierungsphase relativ klar strukturieren. Mit dem Auftrag, das Unternehmen in den beschriebenen Status zu versetzen, sollte hier vor allem geprüft werden, ob die Voraussetzungen für ein Gelingen einer neuen Konfiguration gegeben sind. Die Methoden dazu wurden oben beschrieben. Vor allem die Analyse der Kulturebenen oder besser noch die Systemische Organisationsanalyse sind dazu geeignet.

Überspannt ein Unternehmen die Integrationsphase, ist das erneut an den Dysbalancen der verschiedenen Spannungsfelder zu messen. Vor allem bei der Polarität von Kundenorientierung versus Potenzialorientierung ist dies ablesbar: Eine zu sehr einseitige Kundenorientierung kann dann zu Kollateralschäden bei den anderen externen wie internen Stakeholdern führen (vgl. Glasl 2016: 220). Auch hier ist gerade in der Orientierungsphase die Hinterbühne auszuleuchten, denn es ist durchaus möglich, dass die Kundenorientierung nur vorgeschoben wird, um andere Interessen zu verstecken. In Wahrheit könnte ein Teil des Systems noch in der Differenzierungsphase sein und dies nur geschickt tarnen.

Integrationsphase und Veränderung

Nach der anschließenden Analysephase sollte es in der Veränderungsphase zu einer dynamischen Bewegung des Kundensystems kommen. Dies ist wie in diesem Buch ausgeführt einerseits die kritischste Phase in einem Beratungsprojekt (was den nachhaltigen Erfolg anbelangt). Andererseits fällt hier den Führungskräften – angefangen mit den Auftraggebern – eine besondere Rolle zu. Denn das Beratungssystem kann lediglich mit Impulsen bzw. Interventionen auf das Kundensystem einwirken und dabei zugleich die Widerstände identifizieren und bearbeiten. Bei beiden Ansatzpunkten soll letztlich emotionale Energie freigesetzt werden und im Zusammenspiel mit der Hierarchie dazu führen, dass sie als Antrieb der Veränderung funktionieren kann. Das synergetische Prinzip wird hier besonders deutlich: Der Fokus aus Beratersicht liegt stark auf den Mitarbeitern und der Arbeit an deren Reflexion auf ihre eigenen Muster. Die Führungskräfte sind qua Definition der Integrationsphase schon einen Schritt weiter.

Kommt es im weiteren Verlauf jedoch dazu, dass die Führungskräfte dazu übergehen, die Ziel- und Strategiediskussionen zu sehr zu penetrieren und das zu einem Selbstzweck wird, kann die Integrationsphase wiederum in eine Krise geraten (vgl. Glasl 2016: 319). Unter dem Gesichtspunkt der Antifragilität ist dies unter Umständen sogar begrüßenswert: Denn ein Unternehmen, dass aus sich heraus revolvierend Stressoren generiert, schafft eigentlich Antifragilität. Auch die mögliche Tendenz, dass die in der Integrationsphase aufgestellten, relativ autonomen Einheiten möglicherweise damit beginnen, ein Eigenleben zu entwickeln (vgl. Glasl 2016: 320), verstärkt dies noch im Bereich der Redundanzen. Beratung muss an dieser Stelle dann vor allem auf die Führungskräfte einwirken, dass sie das System wiederum nicht überstrapazieren und in einen Totalzusammenbruch führen. Man könnte es auch anders formulieren: Allein aus Selbstschutz ist es für die Führungskräfte nicht förderlich, zu schnell zu viel zu verlangen, denn Systeme tendieren in solchen Situationen dazu, den Störenfried herauszudrängen. Hier könnte dann wieder Coaching ansetzen bzw. es wäre klug, das gewünschte Ausmaß an Antifragilität mit dem Auftraggeber vor dem Hintergrund des Potenzials und des Widerstands des Systems nachträglich zu justieren.

Assoziationsphase und Veränderung bzw. Sicherung

Die auf Entwicklungsphasen von Unternehmen und auf Beratungsphasen bezogenen Implikationen für Beratung hinsichtlich Antifragilität und der Musterveränderungen vor allem auf der individuellen Ebene dürften bis hierher gut verstanden worden sein. Für die Assoziationsphase ergeben sich auch wenig neue Aspekte (zumal diese Phase von Glasl (2016) selbst mehr als theoretisches Konstrukt aufgefasst wird). Es sollen daher zusammenfassend die wesentlichen zusätzlichen Gedanken an dieser Stelle in komprimierter Form ausgeführt werden. Kurz beschrieben ist die Assoziationsphase die vorläufig finale Evolutionsform eines Unternehmens (vgl. zum Folgenden Glasl 2016: 58). Nach der Integrationsphase und ihren möglichen Nachteilen (vor allem mit Blick auf die überdehnten Kundenbeziehungen) öffnet sich die Organisation jetzt in alle Richtungen – sowohl operativ als auch strategisch. In externer Sicht bedeutet dies, dass sowohl die Lieferanten- als auch die Kundenseite als Teil des internen Systems angenommen werden. Intern erhalten die Mitarbeiter mehr Verantwortung (unternehmerisches Denken) und die Führungskräfte haben das große Ganze stets im Blick.

Dazu passt, dass Glasl in seinen Ausführungen explizit die Individuen innerhalb des Systems in den Mittelpunkt stellt. Der von ihm genutzte Slogan dafür lautet: »Wir sind in einer Schicksalsgemeinschaft!« (Glasl 2016: 61). Bezogen auf die Spannungsfelder formuliert er dazu Anforderungen an die Menschen, die sich wie eine Wunschliste für einen idealen antifragilen Mitarbeiter liest und für Beratung als Zielformulierung genutzt werden kann. Einige Beispiele: »Von allen Beteiligten werden bei unerwarteten Vorfällen ehrliche und direkte Meldungen erwartet, so dass Fehleranalysen und entsprechende Problemlösungen eingeleitet werden können« (Glasl 2016: 222). Dies ist ein Hinweis auf das Thema Stressoren im Sinne einer gewissen Risikobereitschaft. »Ihre Arbeitshaltung und ihre private Lebensführung zeichnet Achtsamkeit aus, sowohl für die Mitmenschen als auch für einen schonenden Umgang mit allen natürlichen Ressourcen« (Glasl 2016: 222). Hier geht es um Kultur als Redundanz. »Die Menschen sind stolz auf die bereits erreichten Verbesserungen, geben sich aber niemals mit ihnen zufrieden, sondern sind weiterhin um Optimierung bemüht« (Glasl 2016: 225). Das zielt zunächst ab auf den Idealtypus der lernenden Organisation und damit auch auf eine Metaebene von Antifragilität, bei der das gesamte Unternehmen stets darum bemüht ist, deren Grad selbstkritisch zu überprüfen.

Nimmt man hier die Beraterperspektive hinzu hat neben der begleitenden Veränderung (die in der Regel in einer Integrationsphase begonnen hat) vor allem die Sicherungsphase eine besondere Funktion. Denn hier geht es darum, das Kundensystem sich selbst zu überlassen und damit zu dessen Reife beizutragen. Anders formuliert:

Wenn es tatsächlich gelungen ist, ein solches Projekt erfolgreich zu gestalten, dürfte dies dann per Definition dazu führen, dass das Beratungsunternehmen keinen weiteren Auftrag mehr von diesem Kunden erhält. Denn das gemeinsame Erzeugen einer unternehmerischen Antifragilität führt dann dazu, dass Beratung sich vollständig überflüssig macht. **Das ist wirksame Beratung!**

Fallstudie StromWind AG

Das Projekt bei der StromWind verlief bis dato ganz zufriedenstellend für beide Seiten. Mit den neuesten wissenschaftlichen Erkenntnissen ausgestattet, wurde zum einen der Beratungsprozess geringfügig angepasst, wobei sich die Veränderungen vor allem bei den Interventionen auf Individualebene bemerkbar machten. Zum anderen wurde das Ziel der Antifragilität weiter in den Mittel-

punkt gestellt, indem es noch mehr als Prüfkriterium im Rahmen der Anpassung der Projektarchitektur berücksichtigt wurde.
Letztere war ja bereits derart aufgestellt, dass neben intensiver Workshoparbeit individuelle Coachings stattfanden. Das war vor allem wichtig gewesen in der Veränderungsphase des »Tals der Tränen«. An dieser Stelle sollte die Unterstützung so wirken, dass die einzelnen Mitarbeiter dieses bestmöglich durchschreiten können. Zur nachhaltigen Veränderung und Verinnerlichung neuer Muster sind dazu generell die »Bad Habits« abzustellen und »Good Habits« zu etablieren. In der Theorie funktioniert dies nach folgendem Prinzip: 1. Veränderung des Kontextes (sprich des Umfelds – Beispiel ein Umzug in eine neue Wohnung) 2. Etablierung von genug Reibungspunkten, damit das alte Verhalten wehtut resp. Verringerung von Reibungspunkten zur Etablierung eines neuen Musters (Beispiel als Bad Habit: Verteuerung von Alkohol. 3. Rewarding für ein neues Muster (Good Habit: Sich selbst belohnen für Erreichtes). 4. Ständige Wiederholung (damit man nicht mehr drüber nachdenkt). Das Steering Committee identifizierte für diese Art von Coaching vor allem Mitarbeiter, die als Multiplikatoren in die Organisation hineinwirken konnten. Dies waren zum einen ein Teil der Führungskräfte, zum anderen aber auch ganz normale Mitarbeiter. Je nach Perspektive wurden in diesen Coachings die entsprechenden Hebel identifiziert und im Anschluss auch eingeübt. Die Führungskräfte wurden dazu noch geschult, mit ihren eigenen Mitarbeitern ein entsprechendes Coaching durchzuführen.
Für die Projektarchitektur bedeuteten die neuen Erkenntnisse zunächst, dass die Disruptio Consult noch einmal genauer identifizieren musste, in welcher Entwicklungsphase sich die StromWind befand. Grob identifizierte man, dass das Unternehmen die Pionierphase bereits lange verlassen hatte. Einige langjährige Mitarbeiter jedoch möglicherweise dieser noch romantisch nachhingen (ein Indiz hierfür wurde gesehen in der teilweisen Grundannahme, dass man etwas Gutes tue). Größtenteils befand man sich jedoch in etwa zwischen der Differenzierungsphase (mit deren negativer Ausprägung) und auf dem Weg in die Integrationsphase – so die Analyse des Beraterteams. Die Differenzierungsphase ist generell dadurch geprägt, dass man (als Antithese zu Pionierphase) versucht, eine gewisse Professionalisierung im Sinne einer Steuerbarkeit eines Unternehmens zu erreichen. Es werden entsprechende Strukturen und Prozesse geschaffen, die dann – wie bei der StromWind – ein ausgeprägtes Silodenken und die Abkehr vom eigentlichen Unternehmensziel zur Folge haben kann. Das vor allem dann, wenn externe Veränderungen dies intern (wie geschehen) auslösen. Dies war letztlich auch der Grund, weshalb die StromWind die Disruptio Consult engagiert hatte.
Zur Erzielung von Antifragilität sollten die beraterischen Maßnahmen daher vor allem darauf einwirken, dass zum einen die vorhandenen strukturellen Ressourcen nicht sinnlos verschwendet, sondern auf das Gesamtunternehmensziel hin genutzt werden. Zum anderen musste die Kultur wieder in Richtung ei-

ner risikobereiten, Ungewissheit zulassenden Unternehmens-DNA entwickelt werden. Dies gab auch eine neue Richtung für den Strategieentwicklungsprozess vor: Man besann sich wieder auf die Formulierung einer Vision. Eine solche war in der Pionierphase zwar nicht explizit niedergeschrieben worden. Jedoch hatte das Gründerteam sie implizit in die StromWind eingebracht. Die neue Vision sollte die StromWind dann in den Folgejahren zu einem erfolgreichen Unternehmen machen: Man nutzte die Erfahrung im Bereich erneuerbarer Energien und entwickelte sich vom reinen Produzenten von Windrädern zum Komplettanbieter und -betreiber jeglicher grünen Stromerzeugung.
Durch dieses Beratungsprojekt erreichte die StromWind die sog. Integrationsphase. Diese ist generell dadurch gekennzeichnet, dass eine Organisation in überschaubare Einheiten gegliedert ist, die sich stark auf bestimmte Produktgruppen oder Marktsegmente ausrichtet und in denen möglichst viel selbständig entschieden und gehandelt wird. Eine so konfigurierte Organisation kommt dem Zustand der Antifragilität sehr nah. Die Disruptio Consult hatte demgemäß ihren eigenen Anspruch erfüllt und das Projekt wurde für beendet erklärt. Den nächsten schwarzen Schwan – in Form und Konsequenz der wirtschaftlichen Folgen gesellschaftlicher Unruhen in China – überstand die StromWind ohne größere Probleme.

Dar. 29: Konsequenzen für Beratersysteme I

Kurzer Epilog

Berater zu sein ist ein toller Job. Er ist aber auch verdammt anstrengend. Dies vor allem, weil man es ja eigentlich weiß, wie es funktioniert – aber das nicht wirklich sagen darf, wenn man zumindest eine systemische Haltung hat. Aber auch, weil der Kunde manchmal einfach nicht mitmacht. Das bezieht sich insbesondere darauf, dass man mit Blick auf die gewünschte Veränderung im Beratungsprozess zu erkennen beginnt, welche Stakeholder(-gruppen) diese nicht unterstützen wollen. Oder auch, dass der Kunde einem Berater einfach den Affen auf die Schulter setzt und ihn in die Dienstleisterecke verschiebt. Es ist dann viel Kommunikation notwendig, die manches Mal sehr erschöpfend sein kann. Auch ist man bisweilen geneigt, auf das Spiel des Kundensystems einzusteigen, um sich am Ende eines Projekts anzuhören, dass es nicht wie gewünscht funktioniert hat. Gute Berater erkennen diese und andere Kippmomente im Laufe des Prozesses (und manchmal auch schon zu deren Beginn) und wissen dann, dass eine entsprechende Reaktion bzw. Intervention notwendig wird, um nicht vom Kurs abzukommen. Das erfordert Mut. Einmal, weil das Kundensystem diese Weggabelungen im Zweifel gar nicht sieht, aber auch die Konfrontation des Auftraggebers an sich bedarf einer Menge Energie.

Eine Beraterpersönlichkeit sollte daher einen starken inneren und vor allem unabhängigen Kompass in sich tragen. Dieser Kompass wurde in diesem Buch als Antifragilität vorgestellt. Jetzt ist er auch mit Freude an Beratung zu nutzen!

Literaturverzeichnis

Anthes, Emely (2014): A Change of Mind, in: Nature 515, S. 185-187.

Axelrod, Robert (2009): Die Evolution der Kooperation, 7. Auflage, München.

Baecker, Dirk (2006): Kommentar von Dirk Baecker, in: Hillebrand, Martin et al. (Hrsg.): Essenzen der systemischen Organisationsberatung. Konzepte, Kontexte und Kommentare, S. 112-117, Heidelberg.

BAFA (Hrsg.) (o. J.): Beratungsarten und -themen, Eschborn.

Bandelow, Borwin (2020): Das Angstbuch. Woher Ängste kommen und wie man sie bekämpfen kann, 14. Auflage, Reinbek.

Beck, Hanno (2014): Behavioral Economics. Eine Einführung, Wiesbaden.

Berner, Winfried (2017): Systemische Post-Merger-Integration. Dem Culture Clash zuvorkommen und Unternehmenskulturen wirklich integrieren, Stuttgart.

Berner, Winfried (2019): Culture Change. Unternehmenskultur als Wettbewerbsvorteil, 2., grundlegend neu bearbeitete und erweiterte Auflage, Stuttgart.

Claßen, Martin & von Kyaw, Felicitas (2008): Change Management Studie 2008. Business Transformation – Veränderungen erfolgreich gestalten, Berlin.

Cope, Mick (2001): Consulting mit System. Schritt für Schritt durch den Beratungsprozess, München.

Department of Transport (Hrsg.) (1990): Report on the accident to Boeing 737-400 G-OBME near Kegworth, Leicestershire on 8 January 1989, London.

Diefenbach, Sarah et al. (2011): Ästhetik der Interaktion: Beschreibung, Gestaltung, Bewertung, in: Eibl, Maximilian (Hrsg.): Mensch & Computer 2011, S. 121-130, München.

Diefenbach, Sarah et al. (2012): Ansätze zur Beschreibung der Ästhetik der Interaktion, in: Reiterer, Harald & Deussen, Oliver (Hrsg.): Mensch & Computer 2012, S. 121-127, München.

Dixit, Avinash & Nalebuff, Barry (1997): Spieltheorie für Einsteiger. Strategisches Know-how für Gewinner, Stuttgart.

Exner, Axel & Exner, Hella (2017): Unternehmen brauchen agile Beratung. Alles verändert sich – nur die systemische Beratung nicht? in: Organisationsentwicklung 1, S. 70-77.

Fischer, Heimo & Maier, Angela (2009): Berater sollen Märklin ausgeraubt haben, in FTD vom 06.02.2009.

Fischer, Konrad & Guldner, Jan (2020): In den Trümmern der Macht, in: Wirtschaftswoche 4, S. 14-21.

Fitz, Nicolas (2021): Werte schaffen Sinn, in: Personal Schweiz 4, S. 45-46.

Frankl, Viktor (1997): Der Wille zum Sinn, München.

Fromm, Thomas (2008): Der Weltkonzern-Verbesser, in: SZ vom 27.06.2008.

Fröndhoff, Bert (2019): Managementberater steuern auf Umsatzrekorde zu, [online] https://www.handelsblatt.com/unternehmen/management/vordenker/consulting-managementberater-steuern-auf-umsatzrekorde-zu/23828820.html [31.03.2022]

Glasl, Friedrich & Lievegoed, Bernhard (2016): Dynamische Unternehmensentwicklung. Grundlagen für ein nachhaltiges Change Management, Stuttgart.

Grint, Keith (2008): Wicked Problems and Clumsy Solutions: The Role of Leadership, in: Clinical Leader I/II, S. 11-25.
Hägler, Max (2021): Die Anti-Tesla-Klasse, in: SZ vom 16.04.2022, S. 17.
Haken, Hermann & Schiepek, Günter (2010): Synergetik in der Psychologie. Selbstorganisation verstehen und gestalten, 2., korrigierte Auflage, Göttingen.
Handler, Gregor (2007): Konzept zur Entwicklung integrierter Beratung. Integration systemischer Elemente in die klassische Beratung, Wiesbaden.
Holtfort, Thomas (2015): Antifragilität. Ein neues organisationales Rahmenwerk für den evolutorischen Wandel, in: Organisationsentwicklung 4, S. 39-41.
Jansen, Stephan (2000): 10 Thesen gegen Post Merger Integration Management, in: Organisationsentwicklung 1, S. 32-47.
Joas, Hans (2019): Die Entstehung der Werte, 8. Auflage, Frankfurt am Main.
Jones, Sam & Chazan, Guy (2021): »Nein Danke«: The Resistance to Covid-19 vaccines in Germany, in FT vom 11.11.2021.
Jung, Nicole (2010): Fakten und Fiktionen der Klientenprofessionalisierung. Eine kritische Analyse des Umgangs mit Beratungsleistungen, Wiesbaden.
Kannicht, Andreas & Schmid, Bernd (2014): Einführung in systemische Konzepte der Selbststeuerung, Heidelberg.
Kaube, Jürgen (1998): Ich weiß nicht, was soll ich bedeuten, in FAZ vom 29.01.1998, S. 35.
Kieser, Alfred & Walgenbach, Peter (2003): Organisation, 4. Aufl., Stuttgart.
Kleine Wieskamp, Pia (Hrsg.) (2016): Storytelling: Digital – Multimedial – Social. Formen und Praxis für PR, Marketing, TV, Game und Social Media, München.
Kolbeck, Christoph (2002): Die systemische Beratung. Was denken die Klienten? in: Mohe, Michael et al. (Hrsg.): Consulting – Problemlösung als Geschäftsmodell. Theorie, Praxis, Markt, S. 41-57, Stuttgart.
König, Eckard & Volmer, Gerda (2008): Handbuch Systemische Organisationsberatung, Weinheim.
Königswieser, Roswita & Exner, Alexander (2008): Systemische Intervention. Architekturen und Designs für Berater und Veränderungsmanager, 9. Auflage, Stuttgart.
Königswieser, Roswita et al. (Hrsg.) (2008): Komplementärberatung. Das Zusammenspiel von Fach- und Prozess-Know-How, Stuttgart.
Königswieser, Roswitha & Hillebrand, Martin (2006 a): Haltung in der systemischen Beratung, in: Tomaschek, Nino (Hrsg.): Systemische Organisationsentwicklung und Beratung bei Veränderungsprozessen. Ein Handbuch, S. 74-82, Heidelberg.
Königswieser, Roswitha & Hillebrand, Martin (2006 b): Haltung. In: Hillebrand, Martin et al. (Hrsg.): Essenzen der systemischen Organisationsberatung. Konzepte, Kontexte und Kommentare, S. 107-111, Heidelberg.
Königswieser, Roswitha & Hillebrand, Martin (2011), Einführung in die systemische Organisationsberatung, 6. Aufl., Heidelberg.
Königswieser, Roswitha et al. (Hrsg.) (2001): SIMsalabim: Veränderung ist keine Zauberei. Systemisches IntegrationsManagement, Stuttgart.
Kotter, John & Rathgeber, Holger (2006): Our Iceberg Is Melting. Changing and Succeeding Under Any Conditions, London.
Kotter, John (1996): Leading Change, Boston.
Kotter, John (2016): Das Erdmännchen-Prinzip, München.
Krizanits, Joana (2009): Die systemische Organisationsberatung – wie sie wurde, was sie ist, Wien.
Krüger, Carsten et al. (2021): SARS-CoV-2: Kollateralschäden der Pandemie, in: Deutsches Ärzteblatt 2, S. 72.
Kübler-Ross, Elisabeth (2014): Interviews mit Sterbenden, Freiburg.

Kühl, Stefan (2001 a): Professionalität ohne Profession. Das Ende des Traums von der Organisationsentwicklung als eigenständige Profession und die Konsequenzen für die soziologische Beratungsdiskussion, in: Degele, Nina et al. (Hrsg): Soziologische Beratungsforschung. Perspektiven für Theorie und Praxis der Organisationsberatung, Wiesbaden.

Kühl, Stefan (2001 b): Von den Schwierigkeiten aus einem Handwerk eine Profession zu machen. Sieben Szenarien zur Zukunft der Organisationsentwicklung, in: Organisationsentwicklung 1, S. 4-19.

Kühl, Stefan (2005): Organisation, Intervention, Reflexivität. Auf der Suche nach einem Beratungsparadigma jenseits von zweckrationaler betriebswirtschaftlicher Beratung und systemischer Prozessberatung, in: Seidl, David et al. (Hrsg.): Grenzen der Strategieberatung. Eine Gegenüberstellung der Perspektiven von Wissenschaft, Beratung und Klienten, S. 343-368, Bern.

Kunze, Oliver & Fellner, Markus (2017): The Tactical Gap. Warum gute strategische Pläne in der Umsetzung scheitern, in: Controllermagazin 5/6, S. 37-42.

Lau, Viktor (2013): Schwarzbuch Personalentwicklung. Spinner in Nadelstreifen, Stuttgart.

Leif, Thomas (2008): Beraten & verkauft. McKinsey & Co. – der große Bluff der Unternehmensberater, München.

Lepore, Stephen & Revenson, Tracey (2006). Resilience and Posttraumatic Growth. Recovery, Resistance, and Reconfiguration, in: Calhoun, Lawrence & Tedeschi, Richard (Hrsg.): Handbook of posttraumatic growth. Research & practice, S. 24–46, New Jersey.

Lewin, Kurt (1947): Frontiers in Group Dynamics. Concept, method and reality in social science, social equilibria and social change, in: Human Relations 1, S. 5-41.

Lindemann, Holger (2019): Konstruktivismus, Systemtheorie und praktisches Handeln. Eine Einführung für pädagogische, psychologische, soziale, gesellschaftliche und betriebliche Handlungsfelder, Göttingen.

Linnartz, Mareen (2019): Ikea hat ein neues Logo – und keiner merkts, in SZ vom 13.08.2019.

Lohmer, Mathias & Möller, Heidi (2019): Psychoanalyse in Organisationen. Einführung in die psychodynamische Organisationsberatung, 2. aktualisierte Auflage, Stuttgart.

Luhmann, Niklas & Fuchs, Peter (1989): Reden und Schweigen, Frankfurt a. M.

Maier, Angela & Klusmann, Steffen (2009): Märklin – der große Eisenbahnraub, in: FTD vom 20.02.2009.

Mettke, Michael (2013): Die fünf Phasen der Trauer ums Haupthaar, in: Jetzt vom 07.04.2013.

Mohe, Michael & Pfriem, Reinhard (2002): Where are the Professional Clients? Möglichkeiten zur konzeptionellen Weiterentwicklung von Meta-Beratung, in: Mohe, Michael et. al. (Hrsg.): Consulting – Problemlösung als Geschäftsmodell. Theorie, Praxis, Markt, S. 25-40, Stuttgart.

Mohe, Michael et al. (2009): Wie professionell gehen Klienten mit Beratungen um? Eine empirische Analyse zum Status quo der Klientenprofessionalisierung, in: Organisationsentwicklung 4, S. 81-85.

Mohr, Günter (2006): Systemische Organisationsanalyse. Dynamiken und Grundlagen der Organisationsentwicklung, Bergisch Gladbach.

Morschitzky, Hans (2013): Die Angst zu versagen und wie man sie besiegt, 6. Auflage, Ostfildern.

Nagel, Reinhart & Wimmer, Rudolf (2002), Systemische Strategieentwicklung. Modelle und Instrumente für Berater und Entscheider, Stuttgart.

Neuscheler, Tilmann (2018): Jeder fünfte Dax-Chef begann seine Karriere als Unternehmensberater, [online] https://www.faz.net/aktuell/karriere-hochschule/buero-co/jeder-fuenfte-dax-chef-startete-seine-karriere-als-unternehmensberater-15624400.html [31.03.2022].

Nicolai, Alexander (2000): Die Strategie-Industrie. Systemtheoretische Analyse des Zusammenspiels von Wissenschaft, Praxis und Unternehmensberatung, Wiesbaden.

o. V. (2010): Aschewolke kostet Wirtschaft fünf Milliarden Dollar, [online] https://www.spiegel.de/wirtschaft/unternehmen/vulkanausbruch-aschewolke-kostet-wirtschaft-fuenf-milliarden-dollar-a-696903.html, [31.03.2022].

o. V. (2015): Im Gespräch: Olaf Berlien, der Vorstandsvorsitzende der Osram Licht AG, in: FAZ vom 26.02.2015, S. 19

o. V. (2016): Kollektive Krankmeldungen sind ein schlaues Mittel, [online] https://www.spiegel.de/karriere/tuifly-mitarbeiter-melden-sich-krank-ist-das-ein-wilder-streik-a-1115393.html [31.03.2022].

o. V. (2020 a), Ufo-Mitglieder nehmen Kabinen-Sparpaket an, [online] https://www.wiwo.de/unternehmen/handel/gewerkschaft-ufo-mitglieder-nehmen-kabinen-sparpaket-bei-lufthansa-an/26097564.html [31.03.2022].

o. V. (2020 b), Gesundheitsministerium sieht wenig Nutzen in Schockfotos auf Tabakwaren, [online] https://www.aerzteblatt.de/nachrichten/109290/Gesundheitsministerium-sieht-wenig-Nutzen-in-Schockfotos-auf-Tabakwaren [31.03.2022]

o. V. (2021): Umbau der Commerzbank, in: SZ vom 04.02.2021, S. 18.

o. V. (o. J. a): Impact. Wohl dem, der weiß, wie er wirkt, [online] www.impact-theory.com [31.03.2022].

o. V. (o. J. b): Berufsgrundsätze des Bundesverbandes Deutscher Unternehmensberater BDU e. V., [online] https://www.bdu.de/media/3767/berufsgrundsaetze.pdf [31.03.2022].

o. V. (o. J. c): Geschichte Robert Bosch. »Lieber Geld verlieren als Vertrauen«. Unternehmerische Grundsätze, [online] https://www.bosch.com/de/stories/robert-bosch-unternehmerische-grundsaetze/ [31.03.2022].

o. V. (o. J. d): Our mission and values, [online] https://corporate.mcdonalds.com/corpmcd/our-company/who-we-are/our-values.html [31.03.2022].

o. V. (o. J. e): Über Siemens Advanta Consulting. Wer wir sind, [online] https://www.smc.siemens.de/global/de/smc-careers.html [31.03.2022].

Obholzer, Anton (1997): Das Unbewusste bei der Arbeit, in: Eisenbach-Stangl, Irmgard und Ertl, Michael (Hrsg.): Unbewusstes in Organisationen. Zur Psychoanalyse von sozialen Systemen, S. 17-38., Wien.

Ohnesorge, Doris & Fitz, Rudolph (2014): Wertorientierung und Sinnentfaltung im Coaching: Vorgehen und Praxisbeispiele nach dem St. Galler Coaching Modell, Wiesbaden.

Peterke, Jürgen (2009): Systemische Beratung unter Druck? [online] https://www.jp-consulting.de/Consulting-Change-Management-News/systemische-Beratung-Kritik-E1441.html [31.03.2022].

Rauen, Christopher (Hrsg.) (2017): Coaching Tools III. Erfolgreiche Coaches präsentieren 55 Interventionstechniken aus ihrer Coaching-Praxis, Bonn.

Reineck, Uwe & Anderl, Mirja (2012): Handbuch Prozessberatung. Für Berater, Coaches, Prozessbegleiter und Führungskräfte. Weinheim.

Riemann, Fritz (2017): Grundformen der Angst, 42. Auflage, Basel.

Rohrmann, Sonja (2019): Wenn große Leistungen zu großen Selbstzweifeln führen. Das Hochstapler-Selbstkonzept und seine Auswirkungen, Bern.

Ruch, Floyd & Zimbardo, Philip (1974): Lehrbuch der Psychologie. Eine Einführung für Studenten der Psychologie, Medizin und Pädagogik, Berlin.

Schein, Edgar (2000): Prozessberatung für die Organisation der Zukunft. Der Aufbau einer helfenden Beziehung, Köln.

Schein, Edgar (2017): Humble Consulting – die Kunst des vorurteilsfreien Beratens, Heidelberg.

Schein, Edgar & Schein, Peter (2017): Organisationskultur und Leadership, 5. Aufl., München.

Schiepek, Günter et al. (2000): Synergetik für die Praxis. Therapie als Anregung selbstorganisierender Prozesse, in: System Familie 13, S. 169-177.

Schleckser, Jim (2021): Why your company needs values, not a rulebook, [online] https://www.inc.com/jim-schleckser/why-your-company-needs-values-not-a-rulebook.html [31.03.2022].
Schrädler, Josef (1996): Unternehmensberatung aus organisationstheoretischer Sicht, Wiesbaden.
Seiwert, Martin et al. (2021): Lost in Transformation, in: Wirtschaftswoche 40, S. 44-47.
Sprenger, Reinhard (2000): Mythos Motivation. Wege aus einer Sackgasse, Limitierte Jubiläumsauflage, Frankfurt a. M.
Stroh, Linda & Johnson, Homer (2006): The Basic Principles of Effective Consulting, London.
Student, Dietmar (2016): Kings of Consulting, in: Manager Magazin 10, S. 30-38.
Taleb, Nassim (2008): Der Schwarze Schwan. Die Macht höchst unwahrscheinlicher Ereignisse, München.
Taleb, Nassim (2014): Antifragilität. Anleitung für eine Welt, die wir nicht verstehen, München.
Thomann, Geri (2012): Etwas tut sich. Tendenzen, Chancen und Grenzen der Klientenprofessionalisierung, in: bso-journal 2, S. 6-9.
Vollmuth, Hannes (2020): Kann man Selbstdisziplin lernen? in: SZ vom 07.01.2020.
Walger, Gerd & Neise, Ralf (2005): Die Grenzen der Strategieberatung liegen innen, in: Seidl, David et al. (Hrsg.): Grenzen der Strategieberatung. Eine Gegenüberstellung der Perspektiven von Wissenschaft, Beratung und Klienten, S. 87-108, Bern.
Willke, Helmut (1987): Strategien der Intervention in autonome Systeme, in: Baecker, Dirk et al.: Theorie als Passion, S. 333-361, Berlin.
Wimmer, Rudolf (2005): Kommentar: Weiß Beratung um Ihre Grenzen?, in: Seidl, David et al. (Hrsg.): Grenzen der Strategieberatung. Eine Gegenüberstellung der Perspektiven von Wissenschaft, Beratung und Klienten, S. 366-368, Bern.
Wolf, Patricia et al. (2014): Starke Kunden = exzellente Beratung? Klientenprofessionalisierung als Erfolgsfaktor, in: Organisationsentwicklung 2, S. 75-79.
Wood, Wendy (2019): Good Habits Bad Habits. The Science of Making Positive Changes That Sticks, New York.